中文版 Photoshop CS6 白金自学手册

100 款纹样模板

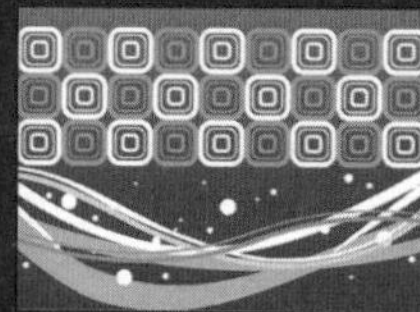

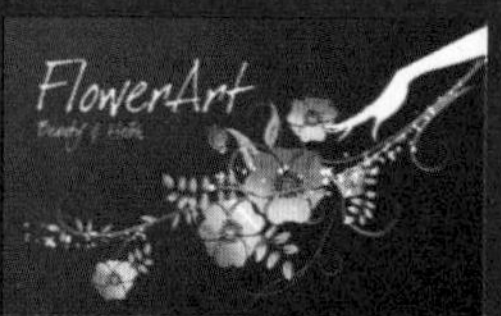

↑赠送资源位置：本书光盘\赠送资料\100 款纹样模板；以上素材为 PSD 和 JPEG 格式

60 款婚纱模板

↑赠送资源位置：本书光盘\赠送资料\60 款婚纱模板；以上素材为 JPEG 格式

50 个文字模板

↑赠送资源位置：本书光盘\赠送资料\50 个文字模板；以上素材为 PSD 和 JPEG 格式

书中精彩实例效果

置入图像文件

删除图像

边界与平滑选区

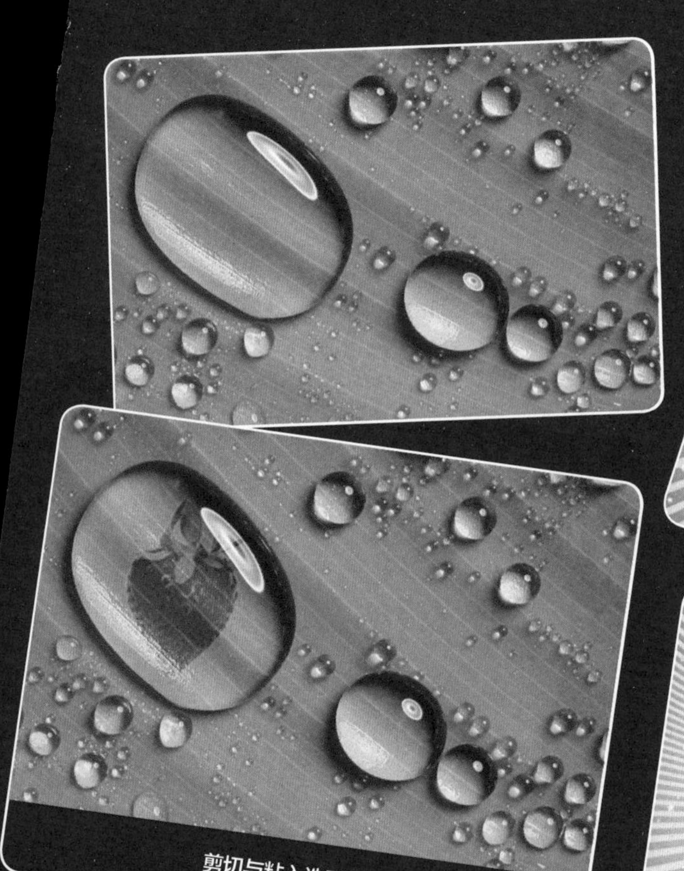

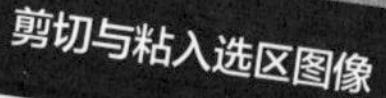

剪切与粘入选区图像

扩展与收缩选区

书中精彩实例效果

运用“色阶”命令调整图像色阶

运用“曝光度”命令调整色调

图案图章工具

输入段落文字

运用多边形工具创建路径形状

运用直线工具创建路径形状

路径的运算操作

书中精彩实例效果

创建图层蒙版

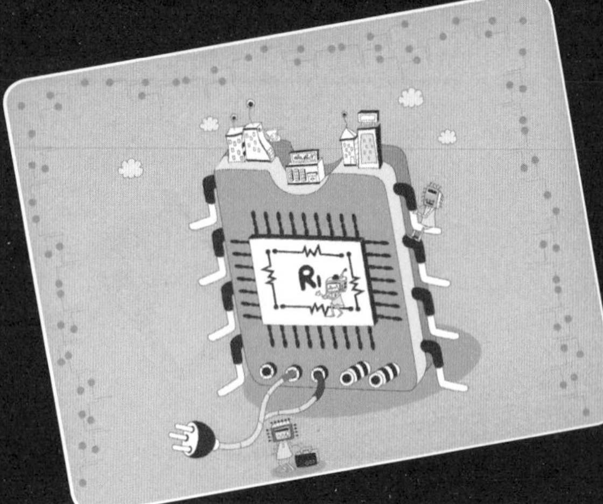

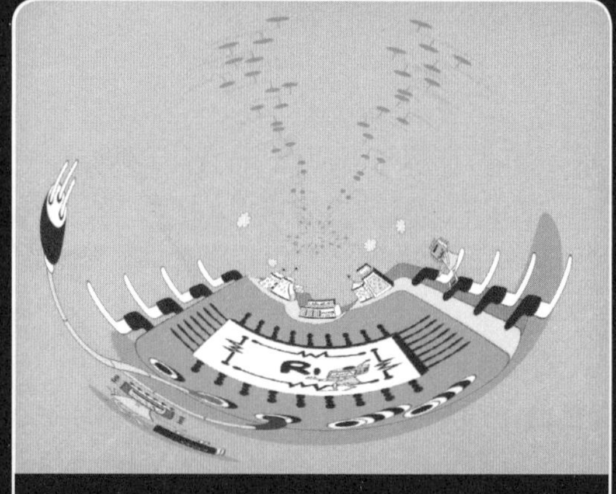

应用“扭曲”滤镜

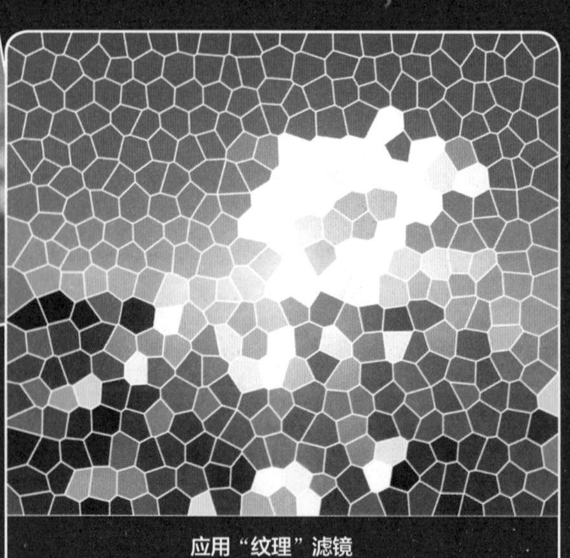

应用“纹理”滤镜

显示和隐藏图层

创建剪贴蒙版

运用“应用图像”命令进行合成图像

书中精彩实例效果

制作电子产品报纸广告效果

制作化妆品报纸广告效果

制作房地产宣传册效果

中文版

Photoshop CS6 白金自学手册

海天数码　编著

化学工业出版社

·北京·

本书为一本 Photoshop CS6 白金自学手册，书中通过 100 个专家提醒、260 个实例演练、580 多款素材效果奉献、470 多分钟视频演示、1400 多张图片辅助说明、3210 款超值素材赠送，帮助用户在最短时间内从入门到精通软件，从新手成为设计高手。

本书总共分为自学入门篇、自学进阶篇、自学核心篇、自学高端篇、白金案例篇 5 个大篇 26 章。具体内容包括：初学 Photoshop CS6、管理 Photoshop CS6、软件界面基本操作、管理软件窗口显示、素材图像基本操作、创建与应用选区、管理与编辑选区、转换与校正颜色、润色与修饰图像、创建与编辑路径、输入与制作文字特效、创建图层与图层样式、创建与应用通道、创建与应用蒙版、创建与应用滤镜、制作与渲染 3D 图像、制作动画与切片、创建与编辑动作、创建与编辑视频、优化与输出图像、处理数码照片、制作文字效果、制作商务卡片效果、制作宣传册效果、制作包装设计效果以及制作报纸广告效果等内容，读者学后可以融会贯通、举一反三，制作出更多更加精彩、完美的效果。

本书结构清晰、语言简洁，适合 Photoshop CS6 的初、中级读者阅读，包括图像处理人员、平面广告设计人员、网络广告设计人员、包装设计人员等，同时也可作为各类计算机培训中心、中职中专、高职高专等院校及相关专业的辅导教材。

图书在版编目（CIP）数据

中文版Photoshop CS6白金自学手册 / 海天数码编著.
北京：化学工业出版社，2013.5

ISBN 978-7-122-16716-3

Ⅰ. ①中… Ⅱ. ①海… Ⅲ. ①图像处理软件－技术手册 Ⅳ. ①TP391.41-62

中国版本图书馆CIP数据核字(2013)第049315号

责任编辑：瞿　微　　　　装帧设计：王晓宇

出版发行：化学工业出版社（北京市东城区青年湖南街13号　邮政编码100011）
印　　装：北京画中画印刷有限公司
787mm×1092mm　1/16　印张22　字数563千字　2013年5月北京第1版第1次印刷

购书咨询：010-64518888（传真：010-64519686）　售后服务：010-64518899
网　　址：http://www.cip.com.cn
凡购买本书，如有缺损质量问题，本社销售中心负责调换。

定　　价：79.80元（含1DVD-ROM）

前　言

Photoshop CS6 是 Adobe 公司推出的一款图像处理软件，该款软件功能强大、专业、易用，是集图像处理、文字编辑和高品格输出于一体，是最适合用户使用的图像处理软件之一，广泛应用于广告设计、图像处理、数码摄影、图形制作、书籍装帧、包装设计等诸多领域。

■ 本书特色

5 大 篇幅内容安排	本书结构清晰、语言简洁，共分为自学入门篇、自学进阶篇、自学核心篇、自学高端篇以及白金案例篇 5 大篇，读者可以从零开始，全面细致了解 Photoshop 软件的基础知识与操作方法，提高操作能力。
18 大 综合实例奉献	本书中最后一篇中布局了各种案例的应用操作，其中有调整照片曝光不足、制作完美彩妆效果、制作婚纱合成效果、制作花形文字效果、制作创意文字效果、制作特效文字效果、制作会员卡效果等 18 个综合实例。
20 章 软件技术精解	本书体系完整，由浅入深地对 Photoshop CS6 进行了 20 章专题的软件技术讲解，内容包括：素材图像基本操作、创建与应用选区、润色与修饰图像、创建与编辑路径、输入与制作文字特效、创建与应用通道等。
100 个 专家技巧点拨	作者在编写时，将平时工作中总结的各方面 Photoshop 实战技巧、设计经验等奉献给读者，不仅大大地丰富和提高了本书的含金量，更方便读者提升软件的实战技巧与经验，从而大大提高学习与工作效率，学有所成。
260 个 技能实例奉献	全书将软件各项内容细分，通过 260 个精辟范例，并结合相应的理论知识，帮助读者逐步掌握软件的核心技能与操作技巧，通过大量的范例实战演练，循序渐进地讲解，让读者在最短的时间内成为该软件操作高手。
470 多 分钟视频播放	书中 260 个技能实例，包括最后 6 章案例实战，全部录制了带语音讲解的演示视频，时间长度达 470 多分钟，重现书中所有实例的操作，读者可以结合书本观看，也可以独立观看视频演示，像看电影一样进行学习。
580 多个 素材效果奉献	全书使用的素材与制作的效果，共达 582 个文件，其中包含 359 个素材文件和 223 个效果文件，涉及风景、人物、美食、水果、花草、树木、花纹、家居以及婚纱等，应有尽有，精心挑选素材制作让读者学有所成。
1400 多张 图片全程图解	本书采用了近 1400 多张图片，对软件的技术、实例的讲解、效果的展示，进行了全程式的图解，通过这些大量清晰的图片，让内容变得更通俗易懂，读者可以一目了然，举一反三，制作出更加精美漂亮的效果。

3210款超值素材赠送	在随书光盘中，为读者赠送了3210款超值的素材效果文件，其中包括1250个附赠高清画笔、800款超炫渐变、500个经典样式、450个自定形状、100款纹样模板、60款婚纱模板以及50个文字模板等。

内容安排

本书共分为5篇：自学入门篇、自学进阶篇、自学核心篇、自学高端篇以及白金实例篇，具体内容如下。

自学入门篇	第1~4章，主要讲解了初学Photoshop CS6与管理Photoshop CS6、软件界面基本操作、管理软件窗口显示等内容，新手可以详细地了解这款软件的基础功能，在没有基础的情况下做好学习Photoshop的准备工作。
自学进阶篇	第5~8章，主要讲解了Photoshop CS6软件中素材图像基本操作、创建与应用选区、管理与编辑选区、转换与校正颜色等内容，细致的由浅入深的讲解过程，帮助读者更好地学习和吸收相对前一篇而言稍难的问题。
自学核心篇	第9~15章，主要讲解了Photoshop CS6软件中润色与修饰图像、创建与编辑路径、输入与制作文字特效、创建图层与图层样式、创建与应用通道、创建与应用蒙版、创建与应用滤镜等内容，加强读者的进一步认识。
自学高端篇	第16~20章，主要讲解了Photoshop CS6软件中制作与渲染3D图像、制作动画与切片、创建与编辑动作、创建与编辑视频、优化与输出图像等内容，可以让读者对Photoshop的功能和技巧的认识更加的全面和丰富。
白金案例篇	第21~26章，主要讲解了实例的制作，如处理数码照片、制作文字效果、制作商务卡片效果、制作宣传册效果、制作包装设计效果、制作报纸广告效果等内容，通过学习和分析案例制作，可以帮助读者成为创新高手。

本书编者

本书由海天数码编著，在成书的过程中，得到了谭贤、柏松、陈晨、刘嫔、杨闰艳、苏高、罗林、罗权、罗磊、宋金梅、曾杰、张真珍、周旭阳、袁淑敏、谭俊杰、徐茜、杨端阳、谭中阳等人的帮助，在此表示感谢。由于编者知识水平有限，书中难免有不足和疏漏之处，恳请广大读者批评、指正，联系邮箱：itsir@qq.com。

版权声明

编　者

2013年3月

目 录

第1篇 自学入门篇

Chapter 01 初学 Photoshop CS6

Chapter 02 管理 Photoshop CS6

Chapter 03 软件界面基本操作

Chapter04 管理软件窗口显示

第2篇 自学进阶篇

Chapter05 素材图像基本操作

Chapter 06 创建与应用选区

Chapter 07 管理与编辑选区

Chapter 08 转换与校正颜色

第3篇 自学核心篇

Chapter 09 润色与修饰图像

Chapter 10 创建与编辑路径

Chapter 11 输入与制作文字特效

Chapter 12 创建图层与图层样式

Chapter 13 创建与应用通道

Chapter 14 创建与应用蒙版

Chapter 15 创建与应用滤镜

第 4 篇 自学高端篇

Chapter 16 制作与渲染 3D 图像

Chapter 17 制作动画与切片

Chapter 18 创建与编辑动作

Chapter 19 创建与编辑视频

Chapter 20 优化与输出图像

第 5 篇 白金案例篇

Chapter 21 白金案例：处理数码照片

Chapter 22 白金案例：制作文字效果

Chapter 23 白金案例：制作商务卡片效果

Chapter 24 白金案例：制作宣传册效果

Chapter 25 白金案例：制作包装设计效果

Chapter 26 白金案例：制作报纸广告效果

第1篇

自学入门篇

主要讲解了初学 Photoshop CS6 与管理 Photoshop CS6、软件界面基本操作、管理软件窗口显示等内容，新手可以详细地了解这款软件的基础功能，在没有基础的情况下做好学习 Photoshop 的准备工作。

01 Chapter 初学 Photoshop CS6

Photoshop CS6 是 Adobe 公司在 2012 年推出的 Photoshop 的最新版本，它是目前世界上最优秀的平面设计软件之一，并被广泛用于图像处理、图形制作、平面设计、影像编辑、建筑效果图设计等行业。它简洁的工作界面及强大的设计功能深受广大用户的青睐。

本章内容导航

- Photoshop 的概述
- Photoshop 的发展历史
- Photoshop CS6 的新增功能
- Photoshop 的应用领域
- 安装 Photoshop CS6
- 卸载 Photoshop CS6
- 优化常规选项
- 优化界面选项
- 优化文件处理选项
- 优化性能选项
- 设置单位与标尺
- 设置参考线、网格与切片

1.1 Photoshop 简介

Photoshop 是目前最流行的图像处理软件之一，经过多年的发展和完善，现在它已经成为功能相当强大、应用范围极其广泛的应用软件，被誉为“神奇的魔术师”。

自学基础——Photoshop 的概述

Photoshop 是 Adobe 公司开发的优秀图形图像处理软件，它的理论基础是色彩学，通过对图像中各像素的数字描述，实现了对数字图像的精确调控。Photoshop 可以支持多种图像格式和色彩模式，能同时进行多图层处理，它的选择工具、图层工具、滤镜工具能使用户得到各种手工处理或一般软件无法得到的美妙图像效果。不但如此，Photoshop 还具有开放式结构，能兼容大量的图像输入设备，如扫描仪和数码相机等。

Photoshop 作为图形处理软件，广泛用于对图片和照片的处理以及对在其他软件中制作的图片进行后期效果加工。比如：在 CorelDraw、Illustrator 中编辑的矢量图像，再导入到 Photoshop 中进行后期加工，创建网页上使用的图像文件或创建用于印刷的图像作品。

自学基础——Photoshop 的发展历史

Photoshop 的主要设计师 Thomas Knoll 的爸爸 Glenn Knoll 是密执根大学教授，同时也是一个摄影爱好者。他的两个儿子 Thomas 和 John 从小就跟着爸爸玩暗房，但 John 似乎对当时刚刚开始发行的个人电脑更感兴趣。此后 Thomas 也迷上了个人电脑，并在 1987 年买了一台苹果电脑（Mac Plus）用来撰写他的博士论文。

Thomas 发现当时的苹果电脑无法显示带灰度的黑白图像，因此他自己写了一个程序 Display。而他的兄弟 John 这时在星球大战导演 Lucas 的电影特殊效果制作公司 Industry Light Magic 工作，对 Thomas 的程序很感兴趣。两兄弟在此后的一年多时间里把 Display 不断修改为功能更为强大的图像编辑程序，经过多次改名后，在一个展会上他们接受了一个参展观众的建议把程序改名为 Photoshop。此时的 Display/Photoshop 已经有 Level、色彩平衡、饱和度等调整。此外，John 还写了一些程序后来成为插件（Plug-in）的基础。

他们的第一个商业成功是把 Photoshop 交给一个扫描仪公司搭配卖，名字叫做 BarneyscanXP，版本是 0.87。与此同时，John 继续在找其他买家，包括 Super Mac 和 Aldus，但都没有成功。最终他们找到了 Adobe 的 Russell Brown——Adobe 的艺术总监。看过 Photoshop 以后他认为 Knoll 兄弟的程序更有前途。在 1988 年 8 月他们口头决定合作，而真正的法律合同到次年 4 月才完成。

经过 Thomas 和其他 Adobe 工程师的努力，Photoshop 版本 1.0.7 于 1990 年 2 月正式发行。John Knoll 也参与了一些插件的开发。第一个版本只有一个 800KB 的软盘（Mac）。

Photoshop 2.0 的重要功能包括支持 Adobe 矢量编辑软件 Illustrator 文件、Duotones 以及 Pen tool（笔工具）；最低内存需求从 2MB 增加到 4MB，这对提高软件稳定性有着非常大的影响。从这个版本开始 Adobe 内部开始使用代号，2.0 的代号是 Fast Eddy，在 1991 年 6 月正式发行。下一个版本 Adobe 决定开发支持 Windows 的版本，代号为 Brimstone，而 Mac 版本为 Merlin，这个版本增加了 Palettes 和 16-bit 文件支持。

版本 3.0 的重要新功能是 Layer，Mac 版本在 1994 年 9 月发行，而 Windows 版本在 11 月发行。尽管当时有另外一个软件 Live Picture 也支持 Layer 的概念，而且业界当时也有传言 Photoshop 工程师抄袭了 Live Picture 的概念，但实际上 Thomas 很早就开始研究 Layer 的概念。

版本 4.0 主要改进了用户界面。Adobe 在此时决定把 Photoshop 的用户界面和其他 Adobe 产品统一化，此外程序使用流程也有所改变。一些老用户对此有抵触，甚至一些用户到在线网站上抗议，但经过一段时间使用以后他们还是接受了新改变；Adobe 这时意识到 Photoshop 的重要性，他们决定把 Photoshop 版权全部买断，Knoll 兄弟为此赚了多少钱细节无法得知，但一定不少。

版本 5.0 引入了 History（历史）的概念，这和一般的 Undo 不同，在当时引起业界的欢呼。色彩管理也是 5.0 的一个新功能，尽管当时引起一些争议，此后被证明这是 Photoshop 历史上的一个重大改进。5.0 版本在 1998 年 5 月正式发行。

1999 年 Adobe 又一次发行了 X.5 版本，这次是版本 5.5，主要增加了支持 Web 的功能并包含 Image Ready 2.0。在 2000 年 9 月发行的版本 6.0 主要改进了其他 Adobe 工具交换的流畅，但真正的重大改进要等到版本 7.0，这是 2002 年 3 月的事件。

版本 7.0 增加了 Healing Brush 等图片修改工具，还有一些基本的数码相机功能，如 EXIF 数据、文件浏览器等。

2003 年 9 月，Adobe 再次给 Photoshop 用户带来惊喜，新版本 Photoshop 不再延续原来的叫法称之为 Photoshop 8.0。CS 版本把原来的原始文件插件进行改进并成为 CS 的一部分，更多新功能为数码相机而开发，如智能调节不同地区亮度、镜头畸变修正、镜头模糊滤镜等。

Photoshop 之所以能取得成功，与其准确的定位及其适时的出现有着紧密关系。随着全球电脑的普及，Photoshop 逐渐推出多国语言的版本。例如，Adobe 公司推出了 Photoshop 5.02 中文版，并且开通了中文站点，成立了 Adobe 中国公司，而 Photoshop 一开始的良好市场定位，亦为其成为行业霸主奠定了良好的基础。

自学基础——Photoshop CS6 的新增功能

Adobe Photoshop CS6 是 Adobe Creative Suite 6 套件中用户最熟悉的重要组件。Photoshop CS6 软件包含全新的 Adobe Mercury 图形引擎，采用了全新的启动界面，重新开发了设计工具，可利用最新的内容识别技术更好地修复图片，为用户提供更多的选择工具；有超快的性能和现代化的 UI，编辑时几乎能获得及时效果。

Photoshop CS6 可以有效增强用户的创造力，大幅提升用户的工作效率。

1. 全新的启动界面

新版本最直观的变化当属软件的启动界面。Photoshop CS6 采用色调更暗、类似苹果摄影软件 Aperture 的界面风格，取代目前灰色风格。图 1-1 所示为 Photoshop CS6 的启动界面。

图 1-1 启动界面

2. 黑色的工作界面

与以往不同的是，Photoshop CS6 是全黑的工作界面，深色的工作界面是为了让用户更加专注于图片处理，而不是交互界面上。另外，深色的工作界面可以更加凸显图片的色彩等效果，给用户以完全不同的视觉体验，如图 1-2 所示。

> **专家提醒**
>
> 单击“编辑”|“首选项”|“界面”命令，在弹出的“首选项”对话框中，用户可以根据自己喜好调整工作面板的深浅，在这里为了本书讲解图片内容的清晰，后面统一改为颜色较浅的灰白色。

图 1-2　工作界面

3. 智能裁剪工具

Photoshop 裁剪工具在之前的版本中对图片进行裁剪以后，若对其不满意，需要撤销之前的操作才能恢复，但在 Photoshop CS6 版本中，只需要再次选择裁剪工具（C）即可。同时，裁剪工具还增加了一项 Perspective Crop Tool（透视裁剪工具），如图 1-3 所示。

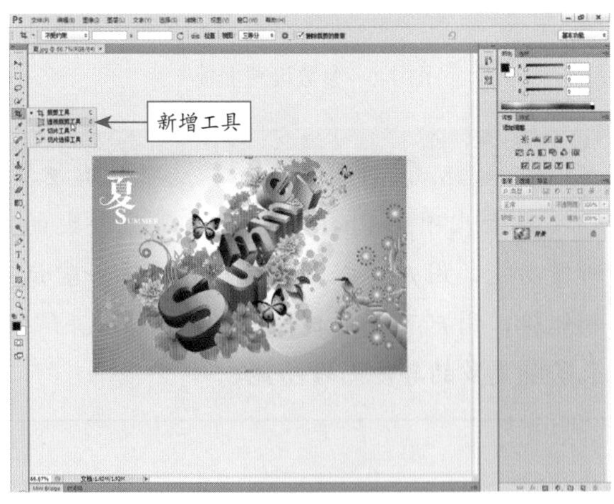

图 1-3　新增的透视剪裁工具

4. 修补工具（内容感知移动工具）

Photoshop CS6 的修补工具箱里增加了一个内容感知移动工具。内容感知移动工具的运用是指用其他区域中的像素或图案来修补或替换选中的图像区域，在修复的同时仍保留了原来的纹理、亮度和层次，只对图像的某一块区域进行整体修复，如图 1-4 所示。

图 1-4　内容感知移动工具

5. 更加全面的 3D 功能

Photoshop CS6 的 3D 功能增强是 Photoshop 的最大看点，也是该功能自 Photoshop CS6 引入以来的又一次变动。

工具箱中有 2 处变动：颜料桶中新增 3D 材质施放工具，吸管中新增 3D 材质吸管工具。如图 1-5 所示为新增的 3D 工具。

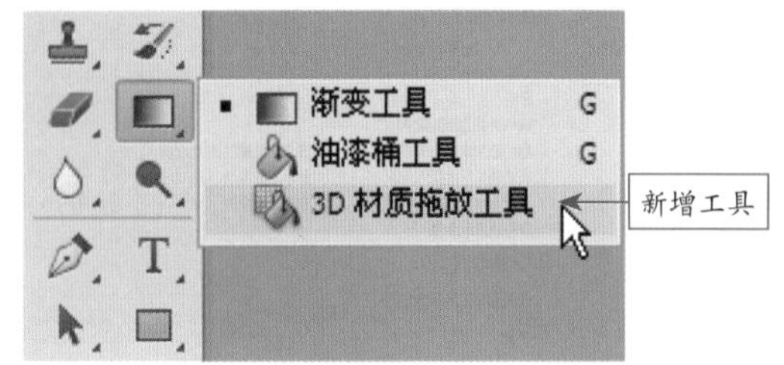

图 1-5

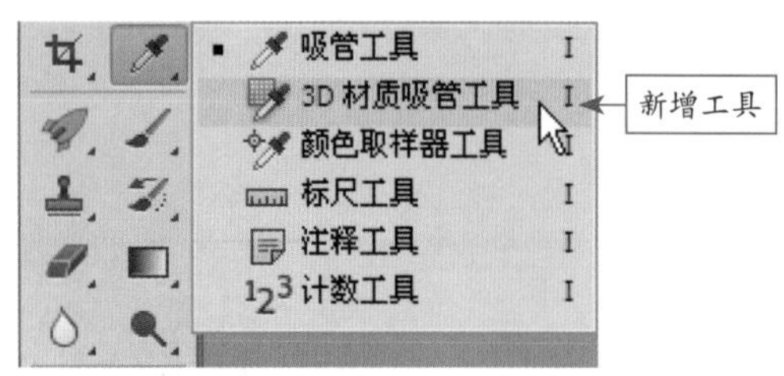

图 1-5　新增的 3D 工具

6. 参数设置面板

在 Photoshop CS6 的参数设置面板中，新增了许多 3D 元素，例如“首选项”对话框中的“常规”选项卡、“界面”选项卡以及“文件处理”选项卡中，分别新增了“将矢量工具与变换与像素网格对齐”、“启用文本投影”、“后台存储”以及“使用智能引导”等。

与之前的 Photoshop CS5 版本相比，Photoshop CS6 删除了两个项目：显示亚洲字体选项和字体预览大小。图 1-6 所示为相应参数面板中新增的各种功能。

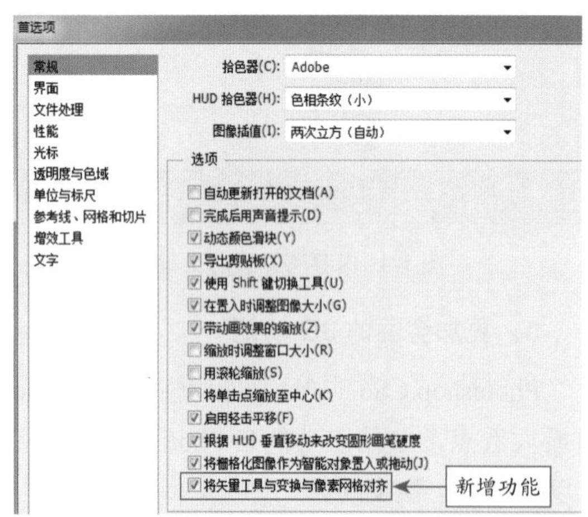

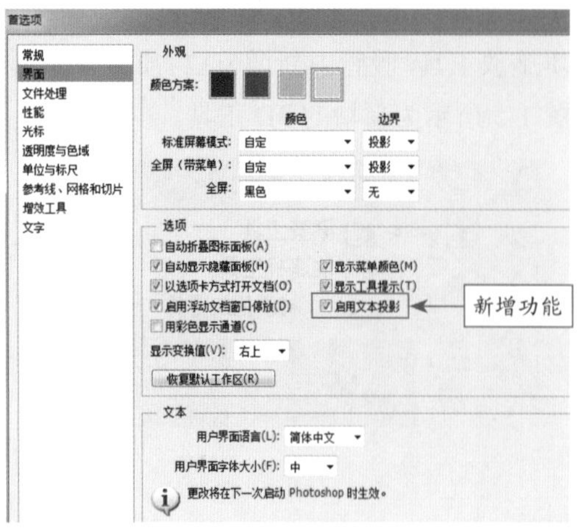

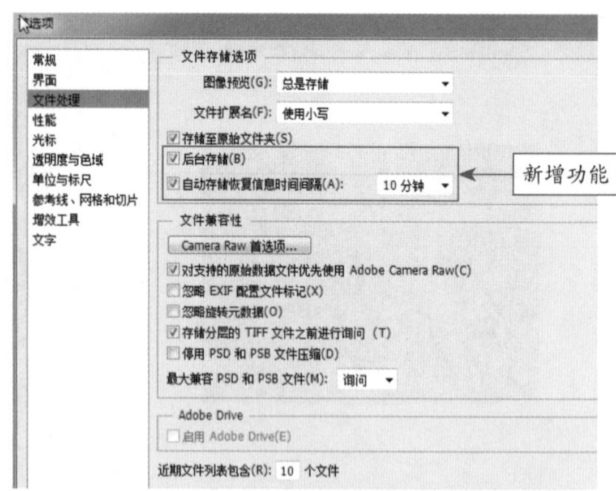

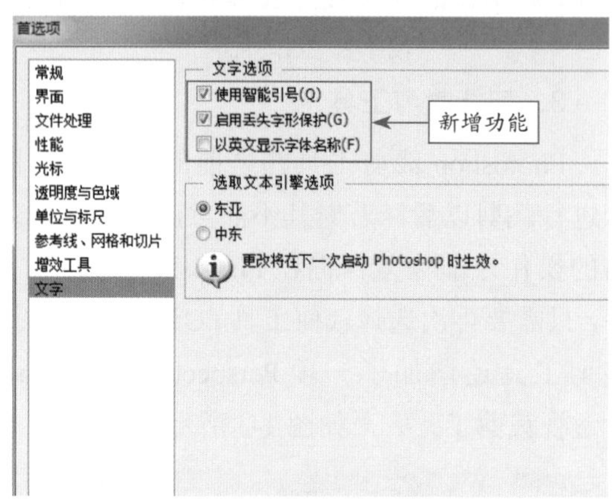

图 1-6　参数设置面板

> **专家提醒**
>
> 以上几项是 Photoshop CS6 变化最大的新增功能，用户可以在实际操作中逐一尝试和体验，用户可以通过软件的“帮助文档”来了解更多的其他新增功能。

1.2 Photoshop 的应用领域

随着 Photoshop 功能的不断完善，它被广泛应用于平面设计、照片处理、网页设计、界面设计、文字设计、插画创作、视觉创意以及三维设计等方面。

自学基础——平面设计

平面广告设计是通过视觉传达信息的一种方式，它的应用范围十分广泛且种类繁多，大街上随处可见的招贴、海报，基本上都需要使用 Photoshop 对其中的图像、文字、色彩等视觉元素进行合理的组合，从而达到广告宣传的目的。图 1-7 所示为使用 Photoshop 制作的平面广告效果。

图 1-7 Photoshop 制作的平面广告效果

自学基础——照片处理

Photoshop 作为比较专业的图形设计处理软件，在数码照片处理方面的能力比起其他的软件处理的效果要更好一些，不仅可以轻松修复旧损照片、清除照片中的瑕疵，还可以模拟光学滤镜的效果，并且能借助强大的图层与通道功能合成模拟照片，所以 Photoshop 在处理照片的效果上，有“数码暗房”之称。图 1-8 所示为使用 Photoshop 修整数码照片的效果。

图 1-8 Photoshop 修整数码照片的效果

自学基础——网页设计

网页设计是一个比较成熟的行业，网络中每天诞生上百万个网页，Photoshop CS6 的图像设计功能非常强大，可以制作出精美的网页。图 1-9 所示为使用 Photoshop 设计的网页作品。

图 1-9 Photoshop 设计的网页作品

自学基础——文字设计

伴随着科技的发展与进步，文字效果变得更加多样化，在报刊、杂志、图书、户外广告、房地产标识、电影和动漫产业等行业的应用也越来越广泛。用户可以运用 Photoshop CS6 制作出一种无拘无束、流动性强、飘逸唯美的变形类创意文字。图 1-10 所示为运用 Photoshop 制作的文字效果。

图 1-10 Photoshop 制作的文字效果

自学基础——插画设计

插画近年来逐渐走向成熟，随着出版及商业设计领域工作的逐渐细分，Photoshop 在绘画方面的功能也越来越强大。广告插画、卡通漫画插画、影视游戏插画、出版物插画等都属于商业插画。图 1-11 所示为使用 Photoshop 设计的插画作品。

图 1-11 Photoshop 设计的插画作品

自学基础——室内装饰后期处理

在 3ds Max 中完成建筑模型的效果图制作后，一般在 Photoshop 中对输出的装修设计图像进行视觉效果和内容细节的优化，如改善室内灯光、场景以及添加适当的饰物等，更逼真地模拟装修设计的实际效果，给用户更全面的设计结果。图 1-12 所示为建模后的室内原图与使用 Photoshop 处理后的效果图对比。

图 1-12 建模后的室内原图与使用 Photoshop 处理后的效果图对比

1.3 Photoshop 的安装与卸载

用户学习软件的第一步，就是要掌握 Photoshop CS6 软件的安装方法，下面主要介绍 Photoshop CS6 安装与卸载的操作方法。

自学自练——安装 Photoshop CS6

Photoshop CS6 的安装时间较长，在安装的过程中需要耐心等待。如果计算机中已经有其他的版本，不需要卸载其他的版本，但需要将正在运行的软件关闭。

Step 01 打开 Photoshop CS6 的安装软件文件夹，双击 Setup.exe 图标，安装软件开始初始化，初始化之后，进入“欢迎”界面，选择“试用”选项，如图 1-13 所示。

Step 02 在弹出的“Adobe 软件许可协议”窗口中，单击“接受”按钮，如图 1-14 所示。

图 1-13　选择“试用”选项

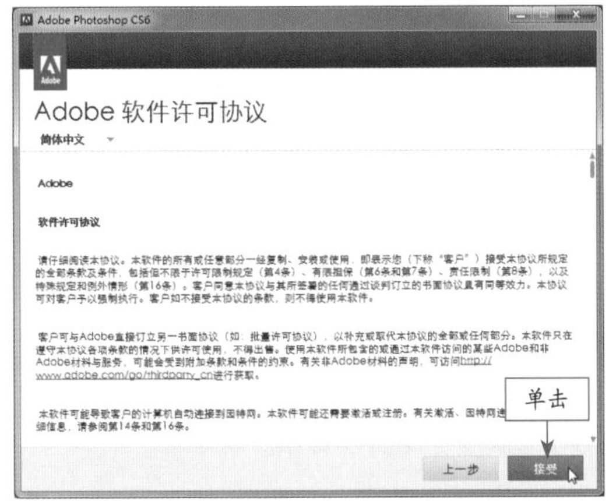

图 1-14　单击“接受”按钮

Step 03 弹出“选项”窗口，在“位置”下方的文本框中设置安装位置为D盘的“应用软件”文件夹，然后单击“安装”按钮，如图 1-15 所示。

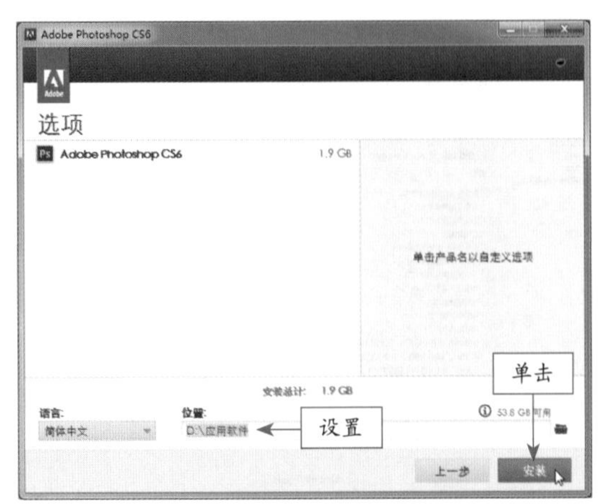

图 1-15　单击“安装”按钮

Step 04 系统会自动安装软件，弹出“安装”窗口，显示安装进度，如图 1-16 所示，如果用户需要取消，单击左下角的“取消”按钮即可。

图 1-16　显示安装进度

Step 05 在弹出的相应窗口中提示此次安装完成，然后单击右下角的“关闭”按钮，如图 1-17 所示，即可完成 Photoshop CS6 的安装操作。

图 1-17　单击“完成”按钮

自学自练——卸载 Photoshop CS6

Photoshop CS6 的卸载方法比较简单，在这里用户需要借助 Windows 的卸载程序进行操作，或者运用杀毒软件中的卸载功能来进行卸载。

如果用户想要彻底地移除 Photoshop 相关文件，就需要找到 Photoshop 的安装路径，删掉这个文件夹即可。

Step 01 在 Windows 操作系统中打开“控制面板”窗口，双击“程序和功能”图标，在弹出的窗口中选择 Adobe Photoshop CS6 选项，然后单击“卸载”按钮，如图 1-18 所示。

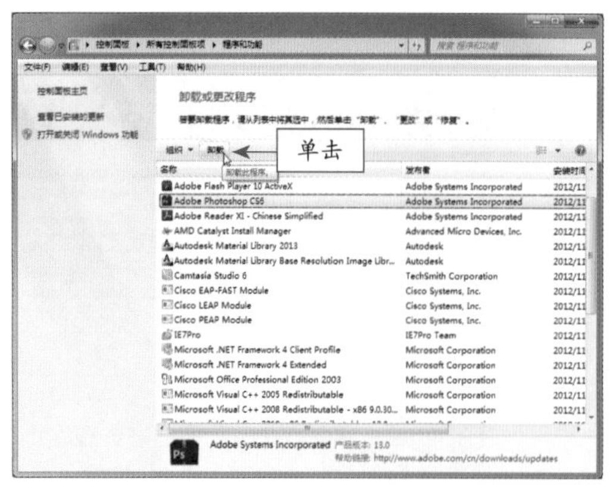

图 1-18 单击“删除”按钮

Step 02 在弹出的“卸载选项”窗口中单击右下角的“卸载”按钮，如图 1-19 所示。

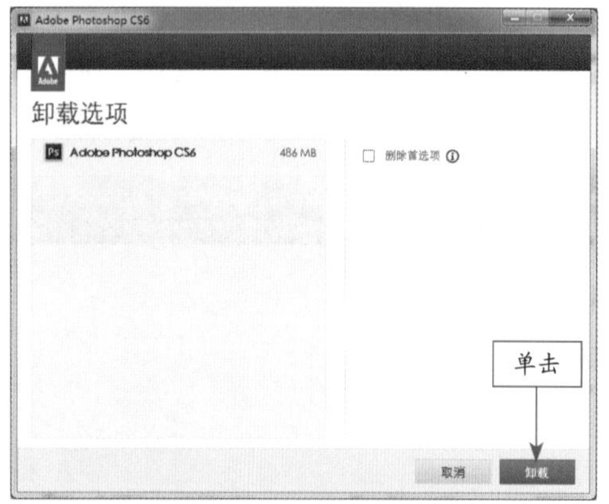

图 1-19 单击“卸载”选项

Step 03 执行操作后，系统开始卸载，弹出“卸载”窗口，显示软件卸载进度，如图 1-20 所示。

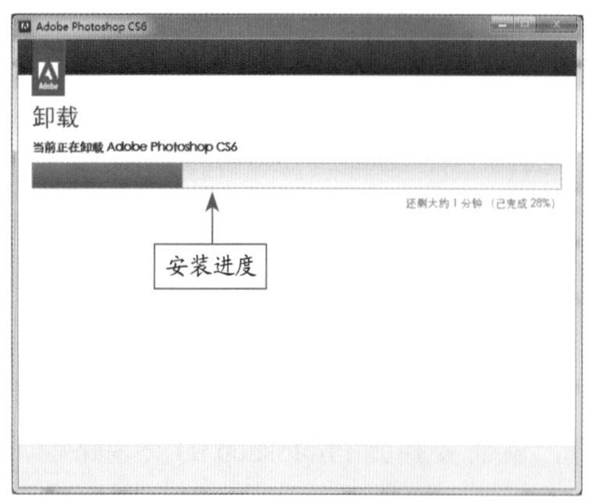

图 1-20 显示卸载进度

Step 04 稍等片刻，弹出相应窗口，单击右下角的“关闭”按钮，如图 1-21 所示，即可完成卸载。

图 1-21 单击“关闭”按钮

1.4 首选项设置

用户在使用 Photoshop CS6 的过程中，可以根据自身的需要对 Photoshop CS6 的操作环境进行一定的优化设置，这有助于提高工作效率。本节主要向读者介绍 Photoshop 首选项的设置方法，主要内容包括优化常规选项、优化界面选项、优化文件处理选项以及优化性能选项等。

自学自练——优化常规选项

单击菜单栏中的“编辑”|“首选项”|“常规”命令，弹出“首选项”对话框，进入“常规”选项卡，在其中可以对 Photoshop CS6 的拾色器、图像插值、历史记录等信息进行设置。

Step 01 单击菜单栏中的“编辑”|“首选项”|“常规”命令，弹出“首选项”对话框，如图 1-22 所示。

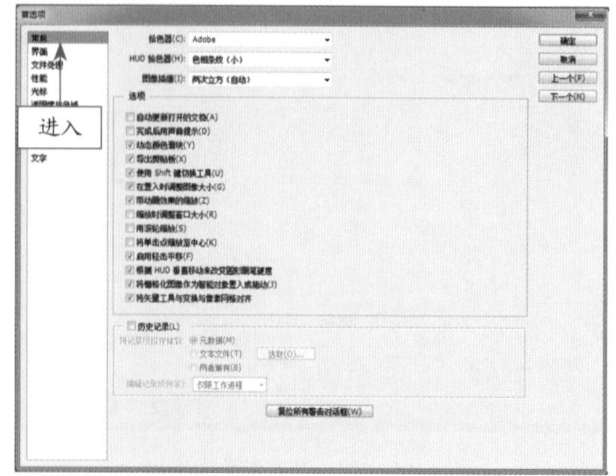

图 1-22 “首选项”对话框

Step 02 在“常规”选项卡中，单击“拾色器”下拉按钮，在弹出的下拉列表中选择“Windows”选项，如图 1-23 所示，单击“确定”按钮，即可优化设置常规选项。

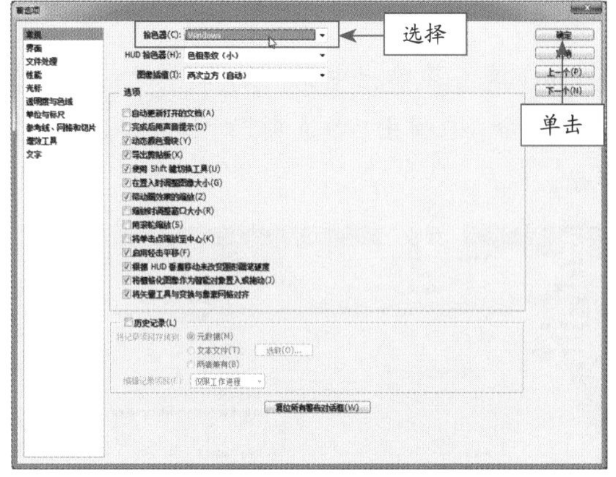

图 1-23 选择“Windows”选项

自学自练——优化界面选项

用户可以根据需要优化软件界面，能美化图像编辑窗口，在进行设计时更加得心应手。

Step 01 单击菜单栏中的“编辑”|“首选项”|“界面”命令，执行操作后，弹出“首选项”对话框，如图 1-24 所示。

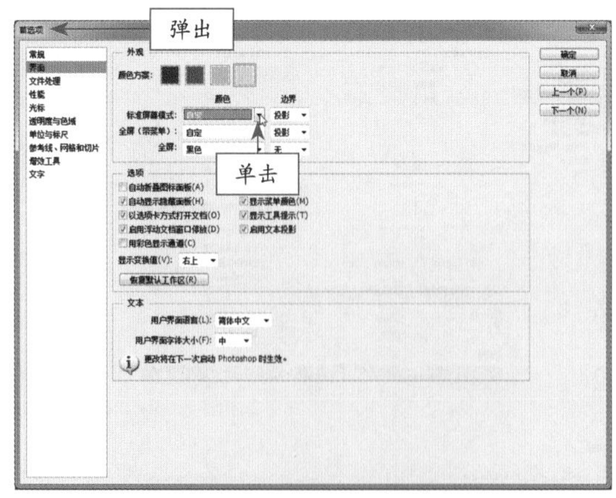

图 1-24 “首选项”对话框 1

Step 02 在“界面”选项卡的“标准屏幕模式”右侧，单击“颜色”下拉按钮，在弹出的列表框中选择“自定”选项，弹出“拾色器（自定画布颜色）”对话框，在其中设置各选项，如图 1-25 所示。

Step 03 单击“确定”按钮，返回“首选项”对话框，如图 1-26 所示。

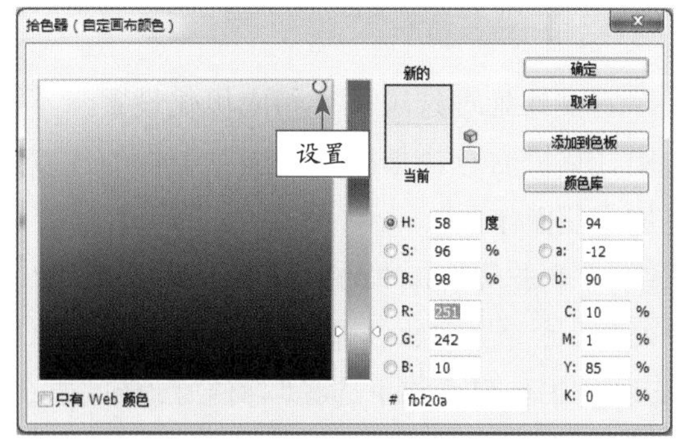

图 1-25 设置背景颜色

专家提醒

除了运用上述方法可以转换标准屏幕模式颜色外，还可以在编辑窗口的灰色区域内单击鼠标右键，弹出快捷菜单，用户可以根据需要选择“灰色”、“黑色”、“自定”或“自定颜色”选项。

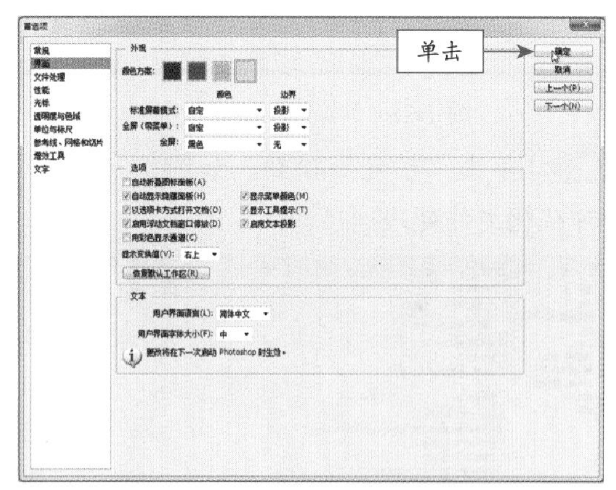

图 1-26 “首选项”对话框 2

Step 04 单击“确定”按钮，标准屏幕模式即可呈自定颜色显示，如图 1-27 所示。

图 1-27 标准屏幕模式为自定颜色

自学自练——优化文件处理选项

对文件处理选项进行相应优化设置，不会占用计算机内存，却能改变浏览图像的速度，更加方便操作。

Step 01 单击菜单栏中的“编辑”|“首选项”|“文件处理”命令，弹出“首选项”对话框，在“图像预览”下拉列表框中选择“存储时询问”选项，如图 1-28 所示。

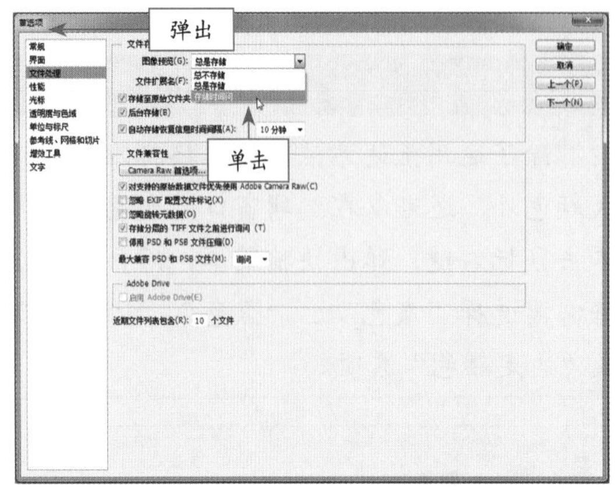

图 1-28 “首选项”对话框

Step 02 单击“确定”按钮，如图 1-29 所示，即可优化文件处理选项。

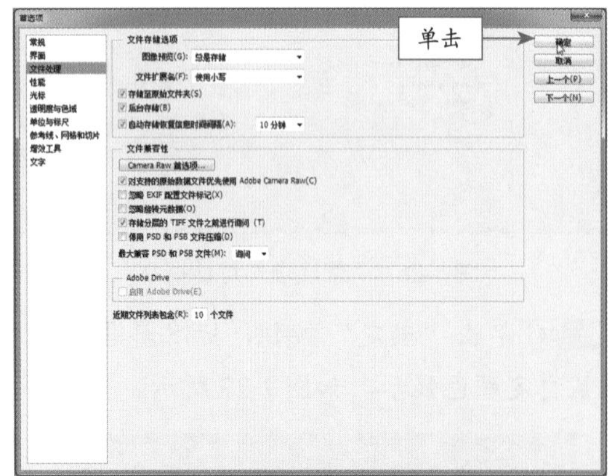

图 1-29 设置“文件处理”选项

专家提醒

在“文件存储选项”选项区的“图像预览”下拉列表框中，一般选择“存储时询问”选项，对于“近期文件列表包含”参数，用户可以根据自身的需要进行相关参数的设置，该文本框中的数值大小不会占用计算机内存，而且可以更加方便于用户的操作。

自学自练——优化性能选项

优化性能选项主要对 Photoshop CS6 的内存占用量、历史记录状态、高速缓存级别等进行设置。

Step 01 单击菜单栏中的“编辑”|“首选项”|“性能”命令，弹出“首选项”对话框，如图 1-30 所示。

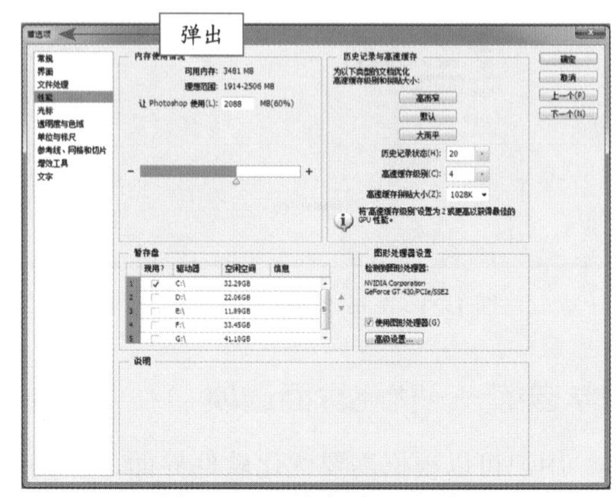

图 1-30 “首选项”对话框

Step 02 在“暂存盘”选项区中选择“D 驱动器”复选框，如图 1-31 所示，单击“确定”按钮，即可优化系统性能选项。

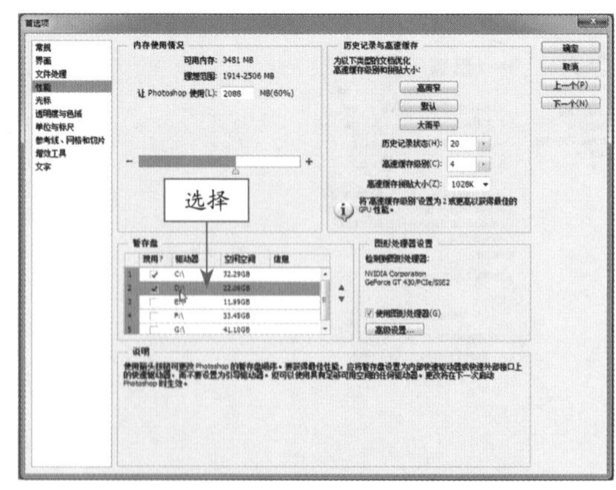

图 1-31 选择“D 驱动器”复选框

专家提醒

用户可以在“暂存盘”选项区中设置系统磁盘空闲最大的分区作为第一暂存盘。需要注意的是，用户最好不要把系统盘作为第一暂存盘，防止频繁地读写硬盘数据，影响操作系统的运行效果。

自学自练——设置单位与标尺

在 Photoshop CS6 中，优化单位与标尺更利于辅助工具的使用。

Step 01 单击菜单栏中的“编辑”|“首选项”|“单位与标尺”命令，弹出“首选项”对话框，如图 1-32 所示。

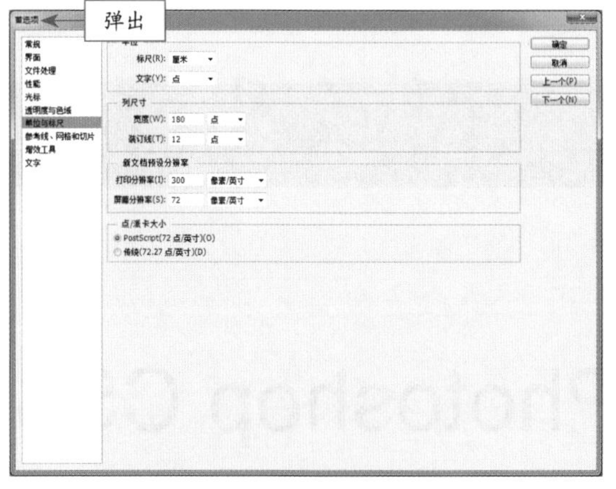

图 1-32 “首选项”对话框

Step 02 在“单位”选项区的“标尺”下拉列表中，选择“毫米”选项，如图 1-33 所示，单击“确定”按钮，即可设置单位与标尺。

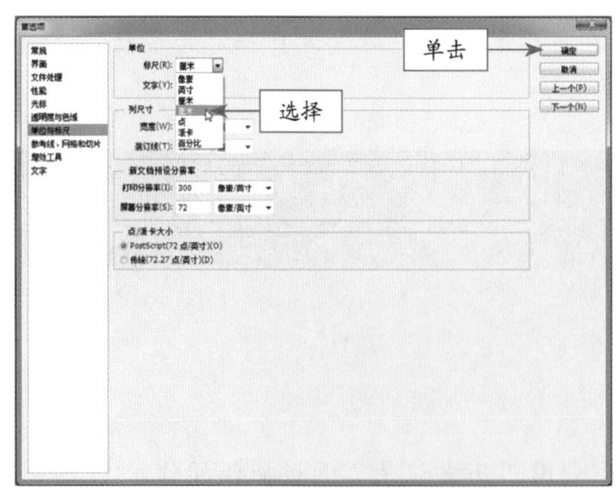

图 1-33 选择“毫米”选项

自学自练——设置参考线、网格与切片

当图像所使用的颜色与网格或参考线的颜色很接近时，会造成视觉上的不便，从而影响操作，用户可以重新设置网格或参考线的颜色及样式。

Step 01 单击菜单栏中的“编辑”|“首选项”|“参考线、网格与切片”命令，弹出“首选项”对话框，如图 1-34 所示。

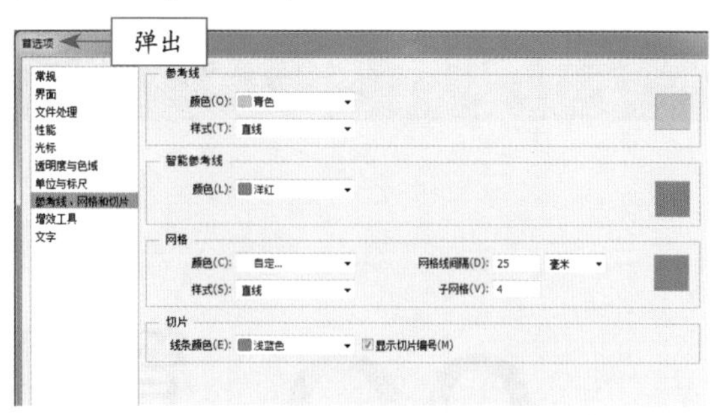

图 1-34 “首选项”对话框

Step 02 在“参考线”选项区中，设置“颜色”为“青色”；在“网格”选项区中设置“颜色”为“洋红”，如图 1-35 所示，单击“确定”按钮，即可设置网格。

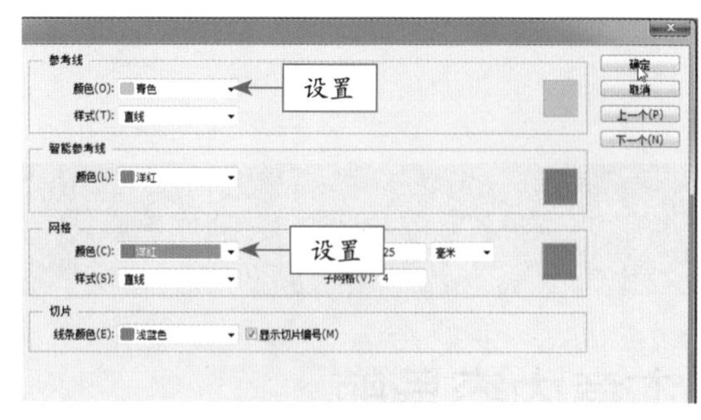

图 1-35 设置颜色

02

Chapter

管理 Photoshop CS6

用户在学习 Photoshop CS6 软件之前，首先需要掌握软件的一些基本操作，如掌握 Photoshop CS6 全新的工作界面，图像文件的新建、打开、保存、关闭、置入、导入以及导出等内容，在本章最后介绍了 Phtooshop CS6 的帮助资源，希望在日后的学习中对读者有一定的帮助。

本章内容导航

- 位图
- 矢量图
- 图像的颜色模式
- 图像的文件格式
- 全新 Photoshop CS6 工作界面
- 管理图像文件
- 利用“历史记录”面板撤销操作
- 创建非线性历史记录
- 利用快照还原图像
- 从磁盘上恢复图像和清理内存
- Photoshop CS6 的帮助资源

2.1 图像的基础知识

在计算机设计领域中，图形图像分为两种类型，即位图图像和矢量图形。这两种类型的图形图像都有各自的特点，下面将向读者进行详细介绍。

自学基础——位图

位图又称为点阵图，是由许多点组成的，这些点为像素（pixel）。当许多不同颜色的点（即像素）组合在一起后，便构成了一幅完整的图像。

位图可以记录每一点的数据信息，因而可以精确地制作出色彩和色调变化丰富的图像，可以逼真地表现自然界的景象，达到照片般的品质。但是，由于位图所包含的图像像素数目是一定的，若将图像放大到一定程度后，图像就会失真，边缘会出现锯齿，如图 2-1 所示。

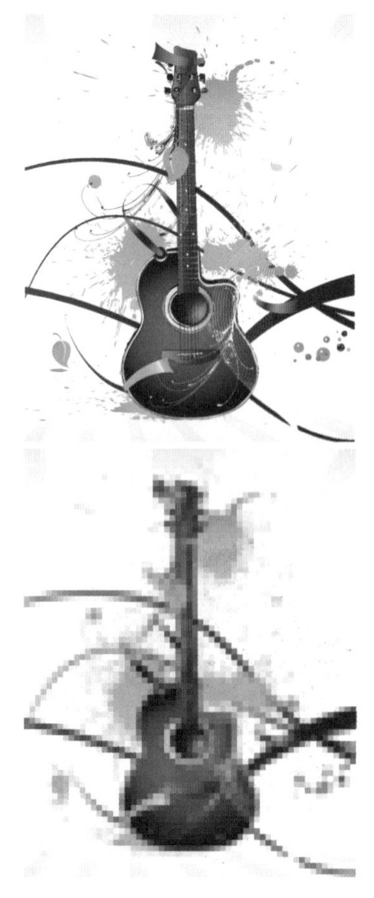

图 2-1 位图原效果与放大后的效果

自学基础——矢量图

矢量图形也称为向量式图形，它用数学的矢量方式来记录图像内容，以线条和色块为主，这类对象的线条非常光滑、流畅，可以无限地进行放大、缩小或旋转等操作，并且不会失真，如图 2-2 所示。矢量图不宜制作色调丰富或色彩变化太多的图形，而且绘制出来的图形无法像位图那样精确地描绘各种绚丽的景象。

图 2-2 矢量图的原效果与放大后的效果

自学基础——图像的颜色模式

颜色模式决定了图像的显示颜色数量，也影响图像的通道数和图像的文件大小。Photoshop CS6 能以多种色彩模式显示图像，最常用的模式是 RGB、CMYK、位图和灰度 4 种模式。

1. RGB 模式

RGB 模式是 Photoshop 默认的颜色模式，是图形图像设计中最常用的色彩模式。它代表了可视光线的三种基本色，即红、绿、蓝，它也称为“光学三原色”，每一种颜色存在着 256 个等级的强度变化。当三原色重叠时，由不同的混色比例和强度会产生其他的间色，三原色相加会产生白色，如图 2-3 所示。

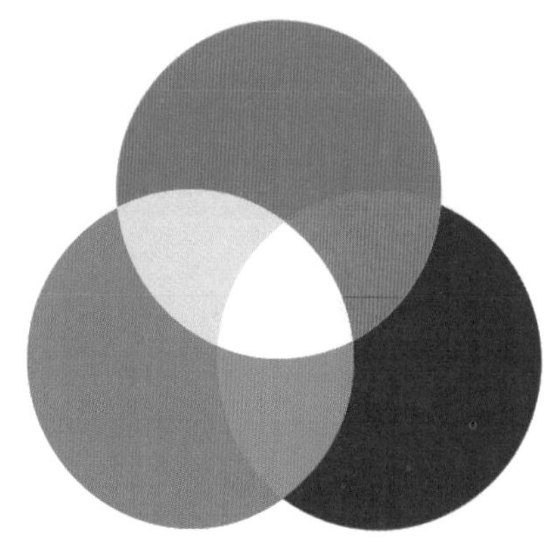

图 2-3　三原色

RGB 模式在屏幕表现下色彩丰富，所有滤镜都可以使用，各软件之间文件兼容性高，但在印刷输出时，偏色情况较重。

2．CMYK 模式

CMYK 模式即由 C（青色）、M（洋红）、Y（黄色）、K（黑色）合成颜色的模式，这是印刷上最主要使用的颜色模式，由这四种油墨合成可生成千变万化的颜色，因此被称为四色印刷。

由青色（C）、洋红（M）、黄色（Y）叠加即生成红色、绿色、蓝色及黑色，如图 2-4 所示，黑色用来增加对比度，以补偿 CMY 产生黑度不足之用。由于印刷使用的油墨都包含一些杂质，单纯由 C、M、Y 三种油墨混合不能产生真正的黑色，因此需要加一种黑色（K）。CMYK 模式是一种减色模式，每一种颜色所占的百分比范围为 0% ～ 100%，百分比越大，颜色越深。

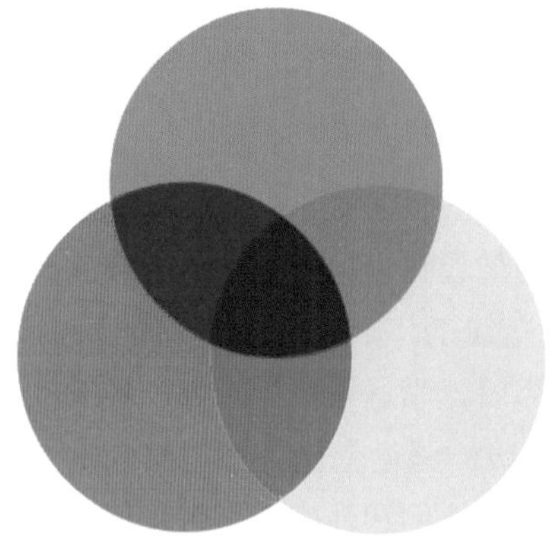

图 2-4　四色印刷

3．灰度模式

灰度模式可以将图片转变成黑白相片的效果，如图 2-5 所示，它是图像处理中被广泛运用的模式，采用 256 级不同浓度的灰度来描述图像色彩，每一个像素都有 0 ～ 255 之间范围的亮度值。

图 2-5　灰度模式的图像

将彩色图像转换为灰度模式时，所有的颜色信息都将被删除。虽然 Photoshop 允许将灰度模式的图像再转换为彩色模式，但是原来已丢失的颜色信息不能再恢复。

4．位图模式

位图模式也称为黑白模式，使用黑、白双色来描述图像中的像素，如图 2-6 所示。由于黑白之间没有灰度过渡色，所以该类图像占用的内存空间非常少。当一幅彩色图像要转换成黑白模式时，不能直接转换，必须先将图像转换成灰度模式。

图 2-6　位图模式的图像

自学基础——图像的文件格式

图像文件格式是指在计算机中表示、存储图像信息的格式。面对不同的工作时，选择不同的文件格式也非常重要。例如，在彩色印刷领域，图像的文件格式要求为 TIFF 格式，而 GIF 和 JPEG 格式则广泛应用于互联网中，因为其独特的图像压缩方式，所占用的内存容量十分小。

Photoshop CS6 软件支持 20 多种文件格式，下面介绍 7 种常用的图像文件格式。

1. PSD/PSB 文件格式

PSD 格式是 Photoshop 软件的默认格式，也是唯一支持所有图像模式的文件格式，可以分别保存图像中的图层、通道、辅助线和路径等信息。

PSB 格式是 Photoshop 中新建的一种文件格式，它属于大型文件，除了具有 PSD 格式文件的所有属性外，最大的特点就是支持宽度和高度最大为 30 万像素的文件。

2. BMP 格式

BMP 格式是 DOS 和 Windows 环境中均兼容的图像格式，是英文 Bitmap（位图）的简写。BMP 格式支持 1 ～ 24 位颜色深度，使用的颜色模式有 RGB、索引颜色、灰度和位图等，但不能保存 Alpha 通道。BMP 格式的特点是包含图像信息较丰富，几乎不对图像进行压缩，其占用磁盘空间大。

3. JPEG 格式

JPEG 是一种高压缩比、有损压缩真彩色的图像文件格式，其最大的特点是文件比较小，可以进行高倍率的压缩，因而在注重文件大小的领域应用广泛，比如网络上绝大部分要求高颜色深度的图像都使用 JPEG 格式。JPEG 格式支持 RGB、CMYK 和灰度颜色模式，但不支持 Alpha 通道，它主要用于图像预览和制作 HTML 网页。

JPEG 格式是压缩率最高的图像格式之一，这是由于 JPEG 格式在压缩保存的过程中会以失真最小的方式丢掉一些肉眼不易察觉的数据，因此，保存后的图像与原图会有所差别。此格式的图像没有原图像的质量好，所以不宜在印刷、出版等高要求的场合下使用。

4. AI 格式

AI 格式是 Illustrator 软件所特有的矢量图形存储格式。在 Photoshop 软件中将保存了路径的图像文件输出为 AI 格式，可以在 Illustrator 和 CorelDRAW 等矢量图形软件中直接打开并进行任意修改和处理。

5. TIFF 格式

TIFF 格式用于在不同的应用程序和不同的计算机平台之间交换文件。TIFF 格式是一种通用的位图文件格式，几乎所有的绘画、图像编辑和页面版式应用程序均支持该文件格式。

TIFF 格式能够保存通道、图层和路径信息，由此看来它与 PSD 格式没有什么区别。但实际上如果在其他应用程序中打开该文件格式所保存的图像时，其所有图层将被合并，因此只有在 Photoshop 软件中打开保存了图层的 TIFF 文件，才能修改其中的图层。

6. GIF 格式

GIF 格式也是一种非常通用的图像格式，由于最多只能保存 256 种颜色，且使用 LZW 压缩方式压缩文件，因此，GIF 格式保存的文件不会占用太多的磁盘空间，非常适合 Internet 上的图片传输，GIF 格式还可以保存动画。

7. EPS 格式

EPS 是 Encapsulated PostScript 的缩写。EPS 是一种通用的行业标准格式，可同时包含像素信息和矢量信息。除了多通道模式的图像之外，其他模式都可存储为 EPS 格式，但是它不支持 Alpha 通道。EPS 格式可以支持剪贴路径，在排版软件中可以产生镂空或蒙版效果。

2.2 全新 Photoshop CS6 工作界面

Photoshop CS6的工作界面在原有基础上进行了简化，将标题栏和菜单栏进行了合并，如图2-7所示。从图中可以看出，Photoshop CS6 的工作界面主要由菜单栏、状态栏、工具箱、工具属性栏、图像编辑窗口和浮动控制面板 6 个部分组成，下面简单对各组成部分进行介绍。

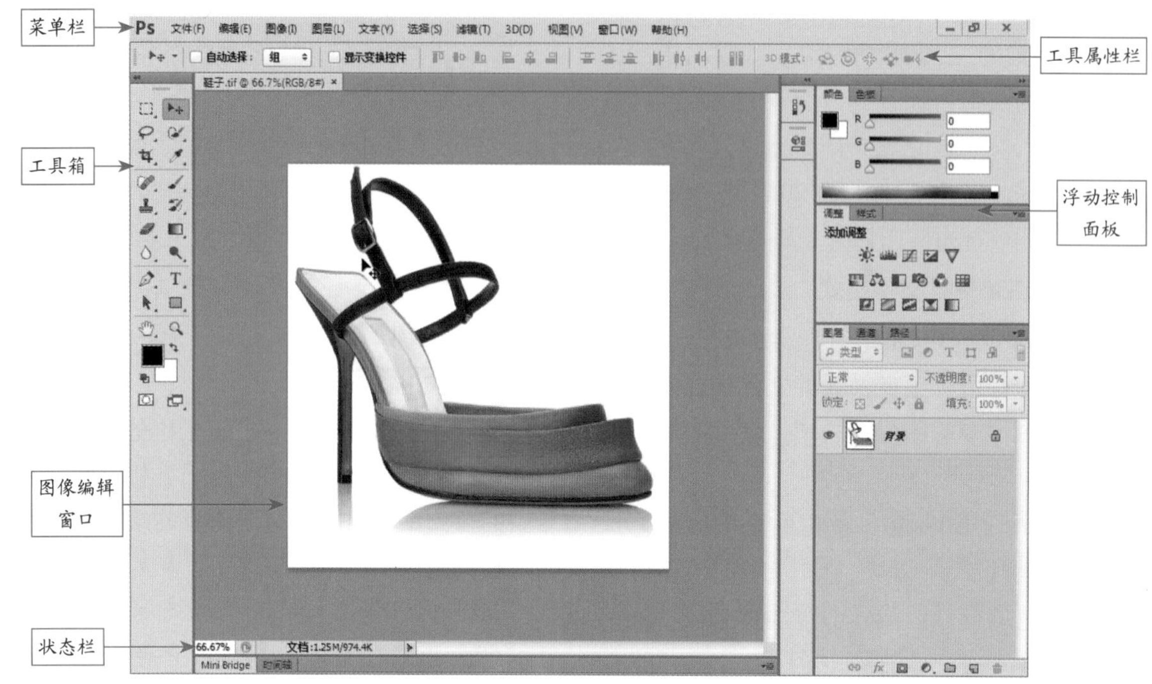

图 2-7 Photoshop CS6 的工作界面

自学基础——菜单栏

Photoshop CS6 菜单栏位于整个窗口的顶端，显示了当前应用程序的名称、菜单命令，以及用于控制文件窗口显示大小的窗口最小化、窗口最大化（还原窗口）、关闭窗口等几个功能按钮，如图 2-8 所示。菜单部分由“文件”、“编辑”、“图像”、“图层”、“文字”、“选择”、“滤镜”、“3D”、“视图”、“窗口”和“帮助”11 个菜单命令组成，单击任意一个菜单项都会弹出其包含的命令，Photoshop CS6 中的绝大部分功能都可以利用菜单命令来实现。在标题栏左侧的程序图标 Ps 上单击鼠标左键，在弹出的菜单命令中可以执行最小化或最大化窗口、还原窗口、关闭窗口等操作。

Ps 文件(F) 编辑(E) 图像(I) 图层(L) 文字(Y) 选择(S) 滤镜(T) 3D(D) 视图(V) 窗口(W) 帮助(H)

图 2-8 菜单栏

> **专家提醒**
>
> 如果菜单中的命令呈现灰色，则表示该命令在当前编辑状态不可用；如果菜单命令右侧有一个三角符号，则表示此菜单包含有子菜单，将鼠标指针移动到该菜单上，即可打开其子菜单；如果菜单命令右侧有省略号“…”，则执行此菜单命令时将会弹出与之有关的对话框。

自学基础——状态栏

状态栏位于图像编辑窗口的底部，主要用于显示当前所编辑图像的显示参数值及图像的相关信息。状态栏主要由显示比例、文件信息和提示信息三部分组成。状态栏左侧的数值框用于设置图像窗口的显示比例，在该数值框中输入显示比例的数值后，按【Enter】键，当前图像即可按照设置的参数进行显示。

状态栏右侧区域用于显示图像文件信息，单击文件信息右侧的小三角形按钮，即可弹出快捷菜单，其中显示了当前图像文件信息的各种显示方式，如图 2-9 所示。

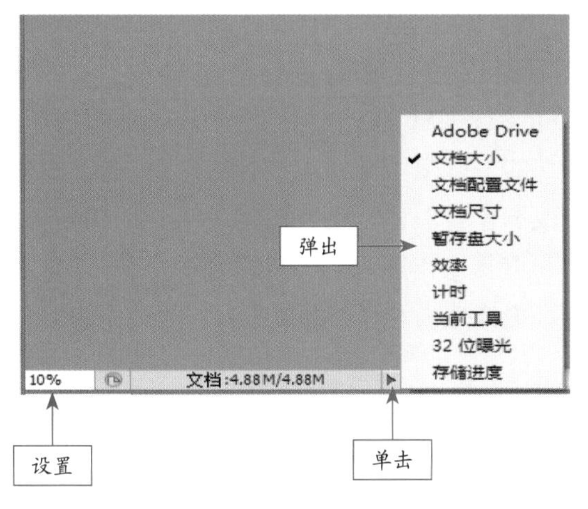

图 2-9 显示文件信息的各种选项

自学基础——工具箱

工具箱位于工作界面的左侧，包含 50 多个工具，如图 2-10 所示；要使用工具箱中的工具，只要选取工具，即可在图像编辑窗口中使用。

若在工具按钮的右下角有一个小三角形，表示该工具组中还有其他工具，在工具组上单击鼠标右键，即可弹出所隐藏的工具选项，如图 2-11 所示。

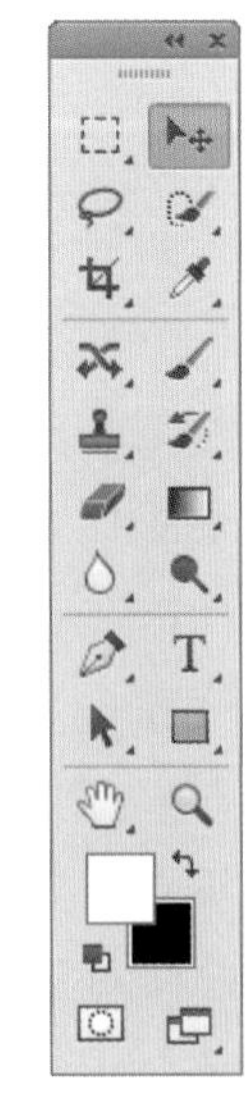

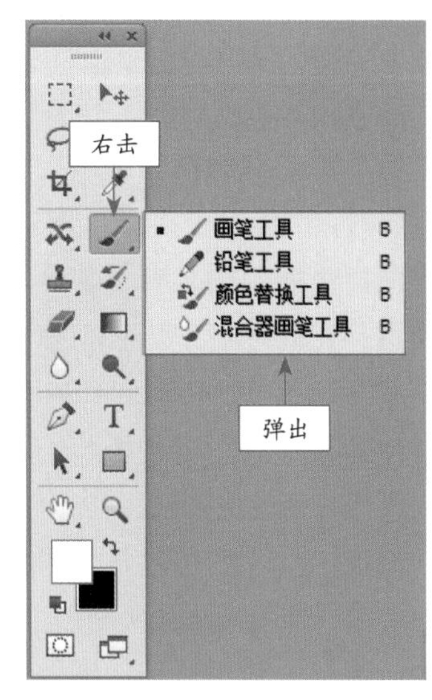

图 2-10 工具箱　　　图 2-11 显示隐藏工具

专家提醒

选择隐藏工具的方法主要有以下 3 种。

◆ 在按住【Alt】键的同时，单击该工具组按钮，即可切换一种工具；当选取的工具出现时，释放【Alt】键即可。

◆ 移动鼠标指针至需要选取的工具组按钮处，按下鼠标左键不放，稍等片刻，在弹出的工具列表中即可选择相应工具。

◆ 移动鼠标指针至需要选取的工具组按钮上，单击鼠标右键即可弹出工具组；拖动鼠标指针至要选取的工具上，单击鼠标左键即可。

自学基础——工具属性栏

工具属性栏一般被固定存放在菜单栏的下方，主要用于对所选取的工具属性进行设置，它提供了控制工具属性的选项，其显示的内容会根据所选工具的不同而发生变化。在工具箱中选取相应的工具后，工具属性栏将显示该工具可使用的功能，或可以进行编辑操作等，例如，选取工具箱中的快速选择工具后，工具属性栏的显示效果如图 2-12 所示。

图 2-12 快速选择工具的工具属性栏

自学基础——图像编辑窗口

在 Photoshop CS6 工作界面的中间，呈灰色区域显示的即为图像编辑工作区。当打开一个文档时，工作区中将显示该文档的图像窗口，图像窗口是编辑的主要工作区域，图形的绘制与编辑都在此区域中进行。在图像编辑窗口中可以实现所有 Photoshop CS6 中的功能，也可以对图像窗口进行多种操作，如改变窗口大小和位置等。当新建或打开多个文件时，图像标题栏的显示呈灰白色时，即为当前编辑窗口，如图 2-13 所示，此时所有操作将只针对该图像编辑窗口。若想对其他图像窗口进行编辑，使用鼠标单击需要编辑的图像窗口即可。

图 2-13　打开多个文件的工作界面

自学基础——浮动控制面板

浮动控制面板是大多数软件比较常用的一种界面布局方式，主要用于对当前图像的颜色、图层、样式以及相关的操作进行设置和控制。默认情况下，浮动面板是以面板组的形式出现，位于工作界面的右侧，用户可以进行分离、移动和组合。

若要选择某个浮动面板时，可单击浮动面板窗口中相应的标签；若要隐藏某浮动面板窗口，可单击“窗口”菜单中带✔标记的命令，或单击浮动面板窗口右上角的“关闭”按钮✕；若要重新启动被隐藏的面板，可单击“窗口”菜单中不带✔标记的命令，如图 2-14 所示。

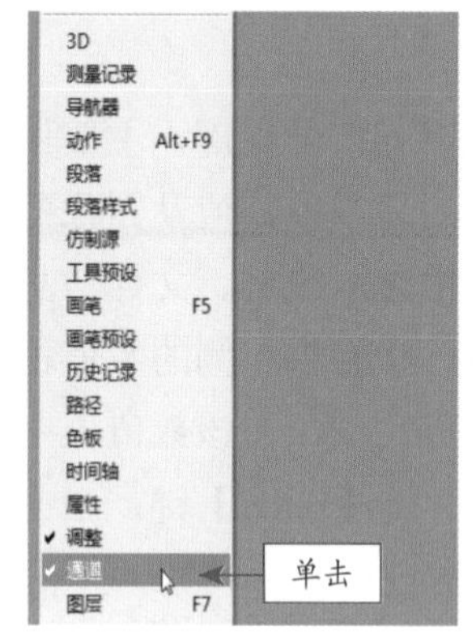

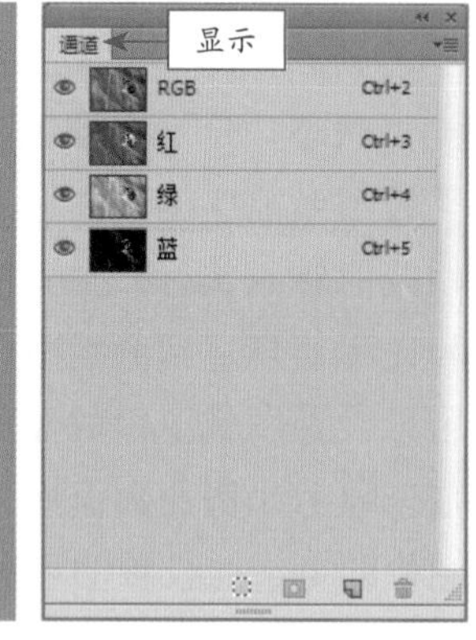

图 2-14　显示浮动面板

2.3 管理图像文件

Photoshop CS6 作为一款图像处理软件，绘图和图像处理是它的看家本领。在使用 Photoshop CS6 开始创作之前，需要先了解此软件的一些常用操作，如处理图像的基本操作、修改和调整图像、调整图像的显示、图像的撤销和重复操作等。熟练掌握各种操作，可以更好、更快地去设计作品。

自学自练——新建文件

若要在一个空白的文件上绘制或编辑图像，就需要先新建一个文件。在 Photoshop CS6 中新建文件的方法很简单，下面向读者进行详细介绍。

Step 01 启动 Photoshop CS6 软件，单击菜单栏中的“文件”|“新建”命令。

Step 02 弹出“新建”对话框，根据需要设置新建文档的名称、宽度、高度、分辨率、颜色模式及背景内容，如图 2-15 所示。

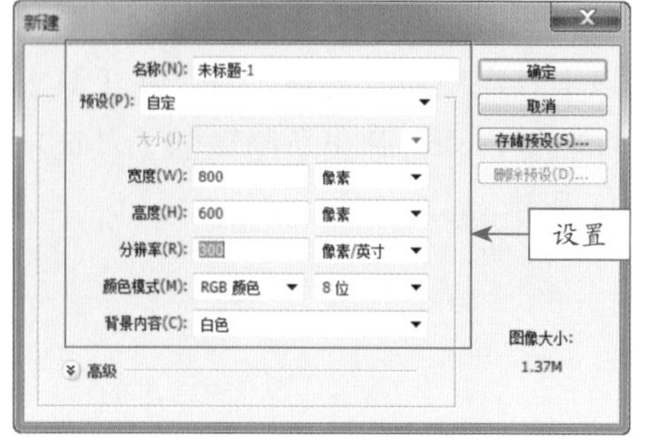

图 2-15　设置新建参数

Step 03 单击“确定”按钮，即可新建一个空白的图像文件，如图 2-16 所示。

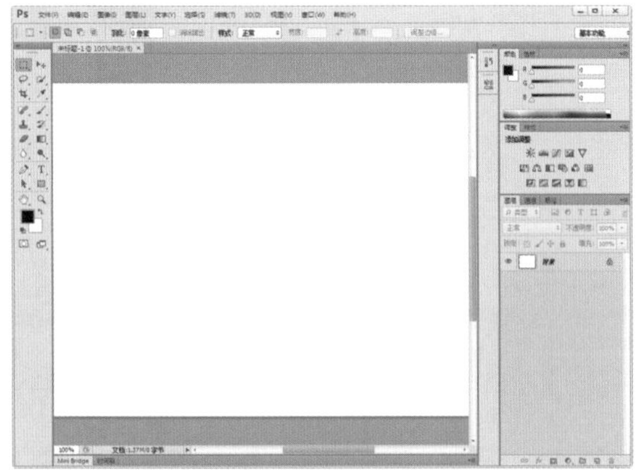

图 2-16 新建空白的图像文件

> **专家提醒**
>
> 除了运用上述方法创建图像以外，也可以按【Ctrl + N】组合键来创建图像文件。
>
> 用户所创建的图像文件若需要印刷，为保证图像的清晰度，建议将分辨率设置为 300 像素 / 英寸以上；若仅用于浏览图像或网页，建议将分辨率设置为 72 像素 / 英寸左右即可。分辨率越高，则文件的容量也越大。
>
> 在默认情况下，所创建图像的“背景内容”均为“白色”，用户也可以根据需要设置背景内容的颜色，单击“背景内容”右侧的下拉按钮，在弹出的下拉列表框中选择所需的选项即可。

自学自练——打开文件

在 Photoshop CS6 中经常需要打开一个或多个图像文件进行编辑和修改，它可以打开多种文件格式，也可以同时打开多个文件。

Step 01 单击菜单栏中的“文件”|“打开”命令，弹出“打开”对话框，选择需要打开的图像文件，如图 2-17 所示。

Step 02 单击“打开”按钮，即可打开选择的图像文件，如图 2-18 所示。

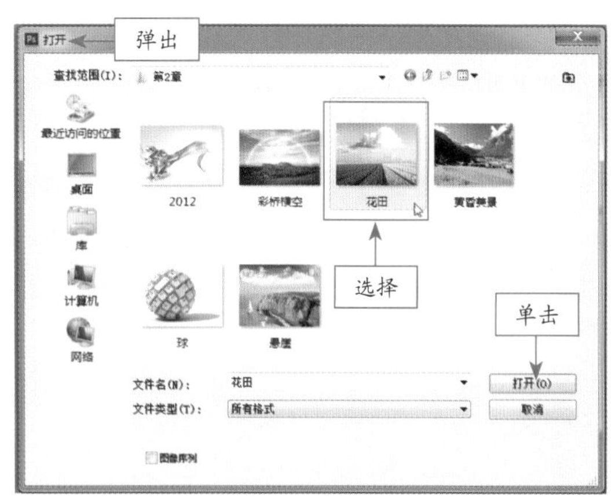

图 2-17 “打开”对话框

图 2-18 打开图像文件

> **专家提醒**
>
> 运用“打开”命令打开图像文件时，所选择的图像文件必须是指定格式的图像文件；否则，单击“打开”按钮后，系统将弹出信息提示框，提示用户所选择的文件不是所指定格式的图像文件。

自学自练——保存与关闭文件

用户可以保存当前编辑的图像文件，以便于在日后的工作中对该文件进行修改、编辑或输出操作。当用户不再需要编辑图像文件时，可以将图像文件关闭。

1. 保存新图像

若用户所编辑的图像文件是一幅新图像，且从未进行过保存操作，则可以使用“存储”命令对该图像文件进行保存。

Step 01 完成对当前文档的编辑操作后，单击菜单栏中的“文件”|“存储”命令。

Step 02 弹出“存储为”对话框，设置文件的存储路径、文件名和保存格式，如图 2-19 所示。

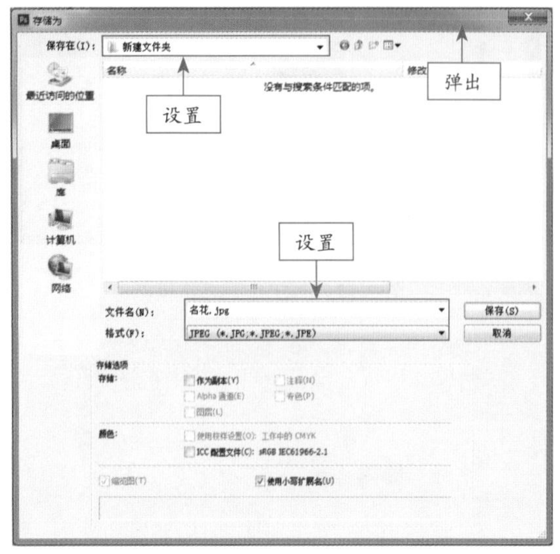

图 2-19 “存储为”对话框

Step 03 单击“保存”按钮，弹出信息提示框，如图 2-20 所示，单击“确定”按钮，即可保存所编辑的图像文件。

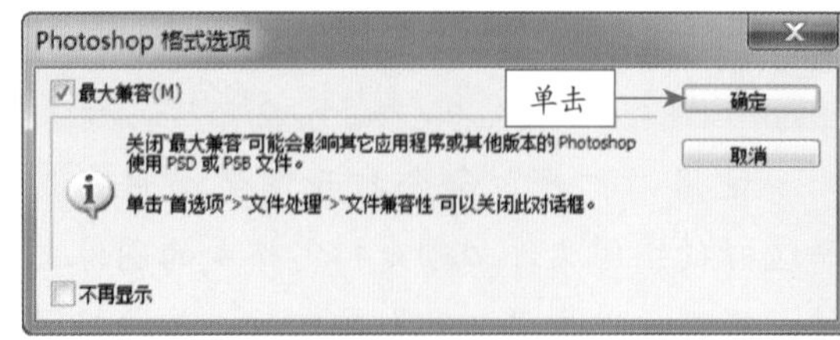

图 2-20 信息提示框

2. 关闭图像文件

在使用 Photoshop 软件的过程中，当用户对图像文件编辑完成后，为了提高电脑运行速度，可以将一些不需要使用的图像文件进行关闭操作。

Step 01 单击菜单栏中的“文件”|“关闭”命令，如图 2-21 所示。

Step 02 执行操作后，即可关闭当前的图像文件，如图 2-22 所示。

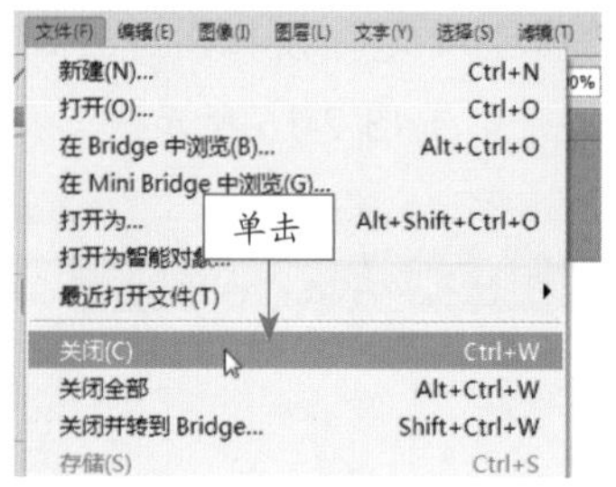

图 2-21 单击“关闭”命令

图 2-22 关闭文件

自学自练——置入图像文件

在 Photoshop 中置入图像文件，是指将所选择的文件置入到当前编辑窗口中，然后在 Photoshop 中进行编辑。

Step 01 按【Ctrl ＋ O】组合键，打开一幅素材图像，如图 2-23 所示。

图 2-23 素材图像

Step 02 单击菜单栏中的“文件”|“置入”命令，弹出“置入”对话框，选择要置入的文件，如图 2-24 所示。

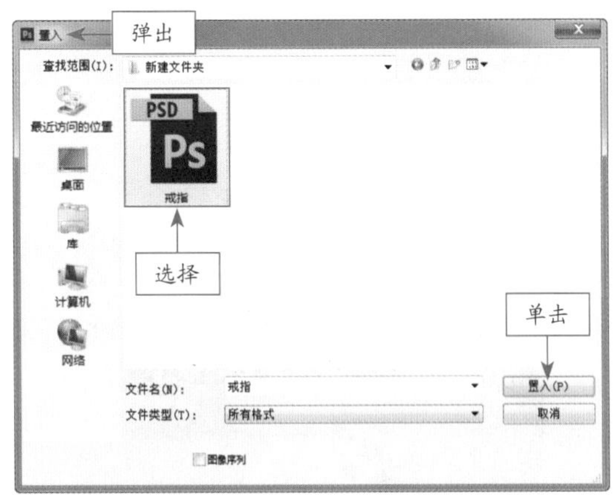

图 2-24 “置入”对话框

Step 03 单击“置入”按钮，即可置入图像文件，如图 2-25 所示。

图 2-25 置入图像文件

Step 04 将鼠标指针移至置入文件的控制点上，按住【Alt + Shift】组合键的同时，单击鼠标左键，等比例缩放图像，如图 2-26 所示。

图 2-26 等比例缩放图像

Step 05 按【Enter】键确认，即可完成对置入图像大小的调整，得到的最终效果如图 2-27 所示。

图 2-27 调整图像大小

专家提醒

运用“置入”命令，可以在图像中放置 EPS、AI、PDP 和 PDF 格式的图像文件，该命令主要用于将一个矢量图像文件转换为位图图像文件。放置一个图像文件后，系统将创建一个新的图层。需要注意的是，CMYK 模式的图像文件只能置入与其模式相同的图像。

自学自练——导入/导出图像文件

在 Photoshop 中可以对视频帧、注释和 WIA 等内容进行编辑，当新建或打开图像文件后，单击菜单栏中的“文件”|“导入”命令，可将内容导入到图像中。

1. 导入文件

导入文件是因为一些特殊格式无法直接打开，Photoshop 软件无法识别，导入的过程软件自动把它转换为可识别格式，打开的是软件可以直接识别的文件格式，Photoshop 直接保存会默认存储为 psd 格式文件，另存为或导出就可以根据需求存储为特殊格式。

2. 导出文件

在 Photoshop 中创建或编辑的图像可以导出到 Zoomify、Illustrator 和视频设备中，以满足用户的不同需求。如果在 Photoshop 中创建了路径，需要进一步处理，可以将路径文件导出为 AI 格式，这样在 Illustrator 中可以继续对路径进行编辑。

Step 01 按【Ctrl + O】组合键，打开一幅素材图像，如图 2-28 所示。

图 2-28　素材图像

Step 02 单击菜单栏中的“窗口”|“路径”命令，展开“路径”面板，选择“工作路径”选项，如图 2-29 所示。

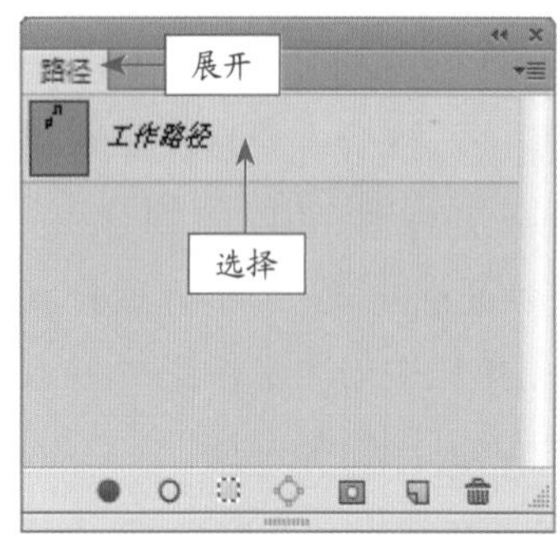

图 2-29　选择“工作路径”选项

Step 03 执行上述操作后，即可显示图像中的路径，效果如图 2-30 所示。

Step 04 单击菜单栏中的“文件”|“导出”|“路径到 Illustrator”命令，弹出“导出路径到文件”对话框，保持默认设置，单击“确定”按钮，弹出“选择存储路径的文件名”对话框，设置文件名称和存储格式，如图 2-31 所示，然后单击“保存”按钮，即可完成导出文件的操作。

图 2-30　显示图像中的路径

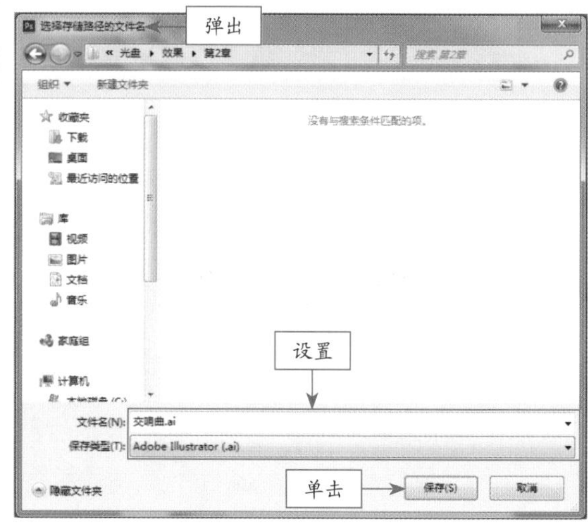

图 2-31　“选择存储路径的文件名”对话框

2.4　撤销和还原图像操作

在处理图像的过程中，用户可以对已完成的操作进行撤销和重做，熟练地运用撤销和重做功能将会给工作带来极大的方便。

自学自练——利用“历史记录”面板撤销操作

在处理图像时，Photoshop 会自动将已执行的操作记录在“历史记录”面板中，用户可以使用该面板撤销前面所进行的任何操作，还可以在图像处理过程中为当前结果创建快照，并且还可以将当前图像处理结果保存为文件。

Step 01 按【Ctrl + O】组合键，打开一幅素材图像，此时图像编辑窗口中的显示如图 2-32

所示。

图 2-32　素材图像

Step 02 单击菜单栏中的“滤镜”|“模糊”|“高斯模糊”命令，弹出“高斯模糊”对话框，在其中设置“半径”为 8.2 像素，如图 2-33 所示。

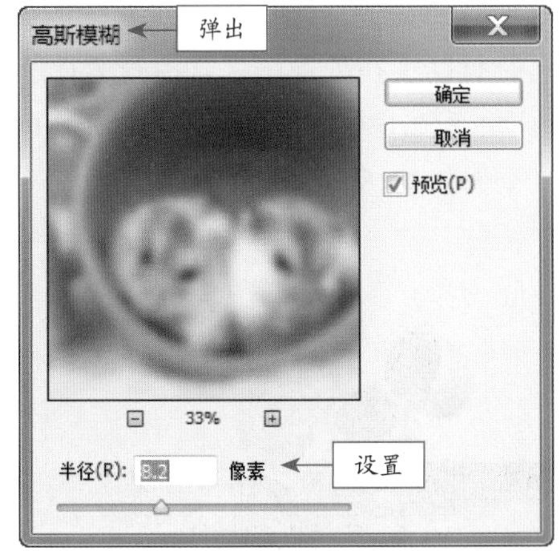

图 2-33　“高斯模糊”对话框

Step 03 单击“确定”按钮，即可模糊图像，效果如图 2-34 所示。

图 2-34　高斯模糊图像

Step 04 展开“历史记录”面板，选择“打开”选项，如图 2-35 所示。

图 2-35　“历史记录”面板

Step 05 执行上述操作后，即可恢复图像至打开时的状态，效果如图 2-36 所示。

图 2-36　恢复图像

自学基础——创建非线性历史记录

在 Photoshop 的“历史记录”面板中，如果单击前一个步骤给图像还原时，则该步骤以下的操作会全部变暗；如果此时继续进行其他操作，则该步骤后面的记录将会被新的操作所代替；非线性历史记录允许在更改选择状态时保留后面的操作，如图 2-37 所示。

图 2-37　更改“历史记录”面板

单击“历史记录”面板中的“扩展”按钮 ，在弹出的列表框中选择“历史记录选项”命令，如图 2-38 所示，弹出“历史记录选项”对话框，选中“允许非线性历史记录”复选框，即可将历史记录设置为非线性状态，如图 2-39 所示。

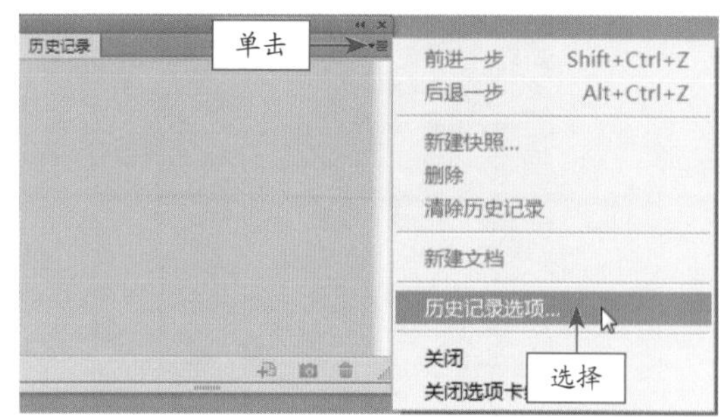

图 2-38 选择“历史记录选项”命令

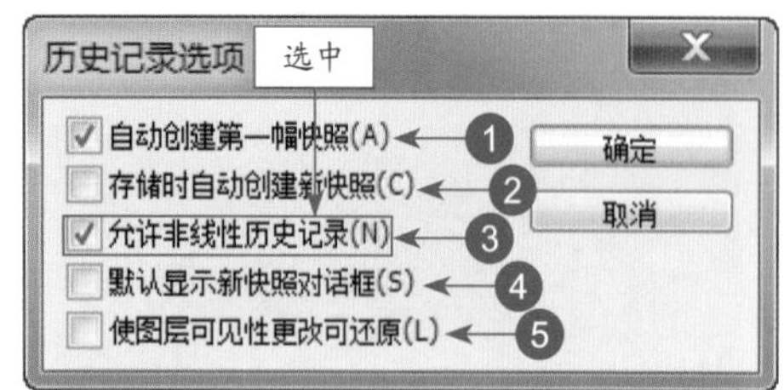

图 2-39 “历史记录选项”对话框

❶ 自动创建第一幅快照：打开图像文件时，图像的初始状态自动创建为快照。

❷ 存储时自动创建新快照：在编辑的过程中，每保存一次文件，都会自动创建一个快照。

❸ 允许非线性历史记录：在更改选择状态时保留后面的操作。

❹ 默认显示新快照对话框：在编辑过程中，Photoshop 自动提示操作者输入快照名称。

❺ 使图层可见性更改可还原：保存对图层可见性的更改。

自学基础——利用快照还原图像

Photoshop 中的“快照”命令使用户可以创建图像任何状态的临时副本（或快照）。“新快照”将被添加到“历史记录”面板顶部的“快照”列表中，选择“快照”即可从存储时的状态开始工作。具体操作为：打开“历史记录”面板，单击“历史记录”面板下的“创建新快照”按钮 ，可创建“新快照”，如图 2-40 所示。此后用户在图像中做的任何操作，只要单击创建的“快照”，即可还原图像当时记录的状态，如图 2-41 所示。

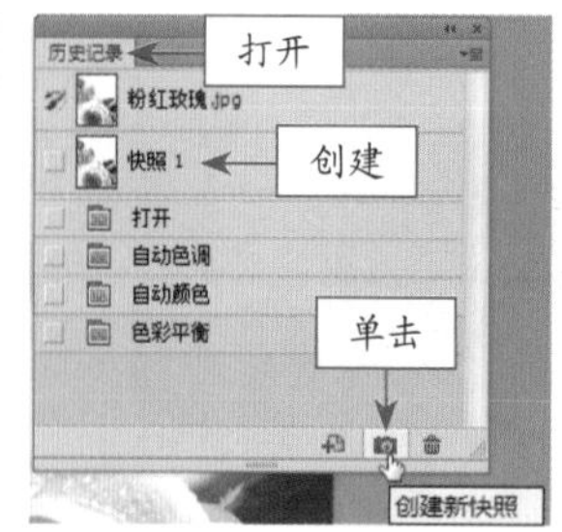

图 2-40 创建新快照

图 2-41 还原图像

自学自练——从磁盘上恢复图像和清理内存

在 Photoshop 中处理图像时，软件会自动保存大量的中间数据，在这期间如果不定期处理，就会影响计算机的速度，使之变慢。如果用户定期对磁盘的清理，能加快系统的处理速度，同时有助于在处理图像时提升运行速度。

Step 01 按【Ctrl + O】组合键，打开一幅素材图像，如图 2-42 所示。

图 2-42 素材图像

Step 02 选取工具箱中的椭圆工具 ，设置前景色为黄色，单击工具属性栏中的“形状”按钮，在图像上创建一个椭圆形状，如图 2-43 所示。

图 2-43 创建椭圆形状

Step 03 单击菜单栏中的“文件”|“恢复”命令，即可让系统从磁盘上将图像恢复到当初保存的状态。

Step 04 单击菜单栏中的“编辑”|“清理”|“剪贴板”命令，即可清除剪贴板的内容。

Step 05 单击菜单栏中的“编辑”|“清理”|“历史记录”命令，即可清除历史记录的内容。

Step 06 单击菜单栏中的“编辑”|“清理”|“全部”命令，即可清除全部的内容。

2.5 Photoshop CS6的帮助资源

在Photoshop CS6的“帮助”菜单中，用户可以获得Adobe Photoshop帮助资源和技术支持。本书主要向读者介绍Photoshop CS6的帮助资源，主要包括帮助和支持中心、法律声明、系统消息以及产品注册信息等内容。

自学基础——Photoshop CS6的帮助和支持中心

Adobe提供了描述Photoshop软件功能的帮助文件，单击菜单栏中的“帮助”|“Photoshop帮助”命令或者单击菜单栏中的“帮助”|“Photoshop支持中心”命令，就可链接到Adobe网站的版主社区查看帮助文件。

Photoshop帮助文件中还提供了大量视频教程的链接地址，单击相应链接地址，就可以在线观看由Adobe专家录制的各种详细讲解Photoshop CS6功能的演示视频，以便用户可以自行学习。在Photoshop CS6的帮助资源中还具体介绍了Photoshop常见的问题与解决方法，用户可以根据不同的情况来进行查看。

自学基础——Photoshop CS6法律声明和系统消息

在Photoshop“帮助”菜单中介绍了关于Photoshop的有关信息、法律声明和系统信息，具体内容如下。

1. 关于Photoshop

在Photoshop菜单栏中单击“帮助”|“关于Photoshop”命令，会弹出Photoshop启动时的画面，画面中显示了Photoshop研发小组的人员名单和其他Photoshop的有关信息。

2. 法律声明

在Photoshop菜单栏中单击“帮助”|“法律声明”命令，可以在打开的“法律声明”对话框中查看Photoshop的专利和法律声明。

3. 系统信息

在Photoshop菜单栏中单击“帮助”|“系统信息”命令，可以在打开的“系统信息”对话框中查看当前操作系统的各种信息，如显卡、系统内存、Photoshop占用的内存、安装序列号以及安装的增效工具等内容。

自学基础——Photoshop CS6产品的注册、激活和更新

下面介绍Photoshop CS6相关产品的注册、激活和更新的操作方法，以供用户参考以及使用。

1. 产品注册

单击菜单栏中的“帮助”|“产品注册”命令，可以在线注册Photoshop。注册产品后可以获取最新的产品信息、培训、简讯、Adobe活动和研讨会的邀请函，以及获得附赠的安装支持、升级通知和其他服务。

2. 产品激活

Photoshop的单用户零售许可只能激活两台计算机，如果要在第三台计算机上安装同一个Photoshop，就必须先在其他两台计算机的一台上取消激活，即单击菜单栏中的“帮助”|“取消激活”命令取消激活，然后在第三台计算机上安装注册。

3. 更新

在Photoshop CS6菜单栏中单击“帮助”|“更新”命令，就可以更新至Photoshop的最新版本。

03

Chapter

软件界面基本操作

Photoshop CS6 是一款功能强大的图像处理软件，在绘图和图像处理方面都发挥着很大的作用。用户在掌握这些技能之前，首先要掌握 Photoshop CS6 的图像处理环境（如设置工作区域的技巧）、管理 Photoshop CS6 工具箱的方法以及调整面板大小的操作等。

本章内容导航

- 基本功能工作区
- 预设工作区
- 自定义一个简洁的工作区
- 制作彩色菜单命令
- 为“亮度 / 对比度”命令配置快捷键
- 展开工具箱
- 移动 / 隐藏工具箱
- 选择复合工具
- 展开 / 折叠面板
- 移动 / 组合面板
- 隐藏面板
- 调整面板大小

3.1 设置工作区域

Photoshop 中的工作区包括文档窗口、工具箱、菜单栏和各种面板。Photoshop 提供了适合于不同任务的预设工作区，如要使用 3D 功能时，可以切换到 3D 工作区，这样就会显示与 3D 功能相关的各种面板。

自学基础——基本功能工作区

基本功能工作区是 Photoshop 中最基本的、没有进行特别设计的工作区，也是默认的工作区，如图 3-1 所示。在这个工作区中，Photoshop 包括了一些很常用的面板，如"图层"面板、"路径"面板、"通道"面板、"蒙版"面板和"颜色"面板等。

图 3-1 基本功能工作区

自学基础——预设工作区

在 Photoshop CS6 菜单栏中，单击"窗口"|"工作区"菜单下的子命令，可以选择合适的工作区，如图 3-2 所示。

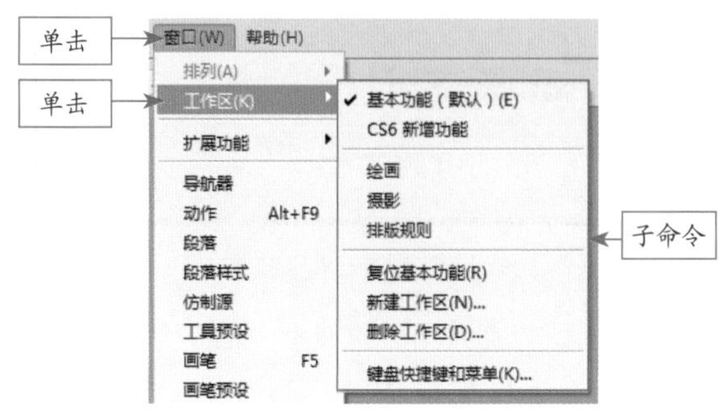

图 3-2 选择合适的工作区

自学自练——自定义一个简洁的工作区

用户创建自定义工作区时，可以将经常使用的面板组合在一起，简化工作界面，从而提高工作的效率。

Step 01 按【Ctrl + O】组合键，打开一幅素材图像，如图 3-3 所示。

图 3-3 打开素材图像

Step 02 单击菜单栏中的"窗口"|"工作区"|"新建工作区"命令，弹出"新建工作区"对话框。

Step 03 在"名称"右侧的文本框中设置工作区的名称，如图 3-4 所示，单击"存储"按钮，用户即可完成自定义工作区的创建。

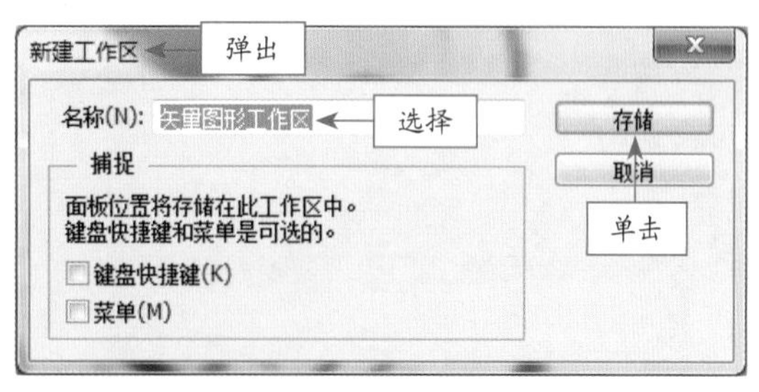

图 3-4 "新建工作区"对话框

> **专家提醒**
>
> 单击菜单栏中的"窗口"|"工作区"|"基本功能"命令，用户可以返回 Photoshop CS6 的最原始工作面板。

自学自练——制作彩色菜单命令

在 Photoshop CS6 中，用户可以将经常用到某些菜单命令设定为彩色，以便需要时可以快速找到相应菜单命令。下面详细介绍自定义彩色菜单命令的操作方法。

Step 01 单击菜单栏中的“编辑”|“菜单”命令，弹出“键盘快捷键和菜单”对话框，在“应用程序菜单命令”下拉列表框中单击“图像”左侧的▶三角形按钮，如图 3-5 所示。

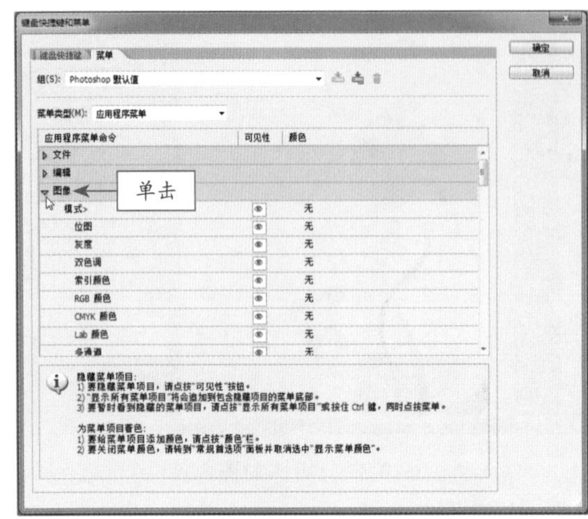

图 3-5 “键盘快捷键和菜单”对话框

Step 02 展开“图像”选项，单击“模式”右侧的下拉按钮，在弹出的列表框中选择“蓝色”选项，然后单击“确定”按钮，如图 3-6 所示。

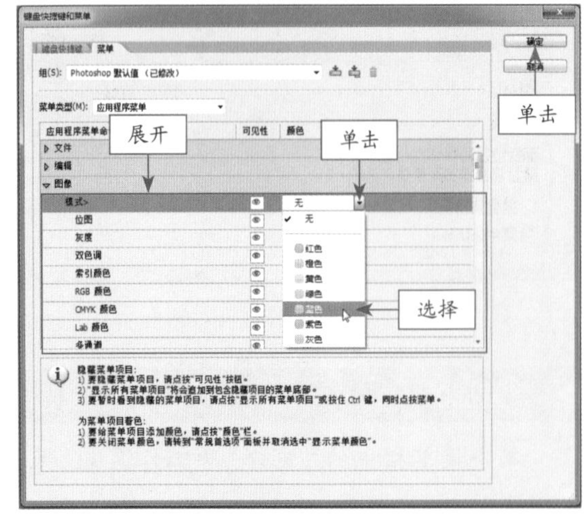

图 3-6 选项设置

Step 03 即可在“图像”菜单中查看到“模式”命令显示为蓝色，如图 3-7 所示。

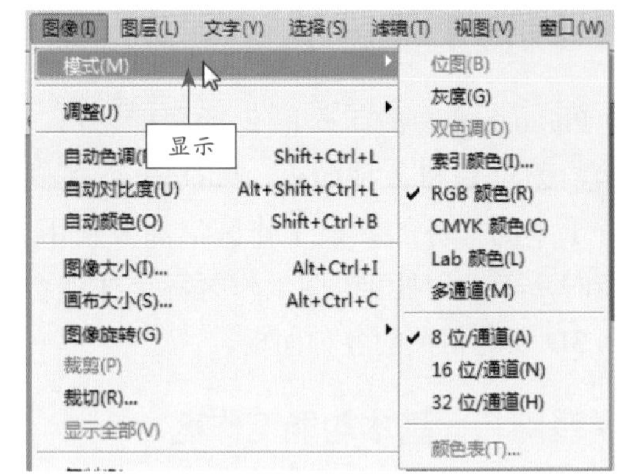

图 3-7 命令显示为蓝色

自学自练——为“亮度 / 对比度”命令配置快捷键

在 Photoshop CS6 中，自定义快捷键可以将经常使用的工具，定义为熟悉的快捷键，下面介绍为“亮度 / 对比度”命令配置快捷键的操作方法。

Step 01 单击菜单栏中的“窗口”|“工作区”|“键盘快捷键和菜单”命令，弹出“键盘快捷键和菜单”对话框。

Step 02 单击“快捷键用于”右侧的下拉按钮，在弹出的列表框中选择“应用程序菜单”选项，在下拉列表框中单击“图像”左侧的▶三角形按钮，如图 3-8 所示。

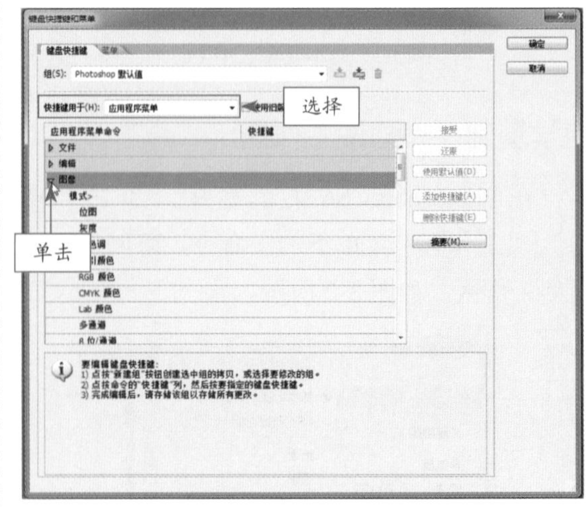

图 3-8 单击相应按钮

Step 03 选择“亮度 / 对比度”选项，然后用户可以根据需要设置快捷键，如图 3-9 所示，单击“确定”按钮，即可完成操作。

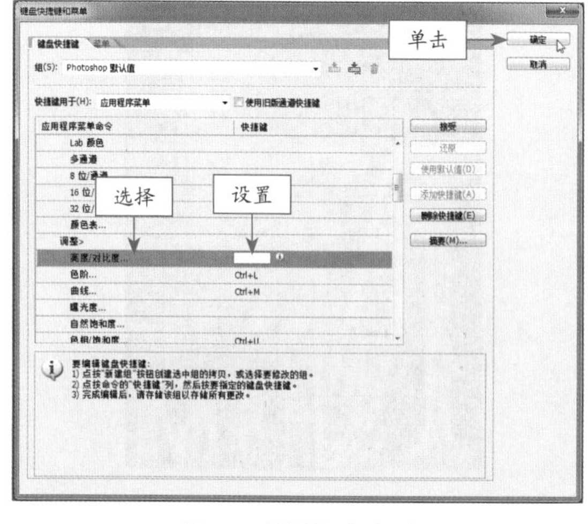

图 3-9 设置相应选项

▶ 专家提醒

用户还可以在“快捷键用于”下拉列表框中，选择“应用程序菜单”和“面板菜单”选项，对 Photoshop 的快捷键进行整体设置。

3.2 管理 Photoshop CS6 工具箱

在 Photoshop CS6 的工具箱中，包含了用于各种创建和编辑图像、图稿、页面元素的工具和按钮，如何灵活运用工具箱，有助于用户设计出更优秀的作品。下面详细介绍 Photoshop CS6 工具箱的管理方法。

自学基础——展开工具箱

Photoshop CS6 的工具箱是以图标形式展现的，选取任意工具，可以进行相应的操作，各工具的名称，如图 3-10 所示。

单击工具箱中工具图标右下角中的三角形按钮，就会显示出其他相似功能的隐藏工具，如图 3-11 所示。

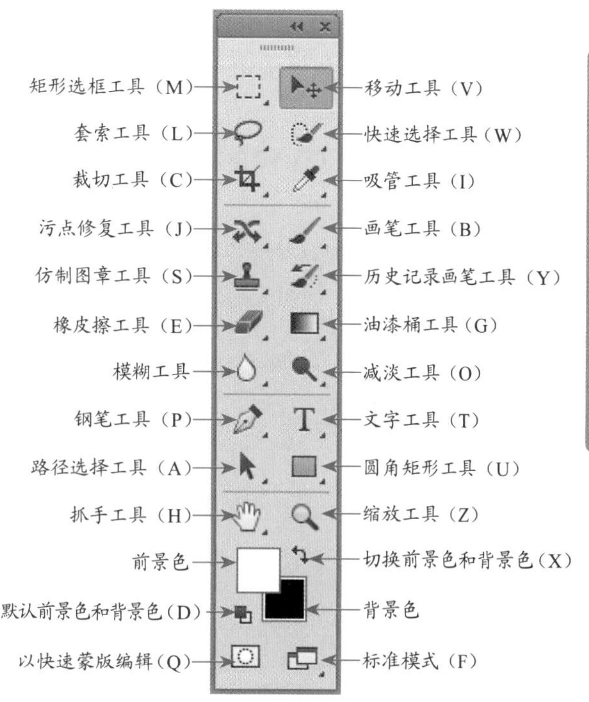

图 3-10 工具箱

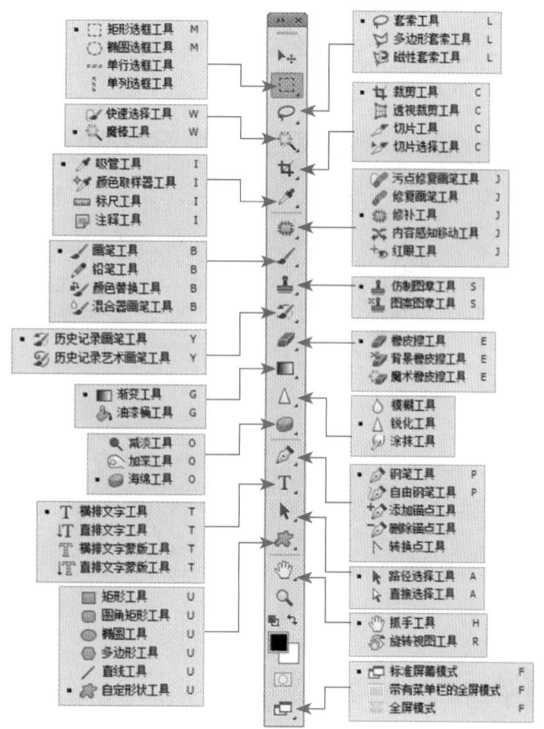

图 3-11 展开工具箱

自学自练——移动工具箱

在 Photoshop CS6 中的默认情况下，工具箱是停放在窗口的左侧。将光标置于工具箱顶部的空白处，单击鼠标左键并向右拖曳，即可将工具箱从停放中拖出，放在窗口的任意位置。

Step 01 按【Ctrl + O】组合键，打开一幅素材图像，如图 3-12 所示。

图 3-12 打开素材图像

Step 02 将鼠标移至工具箱上方的灰色区域内，单击鼠标左键并拖曳至合适位置后，释放鼠标左键，即可移动工具箱，如图 3-13 所示。

图 3-13 移动工具箱

自学自练——隐藏工具箱

在 Photoshop CS6 中，隐藏工具箱可以最大限度地利用编辑窗口，使图像显示的区域更加广阔，为用户创造更舒适的工作环境。下面详细介绍隐藏工具箱的操作方法。

Step 01 按【Ctrl + O】组合键，打开一幅素材图像，如图 3-14 所示。

图 3-14 素材图像

Step 02 单击菜单栏中的“窗口”|“工具”命令，如图 3-15 所示。

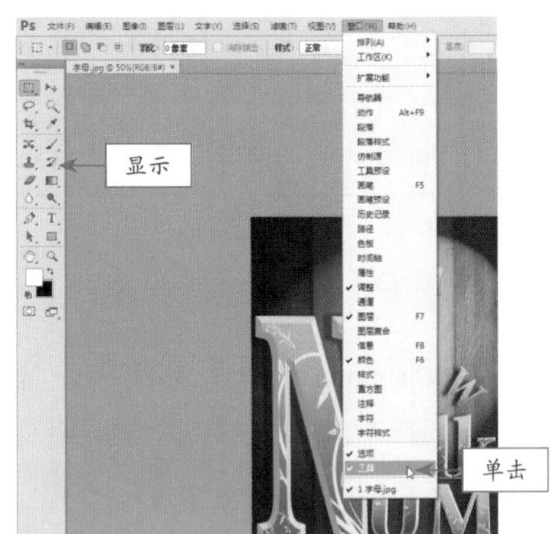

图 3-15 单击“工具”命令

Step 03 执行上述操作后，即可隐藏工具箱，如图 3-16 所示。

图 3-16 隐藏工具箱

Step 04 单击菜单栏中的“窗口”|“工具”命令，即可恢复工具箱的显示，如图 3-17 所示。

图 3-17　恢复工具箱显示

自学自练——选择复合工具

选取工具箱中的工具只需要单击相应的图标即可，如果右下角带有三角形的图标就表示此工具下隐藏有其复合工具，用户可以单击鼠标左键不放或者单击鼠标右键，即可显示所包含的复合工具。

复合工具包含的功能很丰富，灵活的运用可以提高处理图片的速度。下面详细介绍选取复合工具的操作方法。

Step 01 选取任意工具下带有三角形的复合工具，例如减淡工具，单击鼠标右键，弹出复合工具组，如图 3-18 所示。

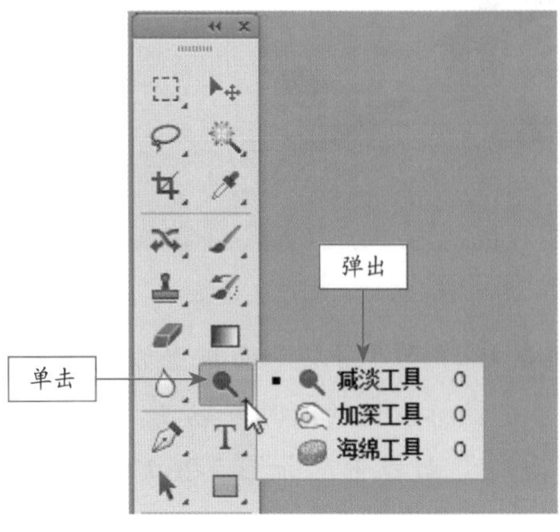

图 3-18　弹出复合工具组

Step 02 将鼠标指针移至加深工具处，选取加深工具，如图 3-19 所示，选取完成后，释放鼠标左键即可。

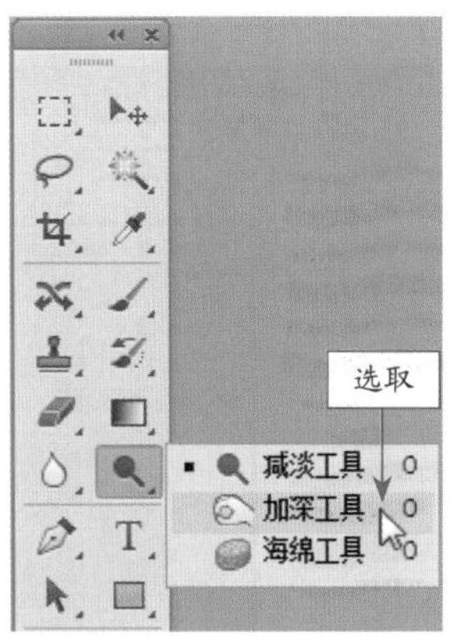

图 3-19　选取加深工具

3.3 管理 Photoshop CS6 面板

在 Photoshop CS6 中，面板的作用是用来设置颜色、工具参数以及执行编辑命令。Photoshop CS6 中包含 20 多个面板，用户可以在“窗口”菜单中选择需要的面板并将其打开。

自学自练——展开 / 折叠面板

单击面板组右上角的双三角形按钮，可以将面板折叠为图标状，再次单击双三角形按钮，可重新将其折叠回面板组。

Step 01 将鼠标移至控制面板上方的灰色区域内，单击鼠标右键，弹出快捷菜单，选择“展开面板”选项，如图 3-20 所示。

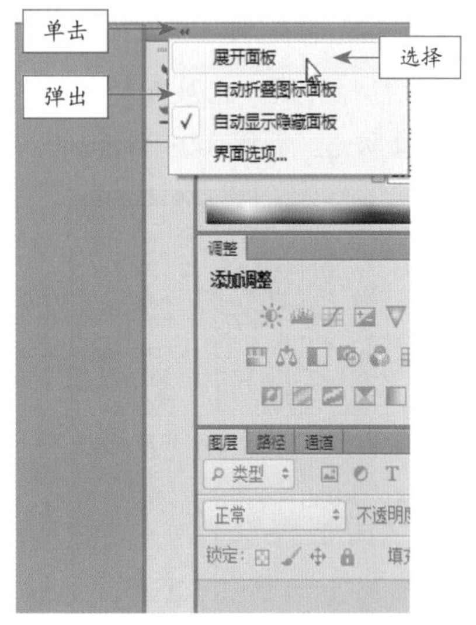

图 3-20　选择“展开面板”选项

Step 02 执行操作后，即可在图像编辑窗口中展开控制面板，如图 3-21 所示。

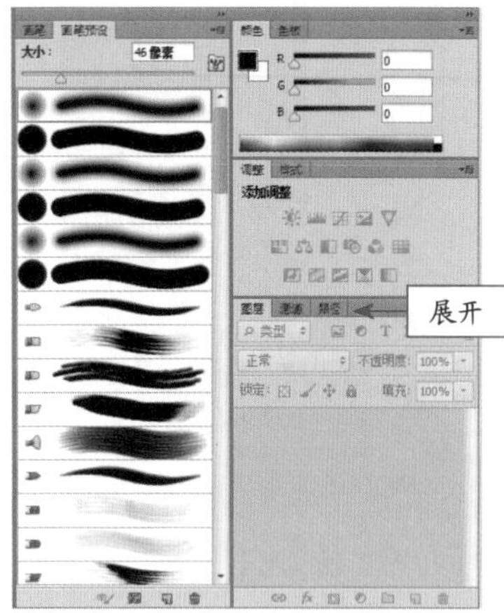

图 3-21 展开控制面板

Step 03 将鼠标移至控制面板上方的灰色区域内，单击鼠标右键，在弹出的快捷菜单中选择“折叠为图标”选项，如图 3-22 所示。

图 3-22 选择“折叠为图标”选项

Step 04 执行操作后，已展开的控制面板即可转换为折叠状态，如图 3-23 所示。

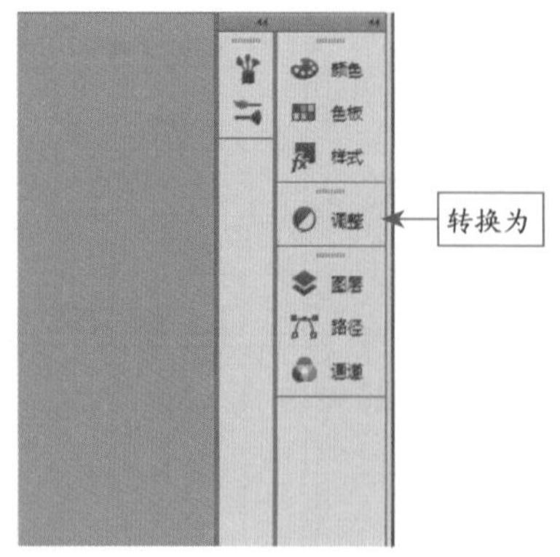

图 3-23 转换为折叠状态

自学自练——移动 / 组合面板

在 Photoshop CS6 中，移动 / 组合面板可以将两个或者多个面板组合在一起，当一个面板拖曳到另一个面板的标题栏上出现蓝色虚框时，释放鼠标左键，即可将其与目标面板组合。

Step 01 按【Ctrl + O】组合键，打开一幅素材图像，将鼠标移至“图层”面板的上方，如图 3-24 所示。

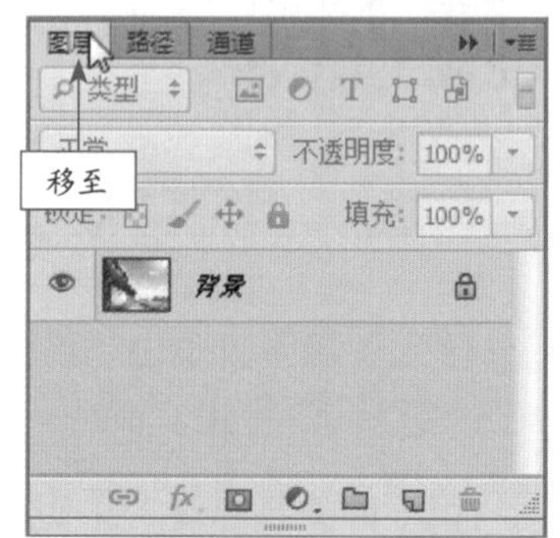

图 3-24 将鼠标移至“图层”面板上

Step 02 单击鼠标左键的同时并拖曳至合适位置后，释放鼠标左键，即可移动“图层”面板，如图 3-25 所示。

图 3-25 移动“图层”面板

Step 03 将鼠标移至“图层”面板上方的灰色区域内，单击鼠标左键的同时并拖曳“图层”面板至“通道”面板中，如图 3-26 所示，此时面板呈半透明状态显示。

Step 04 当鼠标所在处出现蓝色虚框时，释放鼠标，即可将两个面板组合，如图 3-27 所示。

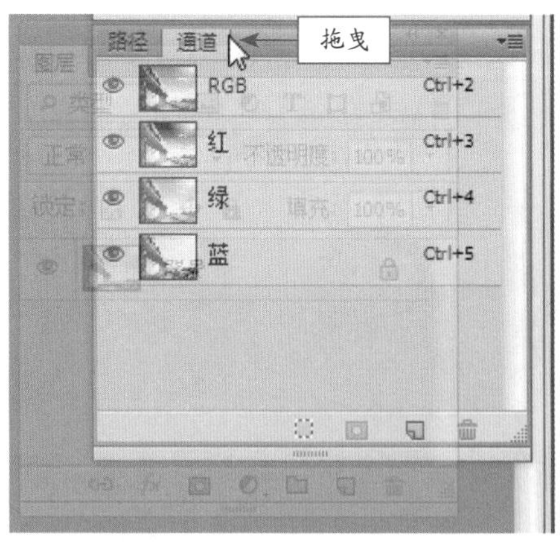

图 3-26　单击鼠标左键并拖曳

图 3-27　组合面板

自学自练——隐藏面板

在 Photoshop CS6 中，为了最大限度的利用图像编辑窗口，用户可以隐藏面板，下面介绍隐藏面板的操作方法。

Step 01 选择“色板”面板，将鼠标移至“色板”面板上方的灰色区域内，单击鼠标右键，在弹出的快捷菜单中选择“关闭”选项，如图 3-28 所示。

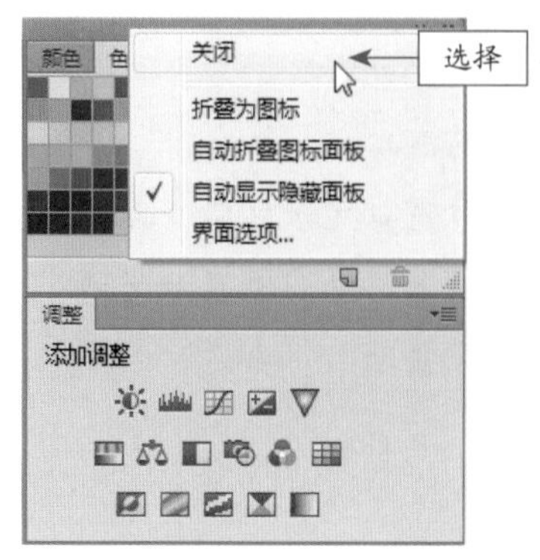

图 3-28　选择“关闭”选项

Step 02 执行操作后，即可隐藏“色板”控制面板，如图 3-29 所示。

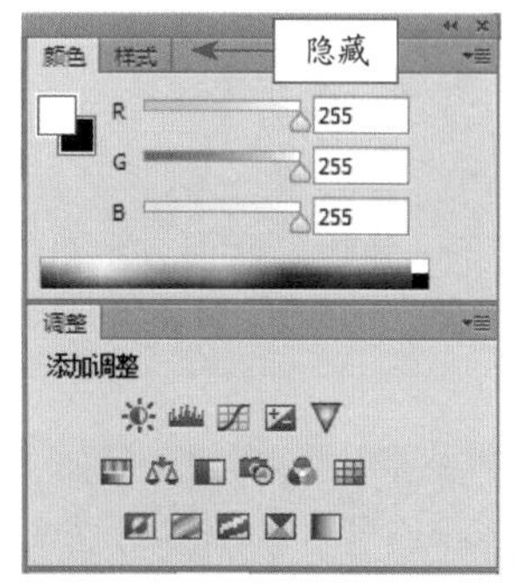

图 3-29　隐藏“色板”面板

自学自练——调整面板大小

在 Photoshop 中，为创造一个舒适的工作环境，用户可以根据需要来控制面板的大小，下面介绍控制面板大小的操作方法。

Step 01 按【Ctrl ＋ O】组合键，打开一幅素材图像，如图 3-30 所示。

图 3-30　打开素材图像

Step 02 将鼠标移至面板边缘处，当鼠标指针呈双向箭头形状↕时，单击鼠标左键并拖曳，即可调整控制面板的大小，如图 3-31 所示。

图 3-31　调整控制面板大小

04
Chapter

管理软件窗口显示

在使用 Photoshop CS6 处理图像的过程中，用户可以根据工作的需要，改变窗口的大小和位置、调整窗口的尺寸和图像的显示比例，以及在打开多个图像窗口时，在各窗口之间进行切换，让工作界面变得更加方便、快捷，从而提高工作效率。

本章内容导航

- 显示标尺
- 显示网格
- 运用参考线
- 运用对齐工具
- 最大化/最小化窗口
- 还原窗口
- 移动与调整窗口大小
- 调整窗口排列
- 切换当前窗口
- 移动图像窗口显示区域
- 使用导航器移动图像显示区域
- 调整图像显示

4.1 应用图像辅助工具

用户在编辑和绘制图像时，灵活掌握标尺、网格、参考线、对齐工具等辅助工具的使用方法，可以在处理图像的过程中精确地对图像进行定位、测量、对齐、等操作，以此更加准确有效地处理图像。

自学自练——显示标尺

标尺显示了当前鼠标指针所在位置的坐标，应用标尺可以精确选取一定的范围和更准确地对齐对象。

Step 01 按【Ctrl + O】组合键，打开一幅素材图像，如图 4-1 所示。

图 4-1 素材图像

Step 02 单击菜单栏中的“视图”|“标尺”命令，即可显示标尺；将鼠标移动至水平标尺与垂直标尺的相交处，单击鼠标左键并拖曳至图像编辑窗口中的合适位置，如图 4-2 所示。

图 4-2 单击鼠标左键并拖曳

Step 03 释放鼠标左键，即可更改标尺原点，此时图像编辑窗口中的图像显示效果如图 4-3 所示。

图 4-3 更改标尺原点

Step 04 移动鼠标至水平标尺和垂直标尺的相交处，双击鼠标左键，即可还原标尺位置，单击菜单栏中的“视图”|“标尺”命令，即可隐藏标尺，此时图像编辑窗口中的图像显示如图 4-4 所示。

图 4-4 隐藏标尺

> **专家提醒**
>
> 除了使用命令外，按【Ctrl + R】组合键，也可以显示标尺；若再次按【Ctrl + R】组合键，则可以隐藏标尺。

自学自练——显示网格

网格是由多条水平和垂直的线条组成的，

在绘制图像或对齐窗口中的任意对象时，都可以使用网格来进行辅助操作，图像中显示的网格在输出图像时是不会被打印出来的。

Step 01 按【Ctrl + O】组合键，打开一幅素材图像，如图 4-5 所示。

图 4-5　素材图像

Step 02 单击菜单栏中的“视图”|“显示”|“网格”命令，在图像中显示网格，如图 4-6 所示。

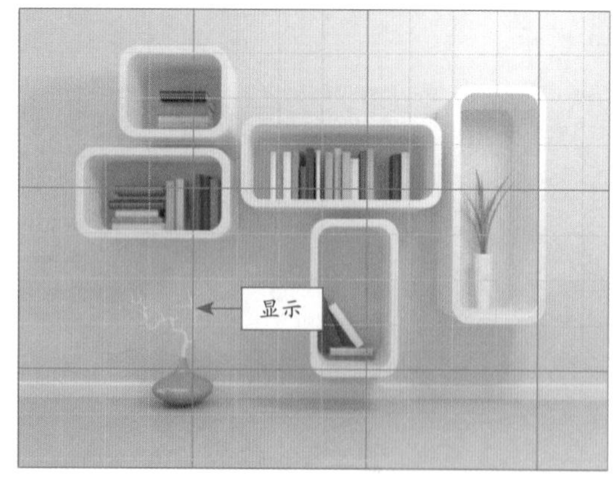

图 4-6　显示网格

专家提醒

除了使用命令外，按【Ctrl + ’】组合键，也可以显示网格；若再次按【Ctrl + ’】组合键，则可以隐藏网格。

Step 03 查看菜单栏中的“视图”|“显示”|“网格”命令，可以看到在“网格”命令的左侧出现一个标志✔，如图 4-7 所示。

Step 04 在工具箱中选取矩形选框工具，拖曳鼠标至图像编辑窗口中间书柜处，单击鼠标左键并拖曳，绘制矩形框时，会自动对齐到网格进行绘制，如图 4-8 所示。

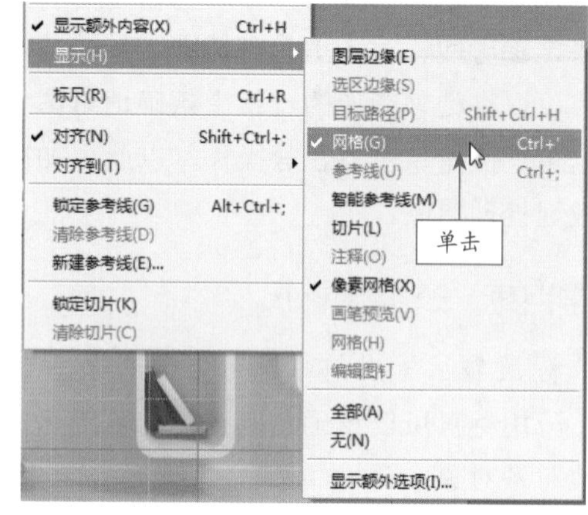

图 4-7　出现✔标志

图 4-8　创建选区

自学自练——运用参考线

参考线主要用于协助对象的对齐和定位操作。参考线是浮在整个图像上而不能被打印的直线，用户可以对参考线进行移动、删除或锁定等操作。

Step 01 按【Ctrl + O】组合键，打开一幅素材图像，此时图像编辑窗口中的图像显示如图 4-9 所示。

Step 02 单击菜单栏中的“视图”|“新建参考线”命令，弹出“新建参考线”对话框，设置各选项，如图 4-10 所示。

图 4-9 素材图像

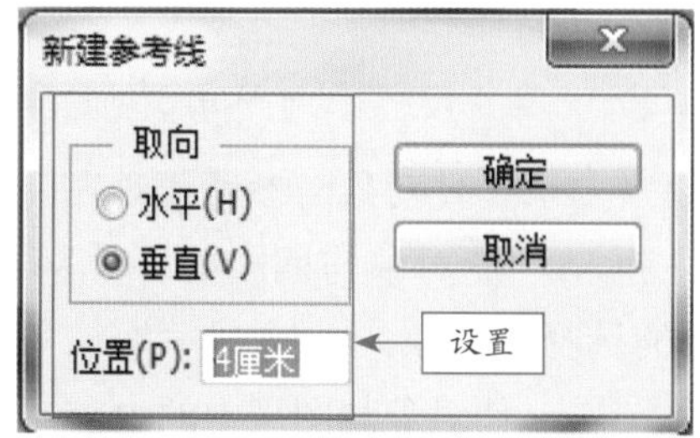

图 4-10 “新建参考线”对话框

Step 03 单击“确定”按钮，即可创建垂直参考线，此时图像编辑窗口中的图像显示如图 4-11 所示。

图 4-11 创建垂直参考线 1

Step 04 单击菜单栏中的“视图”|“新建参考线”命令，在弹出的“新建参考线”对话框中，点选“水平”单选钮，设置“位置”为 4，单击“确定”按钮，即可创建水平参考线，此时图像编辑窗口中的图像显示如图 4-12 所示。

Step 05 单击菜单栏中的“视图”|“标尺”命令，显示标尺，在水平标尺上单击鼠标左键的同时向下拖曳鼠标至图像编辑窗口中的合适位置，即可创建水平参考线，如图 4-13 所示。

图 4-12 创建水平参考线 1

图 4-13 创建水平参考线 2

专家提醒

与移动参考线有关的快捷键和技巧如下。

◆ 按住【Ctrl】键的同时拖曳鼠标，即可移动参考线。

◆ 按住【Shift】键的同时拖曳鼠标，可使参考线与标尺上的刻度对齐。

◆ 按住【Alt】键的同时拖曳参考线，可切换参考线水平和垂直的方向。

Step 06 在垂直标尺上单击鼠标左键的同时，向右侧拖曳鼠标至图像编辑窗口中的合适位置，创建垂直参考线，如图 4-14 所示。

Step 07 选取工具箱中的移动工具，拖曳鼠标至图像编辑窗口中的第二条水平参考线上，鼠标指针呈双向箭头形状，单击鼠标左键并向下拖曳至合适位置，即可移动参考线，如图 4-15 所示。

图 4-14 创建垂直参考线 2

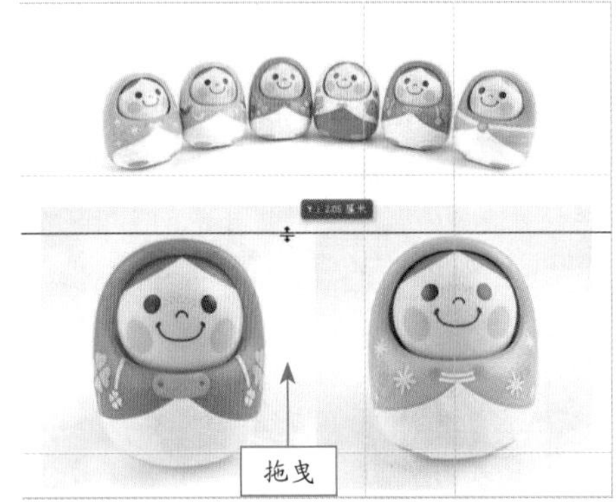

图 4-15 移动参考线

Step 08 单击菜单栏中的“视图”|“清除参考线”命令，即可删除全部参考线，如图 4-16 所示。

图 4-16 删除全部参考线

自学基础——运用对齐工具

在 Photoshop CS6 中，灵活运用对齐工具有助于精确地放置选区、裁剪选框、切片、形状和路径。如果用户要启用对齐功能，需要先选择“对齐”命令，使其处于选中状态，然后在相应子菜单中选择一个对齐项目，带有✔标记的命令表示启用了该对齐功能，如图 4-17 所示。

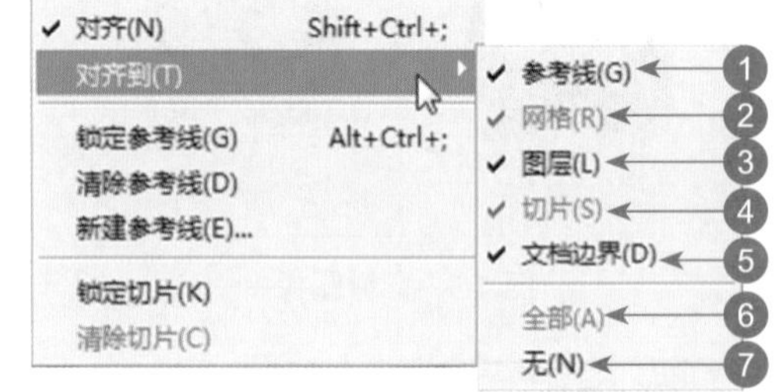

图 4-17 启用对齐功能

❶ 参考线：使对象与参考线对齐。

❷ 网格：使对象与网格对齐，网格被隐藏时不能选择该选项。

❸ 图层：使对象与图层中的内容对齐。

❹ 切片：使对象与切片边界对齐，切片被隐藏的时候不能选择该选项。

❺ 文档边界：使对象与文档的边缘对齐。

❻ 全部：选择所有“对齐到”选项。

❼ 无：取消选择所有“对齐到”选项。

4.2 管理 Photoshop CS6 窗口

在 Photoshop CS6 中，用户可以同时打开多个图像文件，其中当前图像编辑窗口将会显示在最前面，用户可以根据工作需要移动窗口位置、调整窗口大小、改变窗口排列方式或在各窗口之间切换，让工作变得更加方便。

自学自练——最大化 / 最小化窗口

下面介绍 Photoshop CS6 软件在 Windows 7 系统中最大化、最小化窗口的操作方法。

Step 01 单击窗口右上角中的“最大化”按钮，如图 4-18 所示，即可最大化显示窗口。

Step 02 单击窗口右上角中的“恢复”按钮，如图 4-19 所示，即可向下还原窗口。

图 4-18 单击“最大化”按钮

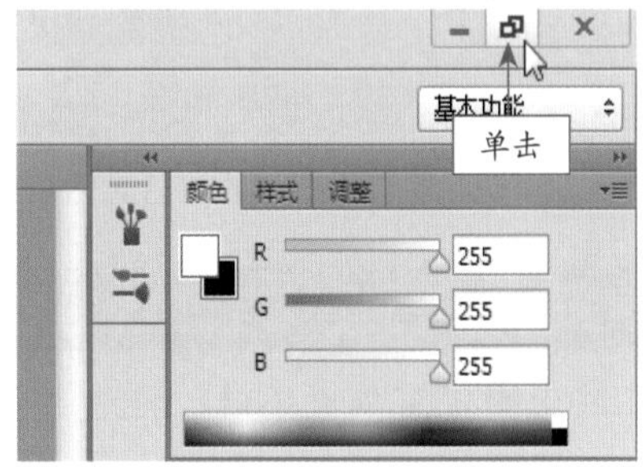

图 4-19 恢复窗口

Step 03 单击窗口右上角中的“最小化”按钮 ▬，即可将该软件窗口最小化至任务栏中，如图 4-20 所示。

图 4-20 最小化窗口

> **专家提醒**
>
> 除了运用上述方法可以最小化窗口外，还有以下两种常用的方法。
>
> ◆ 方法 1：在电脑桌面任务栏的 Photoshop CS6 图标上，单击鼠标左键，即可最小化在任务栏中。
>
> ◆ 方法 2：在标题栏中的 Photoshop CS6 程序图标上，单击鼠标右键，在弹出的快捷菜单中选择“最小化”选项。

自学自练——还原窗口

当窗口被最大化后，标题栏上会出现一个“恢复”按钮 ⧉，当窗口没被放大的时候，按钮则转换成“最大化”按钮 ▭。

Step 01 按【Ctrl + O】组合键，打开一幅素材图像，确认窗口呈最大化显示，单击标题栏右上角的“恢复”按钮，如图 4-21 所示。

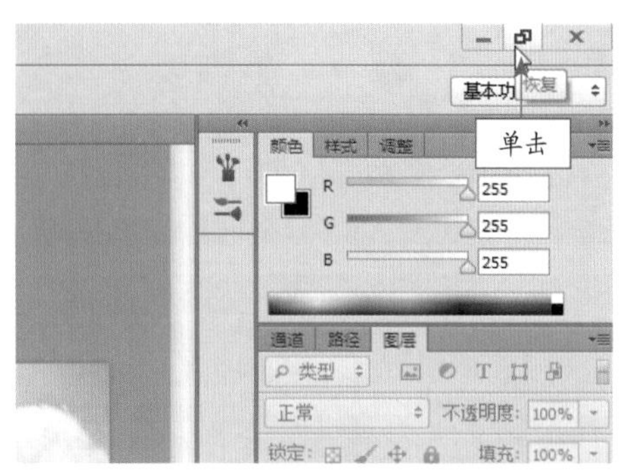

图 4-21 单击“恢复”按钮

Step 02 执行操作后，即可还原窗口，此时“恢复”按钮 ⧉ 转换成“最大化”按钮 ▭，如图 4-22 所示。

图 4-22 还原窗口

自学基础——移动与调整窗口大小

在处理图像的过程中，如果需要把一幅图像放在一个方便操作的位置，就需要调整图像编辑窗口的位置和大小。

1. 移动窗口位置

在处理图像的过程中，如果需要把一幅图像放在一个方便操作的位置，就需要调整图像编辑窗口的位置。调整窗口位置的方法很简单，用户只需将鼠标指针移至图像编辑窗口标题栏上，单击鼠标左键并拖曳至合适位置，即可移动窗口的位置。如图 4-23 所示为调整窗口位置后的前后对比效果。

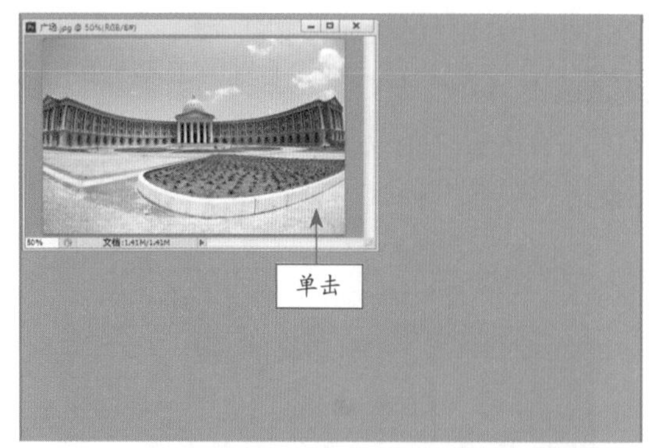

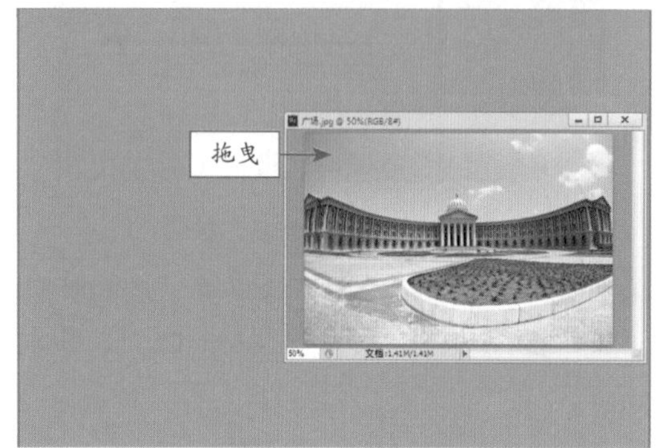

图 4-23 调整窗口位置后的前后对比效果

2. 调整窗口大小

当图像编辑窗口无法完整显示图像时，可拖曳图像编辑窗口的边框线，进行窗口的缩放。调整窗口大小的方法很简单，用户只需将鼠标指针移至图像编辑窗口的边框线上，单击鼠标左键并拖曳，即可改变窗口的大小。如图 4-24 所示为调整窗口大小后的前后对比效果。

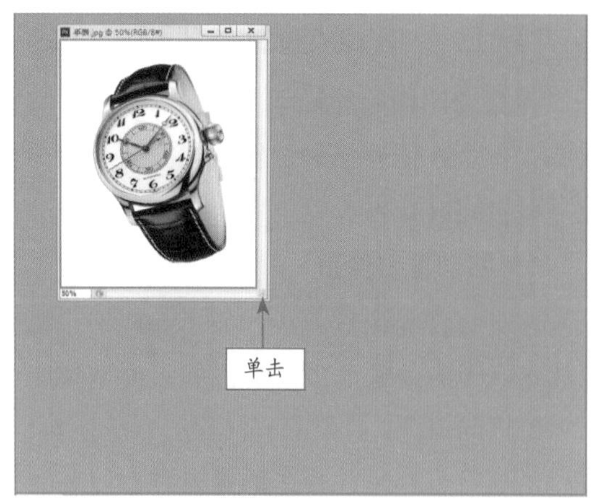

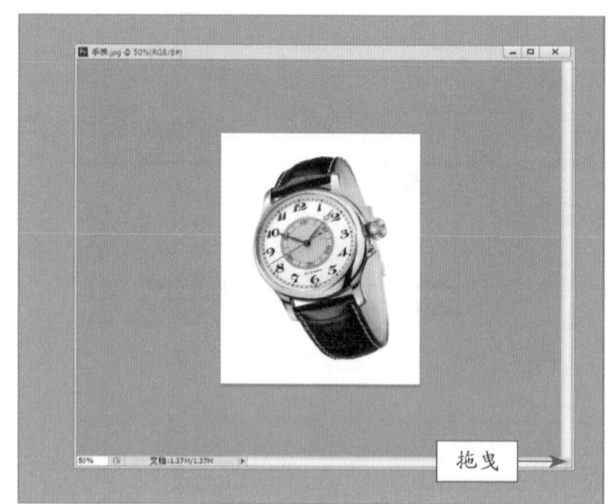

图 4-24 调整窗口大小后的前后对比效果

> **专家提醒**
>
> 在改变图像窗口大小时，拖曳鼠标指针至不同的位置，当指针呈各种↔、↕、⤡形状时，单击鼠标左键并拖曳，也可以改变图像窗口的大小。

自学基础——调整窗口排列

在 Photoshop CS6 中，当打开多个图像文件时，每次只能显示一个图像编辑窗口内的图像，若用户需要对多个窗口中的内容进行比较，即可将各窗口以水平平铺、浮动、层叠和选项卡等方式进行排列。

调整窗口排列方式的方法很简单，用户只需单击菜单栏中的“窗口”|“排列”命令，在弹出的子菜单中，单击“平铺”命令，即可将各个窗口以平铺的方式排列图像。如图 4-25 所示为调整窗口排列方式后的前后对比效果。

图 4-25 调整窗口排列方式后的前后对比效果

自学基础——切换当前窗口

当图像编辑窗口中同时打开多幅素材图像时，用户可运用鼠标选择需要编辑的窗口。切换当前窗口的方法很简单，用户只需移动鼠标指针至素材图像的图像编辑窗口上，单击鼠标左键，即可将素材图像置为当前窗口。如图 4-26 所示为切换当前窗口后的前后对比效果。

图 4-26 切换当前窗口后的前后对比效果

专家提醒

除了运用上述方法可以切换图像编辑窗口外，还有以下 3 种方法

◆ 快捷键 1：按【Ctrl ＋ Tab】组合键。

◆ 快捷键 2：按【Ctrl ＋ F6】组合键。

◆ 快捷菜单：单击“窗口”菜单，在弹出的菜单列表最下面的一个工作组中，会列出当前打开的所有素材图像名称，单击某一个图像名称，即可将其切换为当前图像窗口。

4.3 调整图像窗口显示区域

在处理图像时，可以根据需要转换图像的显示模式。Photoshop CS6 为用户提供了多种屏幕显示模式，用户可根据菜单栏上的“视图” | “屏幕模式”命令进行调整。

自学自练——移动图像窗口显示区域

当图像缩放后超出当前显示窗口的范围时，系统自动在图像编辑窗口的右侧和下方分别出现垂直滚动条和水平滚动条，用户可以拖动滚动条或者可以使用抓手工具移动图像窗口显示区域。

Step 01 按【Ctrl ＋ O】组合键，打开一幅素材图像，选取工具箱中的缩放工具，将素材图像放大，此时图像编辑窗口中的图像显示如图 4-27 所示。

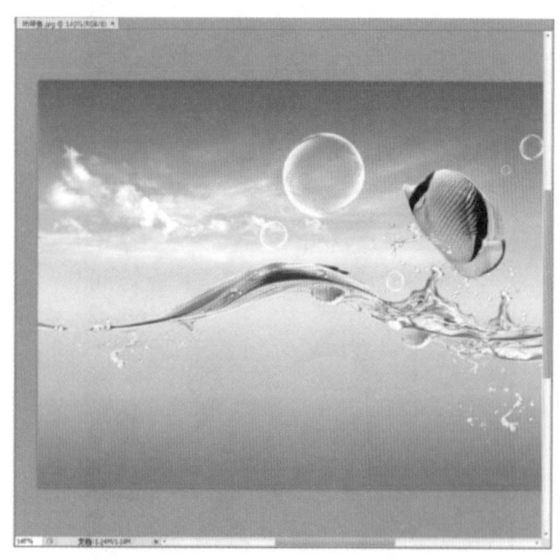

图 4-27 放大后的图像

Step 02 在工具箱中选取抓手工具，拖曳鼠标至素材图像处，当指针呈抓手形状时，单击鼠标左键并拖曳，即可移动图像窗口的显示区域，效果如图 4-28 所示。

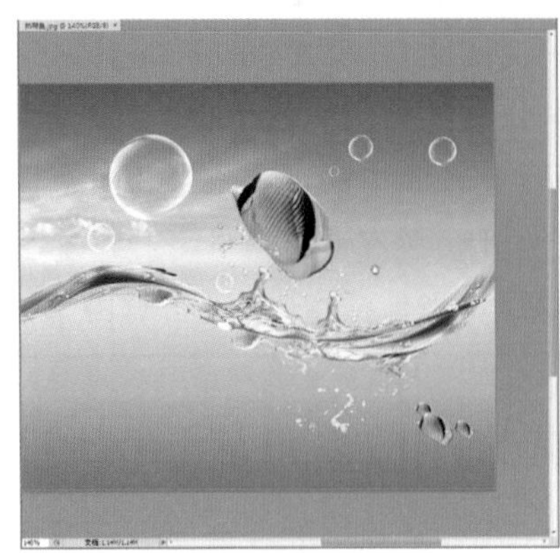

图 4-28 移动后的图像

自学基础——使用导航器移动图像显示区域

单击菜单栏中的“窗口”|“导航器”命令，展开“导航器”面板，红色的矩形边框内即为当前图像窗口显示的图像区域，用鼠标左键单击“导航器”面板图像显示区域，即可移动图像显示区域，如图 4-29 所示。

图 4-29 “导航器”面板移动图像显示区域

❶ 代理预览区域：将光标移到此处，单击鼠标左键可以移动画面。

❷ “缩放”文本框：用于显示窗口的显示比例，用户可以根据需要设置缩放比例。

❸ “缩小”按钮：单击该按钮，可以缩小窗口的显示比例。

❹ 缩放滑块：拖动该滑块可以放大和缩小窗口。

❺ “放大”按钮：单击该按钮，可以放大窗口的显示比例。

专家提醒

除了上述方法可以移动“导航器”中图像显示区域，还有以下 5 种方法。

◆ 方法 1：按键盘中的【Home】键可将“导航器”面板中的显示框移动到左上角。

◆ 方法 2：按【End】键可将显示框移动到右下角。

◆ 方法 3：按【Page Up】或【Page Down】键可将显示框向上或向下滚动。

◆ 方法 4：按【Ctrl + Page Up】或【Page Down】组合键可将显示框向左或向右滚动。

◆ 方法 5：按【Page Up】键、【Page Down】键、【Ctrl + Page Up】组合键或【Ctrl + Page Down】组合键的同时，按【Shift】键可将显示框分别向上、向下、向左或向右滚动 10 像素。

4.4 调整图像显示

在处理图像时可以根据需要转换图像的显示模式。Photoshop CS6 为用户提供了多种屏幕显示模式，用户还可以利用工具箱中的更改屏幕模式工具进行屏幕模式的切换。

自学自练——放大 / 缩小显示图像

设计过程中需要查看图像精细部分，可运用缩放工具，随时对图像进行放大或缩小。

Step 01 按【Ctrl + O】组合键，打开一幅素材图像，如图 4-30 所示。

图 4-30 素材图像

Step 02 选取缩放工具，在工具属性栏中单击“放大”按钮放大图像，如图 4-31 所示。

图 4-31 单击“放大”按钮

Step 03 在工具属性栏中单击“缩小”按钮，并拖曳鼠标指针至图像编辑窗口中，如图 4-32 所示。

图 4-32 拖曳鼠标至图像编辑窗口

Step 04 单击鼠标左键，执行操作后，即可缩小图像，此时图像编辑窗口中的图像显示效果如图 4-33 所示。

图 4-33 缩小图像

专家提醒

除了运用上述方法可以放大或缩小显示图像外，还有以下两种方法。

◆ 方法 1：按【Ctrl ++】组合键，可以逐级放大图像。

◆ 方法 2：按【Ctrl +—】组合键，可以逐级缩小图像。

自学自练——按适合屏幕显示图像

当图像被放大到一定程度，需要恢复全图时，用户可在工具属性栏中单击“适合屏幕”按钮，即可按适合屏幕大小显示图像。

Step 01 按【Ctrl + O】组合键，打开一幅素材图像，选取工具箱中的缩放工具，将素材图像放大，如图 4-34 所示。

图 4-34 将素材图像放大

Step 02 在工具属性栏中，单击“适合屏幕”按钮，执行上述操作后，放大的图像即可以适合屏幕的大小显示，效果如图 4-35 所示。

图 4-35 适合屏幕显示效果

自学自练——按区域放大显示图像

在 Photoshop CS6 中，如果用户只需要查看某个区域时，就可以运用缩放工具，进行局部放大区域图像。

Step 01 按【Ctrl + O】组合键，打开一幅素材图像，此时图像编辑窗口中的显示效果如图 4-36 所示。

图 4-36 素材图像

Step 02 选取缩放工具，将鼠标指针定位到需要放大的图像区域，如图 4-37 所示。

图 4-37 单击鼠标左键

Step 03 单击鼠标左键的同时并拖曳，即可放大显示所需要的区域，此时图像编辑窗口中的图像效果如图 4-38 所示。

图 4-38 按区域放大显示图像

第 2 篇

自学进阶篇

主要讲解了 Photoshop CS6 软件中素材图像基本操作、创建与应用选区、管理与编辑选区、转换与校正颜色等内容，细致的、由浅入深的讲解过程，帮助读者更好地学习和吸收相对前一篇而言稍难的问题。

05

Chapter

素材图像基本操作

Photoshop CS6 是一个专门处理图像的软件，在绘图和图像处理方面有很大的作用，用户可以通过移动图像、删除图像、裁剪图像、变换和翻转图像、自由变换图像等操作来调整与管理图像，使平淡无奇的图像显示出独特视角，以此来优化图像的质量，设计出更好的作品。

本章内容导航

- 调整图像分辨率和尺寸
- 裁剪图像
- 移动图像
- 删除图像
- 复制图像
- 缩放/旋转图像
- 水平翻转图像
- 垂直翻转图像
- 斜切图像
- 扭曲图像
- 透视图像
- 变形图像

5.1 调整图像分辨率和尺寸

图像大小与图像像素、分辨率、实际打印尺寸之间的关系密切，决定存储文件所需的硬盘空间。因此，调整图像的尺寸及分辨率决定着整幅画面的大小。

自学自练——调整图像分辨率

分辨率是用于描述图像文件信息量的术语，它是指单位区域内包含的像素数量，通常用“像素 / 英寸”和“像素 / 厘米”表示，改变分辨率会直接影响到图像的品质及显示效果。

Step 01 按【Ctrl + O】组合键，打开一幅素材图像，如图 5-1 所示。

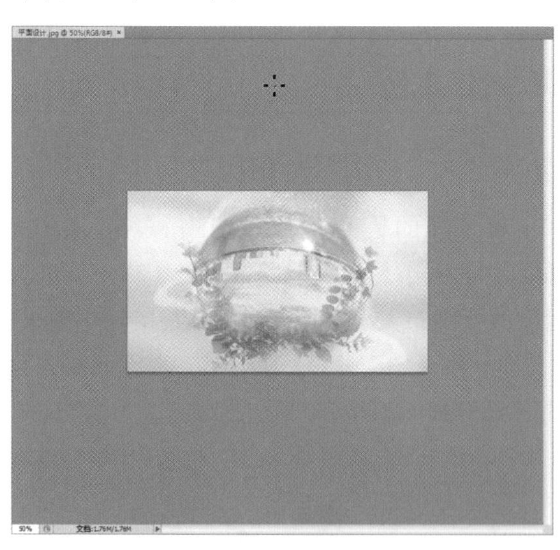

图 5-1 素材图像

Step 02 单击菜单栏中的“图像”|“图像大小”命令，弹出“图像大小”对话框，如图 5-2 所示。

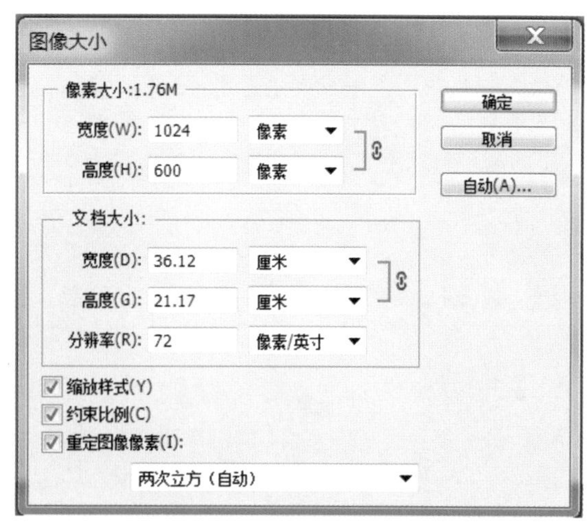

图 5-2 “图像大小”对话框

Step 03 设置“分辨率”为 30 像素 / 英寸，单击“确定”按钮，即可调整图像分辨率，效果如图 5-3 所示。

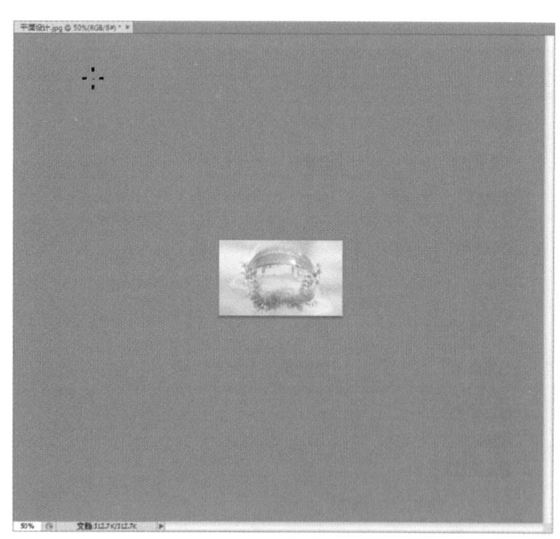

图 5-3 调整图像分辨率

> **专家提醒**
>
> 在调整图像大小时，位图图像是由像素组成的，并且与分辨率有着最直接的关系，因此，更改位图图像的像素尺寸或分辨率将会导致图像品质和锐化程度受损，像素尺寸越小，分辨率越低，则图像的品质就越低。

自学自练——调整图像尺寸

调整图像的尺寸决定着整幅画面的大小。

Step 01 按住【Ctrl + O】组合键，打开一幅素材图像，如图 5-4 所示。

Step 02 单击菜单栏中的“图像”|“图像大小”命令，弹出“图像大小”对话框，在“文档大小”选项区中设置“宽度”为 21.17 厘米，如图 5-5 所示。

Step 03 单击“确定”按钮，即可调整图像的大小，效果如图 5-6 所示。

图 5-4 素材图像

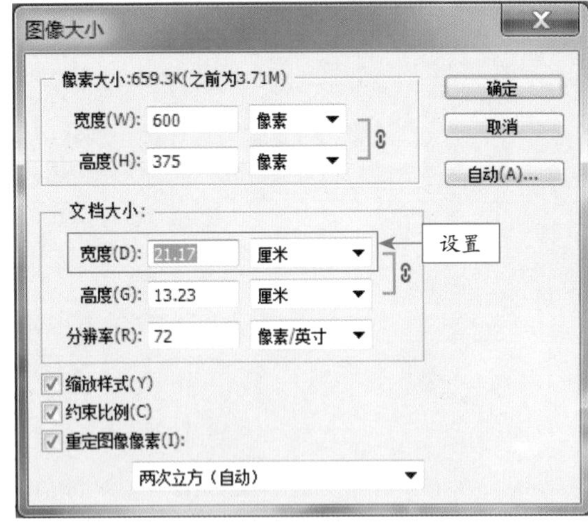

图 5-5 设置图像宽度

图 5-6 调整图像大小

专家提醒

“图像大小”对话框中主要选项含义如下。

◆ “像素大小”选项区：通过改变该选项区中的“宽度”和“高度”数值，可以调整图像在屏幕上的显示大小，图像的尺寸也相应发生变化。

◆ “文档大小”选项区：通过改变该选项区中的“宽度”、“高度”和“分辨率”数值，可以调整图像的文件大小，图像的尺寸也相应发生变化。

◆ “缩放样式”、“约束比例”、“重定图像像素”复选框：勾选这些复选框后，在“像素大小”和“文档大小”选项区中只要修改其中一个选项的数值，剩余选项的数值也将发生相应变化。

自学自练——调整画布尺寸

画布指的是实际打印的工作区域，图像画面尺寸的大小是指当前图像周围工作空间的大小。改变画布大小直接会影响最终的输出效果。

Step 01 按【Ctrl + O】组合键，打开一幅素材图像，如图 5-7 所示。

图 5-7 素材图像

Step 02 单击菜单栏中的“图像”|“画布大小”命令，弹出“画布大小”对话框，设置“宽度”为 36.99 厘米、“高度”为 26.99 厘米，并单击“定位”选项区正中间的方块，再设置“画面扩展颜色”为“前景”（在系统默认的前景色和背景色的情况下），如图 5-8 所示。

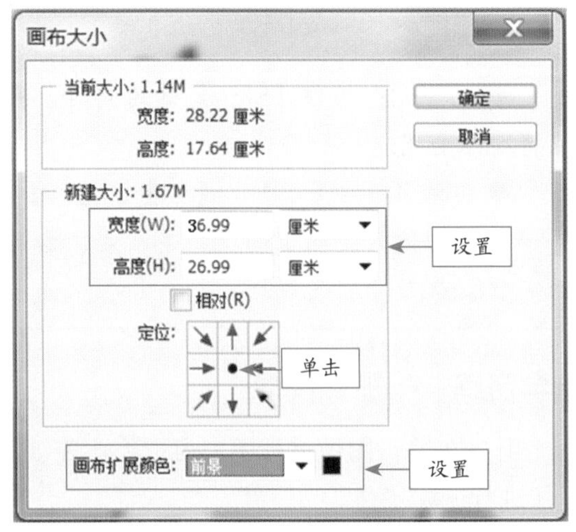

图 5-8 “画布大小”对话框

Step 03 单击“确定”按钮，即可观察调整图像画布大小后的效果，如图 5-9 所示。

图 5-9 调整图像画布大小

5.2 管理图像

剪裁、移动、删除与复制图像是图像处理的基本方法，管理好各图层能控制图像的大小。

自学自练——裁剪图像

当图像扫描到计算机中时，经常会遇到图像中多出一些自己不想要的部分，此时就需要对图像进行裁剪操作。有时需要将倾斜的图像修剪整齐，或将图像边缘多余的部分裁去，此时就会用到裁剪工具。

Step 01 按【Ctrl＋O】组合键，打开一幅素材图像，如图 5-10 所示。

图 5-10 素材图像

Step 02 选取工具箱中的裁剪工具，将鼠标指针移动到图像编辑窗口中，当鼠标指针呈形状时，在图像编辑窗口中单击鼠标左键，显示一个矩形控制框，单击鼠标左键拖曳控制柄，至合适位置后释放鼠标，如图 5-11 所示。

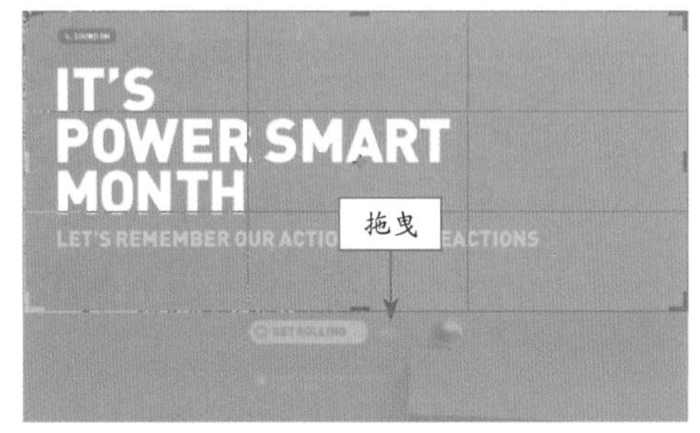

图 5-11 裁剪图片

Step 03 按【Enter】键确认，即可裁剪图像，效果如图 5-12 所示。

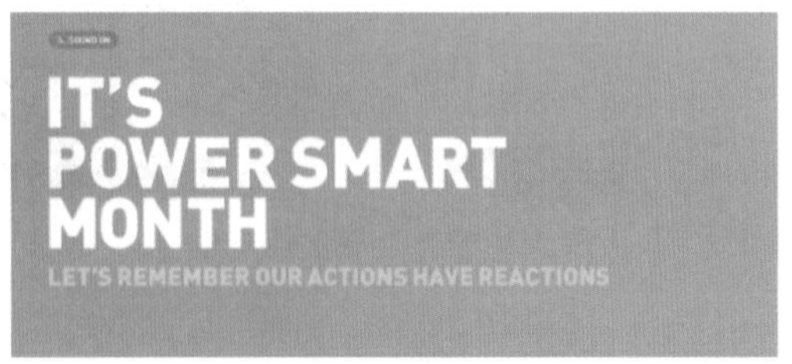

图 5-12 裁剪图像效果

专家提醒

在变换控制框中，可以对裁剪区域进行适当调整，将鼠标移至控制框四周的 8 个控制点上，当鼠标指针呈双向箭头形状时，单击鼠标左键并拖曳至合适位置，释放鼠标左键即可放大或缩小裁剪区域，将鼠标移至控制框外，当鼠标指针呈形状时，可以对裁剪区域进行旋转。

自学自练——移动图像

移动工具是最常用的工具之一，不论是在文档中移动图层、选区内的图像，还是将其他文档中的图像拖入当前文档，都需要使用移动工具。

Step 01 按【Ctrl ＋ O】组合键，打开一幅素材图像，如图 5-13 所示。

图 5-13 素材图像

Step 02 选取移动工具，拖曳图像至合适位置，效果如图 5-14 所示。

图 5-14 移动图像

专家提醒

除了运用上述方法可以移动图像外，还有以下 4 种方法移动图像。

◆ 方法 1：如果当前没有选择移动工具，可按住【Ctrl】键，当图像编辑窗口中的鼠标指针呈形状时，单击鼠标左键并拖曳，即可移动图像。

◆ 方法 2：按住【Alt】键的同时，在图像上单击鼠标左键并拖曳，即可移动图像。

◆ 方法 3：按住【Shift】键的同时，可以将图像垂直或水平移动。

◆ 方法 4：按【↑】、【↓】、【←】、【→】方向键，使图像向上、下、左、右移动一个像素。

自学自练——删除图像

用户在编辑图像过程中，可以将不需要的图像进行删除操作。

Step 01 按【Ctrl ＋ O】组合键，打开一幅素材图像，如图 5-15 所示。

图 5-15 素材图像

Step 02 在“图层”面板中，选择需要删除的图层，按【Delete】键，即可删除图像，效果如图 5-16 所示。

图 5-16 删除图像

自学自练——复制图像

使用仿制图章工具，可以对图像进行近似克隆的操作。用户从图像中取样后，在图像窗口中的其他区域单击鼠标左键并拖曳，即可制作出一个一模一样的样本图像。选取仿制图章工具后，其属性栏如图 5-17 所示。

图 5-17 仿制图章工具属性栏

❶ "不透明度"数值框：用于设置应用仿制图章工具时的不透明度。

❷ "流量"数值框：用于设置扩散速度。

❸ "对齐"复选框：选中该复选框后，可以在使用仿制图章工具时应用对齐功能，对图像进行规则复制。

❹ "样本"选择框：在此下拉列表中，可以选择定义源图像时所取的图层范围，其中包括了"当前图层"、"当前和下方图层"及"所有图层"3 个选项。

Step 01 按【Ctrl + O】组合键，打开一幅素材图像，如图 5-18 所示。

图 5-18 素材图像

Step 02 选取工具箱中的仿制图章工具，将鼠标指针移至图像编辑窗口中的适当位置，按住【Alt】键的同时单击鼠标左键，进行取样，释放【Alt】键，将鼠标指针移至图像编辑窗口右侧，单击鼠标左键并拖曳，即可对样本对象进行复制，如图 5-19 所示。

图 5-19 复制图像

专家提醒

选取仿制图章工具后，用户可以在工具属性栏上对仿制图章的属性，如画笔大小、模式、不透明度和流量进行相应的设置，经过相关属性的设置后，使用仿制图章工具所得到的效果也会有所不同。

5.3 变换和翻转图像

当图像扫描到计算机中，会发现图像出现了颠倒或倾斜现象，此时需要对画布进行变换或旋转操作。

自学自练——缩放 / 旋转图像

缩放或旋转图像，能使平面图像显示独特视角，同时也可以将倾斜的图像纠正。

Step 01 按【Ctrl + O】组合键，打开一幅素材图像，如图 5-20 所示。

Step 02 选择"图层 1"图层，单击菜单栏中的"编辑" | "变换" | "缩放"命令，即可调出变换控制框，拖曳鼠标至变换控制框右上方的控制柄上，当鼠标指针呈双向箭头形状时，按住【Alt + Shift】组合键的同时，单击鼠标左键并向左下方拖曳，缩放至合适位置，如图

5-21 所示。

图 5-20 素材图像

图 5-21 缩放后的图像

Step 03 在变换控制框中单击鼠标右键，在弹出的快捷菜单中选择“旋转”选项，如图 5-22 所示。

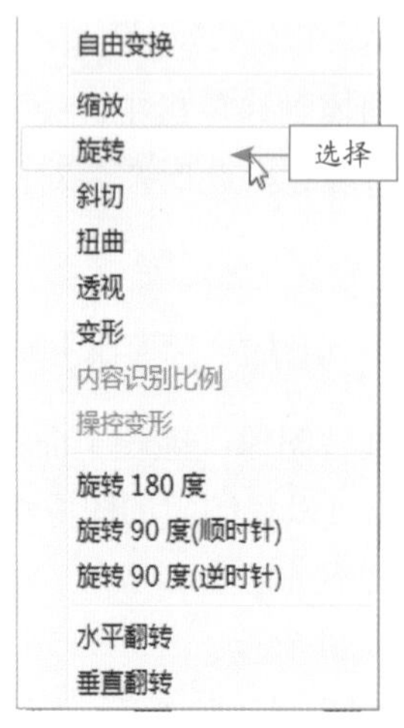

图 5-22 选择“旋转”选项

Step 04 拖曳鼠标至变换控制框右上方的控制柄处，当鼠标指针呈旋转形状时，单击鼠标左键并向右拖曳鼠标，旋转到合适位置，如图 5-23 所示。

图 5-23 旋转至合适位置

Step 05 执行操作后，在图像内双击鼠标左键，即可旋转图像，此时图像编辑窗口中的显示效果如图 5-24 所示。

图 5-24 旋转效果

专家提醒

对图像进行缩放操作时，按住【Shift】键的同时，单击鼠标左键并拖曳，可等比例缩放图像。按住【Alt + Shift】组合键时，单击鼠标左键并拖曳，即可以等比例缩放图像。

自学自练——水平翻转图像

当打开的图像出现了水平方向的颠倒、倾斜时，此时就需要对图像进行水平翻转操作。

Step 01 按【Ctrl + O】组合键，打开一幅素材图像，如图 5-25 所示。

Step 02 选择“图层 1”图层，单击菜单栏中的“编辑”|“变换”|“水平翻转”命令，即可水平翻转图像，效果如图 5-26 所示。

图 5-25　素材图像

图 5-26　水平翻转图像

专家提醒

“水平翻转画布”命令和“水平翻转”命令的区别如下。

◆ 水平翻转画布：可将整个画布，即画布中的全部图层水平翻转。

◆ 水平翻转：可将画布中的某个图像，即选中画布中的某个图层水平翻转。

自学基础——垂直翻转图像

当图像出现了垂直方向的颠倒、倾斜时，此时就需要对图像进行垂直翻转操作。垂直翻转图像的方法很简单，用户只需选择需要垂直翻转的图层，单击菜单栏中的“编辑”|“变换”|“垂直翻转”命令，即可垂直翻转图像。如图 5-27 所示为垂直翻转图像前后的对比效果。

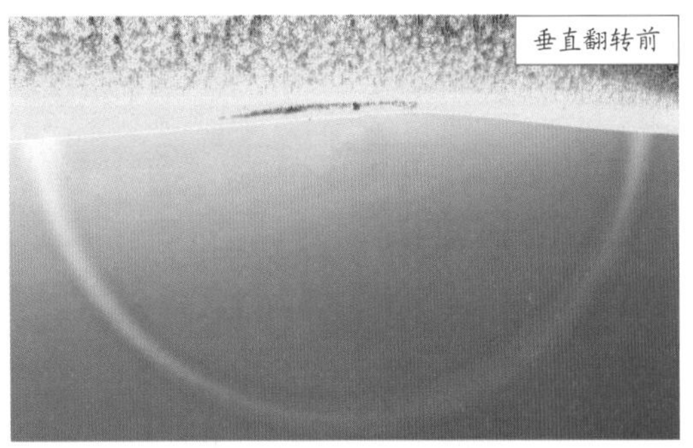

图 5-27　垂直翻转图像前后的对比效果

5.4 变换图像

在 Photoshop CS6 中，变换图像是非常有效的图像编辑手段，用户可以根据需要对图像进行斜切、扭曲、透视、变形、操控变形等操作。

自学自练——斜切图像

在 Photoshop CS6 中，用户可以运用“斜切”命令斜切图像，制作出逼真的倒影效果。下面详细介绍了斜切图像的操作方法。

Step 01 按【Ctrl ＋ O】组合键，打开一幅素材图像，如图 5-28 所示。

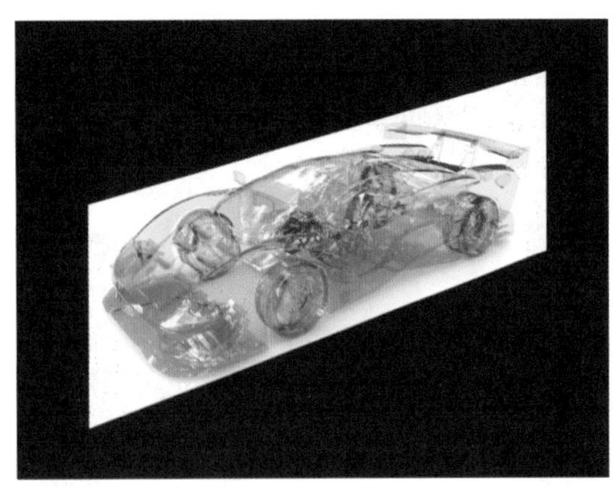

图 5-28　素材图像

Step 02 展开“图层”面板，选择“图层 2”图层，如图 5-29 所示。

图 5-29 选择“图层 2”图层

Step 03 单击菜单栏中的“编辑”|“变换”|“垂直翻转”命令，垂直翻转图像，然后选取工具箱中的移动工具，移动翻转后的图像至合适位置，如图 5-30 所示。

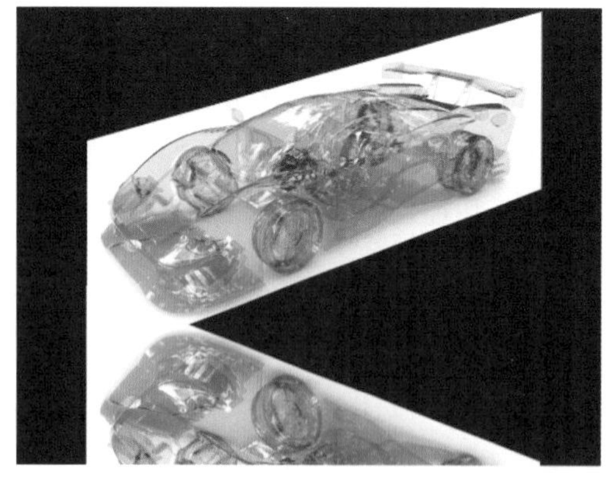

图 5-30 垂直翻转图像

Step 04 单击菜单栏中的“编辑”|“变换”|“斜切”命令，调出变换控制框，如图 5-31 所示。

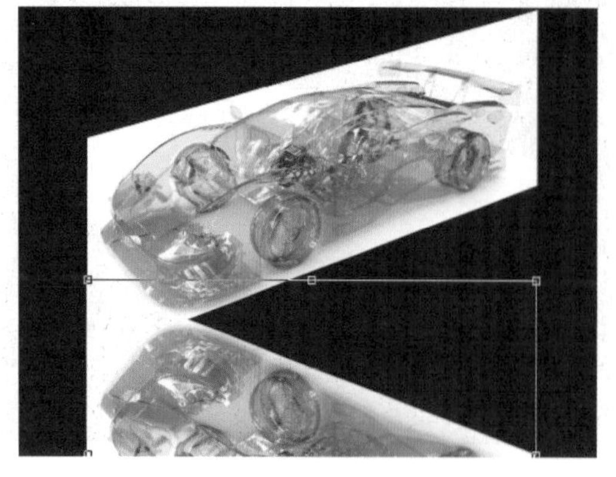

图 5-31 调出变换控制框

Step 05 将鼠标指针移至变换控制框右侧中间的控制柄上，指针呈白色三角形状时，单击鼠标左键并向上拖曳，如图 5-32 所示，按【Enter】键确认。

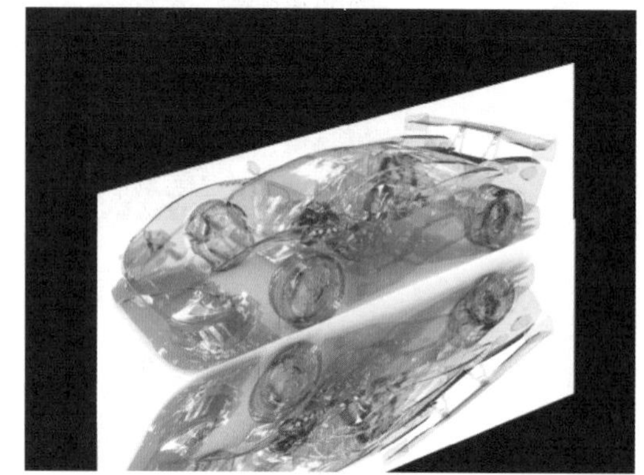

图 5-32 拖曳鼠标

Step 06 在“图层”面板中设置“图层 2”图层的“不透明度”为 20%，得到的最终效果如图 5-33 所示。

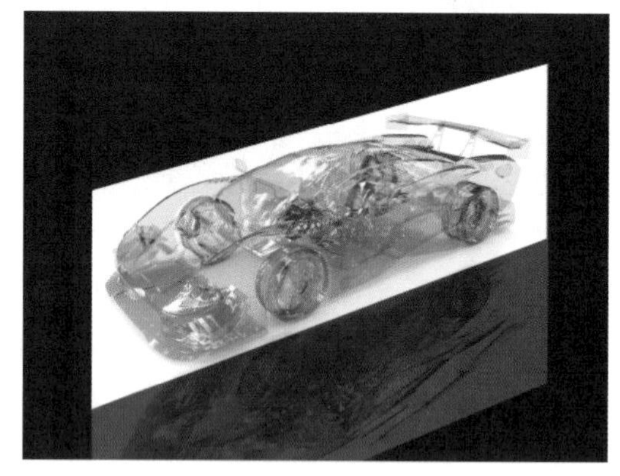

图 5-33 最终效果

自学自练——扭曲图像

执行“扭曲”命令时，拖动变换控制框上的任意控制柄，即可扭曲图像。

Step 01 按【Ctrl + O】组合键，打开一幅素材图像，单击菜单栏中的“编辑”|“变换”|“扭曲”命令，调出变换控制框，如图 5-34 所示。

Step 02 移动鼠标指针至变换控制框的控制柄上，指针呈白色三角形状时，单击鼠标左键的同时并拖曳至合适位置释放鼠标左键，如图 5-35 所示。

图 5-34　调出变换控制框

图 5-35　拖曳至合适位置

Step 03 按【Enter】键确认，即可扭曲图像，效果如图 5-36 所示。

图 5-36　扭曲图像

自学自练——透视图像

在 Photoshop CS6 中进行图像处理时，如果需要将平面图变换为透视效果，就可以运用透视功能进行调节。单击“透视”命令，即会显示变换控制框，此时单击鼠标左键并拖动可以进行透视变换。下面详细介绍使用“透视”命令的操作方法。

Step 01 按【Ctrl + O】组合键，打开一幅素材图像，如图 5-37 所示。

图 5-37　素材图像

Step 02 在“图层”面板中选择“图层 1”图层，单击菜单栏中的“编辑”|“变换”|“透视”命令，调出变换控制框，如图 5-38 所示。

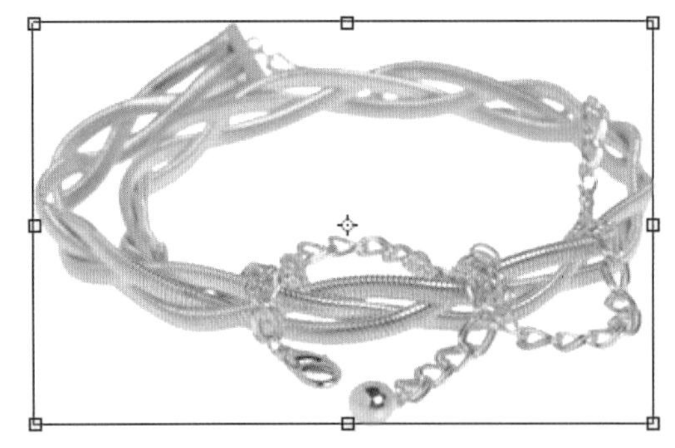

图 5-38　调出变换控制框

Step 03 将鼠标移至变换控制框右上方的控制柄上，鼠标指针呈白色三角形状时，单击鼠标左键并拖曳，如图 5-39 所示。

图 5-39　拖曳鼠标

Step 04 执行上述操作后，再一次对图像进行微调，如图 5-40 所示。

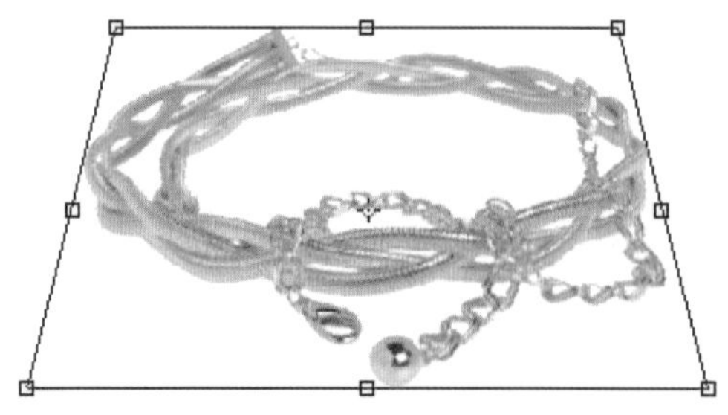

图 5-40 微调图像

Step 05 按【Enter】键确认，即可透视图像，效果如图 5-41 所示。

图 5-41 透视图像

自学自练——变形图像

用户在执行“变形”命令时，图像上会出现变形网格和锚点，拖曳这些锚点或调整锚点的方向线可以对图像进行更加自由和灵活的变形处理。

Step 01 按【Ctrl + O】组合键，打开两幅素材图像，如图 5-42 所示。

图 5-42 素材图像

Step 02 选取工具箱中的移动工具，将鼠标移至花纹图像上，单击鼠标左键的同时并将其拖曳至纸杯图像上，如图 5-43 所示。

图 5-43 移动图像

Step 03 单击菜单栏中的“编辑”|“变换”|“缩放”命令，调出变换控制框，将鼠标移至变换控制框右上方的控制柄上，单击鼠标左键并拖曳，缩放至合适大小，如图 5-44 所示。

图 5-44 缩放至合适大小

Step 04 在变换控制框中，单击鼠标右键，在弹出的快捷菜单中选择“变形”选项，如图 5-45 所示。

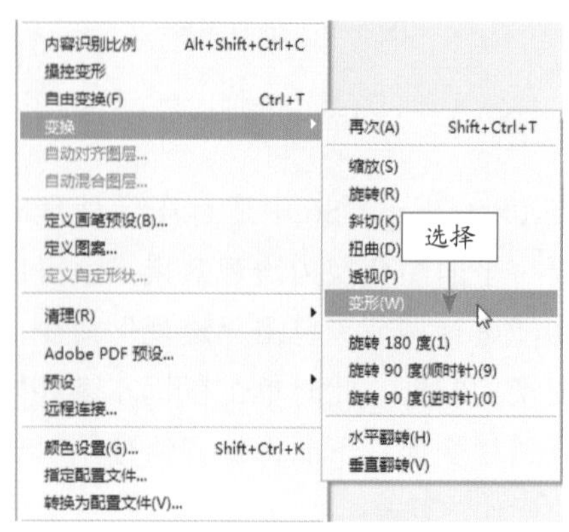

图 5-45 选择“变形”选项

Step 05 显示变形网格，调整4个角上的控制柄，如图 5-46 所示。

图 5-46 调整控制柄

Step 06 调整控制柄至图像合适位置，如图 5-47 所示。

图 5-47 调整控制柄至合适位置

Step 07 在“图层”面板中设置“图层 1”的“混合模式”为“正片叠底”，得到的最终效果如图 5-48 所示。

图 5-48 最终效果

专家提醒

除了上述方法可以执行变形操作外，还可以按【Ctrl + T】组合键，调出变换控制框，然后单击鼠标右键，在弹出的快捷菜单中选择“变形”选项，执行变形操作。

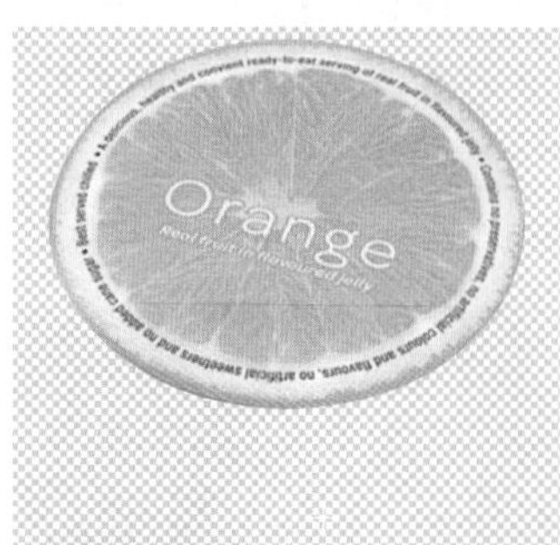

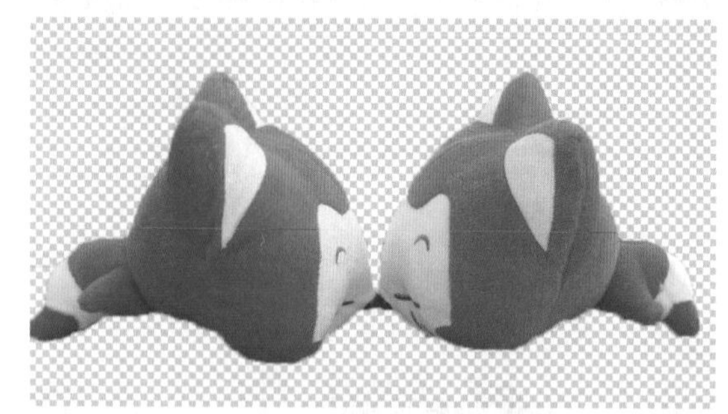

06

Chapter

创建与应用选区

选区是指通过工具或者相应命令在图像上创建的选取范围。创建选区后，即可将选区内的图像区域进行隔离，以便复制、移动、填充或校正颜色。在Photoshop中可以创建两种类型的选区，即普通选区和羽化的选区，两种类型的选区都有不同的特色，本章主要向读者进行介绍。

本章内容导航

- 选区概述
- 选区运算方法
- 选框选择法
- 路径选择法
- 色调选择法
- 通道选择法
- 快速蒙版选择法
- 运用矩形/椭圆选框工具抠图
- 运用单列选框工具创建垂直选区
- 运用套索工具选择不规则物体
- 运用多边形套索工具抠图
- 运用磁性套索工具抠图
- 运用快速选择工具抠图
- 运用魔棒工具抠图

6.1 初识选区

选区是选择图像时比较重要和常用的手段之一。当用户对图像的局部进行编辑时，可以根据需要使用这些工具创建不同的选区，灵活巧妙地应用这些选区，能帮助用户制作出许多意想不到的效果。

自学基础——选区概述

选区存在是为了限制图像编辑的范围，从而得到精确的效果。选区建立之后，在选区的边界就会出现不断交替闪烁的虚线，此虚线框表示选区的范围，如图 6-1 所示。

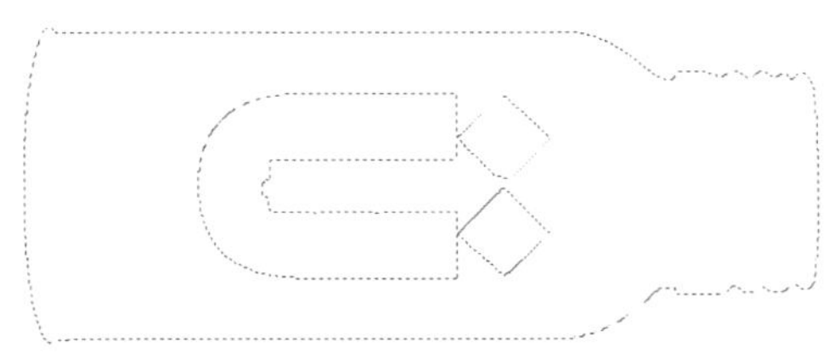

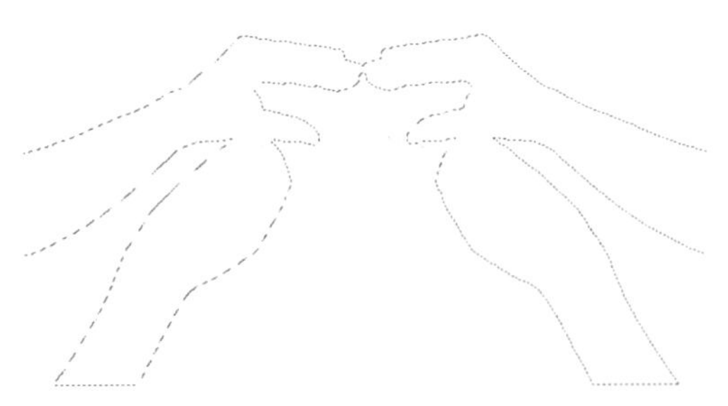

图 6-1 选区状态

当图像中的一部分被选中，此时可以对图像选定的区域进行移动、复制、填充、描边以及颜色校正等操作，选区外的图像不受影响，如图 6-2 所示。

图 6-2 原图与创建选区后填充选区的效果

自学基础——选区运算方法

在选区的运用中，第一次创建的选区一般很难完成理想的选择范围，因此要进行第二次或者第三次的选择，此时用户可以使用选区范围加减运算功能，这些功能都可直接通过工具属性栏中的图标来实现。在 Photoshop CS6 中，当用户要创建新选区时，可以单击“新选区”按钮，即可在图像中创建不重复选区。如果用户要在已经创建的选区之外再加上另外的选择范围，就需要用到选框工具。创建一个选区后，单击“添加到选区”按钮，即可得到两个选区范围的并集。在 Photoshop CS6 中运用“从选区减去”按钮，是对已存在的选区运用选框工具将原有选区减去一部分。交集运算是两个选区范围重叠的部分。在创建一个选区后，单击“与选区交叉”按钮，再创建一个选区，此时就会得到两个选区的交集。如图 6-3 为选取工具箱中的矩形选框工具后的工具属性栏。

羽化: 0 像素 消除锯齿 样式: 正常 宽度: 高度: 调整边缘...

图 6-3 工具属性栏

专家提醒

工具属性栏上各运算按钮的含义如下。

- 添加到选区：在源选区的基础上添加新的选区。
- 从选区减去：在源选区的基础上减去新的选区。
- 与选区交叉：新选区与源选区交叉区域为最终的选区。

6.2 选择的常用方法

Photoshop 建立选区的方法非常灵活，可根据不同形状选择对象的形状、颜色等特征决定采用的工具和方法。

自学基础——选框选择法

运用选框工具可以直接框选出选择的区域范围，这是 Photoshop 创建选区最基本的方法，如图 6-4 所示。

图 6-4 选框工具创建的选区

自学基础——路径选择法

运用路径工具建立的路径可以非常光滑，而且可以反复调节各锚点的位置和曲线的曲率，因而常用来建立复杂和边界较为光滑的选区，如图 6-5 所示。

图 6-5 将路径转换为选区

专家提醒

前面大致描述了选区的作用，即选择图像、限制范围等，因此就会使一些用户建立起了“选区＝选择（图像）”的概念。而实际上，选择图像是一个非常广泛的概念，而选区仅是选择图像时比较重要和常用的手段之一。

自学自练——色调选择法

色调选择法中比较常用的是使用“色彩范围”命令快速创建选区，选取原理是以颜色作为依据，类似于魔棒工具，但是其功能比魔棒工具更加强大。

Step 01 按【Ctrl ＋ O】组合键，打开一幅素材图像，如图 6-6 所示。

图 6-6　素材图像

Step 02 单击菜单栏中的“选择”|“色彩范围”命令，弹出“色彩范围”对话框，将光标移至图像中，在黑色人物上单击鼠标，如图 6-7 所示。

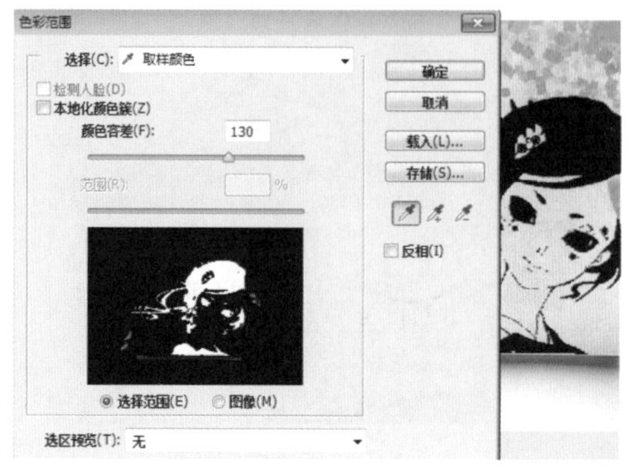

图 6-7　“色彩范围”对话框

Step 03 设置“颜色容差”为 50，单击“确定”按钮，即可选择相应区域，如图 6-8 所示。

图 6-8　创建选区

Step 04 按【Ctrl ＋ J】组合键拷贝一个新图层，并隐藏“背景”图层，效果如图 6-9 所示。

图 6-9　拷贝新图层并隐藏背景图层

专家提醒

应用“色彩范围”命令指定颜色范围时，可以调整所选区域的预览方式。通过“选区预览”选项可以设置的预览方式包括“灰色”、“黑色杂边”、“白色杂边”和“快速蒙版”4 种。

自学自练——通道选择法

通道的功能很强大，在制作特殊的图像特效时都离不开通道协助。一般的图片都是由 RGB 三元素构成的，因此，可以运用通道快速做选区。

Step 01 按【Ctrl ＋ O】组合键，打开一幅素材图像，如图 6-10 所示。

图 6-10　素材图像

Step 02 展开“通道”面板，分别单击来查看通道显示效果，拖动“绿”通道至面板底部的“创建新通道”按钮上，复制一个通道，如图 6-11 所示。

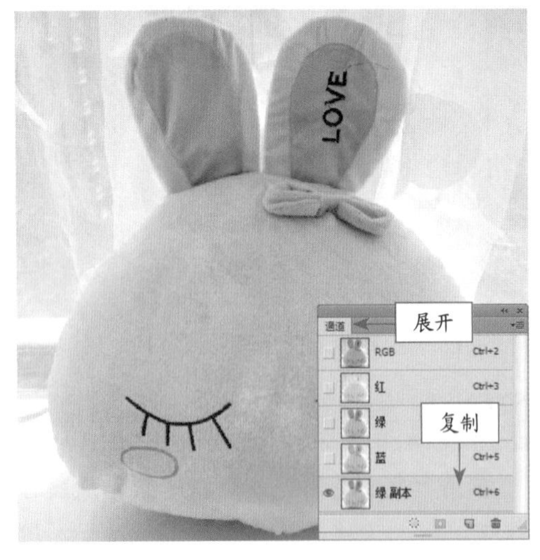

图 6-11　复制通道

Step 03 确定选择复制的“绿 副本”通道，单击菜单栏中的“图像”|“调整”|“亮度 / 对比度”命令，弹出“亮度 / 对比度”对话框，设置各参数，如图 6-12 所示。

Step 04 选取工具箱中的快速选择工具，设置“画笔大小”为 80px，在素材图像的兔子上拖动鼠标创建选区，单击工具属性栏中的“从选区减去”按钮，设置“画笔大小”为 40px，减选多余的选区，如图 6-13 所示。

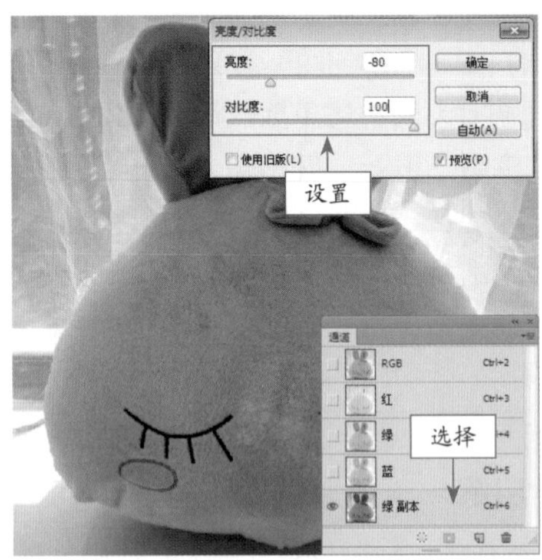

图 6-12　调整亮度 / 对比度

图 6-13　创建选区

Step 05 在“通道”面板中单击“RGB”通道，退出通道模式，返回 RGB 模式，如图 6-14 所示。

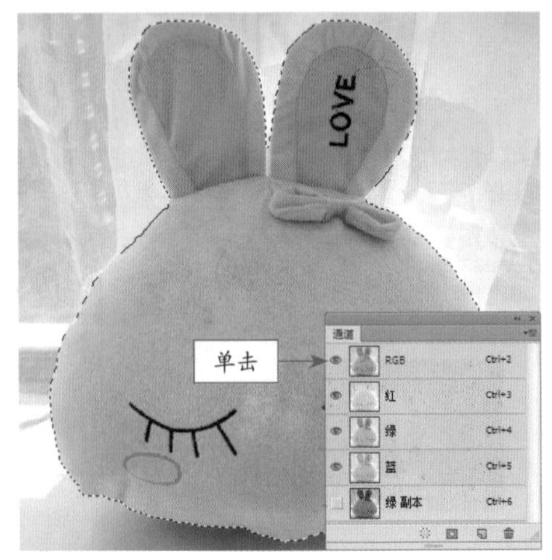

图 6-14　返回 RGB 模式

Step 06 按住【Ctrl + J】组合键，拷贝一个新图层，并隐藏"背景"图层，效果如图 6-15 所示。

图 6-15 拷贝新图层并隐藏背景图层

> **专家提醒**
>
> 除了运用上述方法退出通道模式外，用户还可以按【Ctrl + 2】组合键，快速返回 RGB 模式。

自学自练——快速蒙版选择法

在 Photoshop CS6 中，通过快速蒙版工具，可以创建出许多复杂的图像选区。

Step 01 按【Ctrl + O】组合键，打开一幅素材图像，如图 6-16 所示。

图 6-16 素材图像

Step 02 在"路径"面板中选择"工作路径"，按【Ctrl + Enter】组合键，将路径转换为选区，如图 6-17 所示。

图 6-17 将路径转换为选区

Step 03 在左侧工具箱底部，单击"以快速蒙版模式编辑"按钮，启用快速蒙版，如图 6-18 所示，适当放大图像，可以看到红色的保护区域，并可以看到物体多选的区域。

图 6-18 启用快速蒙版

Step 04 选取工具箱中的画笔工具，设置画笔"大小"为 20px、"硬度"为 100%；选取工具箱中的前景色工具，弹出"拾色器（前景色）"对话框，设置前景色为白色，在多选区域拖曳鼠标，进行适当擦除，如图 6-19 所示。

Step 05 继续拖动鼠标，擦除相应的区域，以减选该红色区域，如图 6-20 所示。

图 6-19　擦除图像

图 6-20　继续擦除图像

Step 06 在左侧工具箱底部，单击“以标准模式编辑”按钮，退出快速蒙版模式，按【Ctrl + J】组合键，拷贝一个新图层，并隐藏“背景”图层，抠图效果如图 6-21 所示。

图 6-21　抠图效果

专家提醒

此外，按【Q】键也可以快速启用或者退出快速蒙版模式。

6.3 使用选区工具抠图

Photoshop 提供了多个工具用于创建形状规则或不规则的选区，包括矩形选框工具、椭圆选框工具、套索工具、磁性套索工具和多边形套索工具等，可以应用这些工具创建不同的规则或不规则选区，对图像进行抠图操作。

自学自练——运用矩形选框工具抠图

矩形选框工具用于创建形状规则的选区，是区域选择工具中最基本、最常用的工具。下面向读者介绍运用矩形选框工具制作手机屏幕的操作方法。

Step 01 按【Ctrl + O】组合键，打开一幅素材图像，选取工具箱中的矩形选框工具，在图像适当位置拖动鼠标创建一个矩形选区，如图 6-22 所示。

图 6-22　创建矩形选区

Step 02 选取工具箱中的移动工具，拖曳选区内的图像移至右侧手机图像的合适位置，按【Ctrl + D】组合键，取消选区，效果如图 6-23 所示。

图 6-23　移动图像

自学自练——运用椭圆选框工具抠图

椭圆选框工具主要用于创建椭圆选区或正圆选区以及选取椭圆或正圆的物体。

Step 01 按【Ctrl + O】组合键，打开一幅素材图像，如图 6-24 所示。

图 6-24　素材图像

Step 02 选取工具箱中的椭圆选框工具 ，在图像适当位置拖动鼠标创建一个椭圆选区，如图 6-25 所示。

图 6-25　创建选区

Step 03 移动鼠标至椭圆选区内，适当拖曳选区至合适位置，如图 6-26 所示。

Step 04 按【Ctrl + J】组合键拷贝一个新图层，并隐藏"背景"图层，效果如图 6-27 所示。

图 6-26　拖曳选区

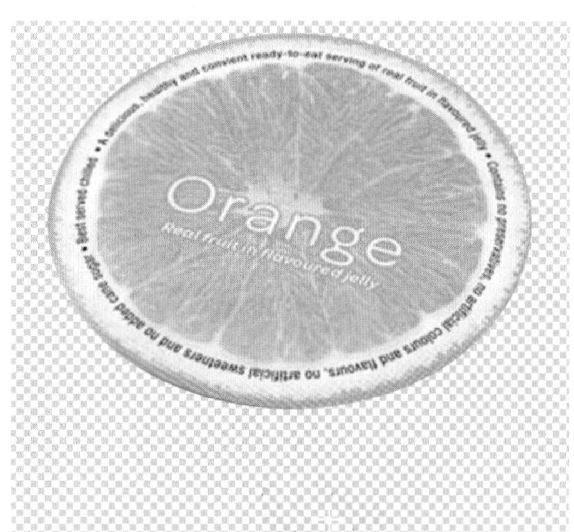

图 6-27　拷贝新图层并隐藏背景图层

> **专家提醒**
>
> 按住【Alt + Shift】组合键，可以从当前单击的点出发，创建正圆选区。

自学自练——运用单列选框工具创建垂直选区

下面介绍使用单列选框工具创建一像素宽竖线选区的操作方法。

Step 01 按【Ctrl + O】组合键，打开一幅素材图像，如图 6-28 所示。

Step 02 按【Ctrl + Shift + N】组合键，新建"图层 1"图层，如图 6-29 所示。

图 6-28　素材图像

图 6-29　新建“图层 1”图层

Step 03 选取工具箱中的单列选框工具，在图像编辑窗口中创建单列选区，如图 6-30 所示。

图 6-30　创建单列选区

Step 04 设置前景色为黑色，按【Alt + Delete】组合键，填充前景色，效果如图 6-31 所示。

专家提醒

运用单行或单列选框工具可以非常精确地创建一行或一列像素，填充或删除选区后能够得到一条水平线或垂直线，在版式设计和网页设计中常用该工具绘制直线。

图 6-31　填充前景色

自学自练——运用套索工具选择不规则物体

套索工具可以在图像编辑窗口中创建任意形状的选区，多边形套索工具可以创建直边的选区，磁性套索工具适合于选择背景较复杂、选择区域与背景有较高对比度的图像。

Step 01 按【Ctrl + O】组合键，打开两幅素材图像，如图 6-32 所示。

图 6-32　素材图像

Step 02 切换至花素材图像，选取工具箱中的套索工具，拖动鼠标创建一个不规则选区，如图 6-33 所示。

Step 03 按【Ctrl + J】组合键拷贝一个新图层，选取工具箱中的移动工具，在图像上单击鼠标左键并拖曳至杯子图像，如图 6-34 所示。

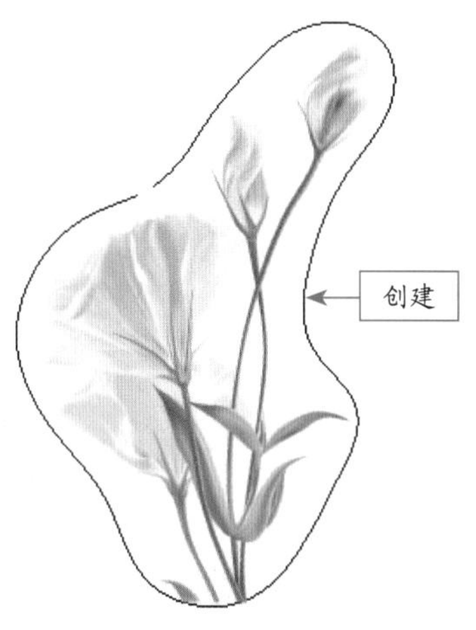

图 6-33 创建选区

图 6-34 移动图像

Step 04 在“图层”面板中，设置“图层 1”图层的混合模式为“正片叠底”，此时图像编辑窗口中的图像效果如图 6-35 所示。

图 6-35 设置图层混合模式

自学自练——运用多边形套索工具抠图

多边形套索工具的优点是只需要单击就可以选取边界规则的图像，两点之间以直线连接。

Step 01 按【Ctrl + O】组合键，打开一幅素材图像，如图 6-36 所示。

图 6-36 素材图像

Step 02 选取多边形套索工具，在盒子的角点处单击鼠标指定起点，并在转角处单击鼠标，指定第二点，如图 6-37 所示。

图 6-37 指定点

Step 03 参照上步的方法，依次单击其他点，在起始点处单击创建选区，如图 6-38 所示。

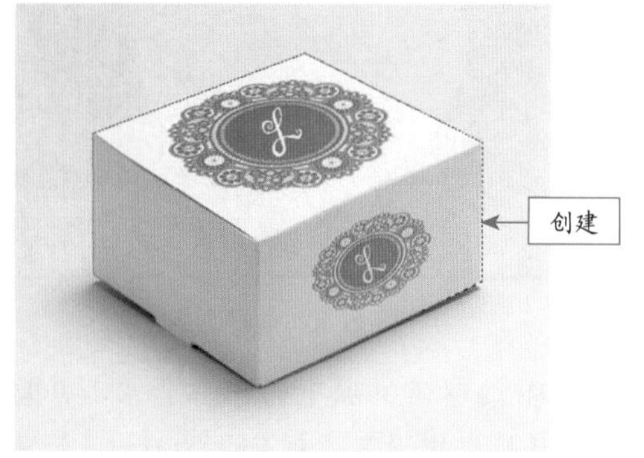

图 6-38 创建选区

Step 04 按【Ctrl + J】组合键拷贝一个新图层，并隐藏“背景”图层，如图 6-39 所示。

图 6-39 拷贝新图层并隐藏背景图层

专家提醒

运用多边形套索工具创建选区时，按住【Shift】键的同时单击鼠标左键，可以沿水平、垂直或 45° 方向创建选区。在运用套索工具或多边形套索工具时，按【Alt】键可以在两个工具之间进行切换。

自学自练——运用磁性套索工具抠图

磁性套索工具与套索工具的区别在于它可以根据图像的对比度自动跟踪图像的边缘。

Step 01 按【Ctrl + O】组合键，打开一幅素材图像，如图 6-40 所示。

图 6-40 素材图像

Step 02 选取工具箱中的磁性套索工具，在工具属性栏中设置“羽化”为 0px，沿着抱枕的边缘移动鼠标，如图 6-41 所示。

图 6-41 沿边缘处移动鼠标

Step 03 回到起始点处时，单击鼠标左键，即可建立选区，如图 6-42 所示。

图 6-42 创建选区

Step 04 按【Ctrl + J】组合键拷贝一个新图层，并隐藏“背景”图层，效果如图 6-43 所示。

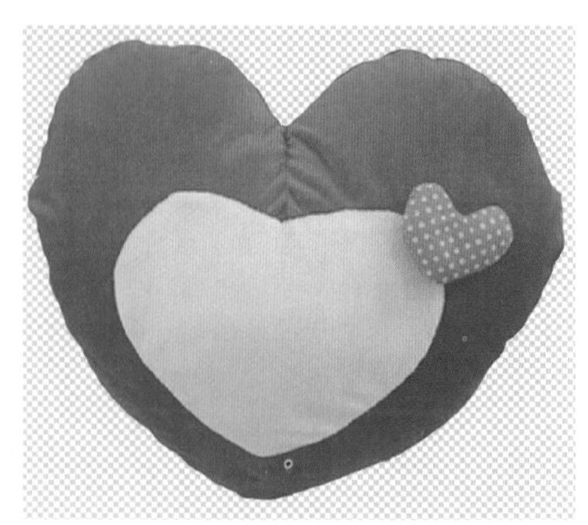

图 6-43 拷贝新图层并隐藏背景图层

自学自练——运用快速选择工具抠图

快速选择工具可以通过调整画笔的笔触、硬度和间距等参数而快速通过单击或拖动创建选区。拖动时，选区会向外扩展并自动查找和跟随图像中定义的边缘。

Step 01 按【Ctrl + O】组合键，打开一幅素材图像，如图 6-44 所示。

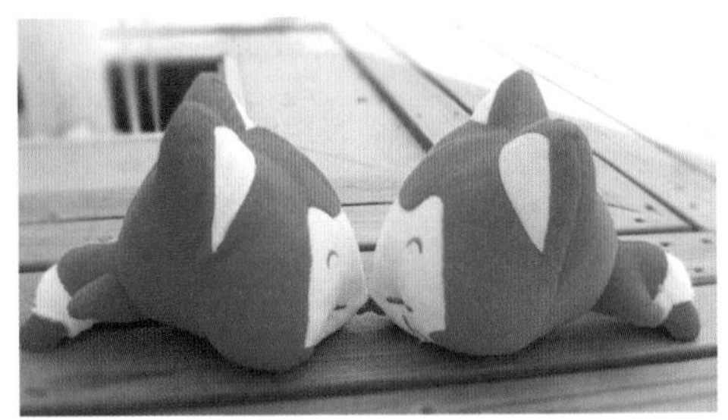

图 6-44 素材图像

Step 02 选取工具箱中的快速选择工具，在工具属性栏中设置画笔“大小”为 20px，在布偶上拖动鼠标，如图 6-45 所示。

图 6-45 拖动鼠标

Step 03 继续在布偶上拖动鼠标，直至选择全部的布偶图像，如图 6-46 所示。

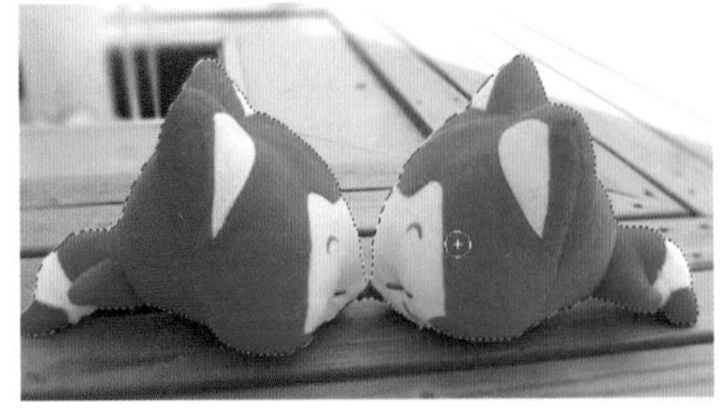

图 6-46 继续拖动鼠标

Step 04 按【Ctrl + J】组合键拷贝一个新图层，并隐藏“背景”图层，效果如图 6-47 所示。

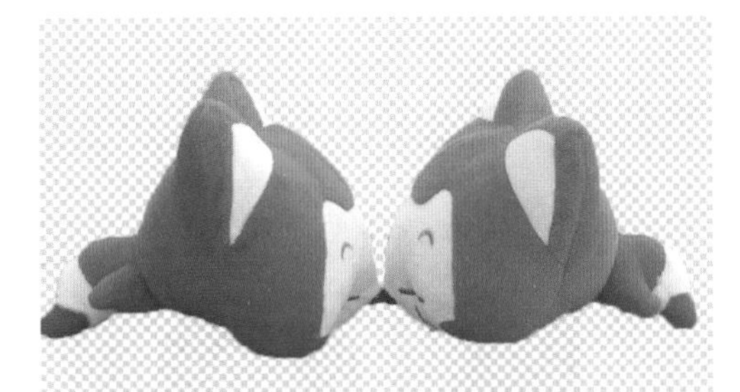

图 6-47 拷贝新图层并隐藏背景图层

自学自练——运用魔棒工具抠图

魔棒工具是建立选区的工具之一，其作用是在一定的容差值范围内（默认值为 32），将颜色相同的区域同时选中，建立选区。

Step 01 按【Ctrl + O】组合键，打开一幅素材图像，如图 6-48 所示。

图 6-48 素材图像

Step 02 选取工具箱中的魔棒工具，移动鼠标至图像编辑窗口中，在白色区域上单击鼠标左键，即可选中白色区域，如图 6-49 所示。

图 6-49 选中白色区域

Step 03 单击菜单栏中的“选择”|“反向”命令，选区反向，按【Ctrl + J】组合键，得到“图层 1”图层，如图 6-50 所示。

Step 04 在"图层"面板中，单击"背景"图层前的"指示图层可见性"图标，隐藏"背景"图层，效果如图 6-51 所示。

图 6-50 复制得到新图层

图 6-51 隐藏背景图层

07

Chapter

管理与编辑选区

用户在使用 Photoshop CS6 进行图像处理时，为了使编辑的图像更加精确，经常要对已经创建的选区进行修改，使之更符合设计要求。本章主要介绍移动、变换、扩大、存储、剪切与平滑选区的操作方法，希望读者熟练掌握，为后面的学习奠定良好的基础。

本章内容导航

- 移动选区
- 变换选区
- 扩大选区范围
- 储存与载入选区
- 剪切与粘入选区图像
- 边界与平滑选区
- 扩展/收缩选区
- 羽化选区
- 调整边缘
- 移动与清除选区内图像
- 描边选区
- 填充选区

7.1 选区的基本操作

用户在创建选区时，可以对选区进行相应的调整，如移动选区、变换选区、调整选区、储存和载入选区以及剪切选区内的图像等。

自学自练——移动选区

对图像进行处理时，经常需要对所创建的选区进行移动操作，从而使图像更加符合设计的需求。

Step 01 按【Ctrl + O】组合键，打开一幅素材图像，选取工具箱中的磁性套索工具，单击鼠标左键并拖曳，在图像中的合适位置创建一个选区，如图 7-1 所示。

图 7-1 创建选区

Step 02 将鼠标指针移至椭圆形选区上，当鼠标指针呈形状时，单击鼠标左键并拖曳，至合适位置后释放鼠标，即可移动选区，如图 7-2 所示。

图 7-2 移动选区

> **专家提醒**
>
> 创建选区后再移动选区时，若按【Shift + 方向键】，则可以移动 10 像素的距离；若按【Ctrl】键移动选区，则可以移动选区内的图像；使用移动工具移动选区，也可以移动选区内的图像。

自学自练——变换选区

使用“变换选区”命令可以直接改变选区形状，而不会对选区的内容进行变换。

Step 01 按【Ctrl + O】组合键，打开一幅素材图像，选取工具箱中的魔棒工具，在工具属性栏上设置“容差”为 100，选中“消除锯齿”和“连续”复选框，在图像编辑窗口的白色背景处单击鼠标左键，创建选区，如图 7-3 所示。

图 7-3 创建选区

Step 02 单击菜单栏中的“选择”|“反向”命令，即可将选区进行反向选择，如图 7-4 所示。

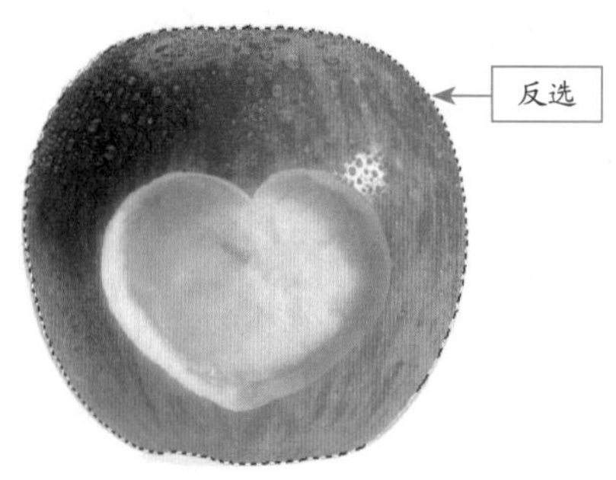

图 7-4 反向选区

Step 03 单击菜单栏中的“选择”|“变换选区”命令，即可在选区的边缘调出变换控制框，如图 7-5 所示。

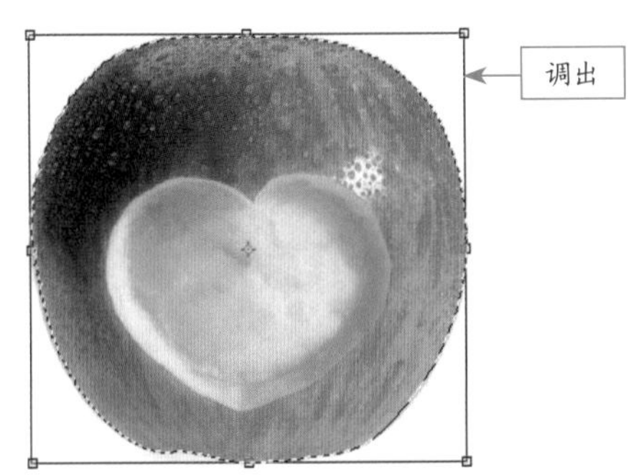

图 7-5 调出变换控制框

Step 04 根据需要调整变换控制框上的 8 个控制点，即可对选区进行变换，按【Enter】键确认，完成选区的变换操作，效果如图 7-6 所示。

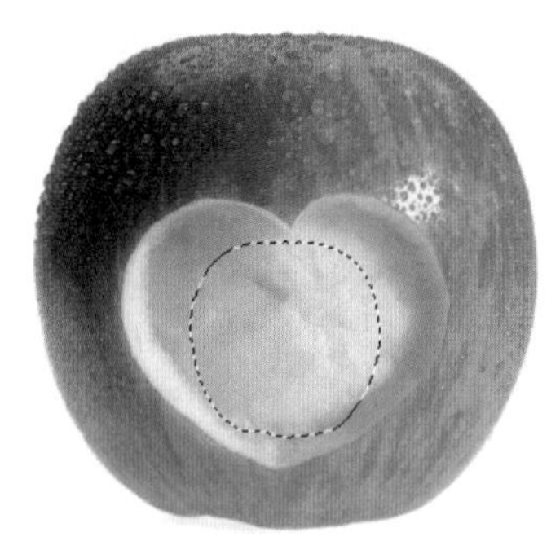

图 7-6 变换选区

自学自练——扩大选区范围

“扩大选区”命令会根据已创建选区中的颜色和相似程度来扩大选区范围。

Step 01 按【Ctrl + O】组合键，打开一幅素材图像，选取工具箱中的椭圆选框工具，在图像编辑窗口中创建一个大小合适的椭圆形选区，如图 7-7 所示。

Step 02 单击菜单栏中的“选择”|“扩大选取”命令，即可扩大选区，如图 7-8 所示。

图 7-7 创建椭圆选区

图 7-8 扩大选区

自学自练——储存与载入选区

在 Photoshop CS6 中，用户可以根据需要对选区进行储存与载入操作。

Step 01 按【Ctrl + O】组合键，打开一幅素材图像，如图 7-9 所示。

图 7-9 素材图像

Step 02 选取工具箱中的快速选择工具，在图像编辑窗口中创建一个选区，如图 7-10 所示。

图 7-10 创建选区

Step 03 单击菜单栏中的"选择"|"存储选区"命令，弹出"存储选区"对话框，设置各选项，如图 7-11 所示，然后单击"确定"按钮。

图 7-11 "存储选区"选项设置

Step 04 按【Ctrl + D】组合键取消选区，单击菜单栏中的"窗口"|"通道"命令，展开"通道"面板，如图 7-12 所示。

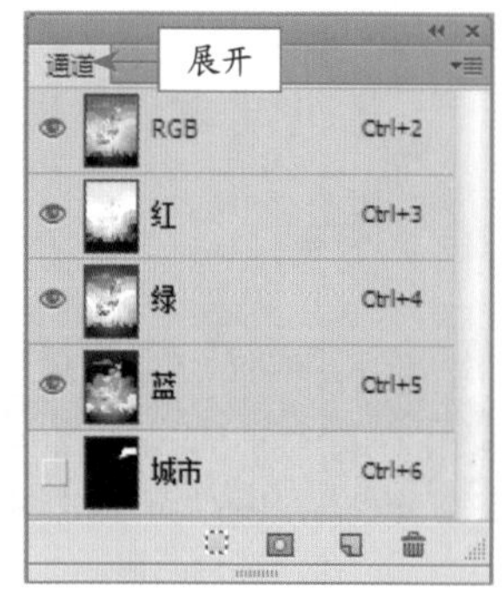

图 7-12 "通道"面板

Step 05 单击菜单栏中的"选择"|"载入选区"命令，弹出"载入选区"对话框，设置各选项，如图 7-13 所示。

图 7-13 通道设置

Step 06 单击"确定"按钮，即可载入选区，效果如图 7-14 所示。

图 7-14 载入选区

自学自练——剪切与粘入选区图像

在设计作品时，通常是将多幅单个的图像进行合成，从而制作出高档、美观的平面作品，达到良好的视觉效果。

Step 01 按【Ctrl + O】组合键，打开两幅素材图像，如图 7-15 所示。

Step 02 选取工具箱中的矩形选框工具，在"草莓"素材图像中创建一个矩形选区，如图 7-16 所示，在"图层"面板中选择"图层 2"图层，单击菜单栏中的"编辑"|"剪切"命令，

剪切选区内的图像。

图 7-15 素材图像

图 7-16 创建矩形选区

Step 03 确认"水滴"素材图像为当前编辑窗口，单击菜单栏中的"编辑"|"粘贴"命令，将剪切的草莓图像粘贴至该图像编辑窗口中，并得到"图层 1"图层，设置"图层 1"图层的混合模式为"叠加"，再按【Ctrl ＋ T】组合键，调出变换控制框，调整图像大小，效果如图 7-17 所示。

图 7-17 图像效果

7.2 修改选区

用户在编辑选区时，可以对选区进行多次修改，如边界与平滑选区、扩展 / 收缩选区、羽化选区、调整边缘等。

自学自练——边界与平滑选区

使用"边界"命令可以在所创建的选区边缘新建一个选区，而使用"平滑"命令可以平滑选区的尖角和去除锯齿，从而使图像中选区的边缘更加流畅和平滑。

Step 01 按【Ctrl ＋ O】组合键，打开一幅素材图像，选取工具箱中的魔棒工具，在工具属性栏上设置"容差"为 30，选中"消除锯齿"和"连续"复选框，在图像编辑窗口的白色背景处单击鼠标左键，创建选区，如图 7-18 所示。

图 7-18 创建选区

Step 02 单击菜单栏中的"选择"|"反向"命令，如图 7-19 所示，即可将选区进行反向。

图 7-19　反向选区

Step 03 单击菜单栏中的“选择”|“修改”|“边界”命令，弹出“边界选区”对话框，设置“宽度”为 10，单击“确定”按钮，即可执行修改选区边界操作，如图 7-20 所示。

图 7-20　修改选区边界

Step 04 单击菜单栏中的“选择”|“修改”|“平滑”命令，弹出“平滑选区”对话框，设置“取样半径”为 8，单击“确定”按钮，即可平滑选区，如图 7-21 所示。

图 7-21　平滑选区

Step 05 单击菜单栏中的“编辑”|“描边”命令，弹出“描边”对话框，设置“宽度”为 2、“颜色”为淡黄色（RGB 参数值分别为 240、253、134）、“位置”为“居外”、“不透明度”为 80，单击“确定”按钮，描边选区，按【Ctrl ＋ D】快捷键，取消选区，图像处理效果如图 7-22 所示。

图 7-22　图像处理效果

自学自练——扩展 / 收缩选区

在制作各种相似或叠加的图像过程中，扩展和收缩选区将会起到很关键的作用。

Step 01 按【Ctrl ＋ O】组合键，打开一幅素材图像，如图 7-23 所示。

图 7-23　素材图像

Step 02 选取工具箱中的魔棒工具，在工具属性栏上设置“容差”为 2，在图像编辑窗口中的红色圆环淡橘色背景区域单击鼠标左键，创建选区，如图 7-24 所示。

图 7-24 创建选区

Step 03 单击菜单栏中的“选择”|“修改”|“扩展”命令，弹出“扩展选区”对话框，设置“扩展量”为 5，如图 7-25 所示。

图 7-25 “扩展选区”对话框

Step 04 单击“确定”按钮，即可扩展选区，如图 7-26 所示。

图 7-26 扩展选区

Step 05 设置前景色为蓝色（RGB 的参数值分别为 40、207、255），单击“图层”面板底部的“创建新图层”按钮，新建“图层 1”图层，按【Alt + Delete】组合键，为选区填充前景色，如图 7-27 所示。

Step 06 单击菜单栏中的“选择”|“修改”|“收缩”命令，弹出“收缩选区”对话框，设置“收缩量”为 20，如图 7-28 所示。

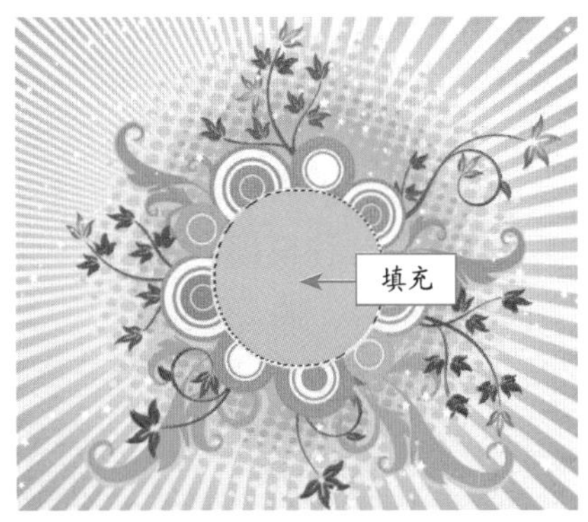

图 7-27 填充前景色

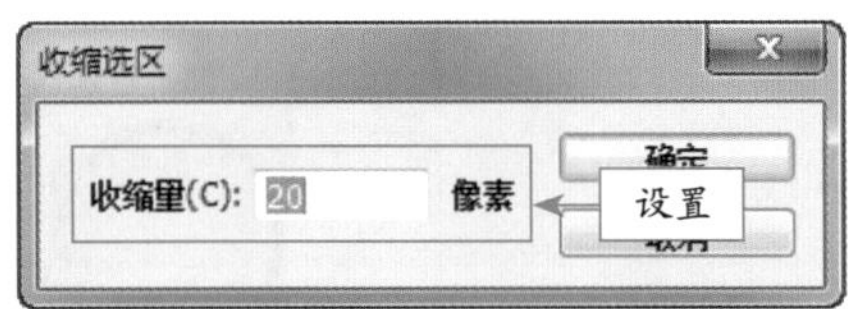

图 7-28 “收缩选区”对话框

Step 07 单击“确定”按钮，即可收缩选区，如图 7-29 所示。

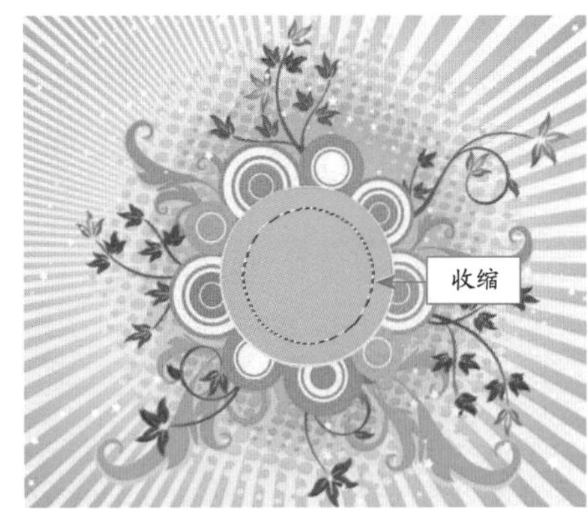

图 7-29 收缩选区

Step 08 按下【Delete】键，即可删除选区内的图像，最终效果如图 7-30 所示。

图 7-30 最终效果

自学自练——羽化选区

“羽化”命令用于对选区进行羽化。羽化是通过建立选区和选区周围像素之间的转换边界来模糊边缘的，这种模糊方式将丢失选区边缘的一些图像细节。

Step 01 按【Ctrl + O】组合键，打开两幅素材图像，如图 7-31 所示。

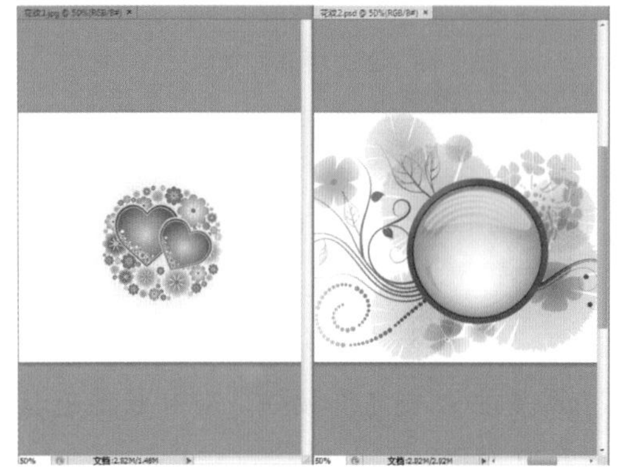

图 7-31 素材图像

Step 02 选取椭圆选框工具，在“花纹 1”图像窗口中创建一个选区，如图 7-32 所示。

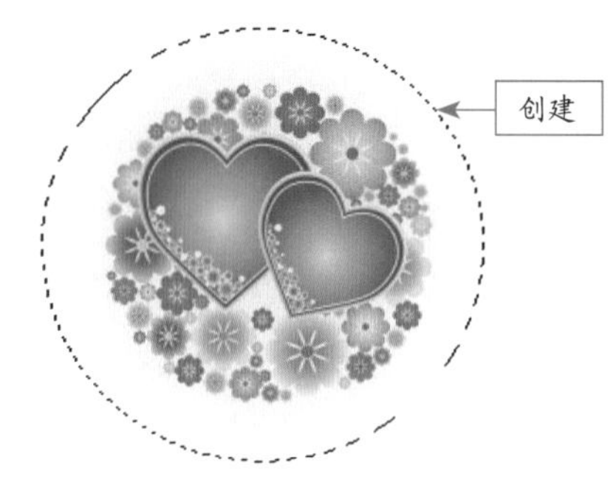

图 7-32 创建一个选区

Step 03 单击菜单栏中的“选择”|“修改”|“羽化”命令，弹出“羽化选区”对话框，设置“羽化半径”为 20，如图 7-33 所示，单击“确定”按钮。

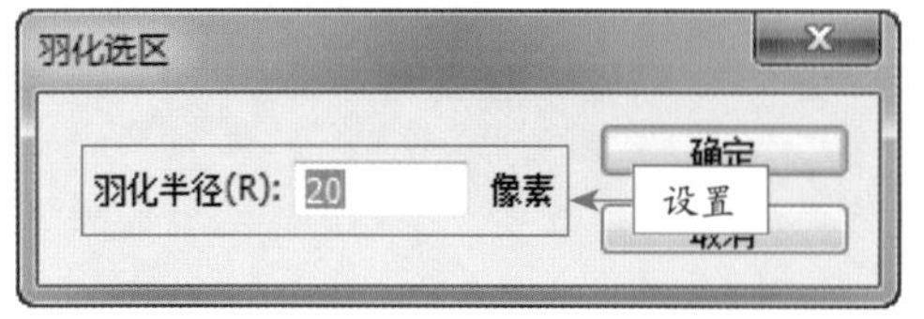

图 7-33 “羽化选区”对话框

专家提醒

除了运用上述方法可以弹出“羽化选区”对话框外，还有以下两种方法。

快捷键：按【Shift + F6】快捷键，弹出“羽化选区”对话框。

快捷菜单：创建好选区后，在图像编辑窗口中单击鼠标右键，在弹出的快捷菜单中选择“羽化”选项，弹出“羽化选区”对话框。

Step 04 选取移动工具，移动选区内的图像至“花纹 2”图像编辑窗口中的合适位置，如图 7-34 所示。

图 7-34 移动选区对象

Step 05 单击菜单栏中的“编辑”|“变换”|“缩放”命令，调出变换控制框，并缩放图像至合适大小，如图 7-35 所示。

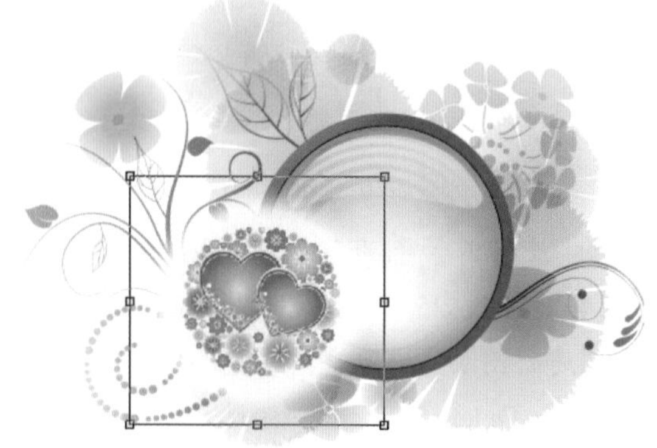

图 7-35 缩放图像

Step 06 按【Enter】键，确认变换操作，再次移动图像至合适的位置，如图 7-36 所示。

图 7-36　再次移动图像

Step 07 设置“图层 1”图层的“不透明度”为 80，图像最终效果如图 7-37 所示。

图 7-37　最终效果

自学基础——调整边缘

在 Photoshop CS6 中，“调整边缘”命令在功能上有了很大的扩展，尤其是提供的边缘检测功能，可以大大提高抠图效率。另外，使用“调整边缘”命令可以方便地修改选区，并且可以更加直观地看到调整效果，从而得到更为精确的选区。

除了“调整边缘”命令，也可以在各个创建选区工具的工具属性栏中单击“调整边缘”按钮，弹出“调整边缘”对话框，如图 7-38 所示，对当前选区进行编辑。

图 7-38　“调整边缘”对话框

❶ “视图”下拉列表框：包含 7 种选区预览方式，用户可以根据需求进行选择。

❷ “半径”设置区：可以微调选区与图像边缘之间的距离，数值越大，则选区会越来越精确地靠近图像边缘。

❸ “平滑”设置区：用于减少选区边界中的不规则区域，创建更加平滑的轮廓。

❹ “羽化”设置区：与“羽化”命令的功能基本相同，都是用来柔化选区边缘的。

❺ “对比度”设置区：用于锐化选区边缘并去除模糊的不自然感。

❻ “移动边缘”设置区：负值用于收缩选区边界；正值用于扩展选区边界。

7.3 应用选区

在图像中创建选区后，各种操作将只针对当前选区内的图像有效，用户可以根据需要编辑选区，如移动与清除选区内图像、描边与填充选区等操作。

自学自练——移动与清除选区内图像

通过在图像上创建选区，不仅可以调整图像的位置、复制图像，也可以清除图像。若在背景图层上移动或清除图像，被移动或清除的图像区域将以背景色进行填充；若在其他图层移动或清除图像，则以透明区域填充。

Step 01 按【Ctrl + O】组合键，打开一幅素材图像，如图 7-39 所示。

图 7-39 素材图像

Step 02 选取工具箱中的矩形选框工具，在图像编辑窗口中的 B 字母上，单击鼠标左键并拖曳，即可创建选区，如图 7-40 所示。

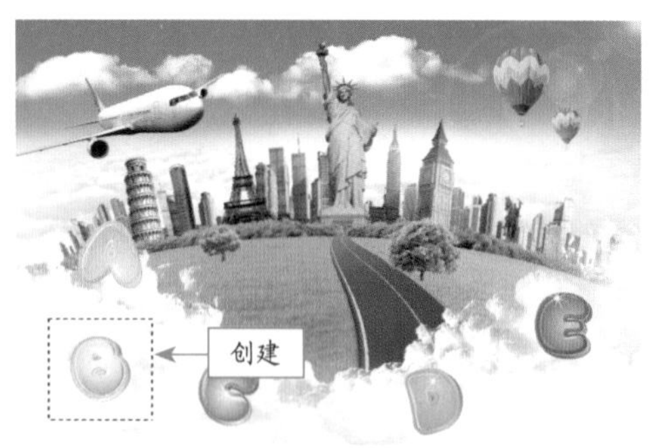

图 7-40 创建选区 1

Step 03 选取工具箱中的移动工具，在选区图像上单击鼠标左键并拖曳，至合适位置后释放鼠标，即可移动选区内的图像，如图 7-41 所示。

图 7-41 移动选区内的图像 1

Step 04 采用与上同样的方法，创建其他选区并移动选区内的图像，效果如图 7-42 所示。

图 7-42 移动选区内图像 2

Step 05 选择“图层 1”图层，选取工具箱中的矩形选框工具，在图像编辑窗口中的 A 字母上，创建选区，如图 7-43 所示。

图 7-43 创建选区 2

Step 06 单击菜单栏中的“编辑”|“清除”命令，即可清除选区内图像，效果如图 7-44 所示。

图 7-44 清除选区内图像

自学自练——描边选区

创建选区后，可以根据选区的外形进行描边，使用“描边”命令可以为图像添加不同颜色和宽度的描边，以增加图像的视觉效果。

Step 01 按【Ctrl + O】组合键，打开一幅素材图像，如图 7-45 所示。

图 7-45 素材图像

Step 02 选取工具箱中的磁性套索工具，在工具属性栏中设置“频率”为 60，在图像编辑窗口的戒指边缘创建一个选区，如图 7-46 所示。

图 7-46 创建选区

Step 03 单击菜单栏中的“编辑”|“描边”命令，弹出“描边”对话框，设置“宽度”为 5、“颜色”为紫色（RGB 的参数值分别为 115、0、103）、“不透明度”为 50，选中“居外”单选按钮，如图 7-47 所示。

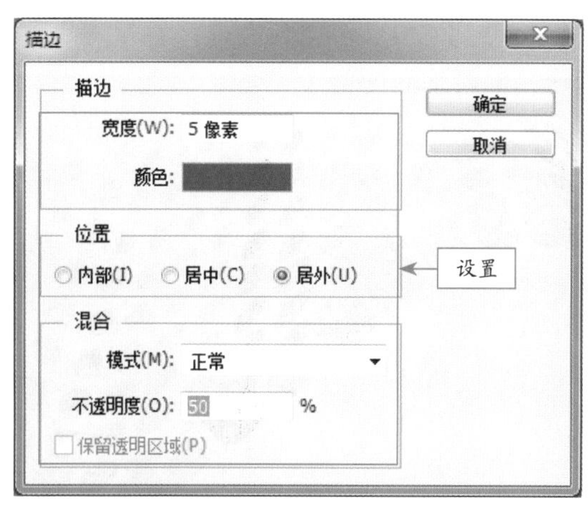

图 7-47 “描边”对话框

Step 04 单击“确定”按钮，即可对选区进行描边，效果如图 7-48 所示。

图 7-48 描边图像

专家提醒

选取工具箱中的矩形选框工具，在选区中单击鼠标右键，在弹出的快捷菜单中选择“描边”选项，也可以弹出“描边”对话框。

自学自练——填充选区

使用“填充”命令，可以在指定选区内填充相应的颜色。

Step 01 按【Ctrl + O】组合键，打开一幅素材图像，如图 7-49 所示。

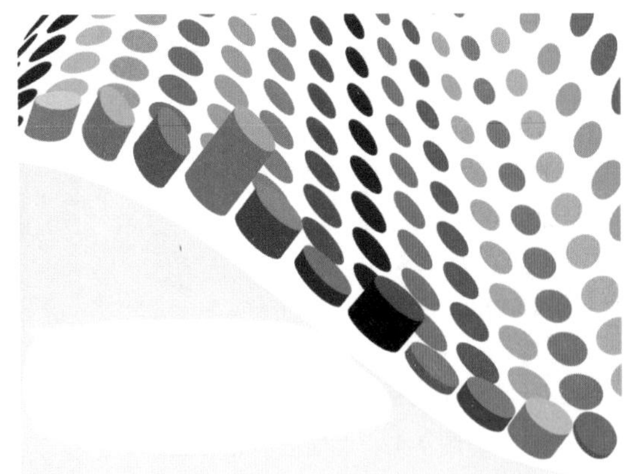

图 7-49 素材图像

Step 02 选取工具箱中的魔棒工具，单击工具属性栏中的“添加到选区”按钮，在图像中创建选区，如图 7-50 所示。

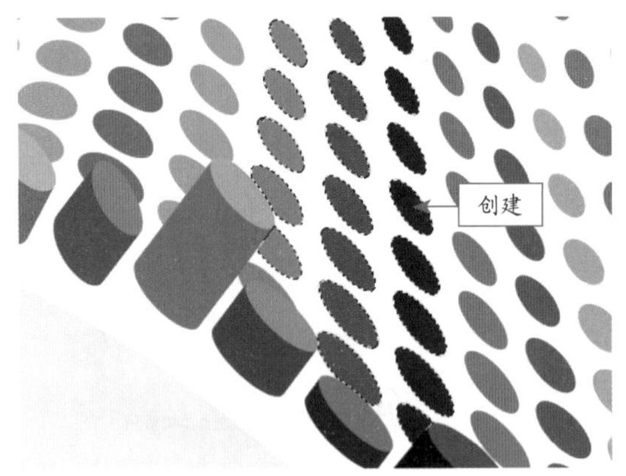

图 7-50 创建选区

Step 03 选取工具箱中的前景色工具，弹出“拾色器（前景色）”对话框，在其中设置各选项，如图 7-51 所示。

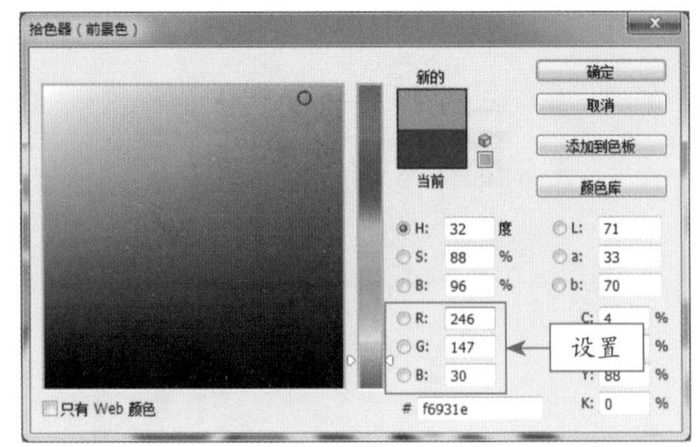

图 7-51 “拾色器（前景色）”对话框

Step 04 单击“确定”按钮，按【Alt + Delete】组合键填充前景色，按【Ctrl + D】组合键，取消选区，效果如图 7-52 所示。

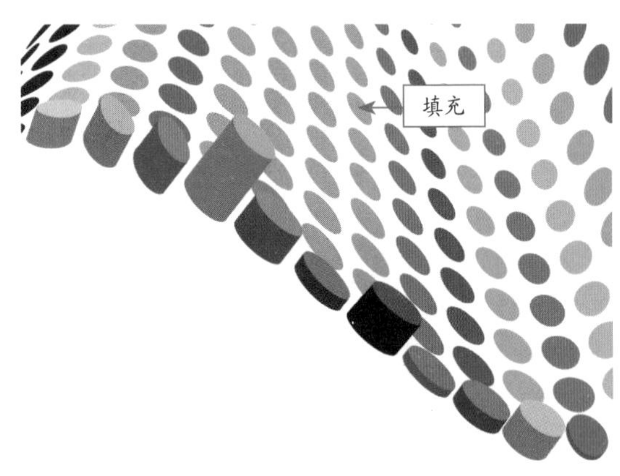

图 7-52 填充前景色

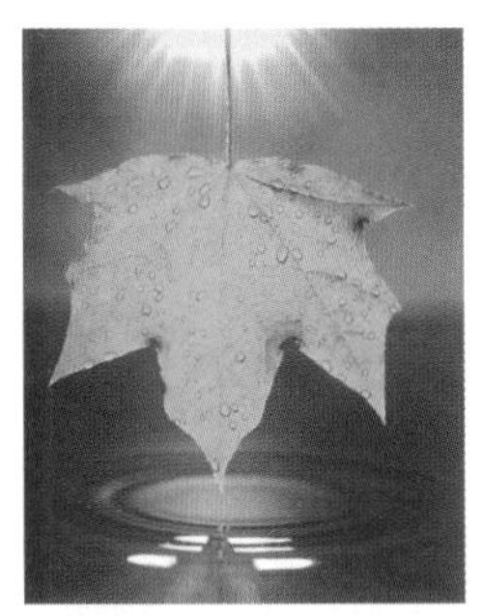

08 Chapter 转换与校正颜色

Photoshop CS6 提供了丰富而强大的色彩与色调的调整功能，可以轻松地对图像的颜色进行转换，如对色相、明度、饱和度进行调整，也可以对图像的颜色模式进行转换，还可以对图像色彩、色调、对比度以及颜色进行校正，熟练掌握各种调色方法，可调出丰富多彩的图像效果。

本章内容导航

- 色相
- 明度
- 饱和度
- 转换图像为 RGB 模式
- 转换图像为 CMYK 模式
- 转换图像为灰度模式
- 转换图像为多通道模式
- 运用“自动色调”命令调整色彩
- 运用“自动对比度”命令调整色彩
- 运用“自动颜色”命令调整色彩
- 运用“色阶”命令调整图像色阶
- 运用“亮度/对比度”命令调整图像亮度
- 运用“曲线”命令调整图像色调
- 运用“曝光度”、“通道混合器”命令调整图像色调
- 运用“色相/饱和度”、“替换颜色”命令调整图像色相
- 运用“黑白”命令调整颜色

8.1 颜色的基本属性

色彩是人对事物的第一视觉印象，具有视觉夺人的艺术魅力，作为一种独立的语言，本身就具有强烈的表现力。每幅优秀的作品中，很大程度上在于对色彩的运用，张弛有度的色彩可以产生对比效果，使图像显得更加绚丽，同时激发人的感情和想象；色相、饱和度和亮度这三个色彩要素，共同构成人类视觉中完整的颜色表相。

自学基础——色相

色相指的是色的相貌，它可以包括很多色彩，光学中的三原色为红、蓝、绿，如图 8-1 所示，而在光谱中最基本的色相可分为红、橙、黄、绿、蓝、紫 6 种颜色，如图 8-2 所示。

图 8-1 三原色图

图 8-2 基本色相

自学基础——明度

明度指的是色彩的明暗程度或深浅程度，它是色彩中的骨骼，具有一种不依赖于其他性质而单独存在的特性，当色相与纯度脱离了明度就无法显现。

不同明度值的图像效果给人的心理感受也有所不同，高明度色彩给人以明亮、纯净、唯美等感受；适中的明度色彩给人以朴素、稳重、亲和的感受；低明度色彩则让人感觉压抑、沉重、神秘。其中，黄色是明度最高的颜色，如图 8-3 所示；紫色是明度最低的颜色，如图 8-4 所示。

图 8-3 黄色图像

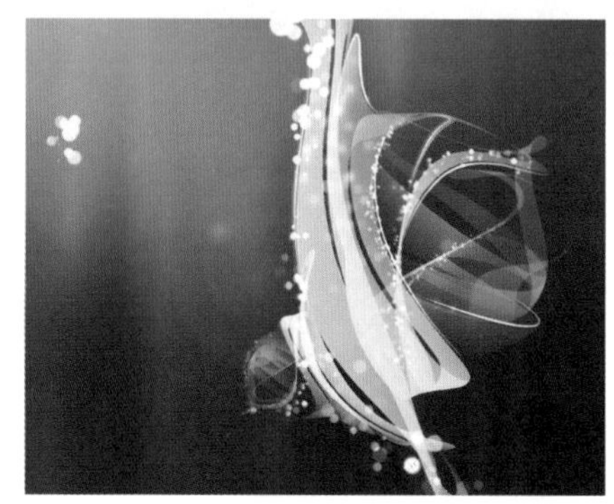

图 8-4 紫色图像

自学基础——饱和度

饱和度指的是色彩的鲜艳程度，也称为纯度。从科学角度来讲，一种颜色的鲜艳程度取决于这一色相反射光的单一程度。当一种颜色所含的色素越多，饱和度就越高，明度也会随之提高。不同的色相不仅明度不同，纯度也不相同，在所有色相中，红色的饱和度最高，如图 8-5 所示；蓝色的饱和度最低，如图 8-6 所示。

图 8-5 红色图像

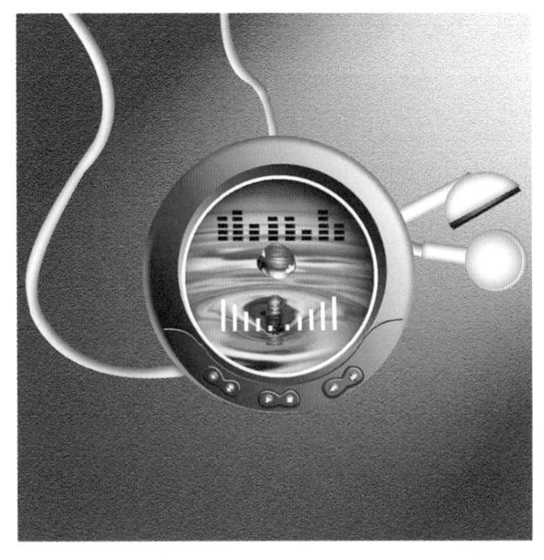

图 8-6 蓝色图像

8.2 转换图像颜色模式

图像颜色模式主要有 RGB 模式、CMYK 模式、灰度模式以及多通道模式，下面分别对这 4 种模式进行介绍。

自学基础——转换图像为 RGB 模式

RGB 模式为彩色图像中每个像素的 RGB 分量指定一个介于 0（黑色）到 255（白色）之间的强度值，当 RGB 这 3 个参数值相等时，结果是中性灰色，当所有参数值均为 255 时，效果是纯白色；当参数值为 0 时，效果是纯黑色。要将图像转换为 RGB 模式，只需单击菜单栏中的“图像”|“模式”|“RGB 颜色”命令即可，如图 8-7 所示为转换前后的对比。

图 8-7 转换成 RGB 模式前后的图像对比

自学基础——转换图像为 CMYK 模式

CMYK 模式即由 C（青色）、M（洋红）、Y（黄色）、K（黑色）合成的颜色模式，这是印刷上使用的主要颜色模式。要将图像转换为 CMYK 模式，先单击菜单栏中的“图像”|“模式”|“CMYK 颜色”命令，在弹出的信息提示框中单击“确定”按钮，即可将图像转换成 CMYK 模式，如图 8-8 所示为转换前后的对比。

图 8-8 图像转换为 CMYK 模式前后的对比

自学基础——转换图像为灰度模式

将彩色图像转换为灰度模式时，所有的颜色信息都将被删除。虽然 Photoshop 允许将灰度模式的图像再转换为彩色模式，但是原来已删除的颜色信息不能再恢复。打开素材图像，如图 8-9 所示，单击菜单栏中的“图像”|“模式”|“灰度”命令，在弹出的信息提示框中单击“扔掉”按钮，即可将图像转换为灰度模式，效果如图 8-10 所示。

图 8-9 素材图像

图 8-10 转换为灰度模式效果

自学基础——转换图像为多通道模式

多通道模式是一种减色模式，将 RGB 图像转换为该模式后，可以得到青色、洋红和黄色通道，此外，如果删除 RGB、CMYK、Lab 模式的某个颜色通道，图像会自动转换为多通道模式。这种模式包含了多种灰阶通道，每一通道均由 256 级灰阶组成，这种模式通常用来处理特殊打印需求。将图像转化为此模式的方法是：打开素材图像，如图 8-11 所示，单击菜单栏中的“图像”|“模式”|“多通道”命令，即可将图像转换为多通道模式，效果如图 8-12 所示。

图 8-11 素材图像

图 8-12 转换为多通道模式效果

8.3 自动校正图像色彩 / 色调

校正图像色彩和色调，可以通过自动色调、自动对比度、自动颜色等命令来实现。

自学自练——运用“自动色调”命令调整色彩

“自动色调”命令根据图像整体颜色的明暗程度进行自动调整，使亮部与暗部的颜色按一定的比例分布。

Step 01 按【Ctrl ＋ O】组合键，打开一幅素材图像，如图 8-13 所示。

图 8-13 素材图像

Step 02 单击菜单栏中的“图像”|“自动色调”命令，系统即可自动调整图像明暗，效果如图 8-14 所示。

图 8-14 自动调整图像明暗

专家提醒

除了可以使用“自动色调”命令调整图像色彩以外，还可以按【Shift ＋ Ctrl ＋ L】组合键，调整图像色彩。

自学自练——运用“自动对比度”命令调整色彩

使用“自动对比度”命令，可以让系统自动调整图像中颜色的总体对比度和混合颜色，它将图像中最亮和最暗的像素映射为白色和黑色，使高光显得更亮，而暗调显得更暗。

Step 01 按【Ctrl ＋ O】组合键，打开一幅素材图像，如图 8-15 所示。

图 8-15 素材图像

Step 02 单击菜单栏中的“图像”|“自动对比度”命令，系统即可自动对图像对比度进行调整，效果如图 8-16 所示。

图 8-16 调整图像对比度

自学自练——运用“自动颜色”命令调整色彩

运用“自动颜色”命令，可以让系统对图像的颜色进行自动校正，若图像有偏色与饱和度过高的现象，使用该命令则可以进行自动调整。

Step 01 按【Ctrl + O】组合键，打开一幅素材图像，如图 8-17 所示。

图 8-17　素材图像

Step 02 单击菜单栏中的“图像”|“自动颜色”命令，系统将自动对图像的颜色进行校正，效果如图 8-18 所示。

图 8-18　自动校正图像颜色

专家提醒

除了可以使用“自动颜色”命令调整图像色彩以外，还可以按【Shift + Ctrl + B】组合键，调整图像色彩。

8.4 图像色彩的基本调整

调整图像色彩可以通过“色阶”、“亮度/对比度”、“曲线”、“曝光度”以及“色相/饱和度”等命令来实现，下面将分别进行介绍。

自学自练——运用“色阶”命令调整图像色阶

“色阶”命令通过将每个通道中最亮和最暗的像素定义为白色和黑色，然后按比例重新分配中间像素值来控制调整图像的色调，从而校正图像的色调范围和色彩平衡。

Step 01 按【Ctrl + O】组合键，打开一幅素材图像，如图 8-19 所示。

图 8-19　素材图像

Step 02 单击菜单栏中的“图像”|“调整”|“色阶”命令，弹出“色阶”对话框，设置“输入色阶”的参数值依次为 0、2.26、214，如图 8-20 所示。

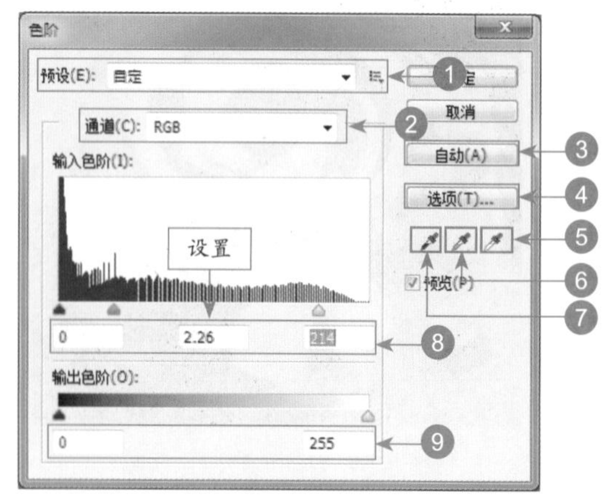

图 8-20　“色阶”对话框

❶ “预设”下拉列表框：单击右侧的“预设选项”按钮，在弹出的列表框中，选择“存储预设”选项，可以将当前的调整参数保存为一个预设的文件。

❷ "通道"下拉列表框：可以选择一个通道进行调整，调整通道会影响图像的颜色。

❸ "自动"按钮：单击该按钮，可以应用自动颜色校正，Photoshop 会以 0.5% 的比例自动调整图像色阶，使图像的亮度分布更加均匀。

❹ "选项"按钮：单击该按钮，可以打开"自动颜色校正选项"对话框，在该对话框中可以设置黑色像素和白色像素的比例。

❺ "在图像中取样以设置白场"工具：使用该工具在图像中单击，可以将单击点的像素调整为白色，原图中比该点亮度值高的像素也都会变为白色。

❻ "在图像中取样以设置灰场"工具：使用该工具在图像中单击，可以根据单击点像素的亮度来调整其他中间色调的平均亮度，通常用来校正色偏。

❼ "在图像中取样以设置黑场"工具：使用该工具在图像中单击，可以将单击点的像素调整为黑色，原图中比该点暗的像素也变为黑色。

❽ "输入色阶"文本框：用来调整图像的阴影、中间调和高光区域。

❾ "输出色阶"文本框：可以限制图像的亮度范围，从而降低对比度，使图像呈现褪色效果。

Step 03 单击"确定"按钮，即可运用"色阶"命令调整图像色阶，效果如图 8-21 所示。

图 8-21　调整图像色阶效果

自学基础——了解"亮度 / 对比度"命令

"亮度 / 对比度"命令主要对图像每个像素的亮度或对比度进行整体调整，此调整方式方便、快捷，但不适用于较为复杂的图像。"亮度 / 对比度"对话框中有"亮度"和"对比度"两个选项，如图 8-22 所示。

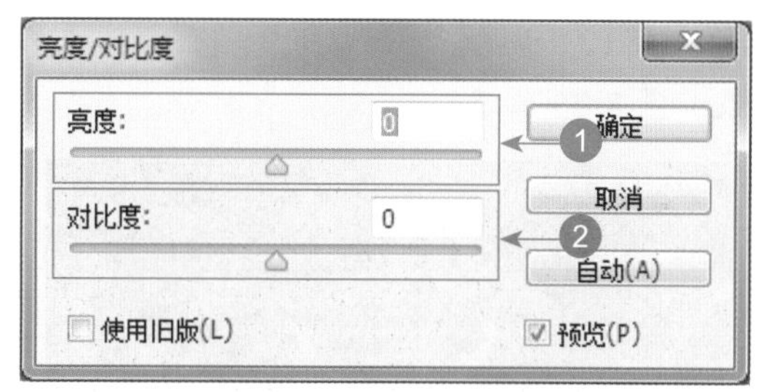

图 8-22　"亮度 / 对比度"对话框

❶ "亮度"设置区：用于调整图像亮度。该值为正时增加图像亮度，为负时降低亮度。

❷ "对比度"设置区：用于调整图像对比度。该值为正时增加图像对比度，为负时降低对比度。

自学自练——运用"亮度 / 对比度"命令调整图像亮度

运用"亮度 / 对比度"命令可以快速调整素材图像的整体亮度与对比度色彩。

Step 01 按【Ctrl + O】组合键，打开一幅素材图像，如图 8-23 所示。

图 8-23　素材图像

Step 02 单击菜单栏中的"图像" | "调整" | "亮度 / 对比度"命令，弹出"亮度 / 对比度"对话框，设置各选项参数，如图 8-24 所示。

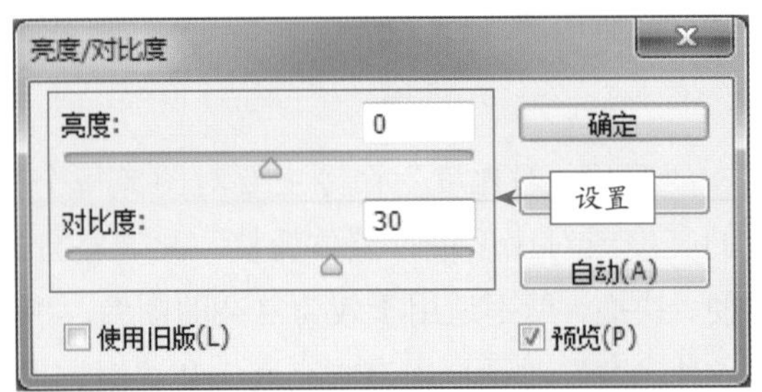

图 8-24 设置“亮度 / 对比度”参数

Step 03 单击“确定”按钮，即可调整图像色彩，效果如图 8-25 所示。

图 8-25 调整图像色彩

Step 04 用与上同样的方法，设置“亮度”为 30，即可调整图像亮度，效果如图 8-26 所示。

图 8-26 调整图像亮度

自学基础——了解“曲线”命令

“曲线”命令是功能强大的图像校正命令，该命令可以在图像的整个色调范围内调整不同的色调，还可以对图像中的个别颜色通道进行精确的调整。单击菜单栏中的“图像” | “调整” | “曲线”命令，弹出“曲线”对话框，如图 8-27 所示。

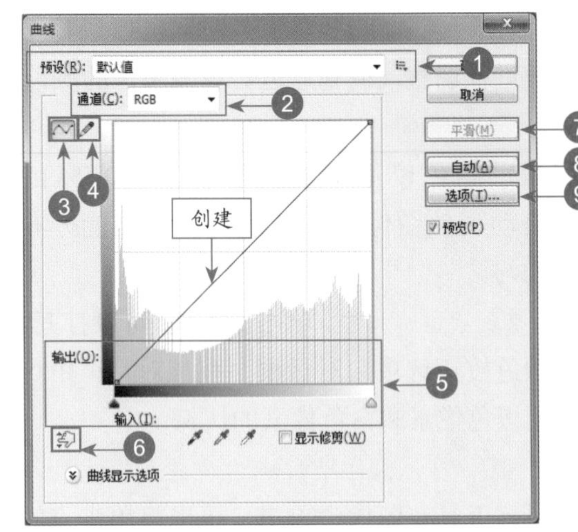

图 8-27 “曲线”对话框

❶“预设”下拉列表框：包含了 Photoshop 提供的各种预设调整文件，用于调整图像。

❷“通道”下拉列表框：用于选择要调整的通道，调整通道会改变图像的颜色。

❸“编辑点以修改曲线”按钮：该按钮为选中状态，此时在曲线中单击可以添加新的控制点，拖动控制点改变曲线形状即可调整图像。

❹“通过绘制来修改曲线”按钮：单击该按钮后，可以绘制手绘效果的自由曲线。

❺“输出 / 输入”坐标：“输入”色阶显示了图像调整前的像素值，“输出”色阶显示了图像调整后的像素值。

❻“在图像上单击并拖动可以修改曲线”按钮：单击该按钮后，将光标放在图像上，曲线上会出现一个圆形图形，它代表光标处的色调在曲线上的位置，在画面中单击并拖动鼠标可以添加控制点并调整相应的色调。

❼“平滑”按钮：使用铅笔绘制曲线后，单击该按钮，可以对曲线进行平滑处理。

❽“自动”按钮：单击该按钮，可以对图像应用“自动颜色”、“自动对比度”或“自动色调”校正。具体校正内容取决于“自动颜色校正选项”对话框中的设置。

❾“选项”按钮：单击该按钮，可以打开“自动颜色校正选项”对话框。自动颜色校正

选项用来控制由“色阶”和“曲线”中的“自动颜色”、“自动色调”、“自动对比度”和“自动”选项应用的色调和颜色校正。它允许指定“阴影”和“高光”剪切百分比，并为阴影、中间调和高光指定颜色值。

自学自练——运用“曲线”命令调整图像色调

使用“曲线”命令调节曲线的方式，可以对图像的亮调、中间调和暗调进行适当调整。

Step 01 按【Ctrl + O】组合键，打开一幅素材图像，如图 8-28 所示。

图 8-28 素材图像

Step 02 单击菜单栏中的“图像”|“调整”|“曲线”命令，弹出“曲线”对话框后，在其中设置“输出”为 181、“输入”为 123，如图 8-29 所示。

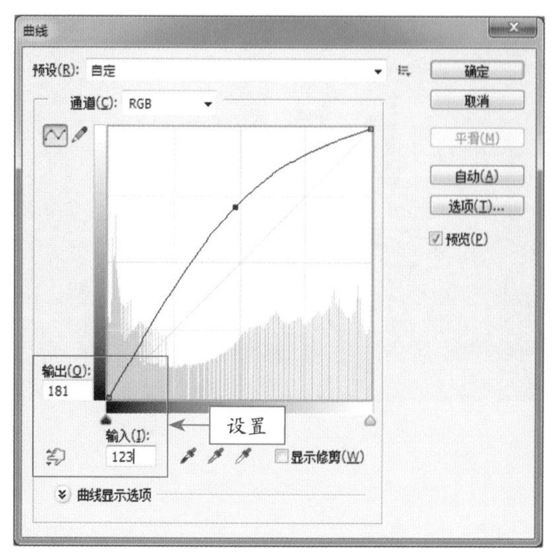

图 8-29 “曲线”对话框

Step 03 单击“确定”按钮，即可通过“曲线”命令调整图像的色调，效果如图 8-30 所示。

图 8-30 调整图像色调

> **专家提醒**
>
> 若要使“曲线”对话框中的曲线网格显示得更精细，可在按住【Alt】键的同时用鼠标单击网格，默认的 4×4 的网格将变成 10×10 的网格。在该网格上，再次按住【Alt】键的同时单击鼠标左键，即可恢复至默认的状态。

自学基础——了解“曝光度”命令

在照片拍摄过程中，经常会因为曝光过度而导致图像偏白，或因为曝光不足而导致图像偏暗，此时可以通过“曝光度”命令来调整图像的曝光度，使图像曝光达到正常。单击菜单栏中的“图像”|“调整”|“曝光度”命令，弹出“曝光度”对话框，如图 8-31 所示。

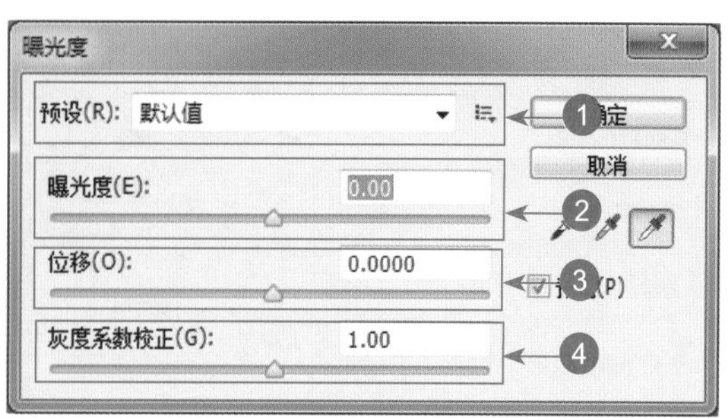

图 8-31 “曝光度”对话框

❶“预设”下拉列表框：可以选择一个预

设的曝光度调整图像文件。

❷“曝光度”设置区：调整色调范围的高光端，对极限阴影的影响很轻微。

❸“位移”设置区：使阴影和中间调变暗，对高光的影响很轻微。

❹“灰度系数校正”设置区：使用简单乘方函数调整图像灰度系数，负值就会被视为它们的相应正值。

自学自练——运用“曝光度”命令调整色调

使用“曝光度”命令可以模拟数码相机内部，对数码照片进行曝光处理。因此，常用于调整曝光不足或曝光过度的图像或照片。

Step 01 按【Ctrl＋O】组合键，打开一幅素材图像，如图 8-32 所示。

图 8-32　素材图像

Step 02 单击菜单栏中的“图像”|“调整”|“曝光度”命令，弹出“曝光度”对话框，设置“曝光度”为 0.5，如图 8-33 所示。

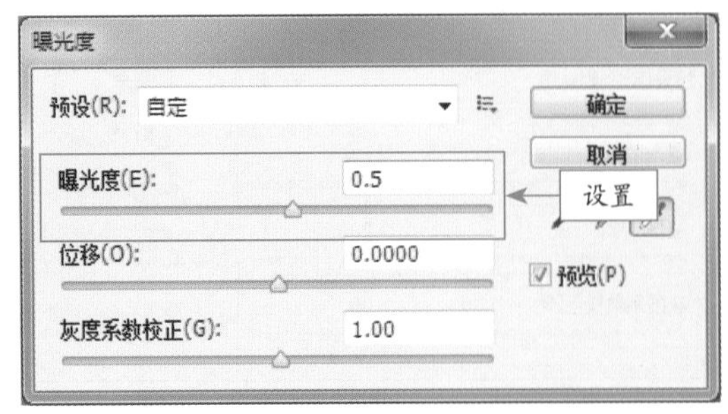

图 8-33　“曝光度”对话框

Step 03 单击“确定”按钮，即可调整图像的曝光度，效果如图 8-34 所示。

图 8-34　调整图像的曝光度

自学基础——运用“色相/饱和度”命令调整图像色相

使用“色相/饱和度”命令可以精确调整整幅图像，或单个颜色成分的色相、饱和度和明度。此命令也可以用于 CMYK 颜色模式的图像中，有利于颜色值处于输出设备的范围中。

单击菜单栏中的“图像”|“调整”|“色相/饱和度”命令，弹出“色相/饱和度”对话框，在其中设置相应参数，单击“确定”按钮，即可调整图像的色相，效果如图 8-35 所示。

图 8-35 运用“色相 / 饱和度”命令调整图像色相效果

自学基础——运用“替换颜色”命令调整图像色相

“替换颜色”命令可以基于特定的颜色在图像中创建蒙版，再通过设置色相、饱和度和明度值来调整图像的色调。如图 8-36 所示为运用“替换颜色”命令调整图像色相的效果。

图 8-36 运用“替换颜色”命令调整图像色相效果

自学基础——运用“通道混合器”命令调整图像色调

运用“通道混合器”命令，用户可以根据需要选择不同的输出通道，并通过颜色通道的混合值来修改图像的色调。如图 8-37 所示为运用“通道混合器”命令调整图像色调的效果。

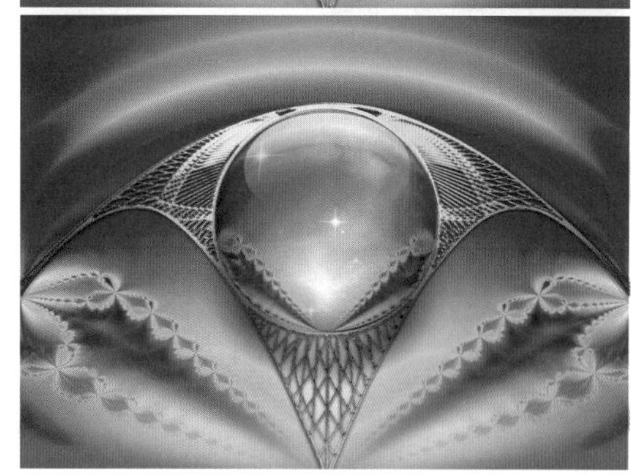

图 8-37 运用“通道混合器”命令调整图像色调效果

自学基础——运用“黑白”命令调整颜色

“黑白”命令可以将彩色图像转换为具有艺术效果的黑白图像，也可以根据需要将图像调整为不同单色的艺术效果。如图 8-38 所示为运用“黑白”命令调整图像颜色的效果。

图 8-38 运用“黑白”命令调整图像颜色效果

第3篇

自学核心篇

主要讲解了 Photoshop CS6 软件中润色与修饰图像、绘制与编辑路径、输入与制作文字特效、创建图层与图层样式、创建与应用通道、创建与应用蒙版、添加与应用滤镜等内容，加强读者的进一步认识。

- ◎ Chapter 09 润色与修饰图像
- ◎ Chapter 10 绘制与编辑路径
- ◎ Chapter 11 输入与制作文字特效
- ◎ Chapter 12 创建图层与图层样式
- ◎ Chapter 13 创建与应用通道
- ◎ Chapter 14 创建与应用蒙版
- ◎ Chapter 15 添加与应用滤镜

09

Chapter

润色与修饰图像

Photoshop CS6 的润色与修饰图像功能十分强大，对一幅好的设计作品来说，润色和修饰图像是必不可少的步骤。Photoshop CS6 不仅提供了各式各样的润色和修饰工具，且每种工具都有独特之处，正确、合理地运用各种工具，将会制作出美观的实用效果。

本章内容导航

- 画笔面板
- 管理画笔
- 铅笔工具
- 仿制图章工具
- 图案图章工具
- 污点修复画笔工具
- 运用修补工具修补图像
- 运用红眼工具去除红眼
- 运用颜色替换工具替换颜色
- 模糊工具
- 锐化工具
- 涂抹工具
- 橡皮擦工具
- 减淡工具
- 加深工具

9.1 设置绘画工具

使用画笔工具可以在图像中绘制以前景色填充的线条或柔边笔触。灵活地运用各种画笔，对画笔的属性进行相应的设置，将会制作出美观的图像效果。

自学基础——画笔面板

Photoshop CS6 之所以能够绘制出丰富、逼真的图像效果，很大原因在于其具有强大的“画笔”面板，它使用户能够通过控制画笔参数，获得丰富的画笔效果。单击菜单栏中的“窗口”|“画笔”命令或按【F5】键，弹出“画笔”面板，如图 9-1 所示。

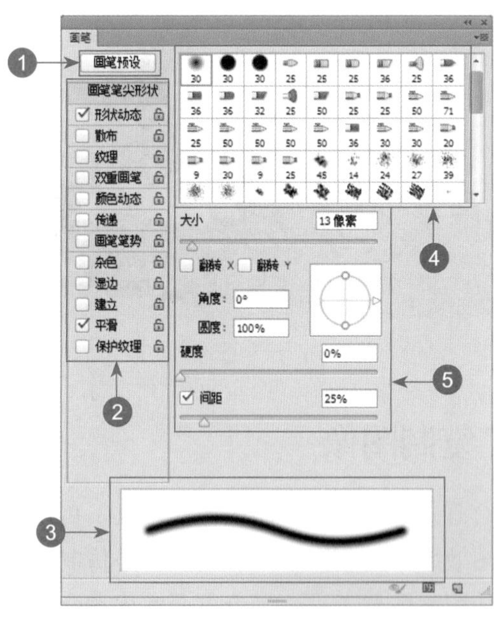

图 9-1 “画笔”面板

❶ “画笔预设”按钮：单击该按钮，可以在面板右侧的“画笔形状列表框”中选择所需要的画笔形状。

❷ 动态参数区：在该区域中列出了可以设置动态参数的选项，其中包含画笔形状动态、散布、纹理、双重画笔、颜色动态、传递、画笔笔势、杂色、湿边、建立、平滑、保护纹理 12 个选项。

❸ 预览区：在该区域中可以看到根据当前的画笔属性而生成的预览图。

❹ 画笔选择框：该区域在选择“画笔笔尖形状”选项时出现，在该区域中可以选择要用于绘图的画笔。

❺ 参数区：该区域中列出了与当前所选的动态参数相对应的参数，选择不同的选项，该区域所列的参数也不相同。

▶ 专家提醒

画笔工具的各种属性主要是通过“画笔”面板来实现的，在面板中可以对画笔笔触进行更加详细的设置，从而可以获取丰富的画笔效果。

自学基础——管理画笔

展开“画笔”面板，单击“画笔预设”按钮，展开“画笔预设”面板，如图 9-2 所示，这里相当于所有画笔的一个控制台，可以利用“描边缩览图”显示方式方便地观看画笔描边效果，或者对画笔进行重命名、删除等操作。

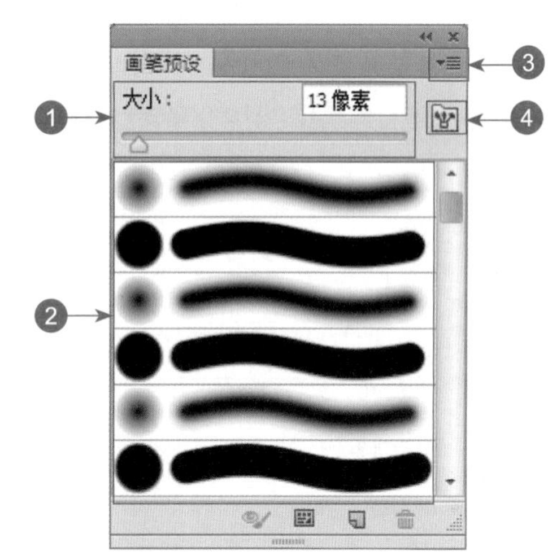

图 9-2 “画笔预设”面板

❶ “大小”文本框：在该文本框中输入相应大小，或者拖动画笔形状列表框下面的“主直径”滑块，都可以调节画笔的直径。

❷ “画笔预设”列表框：在其中可以选择不同的画笔笔尖形状。

❸ 画笔工具箱：通过单击该区域中不同的按钮，可以隐藏/显示、新建以及删除画笔。

❹“切换画笔面板”按钮：单击该按钮，即可返回至“画笔”面板。

自学自练——铅笔工具

在 Photoshop CS6 中，使用铅笔工具可以绘制自由地手画线条。下面向读者介绍使用铅笔工具绘制图像的操作方法。

Step 01 按【Ctrl + O】组合键，打开一幅素材图像，如图 9-3 所示。

图 9-3 素材图像

Step 02 选取工具箱中的铅笔工具，展开“画笔”面板，设置“大小”为 74 像素，选中“间距”复选框，并设置数值为 200%，如图 9-4 所示。

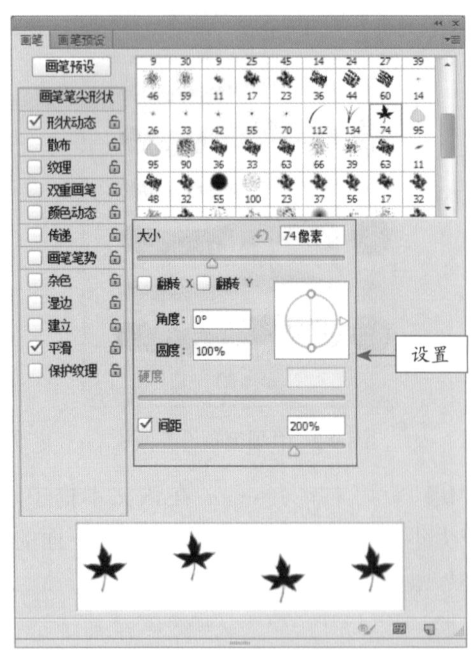

图 9-4 “画笔”面板

Step 03 单击前景色工具，弹出“拾色器（前景色）”对话框，设置前景色为白色，如图 9-5 所示，然后单击“确定”按钮。

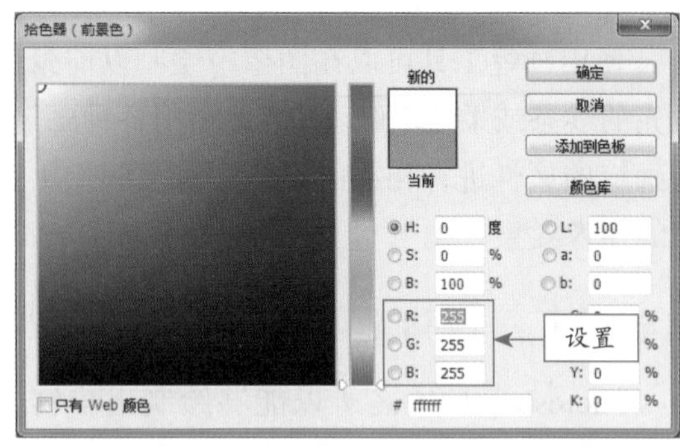

图 9-5 “拾色器（前景色）”对话框

Step 04 执行上述操作后，移动鼠标指针至图像编辑窗口中，单击鼠标左键并拖曳，即可绘制图像，如图 9-6 所示。

图 9-6 绘制图像

9.2 复制图像

合理地运用各种复制图像的工具，可以提高绘图效率。复制图像的工具主要是仿制图章工具和图案图章工具，本节主要向读者介绍运用这些工具复制图像的操作方法。

自学基础——仿制图章工具

使用仿制图章工具，可以对图像进行近似克隆的操作。用户选取工具箱中的仿制图章工具，将鼠标指针移至图像编辑窗口中花朵的图案上，在按住【Alt】键的同时，单击鼠标左键进行取样，释放【Alt】键，将鼠标指针移至图像编辑窗口左下方，单击鼠标左键并拖曳，即可对样本图像进行复制，效果如图 9-7 所示。

图 9-7　使用仿制图章工具复制图像

专家提醒

选取仿制图章工具后，用户可以在工具属性栏上，对仿制图章的属性，如画笔大小、模式、不透明度和流量进行相应的设置，经过相关属性的设置后，使用仿制图章工具所得到的效果也会有所不同。

自学自练——图案图章工具

图案图章工具可以将定义好的图案应用于其他图像中，并且以连续填充的方式在图像中进行绘制。下面向读者介绍使用图案图章工具复制图像的操作方法。

Step 01 按【Ctrl＋O】组合键，打开两幅素材图像，如图 9-8 所示。

图 9-8　素材图像

Step 02 确认图 9-8 中的第二幅素材图像“对话框.psd”为当前图像编辑窗口，单击菜单栏中的“编辑”|“定义图案”命令，弹出“图案名称”对话框，设置“名称”为“对话框.psd”，如图 9-9 所示。

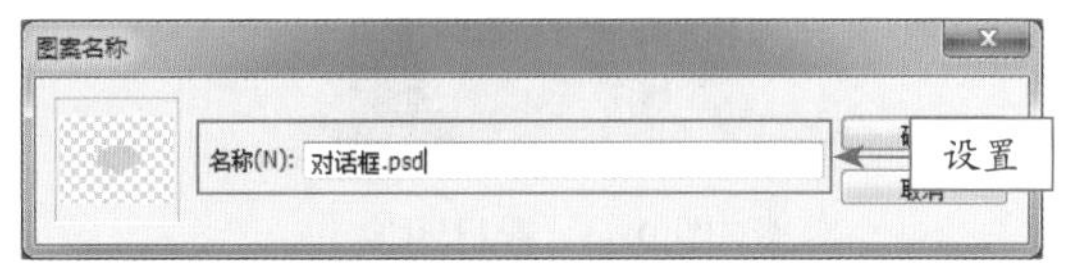

图 9-9　“图案名称”对话框

Step 03 单击“确定”按钮，确认“鹿.jpg”文件为当前图像编辑窗口，选取工具箱中的图案图章工具，在工具属性栏中，设置“画笔”为“柔边圆”、“图案”为“对话框”，将鼠标指针移至图像编辑窗口中，单击鼠标左键并拖曳，即可制作图像效果，如图 9-10 所示。

图 9-10　最终图像效果

9.3　修复和修补图像

修复和修补工具常用于修复图像中的污点或瑕疵，或对图像进行复制、更改色相等操作。本节主要向读者介绍修复和修补图像的操作方法。

自学自练——污点修复画笔工具

污点修复画笔工具可以自动进行像素的取样，只需在图像中有杂色或污渍的位置单击鼠标左键即可。

Step 01 按【Ctrl + O】组合键，打开一幅素材图像，如图9-11所示。

图9-11 素材图像

Step 02 选取工具箱中的污点修复画笔工具，将鼠标指针移至人物脸部的花草图像上，单击鼠标左键并进行涂抹，此时鼠标涂抹过的区域呈黑色标记，释放鼠标后，即可修复图像，效果如图9-12所示。

图9-12 修复图像效果

专家提醒

Photoshop CS6中的污点修复画笔工具能够自动分析鼠标单击处及周围图像的不透明度、颜色与质感，从而进行采样与修复操作。

自学自练——运用修补工具修补图像

修补工具可以使用其他区域的色块域或图案来修补选中的区域，使用修补工具修复图像，可以将图像的纹理、亮度和层次进行保留，使图像的整体效果更加真实。

Step 01 按【Ctrl + O】组合键，打开一幅素材图像，如图9-13所示。

图9-13 素材图像

Step 02 选取工具箱中的修补工具，移动鼠标至图像编辑窗口中，在需要修补的位置单击鼠标左键并拖曳，创建一个选区，如图9-14所示。

图9-14 创建选区

Step 03 在选区内，单击鼠标左键并拖曳选区至图像颜色相近的位置，如图9-15所示。

图9-15 单击鼠标左键并拖曳

Step 04 释放鼠标左键，即可完成修补操作，然后取消选区，效果如图 9-16 所示。

图 9-16 修补效果

自学自练——运用红眼工具去除红眼

红眼工具是一个专用于修饰数码照片的工具，可去除人物照片中的红眼。

Step 01 按【Ctrl + O】组合键，打开一幅素材图像，如图 9-17 所示。

图 9-17 素材图像

Step 02 选取工具箱中的红眼工具，将鼠标指针移至图像编辑窗口中，在人物的眼睛处单击鼠标左键，即可修正红眼，效果如图 9-18 所示。

图 9-18 修正红眼效果

自学自练——运用颜色替换工具替换颜色

颜色替换工具位于绘图工具组中，它能在保留图像原有材质纹理与明暗的基础上，用前景色替换图像中的颜色。

Step 01 按【Ctrl + O】组合键，打开一幅素材图像，如图 9-19 所示。

图 9-19 素材图像

Step 02 单击前景色工具，弹出“拾色器（前景色）”对话框，设置各选项如图 9-20 所示。

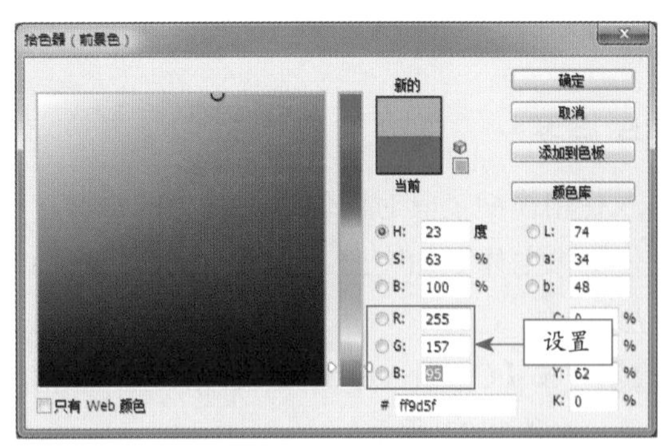

图 9-20 “拾色器（前景色）”对话框

Step 03 单击“确定”按钮，设置前景色，选取工具箱中的颜色替换工具，在“画笔”面板中设置画笔大小，如图 9-21 所示。

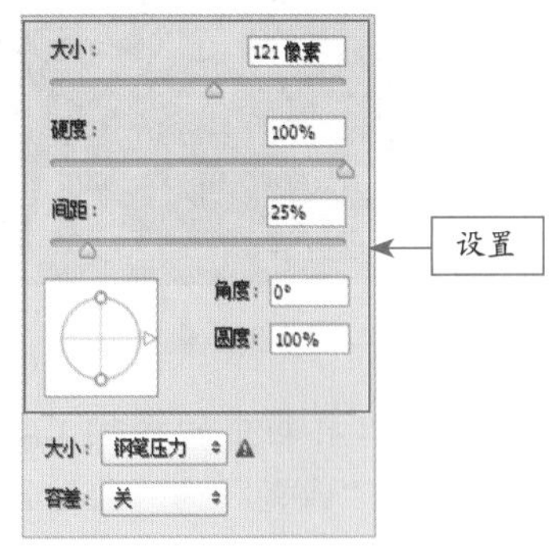

图 9-21 设置画笔大小

Step 04 在图像编辑窗口中单击鼠标左键并拖曳，涂抹图像，图像显示效果如图 9-22 所示。

图 9-22 涂抹图像效果

9.4 使用修饰工具

使用修饰工具可以将有污点或瑕疵的图像处理好，修饰图像工具包括模糊工具、锐化工具、涂抹工具、仿制图章工具和图案图章工具。

自学自练——模糊工具

使用模糊工具对图像进行适当的修饰，可以使图像主体更加突出、清晰，从而使画面富有层次感。

Step 01 按【Ctrl + O】组合键，打开一幅素材图像，如图 9-23 所示。

图 9-23 素材图像

Step 02 选取工具箱中的模糊工具，在工具属性栏中设置“画笔”为“柔边圆”、“大小”为 200 像素、“强度”为 100%，将鼠标指针移至图像编辑窗口中的适当位置，单击鼠标左键，在图像周围进行涂抹，即可模糊图像，效果如图 9-24 所示。

图 9-24 模糊图像效果

> **专家提醒**
>
> 用户在使用模糊工具进行涂抹时，为了不影响主体，用户可以先用磁性套索工具将主体选中，然后羽化一定的像素（使其过度自然），这样就能够避免在进行背景涂抹时不影响到主体。

自学自练——锐化工具

锐化工具的作用与模糊工具的作用刚好相反，可用于锐化图像的部分像素，使被操作区域更清晰。

Step 01 按【Ctrl + O】组合键，打开一幅素材图像，如图 9-25 所示。

图 9-25 素材图像

Step 02 选取工具箱中的锐化工具△，在工具属性栏中，设置“画笔”为“柔边圆”、“大小”为90像素、“强度”为73%，将鼠标指针移至图像编辑窗口的花朵上，单击鼠标左键，在图像周围进行涂抹，即可锐化图像，效果如图9-26所示。

图9-26 锐化图像效果

自学自练——涂抹工具

涂抹工具可以用来混合颜色。使用涂抹工具时，会从单击处的颜色开始，将它与鼠标经过处的颜色混合。

Step 01 按【Ctrl + O】组合键，打开一幅素材图像，如图9-27所示。

图9-27 素材图像

Step 02 选取工具箱中的涂抹工具，设置前景色为白色，在工具属性栏中，设置“画笔”为“柔边圆”、“大小”为30px、“强度”为50%，将鼠标指针移至图像编辑窗口中，在绿叶图像周围进行涂抹，即可涂抹图像，效果如图9-28所示。

图9-28 涂抹图像效果

自学基础——橡皮擦工具

橡皮擦工具的功能就是擦除图像，选择的图层不同，则擦除后的图像效果也会有所不同。当图层为“背景”图层时，被擦除的区域将以背景色填充，若为普通图层，则被擦除的区域为透明效果。如图9-29所示为使用橡皮擦工具擦除图像前后的对比效果。

图9-29 使用橡皮擦工具擦除图像

自学基础——减淡工具

使用减淡工具可以对图像曝光不足的区域进行亮度的提升。打开素材后，选取工具箱中的减淡工具，在工具属性栏中，设置“画笔”为“柔边圆”、“大小”为 200 像素、“范围”为“中间调”、“曝光度”为 100%，选中“保护色调”复选框；将鼠标指针移至图像编辑窗口中，单击鼠标左键并拖曳，涂抹图像，即可提高图像的亮度，效果如图 9-30 所示。

图 9-30 减淡图像前后对比效果

自学基础——加深工具

使用加深工具可以对图像的亮度进行调整，降低曝光度。打开素材后，选取工具箱中的加深工具，在工具属性栏中，设置“画笔”为“柔边圆”、“大小”为 200 像素、“范围”为“中间调”、“曝光度”为 100%，选中“保护色调”复选框；将鼠标指针移至图像编辑窗口中，单击鼠标左键并拖曳，涂抹图像，即可加深图像，效果如图 9-31 所示。

图 9-31 加深图像前后对比效果

10

Chapter

创建与编辑路径

Photoshop CS6 是一个以位图设计为主的软件，但它也包含了较强的矢量绘图功能，并提供了多种矢量线条形状的绘制工具，如钢笔工具、矩形工具、圆角矩形工具、多边形工具等，利用这些工具可以绘制出各种图像路径，制作出更加美观的图像效果。

本章内容导航

- 运用钢笔工具创建路径
- 运用载入选区创建路径
- 运用矩形工具创建路径形状
- 运用椭圆工具创建路径形状
- 运用多边形工具创建路径形状
- 运用直线工具创建路径形状
- 运用自定形状工具创建路径形状
- 存储工作路径
- 选择和移动路径
- 复制和删除路径
- 填充和描边路径
- 互换路径与选区
- 路径的运算操作

10.1 初步了解路径

路径是用钢笔工具绘制出来的一系列点、直线和曲线的集合，作为一种矢量绘图工具，它的绘图方式不同于工具箱中其他的绘图工具。路径不能打印输出，只能存放于“路径”面板中。

自学基础——路径的基本概念

路径是通过钢笔工具或形状工具绘制出的直线和曲线，且是矢量图形，因此，无论路径缩小或放大都不会影响其分辨率，并保持原样。

路径多用锚点来标记路线的端点或调整点。当绘制的路径为曲线时，每个选中的锚点上将显示一条或两条方向线和一个或两个方向点，并附带相应的控制柄；方向线和方向点的位置决定了曲线段的大小和形状，通过调整控制柄，方向线或方向点随之改变，且路径的形状也将随之改变。

自学基础——路径面板

创建路径后，除了对路径进行修改和调整外，还可以将其转换为选区，再进行填充、描边、选取、保存等操作，并且可以在选区和路径之间进行相互切换，这些操作都需要通过“路径”面板及其控制菜单来完成。

在图像编辑窗口中创建路径之后，“路径”面板中将列出当前图像中所绘制的路径，如图10-1所示。单击“路径”面板右上角的控制按钮，即可弹出“路径”面板菜单，如图10-2所示，不同的状态下弹出的菜单不同，选择相应的选项即可执行相应的操作。

图 10-1 “路径”面板

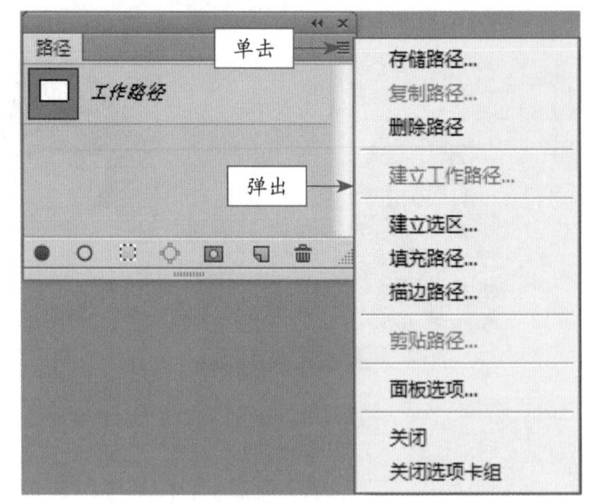

图 10-2 “路径”面板菜单

“路径”面板底部一共有7个按钮，分别是“用前景色填充路径”按钮、“用画笔描边路径”按钮、“将路径作为选区载入”按钮、“从选区生成工作路径”按钮、“添加图层蒙版”按钮、“创建新路径”按钮和“删除当前路径”按钮，这些按钮只有在合适的情况下才能正常使用。

10.2 通过钢笔工具和选区创建路径

Photoshop CS6 中提供了多种绘制路径的方法，下面将分别介绍运用钢笔工具和载入选区的方法创建路径。

自学自练——运用钢笔工具创建路径

钢笔工具是绘制路径的基本工具，也是最常用的路径绘制工具，使用该工具可以绘制直线或平滑的曲线。

Step 01 按【Ctrl + O】组合键，打开一幅素材图像，选取工具箱中的钢笔工具，将鼠标指针移至图像编辑窗口中的合适位置，单击鼠标左键，确定起始点，如图10-3所示。

Step 02 移动鼠标指针至另一个合适位置，再次单击鼠标左键并拖曳，即可绘制一条曲线，该锚点并与上一个锚点相连，如图10-4所示。

图 10-3　确定起始点

图 10-4　绘制曲线

Step 03 按住【Alt】键的同时，在第二个锚点上单击鼠标左键，即可去除一个控制柄，如图 10-5 所示。

图 10-5　去除控制柄

Step 04 用与上面同样的方法，沿着水果图像依次单击鼠标左键并拖曳，绘制合适的曲线，当回到起始点时，单击鼠标左键，即可绘制一条闭合路径，如图 10-6 所示。

专家提醒

在绘制路径的过程中，若按住【Shift】键并单击鼠标左键，可以绘制出 45°、水平或垂直路径线段。

图 10-6　绘制闭合路径

自学自练——运用载入选区创建路径

除了上述方法可以绘制路径以外，还可以通过载入选区的方法绘制路径。

Step 01 按【Ctrl + O】组合键，打开一幅素材图像，运用工具箱中的磁性套索工具，沿着蛋糕的形状创建选区，如图 10-7 所示。

图 10-7　创建选区

Step 02 在“路径”面板中，单击面板底部的“从选区生成工作路径”按钮，即可将创建的选区转换为路径，如图 10-8 所示。

图 10-8　将选区转换为路径

10.3 通过工具创建路径形状

不仅可以使用工具箱中的钢笔工具绘制路径，还可以使用工具箱中的矢量图形工具绘制不同形状的路径。在默认情况下，工具箱中的矢量图形工具显示为矩形工具按钮 。

自学自练——运用矩形工具创建路径形状

运用矩形工具可绘制出矩形图形、矩形路径或填充像素。用户还可以在工具属性栏上进行相应选项的设置，也可以设置矩形的尺寸、固定宽高比例等。

Step 01 按【Ctrl + O】组合键，打开一幅素材图像，如图 10-9 所示。

图 10-9　素材图像

Step 02 选取工具箱中的矩形工具 ，在工具属性栏上单击“路径”按钮，再单击“合并形状”按钮，将鼠标指针移至图像编辑窗口的左上方，单击鼠标左键并向右下方拖曳，创建一条矩形路径，如图 10-10 所示。

图 10-10　创建矩形路径

Step 03 调出“路径”面板，在面板下方单击“将路径作为选区载入”按钮 ，将路径转换成选区，如图 10-11 所示。

图 10-11　将路径转换为选区

Step 04 选取工具箱中的渐变工具 ，设置浅蓝色（RGB 的参数值分别为 192、238、250）到蓝色（RGB 的参数值分别为 20、180、240）的渐变色，并在工具属性栏上单击“线性渐变”按钮，新建“图层 1”，将鼠标指针移至矩形选区左侧，单击鼠标左键并向右侧拖曳，释放鼠标后，即可填充选区，单击菜单栏中的“选择”|“取消选择”命令，取消选区，效果如图 10-12 所示。

图 10-12　填充选区

> **专家提醒**
>
> 如果用户希望在未封闭上一条路径前绘制新路径，只需按【Esc】键，或选取工具箱中的任意工具，或按住【Ctrl】键的同时，在图像编辑窗口中的空白区域单击鼠标左键即可。

自学自练——运用椭圆工具创建路径形状

椭圆工具可以绘制椭圆或圆形的形状或路径。选取椭圆工具后，用户可以在其工具属性栏上设置固定大小、比例或起始点。

Step 01 按【Ctrl + O】组合键，打开一幅素材图像，如图 10-13 所示。

图 10-13 素材图像

Step 02 选取工具箱中的椭圆工具，单击工具属性栏中"形状"按钮，打开"样式"面板，单击面板右上角的黑色小三角按钮，如图 10-14 所示，在弹出的面板菜单中选择"Web 样式"选项，弹出信息提示框，单击"追加"按钮，加载样式。

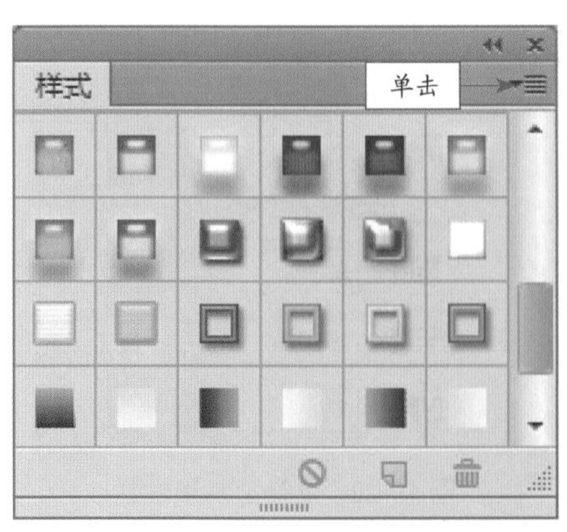

图 10-14 单击按钮

Step 03 将鼠标指针移至图像编辑窗口中剪纸的中心位置，按住【Alt + Shift】组合键的同时，单击鼠标左键并向外拖曳，如图 10-15 所示。

Step 04 至合适位置后释放鼠标左键，在"样式"面板中选择"蓝色回环"选项，即可创建一个圆形的蓝色回环，效果如图 10-16 所示。

图 10-15 拖曳鼠标

图 10-16 创建蓝色回环

自学自练——运用多边形工具创建路径形状

使用多边形工具可以绘制等边多边形、等边三角形和星形等。用户可以在工具属性栏上对多边形的边数进行设置。

Step 01 按【Ctrl + O】组合键，打开一幅素材图像，如图 10-17 所示。

图 10-17 素材图像

Step 02 设置前景色为白色（RGB 的参数值分别为 255、255、255），选取工具箱中的多边形工具，在工具属性栏中单击“形状图层”按钮，单击“几何选项”三角按钮，在弹出的面板中选中“白色五角星形”单选钮，设置“边”为 5，将鼠标指针移至图像编辑窗口中，单击鼠标左键并拖曳，如图 10-18 所示。

图 10-18 拖曳鼠标

Step 03 至合适位置后释放鼠标左键，即可绘制一个白色的星形，如图 10-19 所示，系统自动命名为“多边形 1”图层。

图 10-19 绘制多边形

Step 04 用与上面同样的方法，绘制多个大小或角度不同的星形，效果如图 10-20 所示。

图 10-20 绘制多个星形

自学自练——运用直线工具创建路径形状

当选取了直线工具后，工具属性栏会显示一个“粗细”选项，主要用来设置所绘制直线的粗细，其取值范围为 1 ～ 1000；数值越大，绘制出来的线条越粗。

Step 01 按【Ctrl + O】组合键，打开一幅素材图像，如图 10-21 所示。

图 10-21 素材图像

Step 02 选取工具箱中的直线工具，在工具属性栏中单击“形状图层”按钮，单击面板右上角的黑色小齿轮，弹出“箭头”面板，选中“终点”复选框，设置“宽度”为 500%、“长度”为 1000%、“凹度”为 0%、“粗细”为 0.5 厘米，如图 10-22 所示。

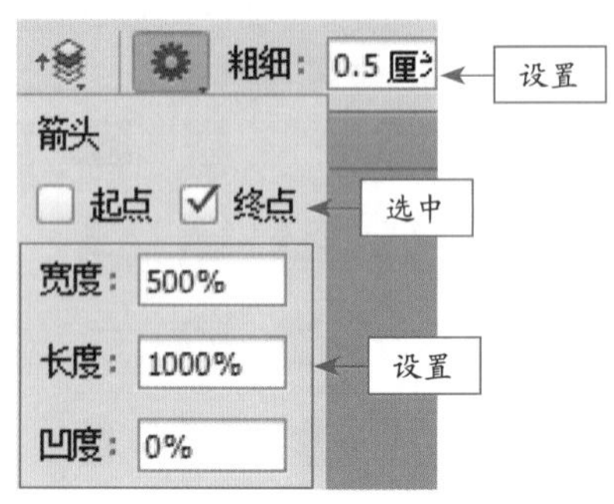

图 10-22 设置工具属性栏

Step 03 将鼠标指针移至图像编辑窗口中的左侧，单击鼠标左键并向右拖曳，至合适位置后释放鼠标，即可绘制一个箭头形状，如图 10-23 所示。

Step 04 按住【Ctrl】键的同时，在“图层”面板“形状 1”图层的矢量蒙版缩览图上，单击鼠标左键，调出选区，新建“图层 1”，选取工具箱中的渐变工具，设置黄色（RGB 的参数值分别为 253、246、1）至蓝色（RGB 的参数值分别为 1、169、255）的渐变，将鼠标指针移至选区的左侧，单击鼠标左键，按照箭头的方向拖曳鼠标，填充选区，按【Ctrl + D】组合键，取消选区，效果如图 10-24 所示。

图 10-23 绘制箭头

图 10-24 填充选区

自学自练——运用自定形状工具创建路径形状

运用自定形状工具可以绘制各种预设的形状，如箭头、雪花、白云、树木、信封、剪刀等丰富多彩的路径形状。

Step 01 按【Ctrl + O】组合键，打开一幅素材图像，如图 10-25 所示。

Step 02 选取工具箱中的自定形状工具，在工具属性栏中单击“点按可打开‘自定形状’拾色器”按钮，弹出“自定形状”面板。单击面板右上角的黑色小齿轮，在弹出的面板菜单中选择“自然”选项，弹出信息提示框，单击“追加”按钮，加载样式，在面板中选择“雪花 1”选项，如图 10-26 所示。

图 10-25 素材图像

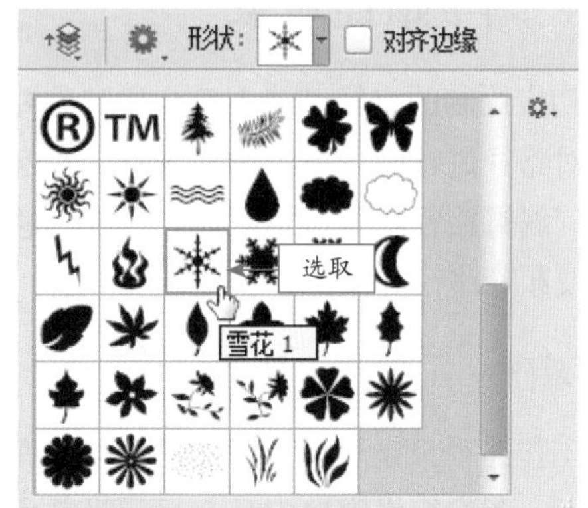

图 10-26 “自定形状”面板

Step 03 设置前景色为蓝白色（RGB 参数值依次为 227、244、255），将鼠标指针移至图像编辑窗口中的合适位置，单击鼠标左键并拖曳，到合适位置后释放鼠标，即可绘制一个自定义的雪花形状，如图 10-27 所示。

图 10-27 绘制雪花形状

Step 04 用与上面同样的方法，在图像编辑窗口中绘制多个大小不同的雪花图形，效果如图 10-28 所示。

图 10-28　图像效果

10.4　调整路径对象

初步绘制的路径可能不符合设计的要求，需要对路径进行进一步编辑和调整。在实际工作中，编辑路径主要包括存储、选择、移动、复制及删除路径等操作。

自学基础——存储工作路径

工作路径只是一种暂时性的路径，在默认情况下，图像编辑窗口中只会显示当前所创建的新的工作路径，若再绘制其他工作路径，则现有的工作路径将被自动删除。根据需要存储路径可以方便用户在今后的工作中调用。在“路径”面板中，单击面板右上角的控制按钮，在弹出的面板菜单中选择“存储路径”选项，如图 10-29 所示，执行操作后，弹出“存储路径”对话框，设置路径名称，如图 10-30 所示，单击“确定”按钮，即可存储路径。

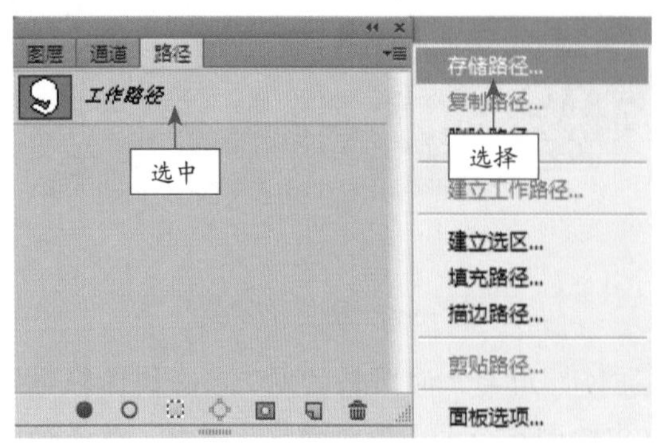

图 10-29　选择“存储路径”选项

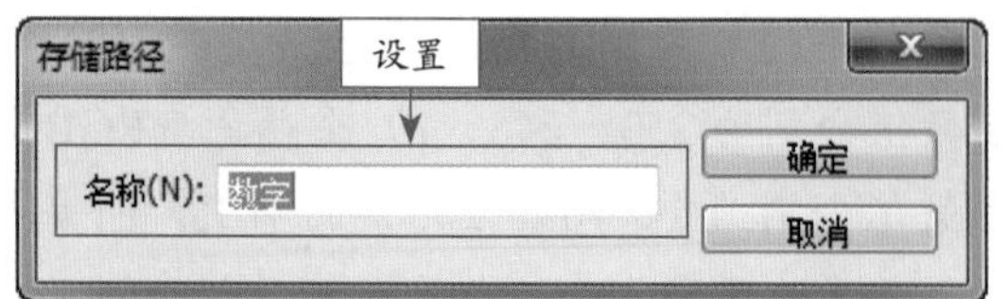

图 10-30　“存储路径”对话框

自学基础——选择和移动路径

对路径进行编辑时，首先需要选择路径，才能移动路径、编辑路径或调整路径锚点。选择路径的常用工具有路径选择工具和直接选择工具。打开图像素材，选取工具箱中的路径选择工具，将鼠标指针移至蝴蝶路径图形上，单击鼠标左键，即可选择路径，单击鼠标左键并向右上角拖曳，至合适位置后释放鼠标左键，即可移动路径，如图 10-31 所示。

图 10-31　选择与移动路径

自学自练——复制和删除路径

选择路径后可以对其进行复制，以提高工作效率。若“路径”面板中存有不需要的路径，则可以将其删除，以减小文件大小。

Step 01 按【Ctrl + O】组合键，打开一幅素材图像，调出“路径”面板，在“工作路径”路径上单击鼠标左键，即可在图像编辑窗口中显示路径，如图 10-32 所示。

图 10-32　显示路径

Step 02 选取工具箱中的路径选择工具，在图像编辑窗口中的路径上单击鼠标左键，在按住【Alt】键的同时，单击鼠标左键并拖曳，如图 10-33 所示，即可复制路径。

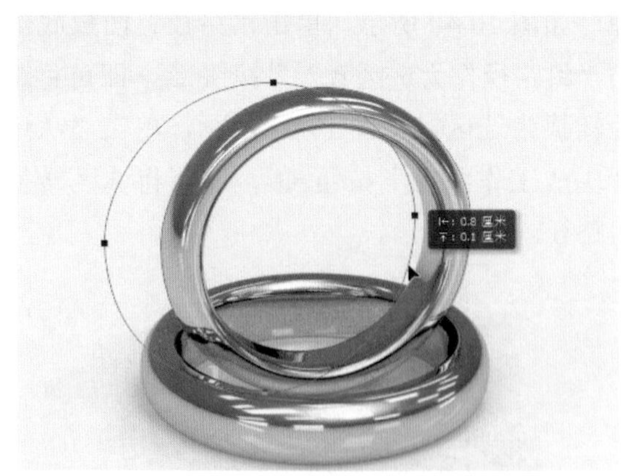

图 10-33　复制路径

Step 03 在“路径”面板中选择需要删除的“工作路径”路径，单击面板底部的“删除当前路径”按钮，如图 10-34 所示。

Step 04 在弹出的信息提示框中，单击“是”按钮，即可删除“路径”面板中选择的“工作路径”路径，图像编辑窗口中的路径也随之删除，如图 10-35 所示。

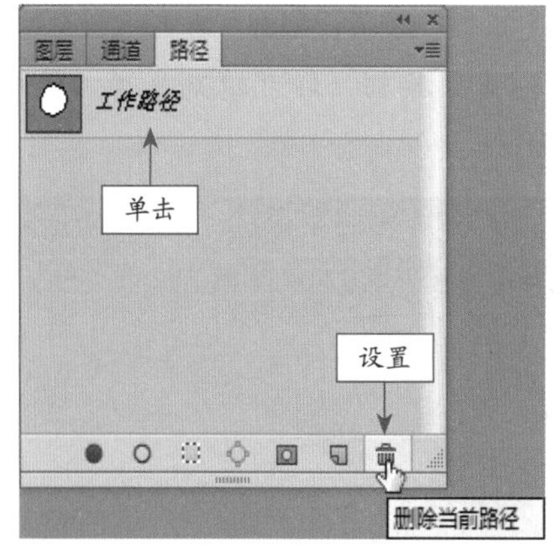

图 10-34　单击“删除当前路径”按钮

图 10-35　删除路径

10.5 路径的基本操作

应用路径主要是指在一个路径绘制完成后，直接对其进行颜色、图案的填充或制作描边效果等操作，使其产生一些特殊的效果，也可以将路径转换为选区，再进行各种编辑操作。

自学自练——填充和描边路径

绘制完路径后，用户可以对路径进行颜色的填充或描边，增加图像的美观性。

Step 01 按【Ctrl + O】组合键，打开一幅素材图像，使用钢笔工具在图像编辑窗口中的合适位置绘制一个闭合路径，如图 10-36 所示。

Step 02 设置前景色为黄色（RGB 的参数值依次为 255、245、0），在“路径”面板上单击右上角的控制按钮，在弹出的面板菜单中选择“填充路径”选项，弹出“填充路径”对话框，单击“确定”按钮，即可填充路径，效果如图10-37所示。

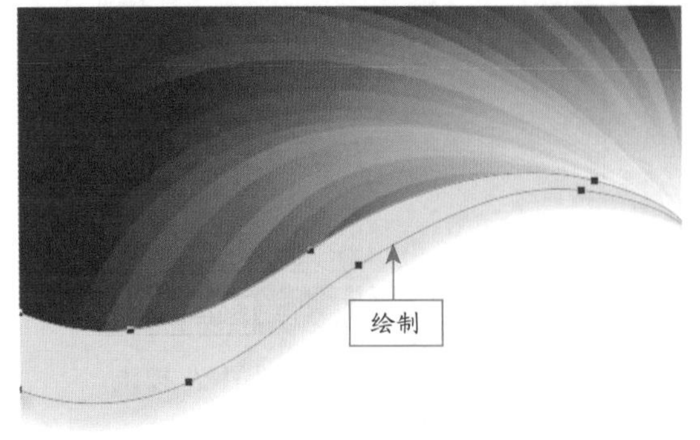

图 10-36 绘制闭合路径

图 10-37 填充路径

Step 03 设置前景色为橙色（RGB的参数值依次为251、178、21），选取工具箱中的画笔工具，设置画笔“大小”为15像素、“流量”为5%，在“路径”面板中的“工作路径”路径上单击鼠标右键，在弹出的快捷菜单中选择“描边路径”选项，如图10-38所示。

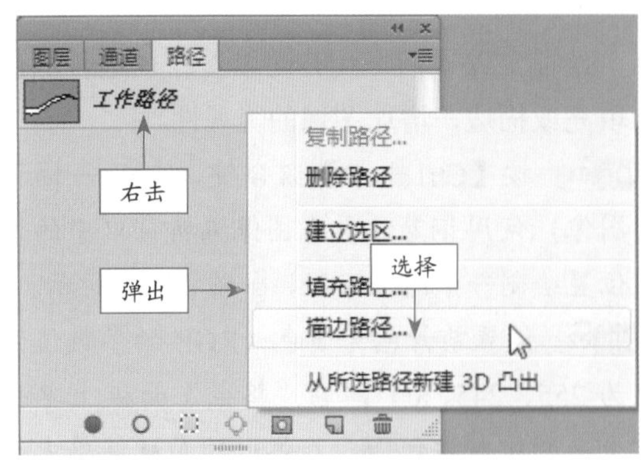

图 10-38 “路径”面板

Step 04 弹出“描边路径”对话框，设置“工具”为“画笔”，单击“确定”按钮，即可为路径填充描边效果，如图10-39所示。

图 10-39 填充描边效果

自学基础——互换路径与选区

在图像编辑过程中，用户可以将路径转换成选区，或将选区转换成路径，这对编辑图像很方便。用户打开素材后，使用钢笔工具，在图像编辑窗口中的合适位置绘制一个闭合路径，如图10-40所示，单击“路径”面板底部的“将路径作为选区载入”按钮，即可将路径转换为选区，如图10-41所示，单击“从选区生成工作路径”按钮，即可将选区转换为路径。

图 10-40 绘制闭合路径

图 10-41 将路径转换为选区

自学自练——路径的运算操作

在绘制路径的过程中，除了需要掌握各类路径的绘制方法外，还应该了解如何运用工具选项栏上的“新路径”按钮、“合并形状”按钮、“减去顶层形状”按钮、“与形状区域相交”按钮、“排除重叠形状”按钮，在路径间进行各种运算。

Step 01 按【Ctrl + O】组合键，打开一幅素材图像，如图 10-42 所示。

图 10-42 素材图像

Step 02 单击工具箱中的前景色工具，弹出“拾色器（前景色）”对话框，设置前景色为白色（RGB 的参数值为 255、255、255）；选择工具箱中的自定形状工具，在工具属性栏上选择“红心形卡”形状，再分别单击工具属性栏中的“形状图层”按钮和“新建形状图层”按钮，将鼠标指针移至图像编辑窗口的合适位置，单击鼠标左键并向右下角拖曳，至合适位置后释放鼠标，即可绘制一个白色的心形，如图 10-43 所示。

图 10-43 绘制白色心形

Step 03 在工具属性栏中单击“合并形状”按钮，将鼠标指针移至先前绘制心形的左下角，单击鼠标左键并拖曳，如图 10-44 所示。

图 10-44 拖曳鼠标

Step 04 拖曳至合适位置后释放鼠标，即可将绘制的心形添加到形状区域，效果如图 10-45 所示。

图 10-45 在形状区域添加心形

Step 05 单击工具属性栏中的“减去顶层形状”按钮，将鼠标指针移至第一个绘制的心形上，再次绘制一个大小合适的心形，即可从当前形状区域减去部分图形，如图 10-46 所示。

图 10-46 从形状区域减去部分图形

> **专家提醒**
>
> 单击工具属性栏“路径操作”按钮右下角上的下拉按钮，在弹出的下拉菜单中各种运算按钮的含义如下。
>
> ◆“合并形状”按钮：单击该按钮，可向现有路径中添加新路径所定义的区域。
>
> ◆“减去顶层形状”按钮：单击该按钮，则可从现有路径中删除新路径与原路径的重叠区域。
>
> ◆“与形状区域相交”按钮：单击该按钮，则生成的新区域被定义为新路径与现有路径的交叉区域。
>
> ◆“排除重叠形状”按钮：单击该按钮，定义生成新路径和现有路径的非重叠区域。

Step 06 用与上面同样的方法，运用自定形状工具绘制多个大小不同的心形，最终效果如图 10-47 所示。

图 10-47 最终效果

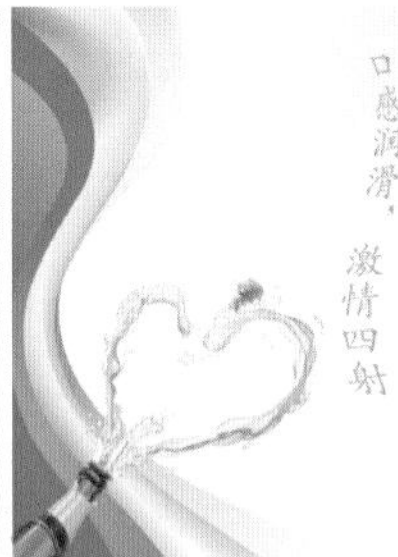

11

Chapter

输入与制作文字特效

在各类设计中，文字的使用是非常广泛的，也是不可缺少的设计元素，它不但能够更加有效地表现设计主题，还能直接传递设计者要表达的信息。好的文字布局和设计效果会起到画龙点睛的作用。因此，对文字的设计与编排是不容忽视的。本章主要向读者介绍文字工具的使用。

本章内容导航

- 文字的艺术化处理与特性
- 输入文字
- 运用“字符”面板设置属性
- 运用“段落”面板设置属性
- 切换文字方向
- 移动文字
- 拼写检查文字
- 查找和替换文字
- 输入沿路径排列文字
- 调整文字路径形状
- 制作变形文字效果
- 将文字转换为路径与图像

11.1 文字概述

文字是多数设计作品、尤其是商业作品中不可或缺的重要元素，有时甚至在作品中起着主导作用。Photoshop 除了提供丰富的文字属性设计及版式编排功能外，还允许用户自行对文字的形状进行编辑，以便制作出更多更丰富的文字效果。

自学基础——文字的艺术化处理

为图像作品添加文字对于任何一种图像处理软件来说都是必需的，对于 Photoshop 也不例外。用户可以利用 Photoshop 为图形作品添加水平、垂直排列的各种文字，还能够通过特别的工具创建文字的选择区域。

对文字进行艺术化处理是 Photoshop 的强项之一，使用 Photoshop 能够轻松地使文字绕排于一条路径之上。

除此之外，用户还可以通过处理文字的外形为文字赋予质感，使其具有立体效果等表达手段，创作出极具艺术特色的艺术化文字。

自学基础——文字的特性

在 Photoshop 中，文字具有极为特殊的属性，当用户输入文字后，文字表现为一个文字图层，文字图层具有普通图层不一样的可操作性。例如，在文字图层中无法使用画笔工具、铅笔工具、渐变工具等工具，只能对文字进行变换、改变颜色等有限的操作，当用户对文字图层使用上述工具操作时，则需要将文字栅格化操作。

除上述特性外，在图像中输入文字后，文字图层的名称将与输入的内容相同，这使用户非常容易在“图层”面板中辨认出该文字图层。

11.2 输入文字

Photoshop CS6 提供了横排文字工具 T、直排文字工具 IT、横排文字蒙版工具 T 和直排文字蒙版工具 IT 4 种输入文字的工具，利用不同的文字工具可以创建出不同的文字效果。

自学自练——输入横排文字

输入横排文字的方法很简单，使用工具箱中的横排文字工具 T 或横排文字蒙版工具 T，即可在图像编辑窗口中输入横排文字。

Step 01 按【Ctrl + O】组合键，打开一幅素材图像，如图 11-1 所示。

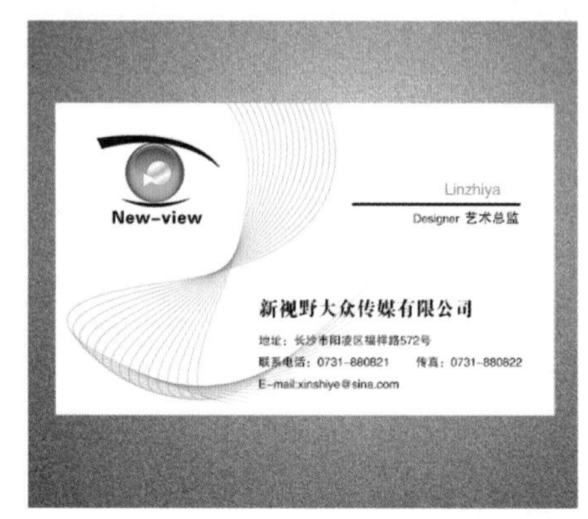

图 11-1 素材图像

Step 02 在工具箱中选取横排文字工具 T，移动鼠标指针移至适当位置，并确定文字的插入点，在工具属性栏中，设置“字体”为“方正大标宋”、“字体大小”为 14 点、“颜色”为黑色，如图 11-2 所示。

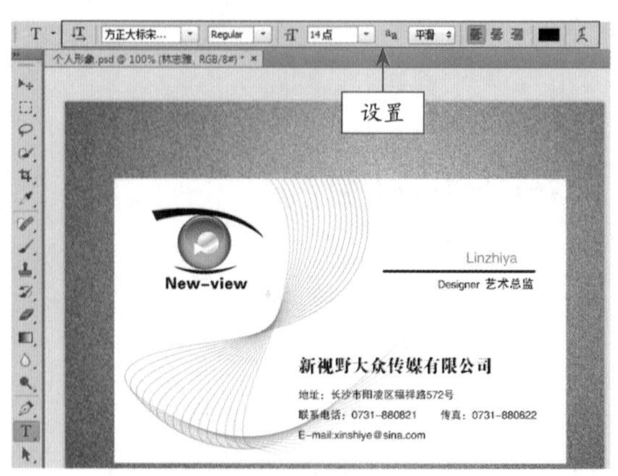

图 11-2 设置字体属性

Step 03 选择一种合适的输入法，在图像上输入相应文字，单击工具属性栏右侧的“提交所有当前编辑”按钮 ✓，即可完成横排文字的输入操作，效果如图 11-3 所示。

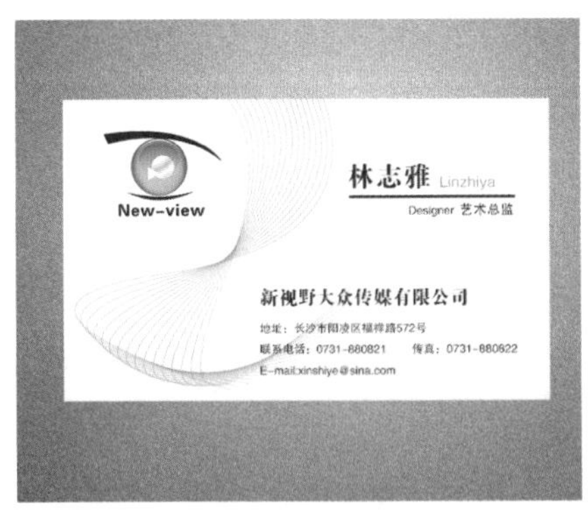

图 11-3 横排文字输入效果

自学自练——输入直排文字

选取工具箱中的直排文字工具或直排文字蒙版工具，将鼠标指针移动到图像编辑窗口中，单击鼠标左键确定插入点，图像中出现闪烁的光标之后，即可输入文字。

Step 01 按【Ctrl + O】组合键，打开一幅素材图像，如图 11-4 所示。

图 11-4 素材图像

Step 02 在工具箱中选取直排文字工具，移动鼠标指针至适当位置，并确定文字的插入点，在工具属性栏中，设置“字体”为“华文行楷”，设置“字体大小”为 75 点，设置“颜色”为黄色（RGB 为 255、240、0），如图 11-5 所示。

图 11-5 设置文字属性

Step 03 选择一种合适的输入法，在图像上输入相应文字，单击工具属性栏右侧的“提交所有当前编辑”按钮✔，即可完成直排文字的输入操作，效果如图 11-6 所示。

图 11-6 直排文字输入效果

> **专家提醒**
>
> 在图像编辑窗口中输入文字后，单击工具属性栏上的“提交所有当前编辑”按钮✔，或者单击工具箱中的任意一种工具，确认输入的文字。如果单击工具属性栏上的“取消所有当前编辑”按钮⊘，则可以清除输入的文字。

自学自练——输入段落文字

段落文字是一类以段落文字定界框来确定文字的位置与换行情况的文字，当用户改变段落文字定界框时，定界框中的文字会根据定界框的位置自动换行。

Step 01 按【Ctrl + O】组合键，打开一幅素材图像，如图 11-7 所示。

图 11-7 素材图像

Step 02 选取工具箱中的横排文字工具T，在图像窗口创建一个文本框，如图 11-8 所示。

图 11-8 创建文本框

Step 03 在工具属性栏中，设置“字体”为“方正姚体”、“字体大小”为 45 点、“颜色”为黑色，如图 11-9 所示。

图 11-9 设置文字属性

Step 04 在图像上输入相应文字，单击工具属性栏右侧的“提交所有当前编辑”按钮✓，即可完成段落文字的输入操作，效果如图 11-10 所示。

图 11-10 段落文字输入效果

自学自练——输入选区文字

在一些广告上经常会看到特殊排列的文字，既新颖又体现了很好的视觉效果。

Step 01 按【Ctrl + O】组合键，打开一幅素材图像，如图 11-11 所示。

图 11-11 素材图像

Step 02 选取工具箱中的直排文字蒙版工具，将鼠标指针移至图像编辑窗口中的合适位置，单击鼠标左键确认文本输入点，此时，图像背景呈红色显示，如图 11-12 所示。

图 11-12 背景呈红色显示

Step 03 在工具属性栏中，设置“字体”为“微软简行楷”、“字体大小”为 38 点，如图 11-13 所示。

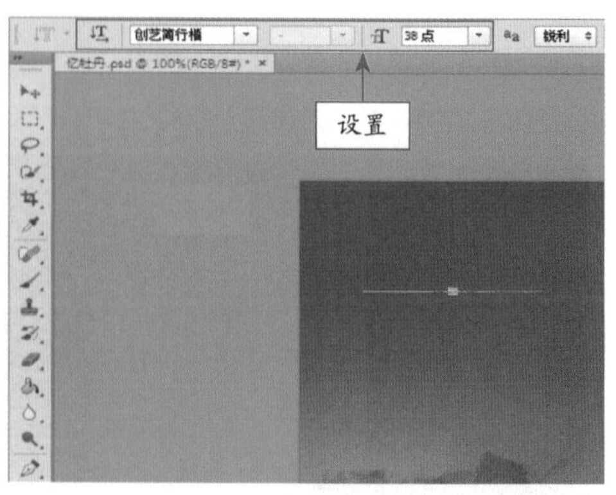

图 11-13 设置文字属性

Step 04 输入文字“忆牡丹”，此时输入的文字呈实体显示，如图 11-14 所示。

图 11-14 输入文字

Step 05 按【Ctrl + Enter】组合键确认，即可创建文字选区，如图 11-15 所示。

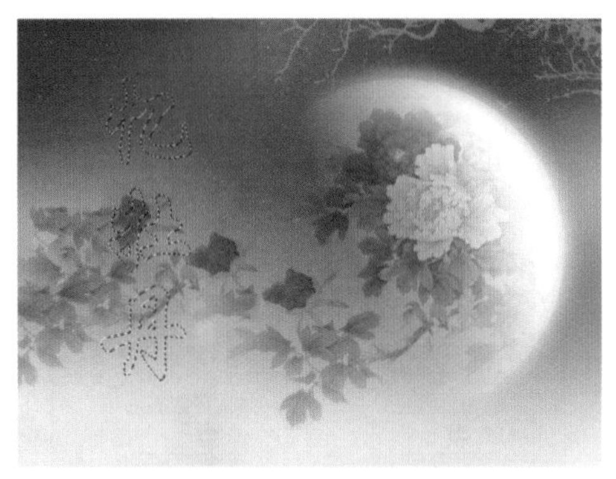

图 11-15 创建文字选区

Step 06 在“图层”面板中，新建“图层 1”图层，如图 11-16 所示。

图 11-16 新建“图层 1”图层

Step 07 设置前景色为白色，按【Alt + Delete】组合键，为选区填充前景色，取消选区，效果如图 11-17 所示。

图 11-17 填充背景色

11.3 设置文字属性

在“字符”面板中，可以精确地调整文字图层中的个别字符，但在输入文字之前要设置好文字属性，而“段落”面板可以用来设置整个段落选项。本节主要向读者介绍“字符”面板和“段落”面板的基础知识。

自学基础——运用“字符”面板设置属性

单击文字工具属性栏中的“切换字符和段落面板”按钮，或单击菜单栏中的“窗口”|“字符”命令，即可弹出“字符”面板，如图 11-18 所示。运用“字符”面板设置文字属性前后的对比效果如图 11-19 所示。

图 11-18 “字符”面板

❶“字体”下拉列表框：用于选择文字字体。

❷“字体大小”下拉列表框：用于可以选择字体的大小。

❸“字距微调”下拉列表框：用文档尺寸调整两个字符之间的距离，在操作时首先要调整两个字符之间的间距，设置插入点，然后调整数值。

❹“水平缩放”/“垂直缩放”文本框：水平缩放用于调整字符的宽度，垂直缩放用于调整字符的高度。这两个百分比相同时，可以进行等比缩放；不相同时，则可以进行不等比缩放。

❺“基线偏移”文本框：用来控制文字与基线的距离，它可以升高或降低所选文字。

❻“T 状”按钮组：用来创建仿粗体和斜体等文字样式，以及为字符添加下划线等。

❼“语言”选择框：可以对与所选字符有关联的字符和拼写规则语言进行设置，Photoshop 使用语言词典检查字符连接。

❽“行距”下拉列表框：行距是指文本中各个字行之间的垂直间距，同一段落的行与行之间可以设置不同的行距，但文字行中的最大行距决定了该行的行距。

❾“字距调整”下拉列表框：选择部分字符时，可以调整所选字符的间距。

❿“颜色”色块：单击该颜色块，可以在打开的“拾色器”对话框中设置文字的颜色。

图 11-19　设置文字属性前后的对比效果

自学基础——运用“段落”面板设置属性

单击文字工具属性栏中的“切换字符和段落面板”按钮，或者单击菜单栏中的“窗口”|“段落”命令，弹出“段落”面板，如图 11-20 所示。设置段落的属性主要是在“段落”面板中进行相关操作，使用“段落”面板可以改变或重新定义文字的排列方式、段落缩进及段落间距等。

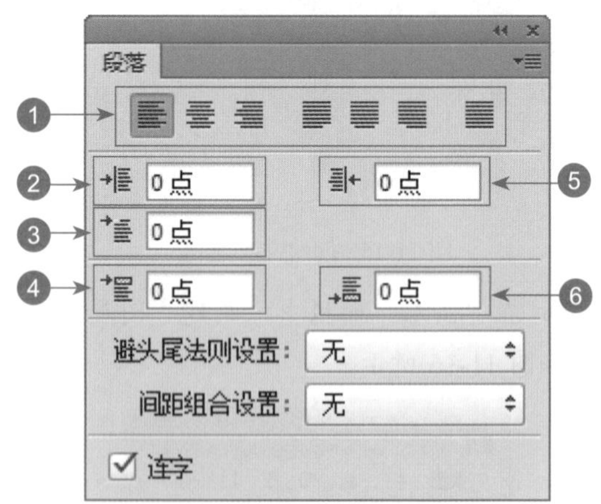

图 11-20　“段落”面板

❶“对齐方式”按钮组：包括“左对齐文本”按钮、“居中对齐文本”按钮、“右对齐文本”按钮、“最后一行左对齐”按钮、“最后一行居中对齐”按钮、“最后一行右对齐”按钮和“全部对齐”按钮。

❷“左缩进”文本框：用于设置段落的左缩进。

❸“首行缩进”文本框：缩进段落中的首行文字，对于横排文字，首行缩进与左缩进

有关；对于直排文字，首行缩进与顶端缩进有关，要创建首行悬挂缩进，必须输入一个负值。

❹“段前添加空格”文本框：用于设置段落与上一行的距离，或全选文字的每一段的距离。

❺“右缩进”文本框：用于设置段落的右缩进。

❻“段后添加空格”文本框：用于设置每段文本后的一段距离。

运用“段落”面板设置文字属性前后的对比效果如图11-21所示。

图11-21 设置文字属性前后的对比效果

11.4 编辑文字

编辑文字是指对已经创建的文字进行编辑操作，如移动文字、切换文字方向、拼写检查文字以及查找替换文字等，用户可以根据实际情况对文字对象进行相应操作。

自学基础——切换文字方向

虽然，使用横排文字工具只能创建水平排列的文字，使用直排文字工具只能创建垂直排列的文字。但在需要的情况下，用户可以相互转换这两种文本的显示方向。切换文字方向的方法很简单，用户只需在“图层”面板中，选择相应的文字图层，选取工具箱中的横排文字工具T，在工具属性栏中，单击“更改文本方向”按钮，执行操作后，即可更改文字的排列方向。选取工具箱中的移动工具，单击鼠标左键并拖曳至合适位置，如图11-22所示为切换文字方向前后的对比效果。

图11-22 切换文字方向前后的对比效果

自学基础——移动文字

移动文字是编辑文字过程中的第一步，适当地移动文字可以让图像的整体更美观。移动文字的方法很简单，用户只需在“图层”面板中，选择需要移动的文字图层，选取工具箱中的移动工具，将鼠标指针移至需要移动的文字上方，单击鼠标左键并拖曳，至合适位置后释放鼠标左键，即可移动文字。如图11-23所示为移动文字前后的对比效果。

图 11-23 移动文字前后的对比效果

专家提醒

除了以上方法可以将直排文字与横排文字之间相互转换外，用户还可以单击菜单栏中的“文字”|“取向”|“水平”命令，或者单击菜单栏中的“文字”|“取向”|“垂直”命令，即可将文字方向进行转换。

自学基础——拼写检查文字

通过“拼写检查”命令检查输入的拼音文字，将对词典中没有的字进行询问，如果被询问的字拼写是正确的，可以将该字添加到拼写检查词典中；如果询问的字拼写是错误的，可以将其改正。使用拼写检查文字的方法很简单，用户只需单击菜单栏中的“编辑”|“拼写检查”命令，弹出“拼写检查”对话框，设置“更改为”为 SWEET，单击“更改”按钮，在弹出的提示信息框中单击“确定”按钮，即可将拼写错误的英文更改正确。如图 11-24 所示为拼写检查文字前后的对比效果。

图 11-24 拼写检查文字前后的对比效果

专家提醒

“拼写检查”对话框中主要选项含义如下。

◆ “忽略”按钮：单击此按钮将继续进行拼写检查而不更改文字。

◆ “更改”按钮：单击此按钮将改正一个拼写错误，同时应确保“更改为”文本框中的词语拼写正确，然后单击“确定”按钮。

◆ “更改全部”按钮：单击此按钮可更改正文档中重复的拼写错误。

◆ “添加”按钮：单击此按钮可以将无法识别的词存储在拼写检查词典中。

◆ “检查所有图层”复选框：选中该复选框，可以对整个图像中的不同图层进行拼写检查。

自学基础——查找和替换文字

在图像中输入大量的文字后，如果出现相同错误的文字很多，可以使用“查找和替换文本”功能对文字进行批量更改，以提高工作效率。

选择相应的文字图层，单击菜单栏中的“编辑”|“查找和替换文本”命令，弹出“查找和替换文本”对话框，设置各选项，单击“查找下一个”按钮，即可查找到相应文本，单击“更改全部”按钮，在弹出的提示信息框中单击“确定”按钮，即可完成文字的替换。如图 11-25 所示为查找和替换文字前后的对比效果。

图 11-25 查找和替换文字前后的对比效果

专家提醒

“查找和替换文本”对话框中各主要选项含义如下。

◆ “查找内容”文本框：在该文本框中输入需要查找的文字内容。

◆ “更改为”文本框：在该文本框中输入需要更改的文字内容。

◆“区分大小写”复选框：对于英文字体，查找时可以勾选该复选框严格区分大小写。

◆ “全字匹配”复选框：对于英文字体，勾选该复选框将忽略嵌入在大号字体内的搜索文本。

◆ “向前”复选框：勾选该复选框将只查找光标所在点前面的文字。

11.5 输入与调整路径文字

在许多作品中，设计的文字呈连绵起伏的状态，这就是路径绕排文字的功劳，沿路径绕排文字时，可以先使用钢笔工具或形状工具创建直线或曲线路径，再进行文字的输入。

自学自练——输入沿路径排列文字

在 Photoshop 中，用户使用沿路径绕排文字效果可以通过钢笔工具或形状工具创建的直线或曲线轮廓进行制作。

Step 01 按【Ctrl + O】组合键，打开一幅素材图像，如图 11-26 所示。

图 11-26 素材图像

Step 02 单击菜单栏中的“窗口”|“路径”命令，展开“路径”面板，选择“生活的味道文字路径”选项，如图 11-27 所示。

图 11-27 选择“生活的味道文字路径”选项

Step 03 执行操作后，即可显示路径，如图 11-28 所示。

图 11-28　显示路径

Step 04 在工具箱中，选取路径选择工具，移动鼠标至图像编辑窗口中的文字路径上，当鼠标指针呈形状时，单击鼠标左键并拖曳，即可调整文字排列的位置，然后隐藏路径，效果如图 11-29 所示。

图 11-29　调整文字排列的位置

专家提醒

将鼠标拖曳至文字的起点或终点处，当鼠标指针呈或形状时，单击鼠标左键并拖曳，可以调整文字的起点或终点，以改变文字在路径上的排列位置。

自学自练——调整文字路径形状

在“路径”面板中选择文字路径，文字的排列路径将会显示出来，此时可以用路径工具对路径形状进行调整。

Step 01 按【Ctrl + O】组合键，打开一幅素材图像，如图 11-30 所示。

图 11-30　素材图像

Step 02 展开“路径”面板，选择“文字路径”选项，显示路径，如图 11-31 所示。

图 11-31　显示路径

Step 03 在工具箱中，选取直接选择工具，移到鼠标指针至图像编辑窗口中的文字路径上，单击鼠标左键并拖曳节点，即可调整文字路径的形状，并隐藏路径，效果如图 11-32 所示。

图 11-32　调整文字路径的形状

11.6 制作变形文字效果

在 Photoshop CS6 中，用户可以通过“变形文字”对话框制作文字变形效果，从而创建富有动感的文字特效。

自学自练——创建变形文字样式

在 Photoshop CS6 中，用户可以对文字进行变形扭曲操作，以得到更好的视觉效果。

Step 01 按【Ctrl + O】组合键，打开一幅素材图像，如图 11-33 所示。

图 11-33 素材图像

Step 02 选取工具箱中的直排文字工具 ，在工具属性栏中，设置“字体”为“方正楷体简体”，设置“字体大小”为 48，设置“颜色”为橙红色（RGB 参数值分别为 243、95、69），如图 11-34 所示。

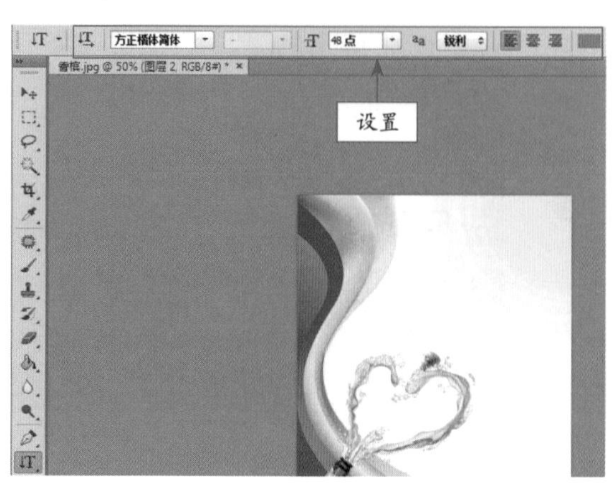

图 11-34 设置文字属性

Step 03 移动鼠标指针至图像编辑窗口中，单击鼠标左键，确定文本输入点，输入文字，如图 11-35 所示。

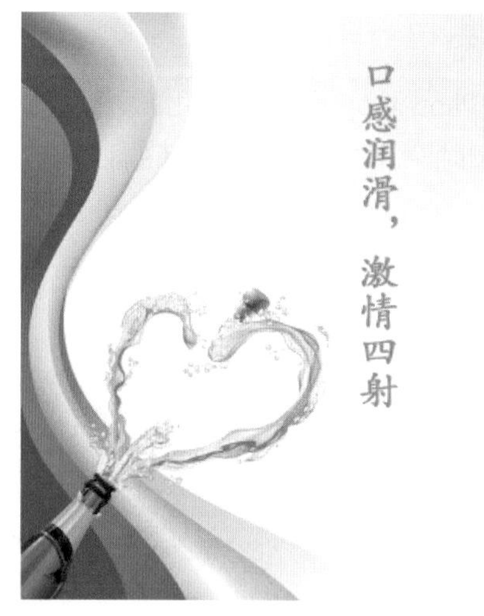

图 11-35 输入文字

Step 04 选择文字图层，单击菜单栏中的“文字”|“文字变形”命令，弹出“变形文字”对话框，设置各选项，如图 11-36 所示，然后单击“确定”按钮。

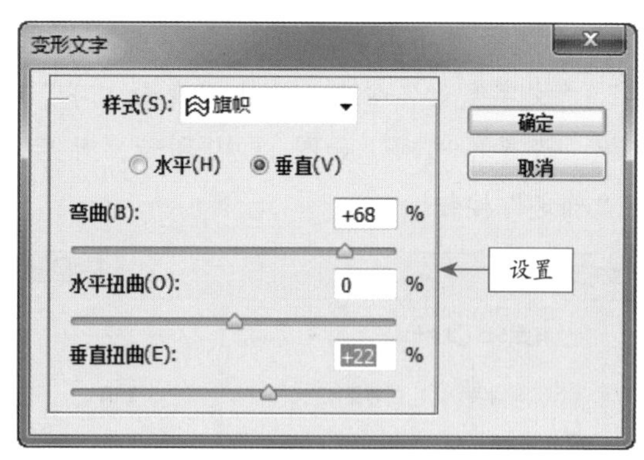

图 11-36 “变形文字”对话框

Step 05 执行上述操作后，即可对文字进行旗帜变形，效果如图 11-37 所示。

图 11-37 文字变形效果

自学自练——编辑变形文字效果

在 Photoshop CS6 中，用户可以对文字进行变形扭曲操作，以得到更好的视觉效果。下面向读者介绍变形文字的操作方法。

Step 01 按【Ctrl + O】组合键，打开一幅素材图像，如图 11-38 所示。

图 11-38 素材图像

Step 02 选择文字图层，单击菜单栏中的“文字”|“文字变形”命令，弹出“变形文字”对话框，设置各选项，如图 11-39 所示，然后单击“确定”按钮。

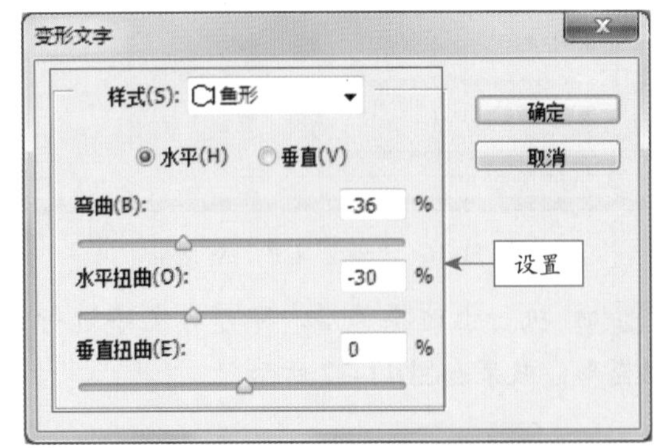

图 11-39 “变形文字”对话框

Step 03 执行上述操作后，即可编辑变形文字效果，效果如图 11-40 所示。

> **专家提醒**
>
> 在“图层”面板的当前文字图层上单击鼠标右键，在弹出的快捷菜单中选择“文字变形”选项，同样可以弹出“变形文字”对话框。

图 11-40 编辑变形文字效果

11.7 将文字转换为路径与图像

在 Photoshop CS6 中文字可以被转换成路径、形状和图像这三种形态，在未对文字进行转换的情况下，只能够对文字及段落属性进行设置，而通过将文字转换为路径、形状或图像后，则可以对其进行更多更为丰富的编辑，从而得到艺术的文字效果。

自学自练——将文字转换为路径

在 Photoshop 中，用户可以对文字进行变形扭曲操作，以得到更好的视觉效果。

Step 01 按【Ctrl + O】组合键，打开一幅素材图像，在“图层”面板中，选择“竹韵”文字图层，如图 11-41 所示。

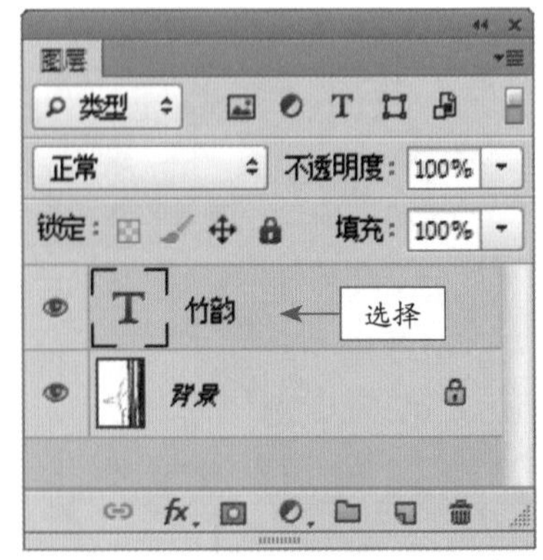

图 11-41 选择“竹韵”文字图层

Step 02 在工具箱中选取横排文字工具 T，移动鼠标指针至图像编辑窗口中，单击鼠标右键，弹出快捷菜单，选择“创建工作路径”选项，如图 11-42 所示。

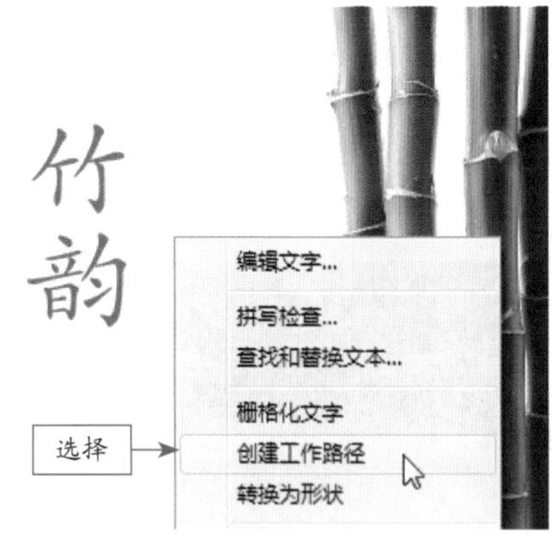

图 11-42 选择“创建工作路径”选项

Step 03 执行操作后，即可将文字转换为路径，如图 11-43 所示。

图 11-43 将文字转换为路径

Step 04 在“图层”面板中，隐藏“竹韵”图层，效果如图 11-44 所示。

图 11-44 隐藏“竹韵”图层

自学自练——将文字转换为图像

将文字转换为图像后，文字图层将转换为普通图层，且无法对文字的字符及段落属性进行设置，但可以对其使用滤镜命令、图像调整命令或叠加更丰富的颜色及图案等。

Step 01 按【Ctrl + O】组合键，打开一幅素材图像，如图 11-45 所示。

图 11-45 素材图像

Step 02 在“图层”面板中选择“冬天里的思念”文字图层，如图 11-46 所示。

图 11-46 选择“冬天里的思念”文字图层

Step 03 在工具箱中选取横排文字工具 T，移动鼠标指针至图像编辑窗口中，单击鼠标右键，弹出快捷菜单，选择“转换为形状”选项，如图 11-47 所示。

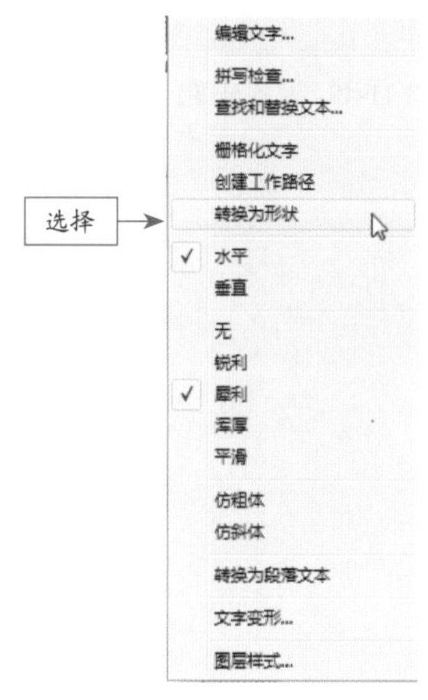

图 11-47 选择“转换为形状”选项

Step 04 执行操作后，即可将文字图层转换为图像图层，如图 11-48 所示。

图 11-48　文字图层转换为图像图层

Step 05 选取工具箱中的渐变工具，在工具属性栏上单击“点按可编辑渐变”按钮，弹出“渐变编辑器”对话框，设置渐变色，如图 11-49 所示，单击“确定”按钮。

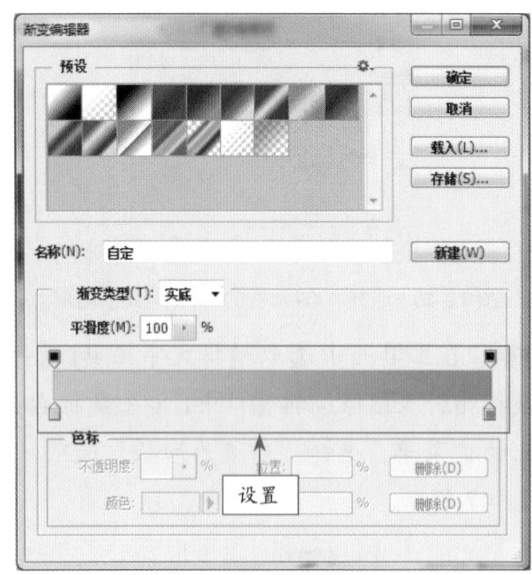

图 11-49　设置渐变色

Step 06 在按住【Ctrl】键的同时单击“冬天里的思念”图层的缩略图，调出选区，在选区上从上至下拖曳鼠标，填充渐变色，然后取消选区，效果如图 11-50 所示。

图 11-50　填充渐变色

12 Chapter 创建图层与图层样式

在编辑图像时，图层是绘制和处理图像的基础，每一幅设计作品都离不开各图层的应用与管理。可以创建图层的不透明度、混合模式以及图层样式等，对不同的图层进行不同的操作，可以制作出丰富多彩的图像效果。本章主要向读者介绍创建图层与图层样式的操作方法。

本章内容导航

- 图层的基本概念
- “图层”控制面板
- 图层的分类
- 新建和选择图层
- 显示和隐藏图层
- 调整图层顺序
- 复制和删除图层
- 对齐和分布图层
- 合并图层
- 图层的混合模式
- 图层样式的管理
- 应用经典的图层样式

12.1 图层简介

图像都是基于图层来进行处理的，图层就是图像的层次，可以将一幅作品分解成多个元素，即每一个元素都由一个图层进行管理。

自学基础——图层的基本概念

图层就像是一个载体，每一个图层中的图像都是由像素组成。因此，图层可以分为透明图层和不透明图层，其中，透明图层是由一个一个灰白相间的方格组成，如图 12-1 所示。

图 12-1 图层示意图

自学基础——“图层”控制面板

“图层”面板是管理图层的主要场所。在编辑图像的过程中，大部分操作都需要通过图层来实现。通过“图层”面板可以对图层进行创建、移动、编辑、隐藏、删除等一系列操作，了解并掌握好“图层”面板的运用是制作精美图像的一个重要环节。如图 12-2 所示为“图层”面板的默认状态。

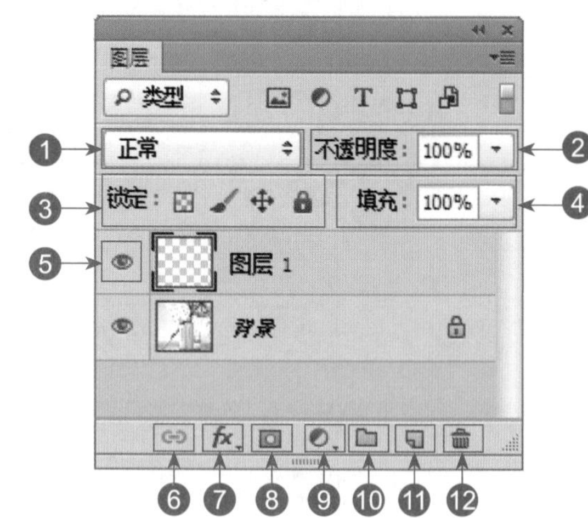

图 12-2 “图层”面板的默认状态

❶ “图层混合模式”下拉列表框：用于设置当前图层的混合模式。

❷ “不透明度”数值框：通过在该数值框中输入相应的数值，可以控制当前图层的透明属性。

❸ “锁定”选项区：该选项区主要包括“锁定透明像素”、“锁定图像像素”、“锁定位置”，以及“锁定全部”4 个，只要单击各个按钮，即可进行相应的锁定设置。

❹ “填充”数值框：通过在数值框中输入相应的数值，可以控制当前图层中非图层样式部分的透明度。

❺ “指示图层可见性”图标：用来控制图层中图像的显示与隐藏状态。

❻ “链接图层”按钮：在“图层”面板中选择多个图层后，单击该按钮可以将所选择的图层进行链接，当选择其中的一个图层并进行移动或变换操作时，可以对所有与此图层链接的图像进行操作。

❼ “添加图层样式”按钮 fx：单击该按钮，在弹出的列表中选择相应的选项，将弹出相应的“图层样式”对话框，通过设置可以为当前图层添加相应的样式效果。

❽ “添加图层蒙版”按钮：单击该按钮，可以为当前图层添加图层蒙版。

❾ “创建新的填充或调整图层”按钮：

单击该按钮，可以在弹出的列表中为当前图层创建新的填充或调整图层。

⑩“创建新组”按钮：单击该按钮，可以新建一个图层组。

⑪“创建新图层”按钮：单击该按钮，可以创建一个新图层。

⑫“删除图层”按钮：选中一个图层后，单击该按钮，在弹出的信息提示框中单击“是”按钮，即可将该图层删除。

12.2 图层的分类

在 Photoshop CS6 中，图层类型主要有背景图层、普通图层、文字图层、形状图层、填充图层等，本节主要向读者介绍 Photoshop CS6 中的图层类型。

自学基础——背景图层与普通图层

当打开一幅素材图像时，在“图层”面板中会出现一个默认的背景图层，且呈不可编辑状态，如图 12-3 所示。

图 12-3 背景图层

而普通图层是最基本的图层，新建、粘贴、置入、文字或形状图层都属于普通图层，在普通图层上可以设置图层混合模式和不透明度，如图 12-4 所示为普通图层。

图 12-4 普通图层

自学基础——文本图层和形状图层

使用文字工具在图像编辑窗口中确认插入点时，系统会自动生成一个新的文字图层，使用形状工具在图像编辑窗口中创建图形后，“图层”面板中会自动创建一个新的形状图层，如图 12-5 所示。

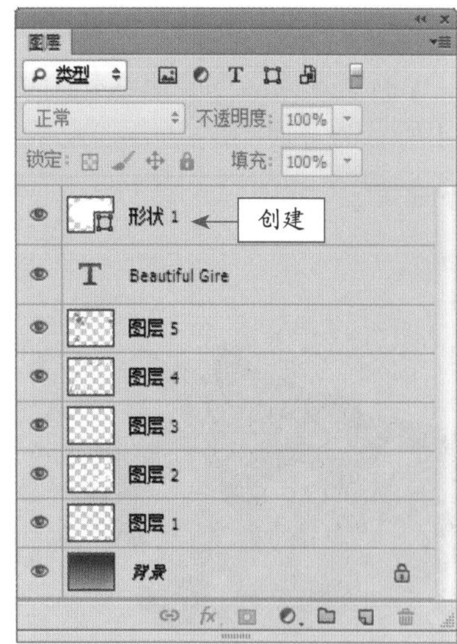

图 12-5 文本图层和形状图层

自学基础——调整、填充和蒙版图层

调整图层就是在原有的图层上新建一个图层，并对该图层进行颜色的填充或色调的调整，这样既不影响原图像的像素，也会使画面效果更加美观。如图 12-6 所示为调整图层前后的对比效果。

图 12-6 调整图层前后的对比效果

填充图层是指在原图层上新建填充相应颜色的图层。用户可以根据需要为图层填充纯色、渐变色或图案，再通过调整填充图层的混合模式和不透明度，使其与原图层进行叠加，以创建更加丰富的效果。如图 12-7 所示为应用填充图层前后的对比效果。

图 12-7 应用填充图层前后的对比效果

应用图层蒙版可将部分图像进行隐藏，或者保护某些图像区域不被破坏，在许多创意设计作品中，蒙版是较为常见的操作，如图 12-8 所示。

图 12-8 应用图层蒙版

12.3 图层基本操作

编辑图层主要包括新建图层、选择图层、调整图层、显示和隐藏图层、复制图层、对齐图层和合并图层等操作。灵活运用图层的相关操作，可以帮助用户制作层次分明、结构清晰的图像效果。

自学自练——新建和选择图层

新建图层是编辑图层的基础，每绘制一幅图像则会创建一个新图层，使用户对图像的每一个层次做到心中有数，这样，也可以让用户快速、方便地选择需要的图层。

Step 01 按【Ctrl + O】组合键，打开一幅素材图像，如图 12-9 所示。

图 12-9 素材图像

Step 02 单击“图层”面板右上角的控制按钮 ，在弹出的菜单中选择“新建图层”选项，弹出“新建图层”对话框，设置“名称”为“图层 1”，如图 12-10 所示。

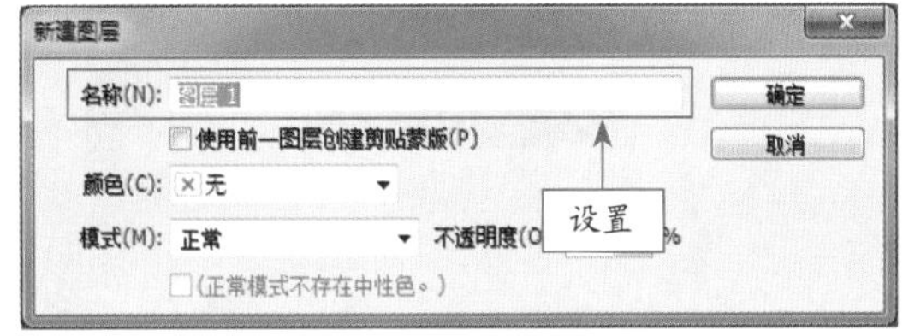

图 12-10 “新建图层”对话框

Step 03 单击“确定”按钮，即可在“图层”面板中新建名称为“图层 1”的图层，如图 12-11 所示。

图 12-11 新建图层

Step 04 选中“图层 1”图层，设置前景为黄色（RGB 的参数值分别为 255、144、0），按【Alt + Delete】组合键，为“图层 1”图层填充前景色，再设置混合模式为“叠加”、“不透明度”为 90%，如图 12-12 所示。

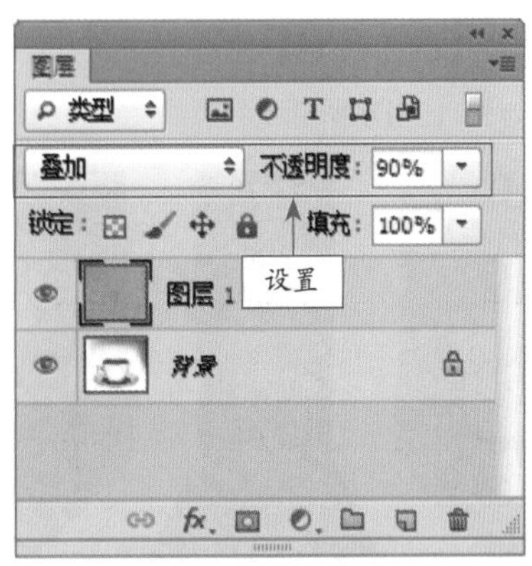

图 12-12 设置图层选项

Step 05 执行操作后，图像编辑窗口中的图像效果也随之改变，如图 12-13 所示。

图 12-13　图像效果

▶ 专家提醒

用户还可以通过以下 3 种方法创建图层。

◆ 按钮：单击“图层”面板底部的“创建新图层”按钮，可快速新建图层。

◆ 命令：单击菜单栏中的“图层”|“新建”|“图层”命令，即可新建图层。

◆ 快捷键：按【Ctrl + Shift + N】组合键，弹出对话框，单击“确定”按钮，即可新建图层。

自学自练——显示和隐藏图层

在图像较为复杂的情况下，可以根据需要显示或隐藏图层，使用户不会混淆各图像，利用“图层”面板中的“指示图层可见性”图标，可以对所选图层进行显示和隐藏的切换。

Step 01 按【Ctrl + O】组合键，打开一幅素材图像，如图 12-14 所示。

图 12-14　素材图像

Step 02 在“图层”面板中选中需要隐藏的图层，将鼠标指针移至图层左侧的“指示图层可见性”图标上，如图 12-15 所示。

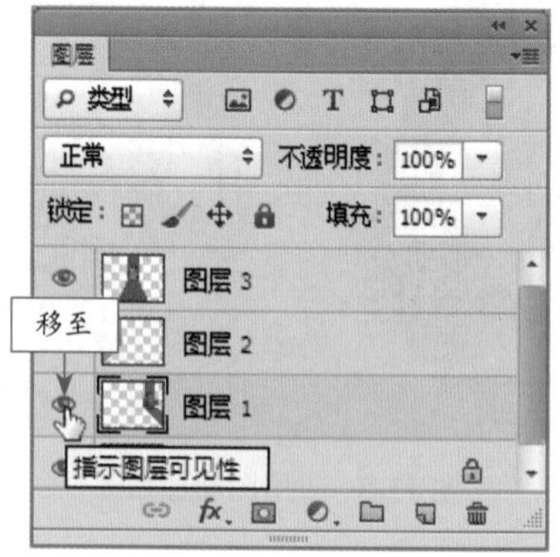

图 12-15　移动鼠标指针至图标上

Step 03 单击鼠标左键，“指示图层可见性”图标呈隐藏状态，如图 12-16 所示。

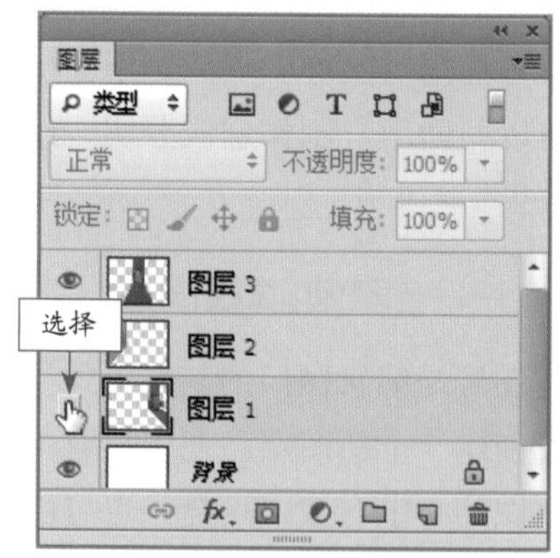

图 12-16　图标呈隐藏状态

Step 04 执行操作后，即可隐藏该图层中的图像，效果如图 12-17 所示，在隐藏的“指示图层可见性”图标上，再次单击鼠标左键，即可显示该图层。

图 12-17　隐藏图层

自学自练——调整图层顺序

在 Photoshop 的图像文件中，位于上方的图像会将下方的图像遮掩，此时，用户可以通过调整各图像图层的顺序，改变整幅图像的显示效果。

Step 01 按【Ctrl + O】组合键，打开一幅素材图像，如图 12-18 所示。

图 12-18 素材图像

Step 02 在“图层”面板中选择“图层 1”，单击鼠标左键向上拖曳图层，如图 12-19 所示。

图 12-19 拖曳图层

Step 03 将“图层 1”拖曳至“图层 2”的上方时，释放鼠标，即可调整图层的顺序，如图 12-20 所示。

图 12-20 调整图层顺序

Step 04 调整图层顺序后，图像编辑窗口中的效果也随之改变，效果如图 12-21 所示。

图 12-21 图像效果

自学自练——复制和删除图层

通过复制图层，可以得到与原图层完全一样的图层；通过删除图层，则可以将不需要的图层进行删除，这样也可以减小文件大小。

Step 01 按【Ctrl + O】组合键，打开一幅素材图像，如图 12-22 所示。

图 12-22 素材图像

Step 02 “图层”面板中选中需要删除的图层，单击面板最底部的“删除图层”按钮，即可删除图层中的图像，如图 12-23 所示。

图 12-23 删除图像

Step 03 选中需要复制的图层，单击面板右上角的控制按钮，在弹出的菜单中选择“复制图层”选项，即可复制所选图层，使用移动工具调整图层，如图 12-24 所示。

图 12-24 复制并调整图层

Step 04 按【Ctrl + T】组合键，调出变换控制框，单击鼠标右键，在弹出的菜单中选择“水平翻转”选项旋转复制的图像，取消变换控制框，效果如图 12-25 所示。

图 12-25 旋转图像效果

专家提醒

除了运用上述方法可以复制图层外，还有以下两种方法。

◆ 快捷键：按住【Alt】键的同时，单击鼠标左键并拖曳需要复制的图像。

◆ 命令：单击菜单栏中的“编辑”|“拷贝”命令，再单击菜单栏中的“编辑”|“粘贴”命令。

自学自练——对齐和分布图层

使用对齐和分布功能，可以将各图层中的图像进行准确定位与分布。对齐图层是指所选图层按照指定的方式进行对齐；而分布图层则是指将所选择图层中的图像文件按照指定的方式进行等距排列分布。

Step 01 按【Ctrl + O】组合键，打开一幅素材图像，如图 12-26 所示。

图 12-26 素材图像

Step 02 在“图层”面板中选中需要进行对齐分布的图层，如图 12-27 所示。

图 12-27 选择图层

Step 03 单击菜单栏中的“图层”|“对齐”|“垂直居中”命令，图像编辑窗口中的图像将进行垂直居中对齐，如图 12-28 所示。

图 12-28 垂直居中对齐

Step 04 单击菜单栏中的“图层”|“对齐”|“底边”命令，图像编辑窗口中的图像进行底边对齐，效果如图 12-29 所示。

图 12-29 底边对齐

专家提醒

单击菜单栏中的“图层”|“对齐”命令，在弹出的子菜单中各主要命令含义如下。

◆ 顶边：所选图层对象将以位于最上方的对象为基准，进行顶部对齐。

◆ 垂直居中：所选图层对象将以位置居中的对象为基准，进行垂直居中对齐。

◆ 底边：所选图层对象将以位于最下方的对象为基准，进行底部对齐。

◆ 左边：所选图层对象将以位于最左侧的对象为基准，进行左对齐。

◆ 水平居中：所选图层对象将以位于中间的对象为基准，进行水平居中对齐。

◆ 右边：所选图层对象将以位于最右侧的对象为基准，进行右对齐。

自学基础——合并图层

图层越多图像文件就越复杂，若整理不好，则会出现“迁一发，而动全身”的局面，且占用磁盘的空间。因此，用户可将不必分开或相似的图层进行合并，这样不仅可以使各图层井然有序，也会减小文件大小，如图 12-30 所示，在“图层”面板中，按住【Ctrl】键的同时，依次在“图层 2”、“图层 3”和“图层 5”上单击鼠标，选中图层，单击菜单栏中的“图层”|“合并图层”命令，即可合并选中的图层，效果如图 12-31 所示。

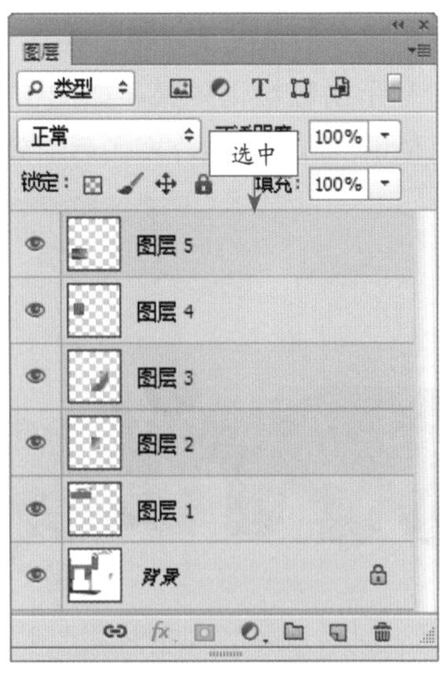

图 12-30 选中不连续图层

图 12-31 合并图层

12.4 图层的混合模式

图层混合模式用于控制图层之间像素颜色相互融合的效果，不同的混合模式会得到不同的效果。由于混合模式用于控制上下两个图层在叠加时所显示的总体效果，通常在上方图层的混合模式下拉列表框中选择合适的混合模式。

自学基础——“溶解”与“变暗”模式

“溶解”混合模式，用于在当图层中的图像出现透明像素的情况下，依据图像中透明像素的数量显示出颗粒化效果。如图 12-32 所示为原图与使用“溶解”混合模式后的效果对比。

图 12-32 原图与使用“溶解”混合模式后的效果对比

选择“变暗”混合模式，Photoshop CS6 将对上、下两层图像的像素进行比较，以上方图层中较暗像素代替下方图层中与之相对应的较亮像素，且下方图层中的较暗像素代替上方图层中的较亮像素，因此叠加后整体图像变暗。如图 12-33 所示为原图与设置混合模式为“变暗”后的效果对比。

图 12-33 原图与使用“变暗”混合模式后的效果对比

自学基础——“颜色加深”与“线性加深”模式

在设置混合模式的操作过程中，“颜色加深”混合模式可以降低颜色的亮度，将所选择的图形根据图形的颜色灰度而变暗，在与其他图形融合时，降低所选图形的亮度，如图 12-34 所示为原图与使用“颜色加深”混合模式后的效果对比。

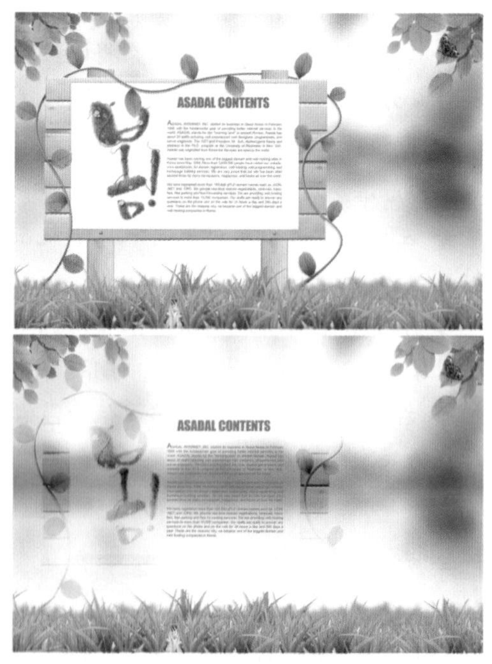

图 12-34 原图与使用“颜色加深”混合模式后的效果对比

“线性加深”混合模式用于查看每一个颜色通道的颜色信息，加暗所有通道的基色，并通过提高其他颜色的亮度来反映混合颜色。如图 12-35 所示为原图与使用“线性加深”混合模式后的效果对比。

图 12-35 原图与使用“线性加深”混合模式后的效果对比

自学基础——“变亮”与“滤色”模式

选择“变亮”混合模式时，Photoshop CS6 以上方图层中较亮像素代替下方图层中与之相对应的较暗像素，且下方图层中的较亮像素代替上方图层中的较暗像素，因此叠加后整体图像呈亮色调。如图 12-36 所示为原图与使用“变亮”混合模式后的效果对比。

“滤色”混合模式可以将所选择的图形与其下的图形进行叠加，从而使层叠区域变亮，同时会对混合图形的色调进行均匀处理。如图 12-37 所示为原图与使用“滤色”混合模式后的效果对比。

图 12-36 原图与使用“变亮”混合模式后的效果对比

图 12-37 原图与使用“滤色”混合模式后的效果对比

自学基础——“饱和度”与“颜色”混合模式

“饱和度”混合模式最终图像的像素值由下方图层的亮度、色相值以及上下方图层的饱和度构成。如图 12-38 所示为原图与使用“饱和度”混合模式后的效果对比。

图 12-38

图 12-38 原图与使用“饱和度”混合模式后的效果对比

“颜色”混合模式最终图像的像素值由下方图层的亮度以及上下方图层的饱和度构成。如图 12-39 所示为原图与使用“颜色”混合模式后的效果对比。

图 12-39 原图与使用“颜色”混合模式后的效果对比

12.5 图层样式的管理

图层样式作为一种图层特效，不仅可以在不同图层之间进行复制，也可以在不同图像之间进行复制，还可以通过隐藏和删除、粘贴、缩放、转换为图层等来管理。

自学自练——隐藏和删除图层样式

隐藏图层样式后，可以暂时将图层样式进行清除，并可以重新显示，而删除图层样式，则是将图层中的图层样式进行彻底清除，无法还原。

Step 01 按【Ctrl + O】组合键，打开一幅素材图像，如图 12-40 所示。

图 12-40 素材图像

Step 02 在“图层”面板中选择“图层 1”，将鼠标指针移至“效果”左侧的“指示图可见性”图标上，如图 12-41 所示。

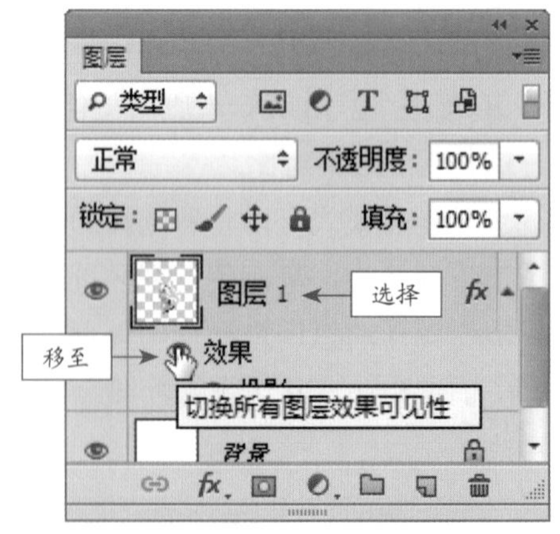

图 12-41 移动鼠标指针

Step 03 单击鼠标左键，“指示图层可见性”图标呈隐藏状态，即可隐藏图层样式，如图 12-42 所示。

Step 04 在图像编辑窗口中隐藏图层样式后的图像效果如图 12-43 所示。

图 12-42 隐藏图层样式

图 12-43 隐藏图层样式后的图像

Step 05 在“图层 1”的“指示图层效果”图标上单击鼠标左键，并拖曳至“图层”面板底部的“删除图层”按钮上，如图 12-44 所示。

图 12-44 拖曳鼠标

Step 06 释放鼠标后，即可删除“投影”图层样式，如图 12-45 所示。

图 12-45 删除“投影”图层样式

自学基础——复制与粘贴图层样式

复制和粘贴图层样式就是将当前图层的图层样式复制并粘贴到其他图层中。如图 12-46 所示，用户可以在“图层”面板中选中“图层 1”图层，单击鼠标右键，在弹出的快捷菜单中选择“拷贝图层样式”选项，即可复制该图层样式；选中“图层”面板中的“图层 2”，单击鼠标右键，在弹出的快捷菜单中选择“粘贴图层样式”选项，如图 12-47 所示，即可将复制的图层样式粘贴到“图层 2”上。

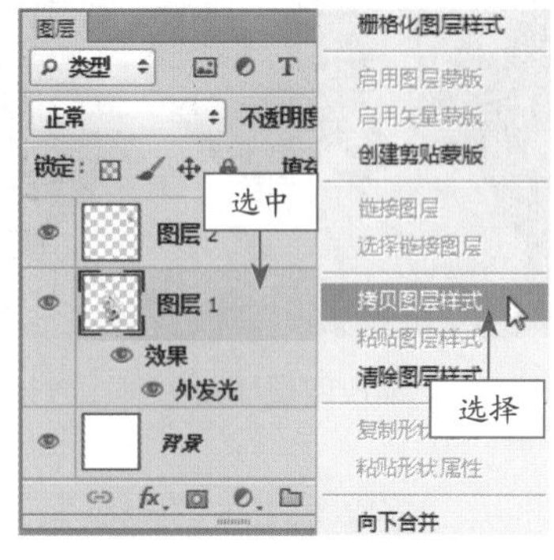

图 12-46 复制图层样式

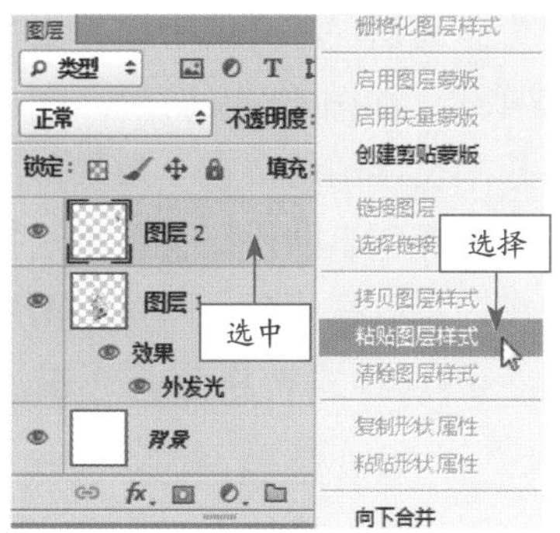

图 12-47 粘贴图层样式

自学基础——缩放图层样式

“缩放图层”的功能主要是对当前图层样式的大小进行调整，适当对图层样式进行调整，不会对图像造成影响。用户可以打开“图层”面板，将鼠标指针拖曳至图层下方的“效果”文字上，单击鼠标右键，弹出“缩放图层效果”对话框中，然后设置“缩放”大小，单击“确定”按钮，即可缩放图层样式，效果如图 12-48 所示。

图 12-48 缩放图层样式的对比效果

自学基础——将图层样式转换为图层

在操作过程中，根据图像的需要将图层样式转换为普通图层，有助于用户更加便捷地编辑图层样式。如图 12-49 所示，在“图层”面板中，选中文字图层，在“效果”图层上单击鼠标右键，在弹出的快捷菜单中选择“创建图层”选项，执行操作后，即可将图层的“斜面和浮雕”图层样式转换为普通图层，如图 12-50 所示。

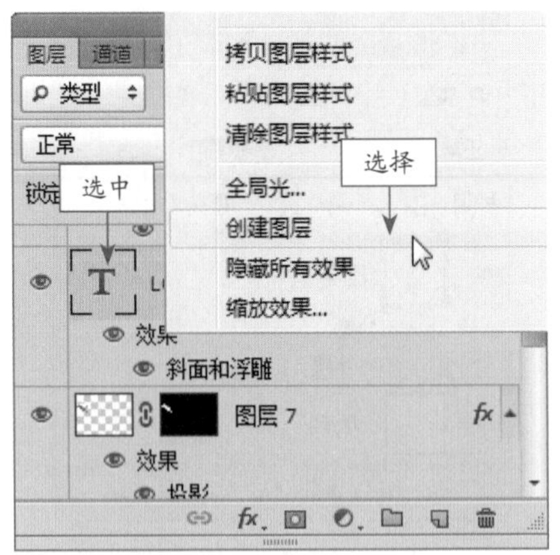

图 12-49 选择“创建图层”选项

图 12-50 转换为普通图层

12.6 应用经典的图层样式

“图层样式”可以为当前图层添加特殊效果，如“投影”、“内阴影”、“外发光”、“斜面和浮雕”、“描边”等样式。在不同的图层中应用不同的图层样式，可以使整幅图像更加富有真实感和突出性。

自学自练——投影和内阴影样式

应用“投影”图层样式可以模拟由光源照射并生成的阴影；应用“内阴影”图层样式可以使图层中的图像产生凹陷的感觉。

Step 01 按【Ctrl + O】组合键，打开一幅素材图像，如图 12-51 所示。

Step 02 选中“图层 1”，单击菜单栏中的“图层”|“图层样式”|“内阴影”命令，弹出“图

层样式”对话框，设置“颜色”为蓝色（RGB的参数值为3、109、169）、“角度”为153度，如图12-52所示。

图 12-51　素材图像

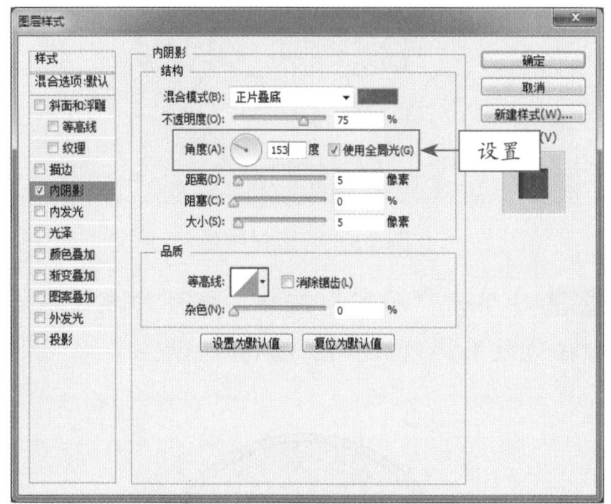

图 12-52　“图层样式”对话框

Step 03 单击“确定”按钮，即可为图像添加“内阴影”图层样式，如图12-53所示。

图 12-53　添加内阴影后的效果

Step 04 采用与上面同样的方法，选中“图层1”，单击菜单栏中的“图层”｜“图层样式”｜“投影”命令，在弹出的“图层样式”对话框中保持默认设置，单击“确定”按钮，即可添加投影效果，如图12-54所示。

图 12-54　添加投影效果

自学自练——外发光样式

应用“外发光”图层样式可以为所选图层中的图像外边缘增添发光效果。

Step 01 按【Ctrl＋O】组合键，打开一幅素材图像，如图12-55所示，在“图层1”上双击鼠标左键，在弹出的“图层样式”对话框中选中“外发光”复选框，设置“颜色”为橘黄色（RGB的参数值分别为255、205、72），再设置“大小”为100。

图 12-55　素材图像

Step 02 单击“确定”按钮，即可为该图层添加外发光效果，如图12-56所示。

图 12-56 添加外发光效果

自学自练——斜面和浮雕样式

“斜面和浮雕”图层样式可以制作出各种凹陷和凸出的图像或文字，从而使图像具有一定的立体效果。

Step 01 按【Ctrl + O】组合键，打开一幅素材图像，如图 12-57 所示，在“图层 2”上双击鼠标左键，在弹出的“图层样式”对话框中选中“斜面和浮雕”复选框，设置“深度”选项为 200、“大小”为 20。

图 12-57 素材图像

Step 02 单击“确定”按钮，即可为该图层添加斜面和浮雕效果，如图 12-58 所示。

图 12-58 添加斜面和浮雕效果

自学自练——描边样式

使用“描边”图层样式可以使图像的边缘产生描边效果，用户可以设置外部描边、内部描边和居中描边。

Step 01 按【Ctrl + O】组合键，打开一幅素材图像，如图 12-59 所示，在“图层 1”上双击鼠标左键，在弹出的“图层样式”对话框中选中“描边”复选框，设置“大小”为 3、“颜色”为黑色。

图 12-59 素材图像

Step 02 单击“确定”按钮，即可为该图层添加描边效果，效果如图 12-60 所示。

图 12-60 添加描边效果

13 Chapter 创建与应用通道

在 Photoshop 软件中，通道就是选区的一个载体，它将选区转换成为可见的黑白图像，从而更易于用户对其进行编辑，从而得到多种多样的选区状态，为用户创建更多的丰富效果提供了可能。本章主要介绍通道的类型、通道的基本操作以及通过的应用与计算等。

本章内容导航

- 通道的作用
- “通道”面板
- 单色通道
- 复合通道
- 颜色通道
- 专色通道
- Alpha 通道
- 新建 Alpha 通道
- 新建专色通道
- 复制与删除通道
- 保存选区到通道
- 分离通道
- 合并通道
- 通道的应用与计算

13.1 认识通道

通道的主要功能是保存图像的颜色信息，也可以存放图像中的选区，并通过对通道的各种运算来合成具有特殊效果的图像。由于通道功能强大，因而在制作图像特效方面应用广泛，但同时也最难于理解和掌握。

自学基础——通道的作用

通道是一种很重要的图像处理方法，它主要用来存储图像的色彩信息和图层中的选择信息，使用通道可以复制扫描失真严重的图像，还可以对图像进行合成，从而创作出一些意想不到的效果。

无论是新建文件、打开文件或扫描文件，当一个图像文件调入 Photoshop CS6 后，Photoshop CS6 就将创建其图像文件固有的通道即颜色通道或原色通道，原色通道的数目取决于图像的颜色模式。

自学基础——“通道”面板

“通道”面板是存储、创建和编辑通道的主要场所。在默认情况下，“通道”面板显示的均为原色通道。

当图像的色彩模式为 CMYK 模式时，面板中将有 4 个原色通道，即“青”通道、“洋红”通道、“黄”通道和“黑”通道，每个通道都包含着对应的颜色信息。

当图像的色彩模式为 RGB 色彩模式时，面板中将有 3 个原色通道，即“红”通道、“绿”通道、“蓝”通道和一个合成通道，即 RGB 通道。只要将“红”通道、“绿”通道、“蓝”通道合成在一起，则得到一幅色彩绚丽的 RGB 模式图像。

在 Photoshop CS6 界面中，单击菜单栏中的“窗口”|“通道”命令，弹出“通道”面板，如图 13-1 所示，在此面板中列出了图像所有的通道。

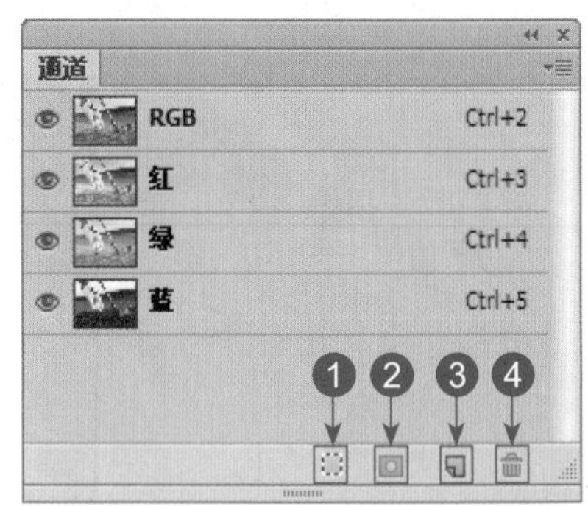

图 13-1 “通道”面板默认状态

❶ “将通道作为选区载入”按钮：单击该按钮，可以调出当前通道所保存的选区。

❷ “将选区存储为通道”按钮：单击该按钮，可以将当前选区保存为 Alpha 通道。

❸ “创建新通道”按钮：单击该按钮，可以创建一个新的 Alpha 通道。

❹ “删除当前通道”按钮：单击该按钮，可以删除当前选择的通道。

13.2 通道的类型

通道是一种灰度图像，每一种图像包括一些基于颜色模式的颜色信息通道，通道分为单色通道、复合通道、颜色通道、专色通道和 Alpha 通道 5 种。

自学基础——单色通道

在“通道”面板中任意删除其中的一个通道，所有通道将会变成黑白色，且原来的彩色通道也会变成灰色通道，而形成单色通道，如图 13-2 所示。

图 13-2 单色通道

自学基础——复合通道

复合通道始终是以彩色显示图像的，是用于预览并编辑整体图像颜色通道的一个快捷方式，分别单击“通道”面板中任意一个通道前的“指示通道可见性”图标，即可复合基本显示的通道，得到不同的颜色显示，如图13-3所示。

图 13-3 复合通道

自学基础——颜色通道

颜色通道又称为原色通道，主要用于存储图像的颜色数据，RGB图像有3个颜色通道，如图13-4所示；CMYK图像有4个颜色通道，如图13-5所示，包含了所有将被打印或显示的颜色。

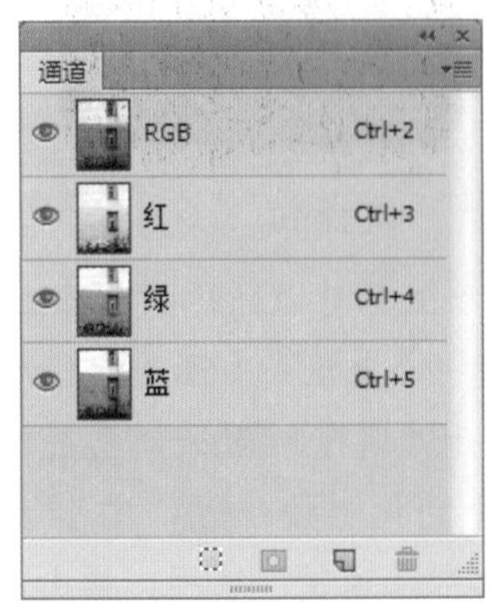

图 13-4 RGB 模式颜色通道

图 13-5 CMYK 模式颜色通道

自学基础——专色通道

专色通道设置只是用来在屏幕上显示模拟效果的，对实际打印输出并无影响。此外，如果新建专色通道之前制作了选区，则新建通道后，将在选区内填充专色通道颜色。专色通道用于印刷，在印刷时每种专色油墨都要求专用的印版，以便单独输出。如图13-6所示为创建一个专色通道。

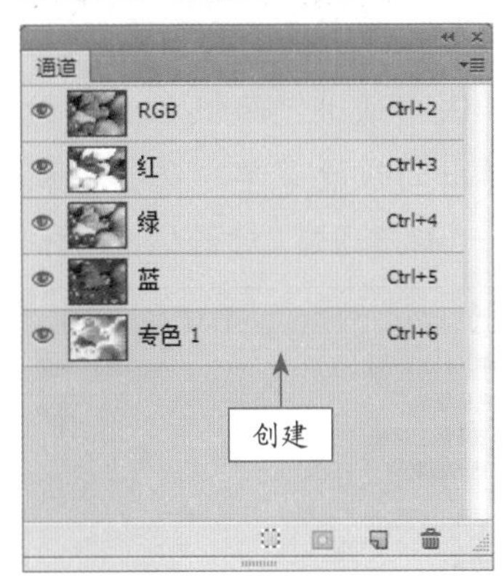

图 13-6 专色通道

自学基础——Alpha 通道

在 Photoshop CS6 中，通道除了可以保存颜色信息外，还可以保存选区的信息，此类通道被称为 Alpha 通道。

Alpha 通道主要用于创建和存储选区，创建并保存选区后，将以一个灰度图像保存在 Alpha 通道中，在需要的时候可以载入选区。

13.3 通道的基本操作

“通道”面板用于创建并管理通道，通道的许多操作都是在“通道”面板中进行的。通道的基本操作主要包括新建通道、保存选区至通道、复制和删除通道以及分离和合并通道。

自学自练——新建 Alpha 通道

Photoshop 提供了很多种用于创建 Alpha 通道的操作方法，用户在设计工程中，根据实际需要选择一种合适的方法。

Step 01 按【Ctrl + O】组合键，打开一幅素材图像，如图 13-7 所示，展开“通道”面板。

图 13-7 素材图像

Step 02 单击“通道”面板右上角的控制按钮▾≡，在弹出的快捷菜单中选择“新建通道”选项，弹出“新建通道”对话框，如图 13-8 所示。

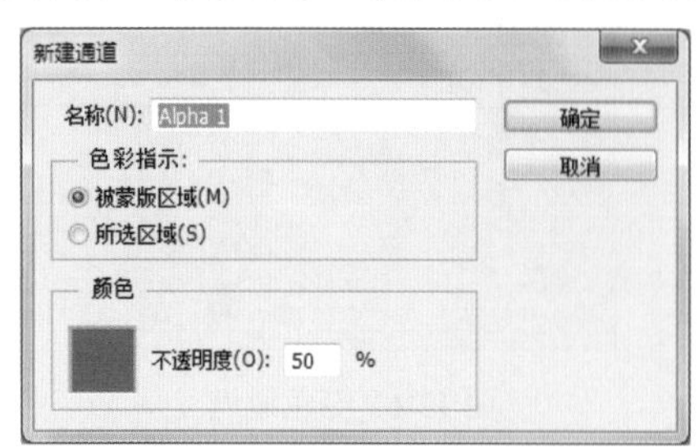

图 13-8 “新建通道”对话框

Step 03 单击“确定”按钮，即可创建一个 Alpha 通道，单击 Alpha 1 通道左侧的“指示通道可见性”图标👁，即可显示 Alpha 1 通道，隐藏“通道”面板，返回“图层”面板，此时图像编辑窗口中的图像效果如图 13-9 所示。

图 13-9 图像效果

自学自练——新建专色通道

专色通道用于印刷，在印刷时每种专色油墨都要求专用的印版，以便单独输出。

Step 01 按【Ctrl + O】组合键，打开一幅素材图像，如图 13-10 所示。

图 13-10 素材图像

Step 02 选取工具箱中的快速选择工具，在图像中创建一个选区，如图 13-11 所示。

Step 03 展开“通道”面板，单击“通道”面板右上角中的控制按钮▾≡，在弹出的菜单中选择“新建专色通道”选项，弹出“新建专色通道”对话框，设置“颜色”为淡绿色（RGB参数值分别为18、219、113），如图13-12所示。

图13-11 创建选区

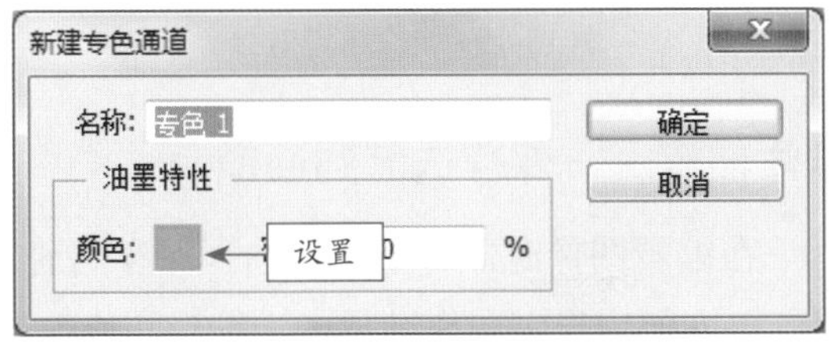

图13-12 “新建专色通道”对话框

Step 04 单击“确定”按钮，即可创建专色通道，展开“通道”面板，在“通道”面板中自动生成一个专色通道，此时图像编辑窗口中的图像效果，如图13-13所示。

图13-13 创建专色通道

自学自练——复制与删除通道

在处理图像时，有时需要对某一通道进行复制或删除操作，以获得不同的图像效果。

Step 01 按【Ctrl + O】组合键，打开一幅素材图像，如图13-14所示。

图13-14 素材图像

Step 02 展开“通道”面板，选择“蓝”通道，如图13-15所示。

图13-15 选择“蓝”通道

Step 03 单击鼠标右键，在弹出的快捷菜单中选择“复制通道”选项，弹出“复制通道”对话框，如图13-16所示，单击“确定”按钮，即可复制“蓝”通道。

Step 04 单击“蓝 副本”通道和RGB通道左侧的“指示通道可见性”图标，显示通道，此时图像编辑窗口中的图像效果如图 13-17 所示。

图 13-16 “复制通道”对话框

图 13-17 显示通道

Step 05 选择“蓝 副本”通道，单击鼠标左键并将其拖曳至面板底部的“删除当前通道”按钮上，如图 13-18 所示。

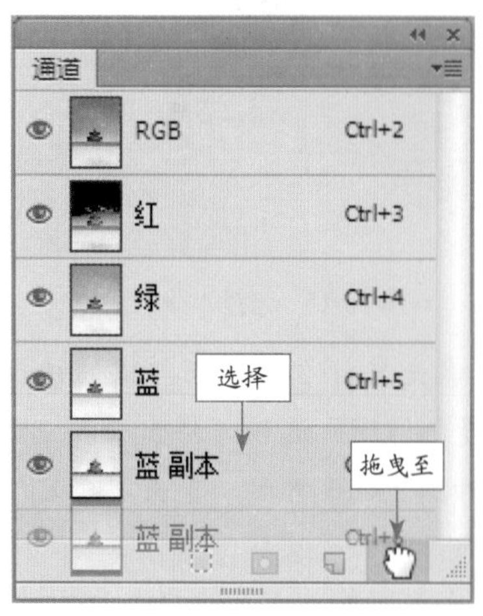

图 13-18 删除当前通道

Step 06 释放鼠标左键，即可删除选择的通道，此时图像编辑窗口中的图像效果如图 13-19 所示。

图 13-19 删除通道效果

自学自练——保存选区到通道

在编辑图像时，将新建的选区保存到通道中，可方便用户对图像进行多次编辑和修改。

Step 01 按【Ctrl + O】组合键，打开一幅素材图像，如图 13-20 所示。

图 13-20 素材图像

Step 02 选取工具箱中的磁性套索工具，在图像编辑窗口中的相应位置，创建一个选区，如图 13-21 所示。

Step 03 单击“通道”面板底部的“将选区存储为通道”按钮，即可保存选区到通道。

Step 04 单击 Alpha 1 通道左侧的“指示通道可见性”图标，显示 Alpha 1 通道，按【Ctrl + D】组合键取消选区，效果如图 13-22 所示。

图 13-21　创建选区

图 13-22　显示 Alpha 1 通道效果

自学自练——分离通道

在 Photoshop CS6 中，通过分离通道操作，可以将拼合图像的通道分离为单独的图像，分离后原文件被关闭，每一个通道均以灰度颜色模式成为一个独立的图像文件。下面介绍分离通道的操作方法。

Step 01 按【Ctrl + O】组合键，打开一幅素材图像，如图 13-23 所示。

图 13-23　素材图像

Step 02 在“通道”面板中，单击面板中右上角的控制按钮，在弹出的菜单中选择“分离通道”选项，如图 13-24 所示。

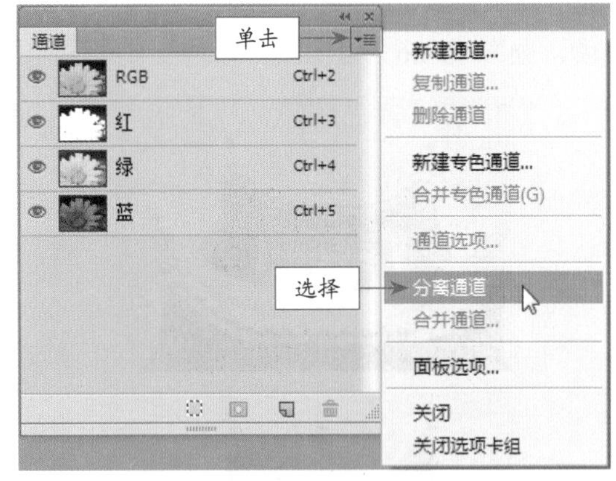

图 13-24　选择“分离通道”选项

Step 03 执行操作后，将 RGB 模式图像的通道将会分离为 3 个灰色图像，如图 13-25 所示。

图 13-25　分离为 3 个灰色图像

专家提醒

用户可以将一幅图像中的各个通道分离出来，使其各自作为一个单独的文件存在。分离后原文件被关闭，每一个通道均以灰度颜色模式成为一个独立的图像文件。只能分离拼合图像的通道。当需要在不能保留通道的文件格式中保留单个通道信息时，分离通道非常有用。

自学自练——合并通道

合并通道时必须注意这些图像的大小和分辨率必须是相同的，否则无法合并。

Step 01 按【Ctrl + O】组合键，打开 3 幅素材图像，如图 13-26 所示。

图 13-26 素材图像

Step 02 在“通道”面板中，单击面板右上角的控制按钮，在弹出的菜单中选择“合并通道”选项，弹出“合并通道”对话框，设置选项，如图 13-27 所示。

Step 03 单击“确定”按钮，弹出“合并RGB通道”对话框，设置其中各选项，如图 13-28 所示，单击“确定”按钮。

图 13-27 “合并通道”对话框

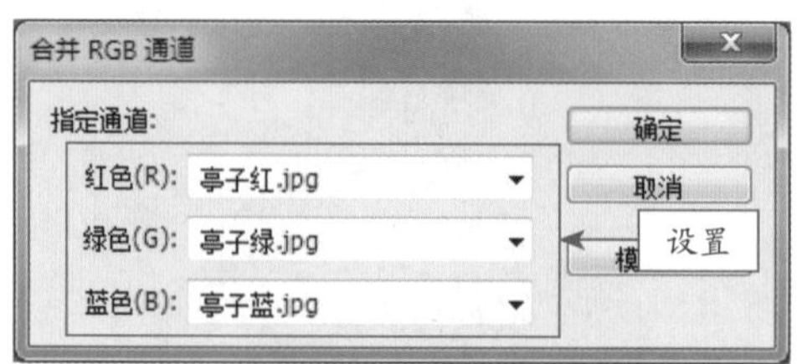

图 13-28 “合并 RGB 通道”对话框

Step 04 执行操作后，即可合并通道，效果如图 13-29 所示。

图 13-29 合并通道效果

13.4 通道的应用与计算

“通道”面板用于创建并管理通道以及监视编辑效果，通道的许多操作都需要在“通道”面板中执行。本节主要向读者介绍使用“应用图像”命令和“计算”命令的操作方法。

自学自练——运用“应用图像”命令进行合成图像

运用“应用图像”命令可以将所选图像中的一个或多个图层、通道，与其他具有相同尺寸大小图像的图层和通道进行合成，以产生特殊的合成效果。在 Photoshop CS6 中，由于“应用图像”命令是基于像素对像素的方式来处理通道的，所以只有图像的长和宽（以像素为单位）都分别相等时才能执行“应用图像”命令。使用“应用图像”命令可以对一个通道中的像素值与另一个通道中相应的像素值进行相加、减去和相乘等操作。

Step 01 按【Ctrl + O】组合键，打开两幅素材图像，如图 13-30 所示。

图 13-30　素材图像

Step 02 切换至“蒲公英 .jpg”图像编辑窗口，单击菜单栏中的“图像”|“应用图像”命令，弹出“应用图像”对话框，设置“源”为风车 .jpg、“混合”为“变暗”，如图 13-31 所示。

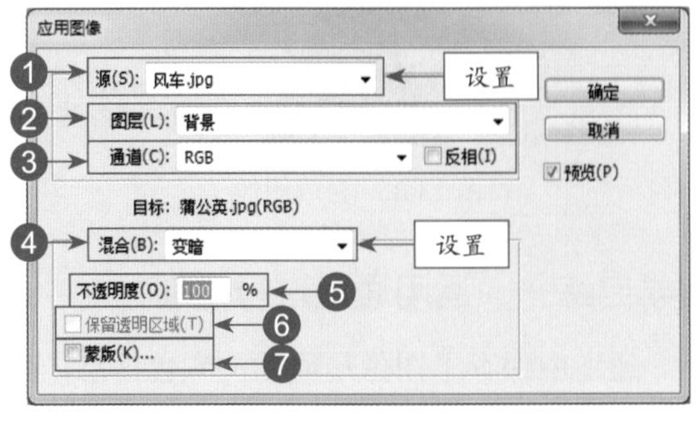

图 13-31　“应用图像”对话框

❶ “源”下拉列表框：从中选择一幅源图像与当前活动图像相混合。其下拉列表框中将列出 Photoshop 当前打开的图像，该项的默认设置为当前的活动图像。

❷ “图层”下拉列表框：用于选择源图像中的图层参与计算。

❸ “通道”下拉列表框：选择源图像中的通道参与计算，选中后面的“反相”复选框，则表示源图像反相后进行计算。

❹ “混合”下拉列表框：用于设置图像的混合模式。

❺ “不透明度”文本框：用于设置合成图像时的不透明度。

❻ “保留透明区域”复选框：用于设置保留透明区域，选中后只对非透明区域合并，若在当前活动图像中选择了背景图层，则该选项不可用。

❼ “蒙版”复选框：选中该复选框，其下方的 3 个列表框和“反相”复选框为可用状态，从中可以选择一个“通道”和“图层”做蒙版来混合图像。

Step 03 单击“确定”按钮，即可合成图像，效果如图 13-32 所示。

图 13-32　合成图像

专家提醒

在 Photoshop CS6 中编辑图像时，可以用以下 3 种方法将通道作为选区载入图像中。

方法 1：单击“通道”面板底部的“将通道作为选区载入”按钮。

方法 2：在选区已存在的情况下，按住【Ctrl + Shift】组合键的同时单击通道，则可在当前选区中增加该通道所保存的选区。

方法 3：按住【Shift + Ctrl + Alt】组合键的同时单击通道，可以选取与该通道所保存的选区重叠的选区。

自学自练——运用通道“计算”命令合成图像

“计算”命令的工作原理与“应用图像”命令相同，它可以混合两个来自一个或多个源图像的单个通道。使用该命令可以创建新的通道和选区，也可以生成新的黑白图像。

Step 01 按【Ctrl + O】组合键，打开两幅素材图像，如图 13-33 所示。

图 13-33　素材图像

Step 02 单击菜单栏中的“图像”|“计算”命令，弹出“计算”对话框，如图 13-34 所示。

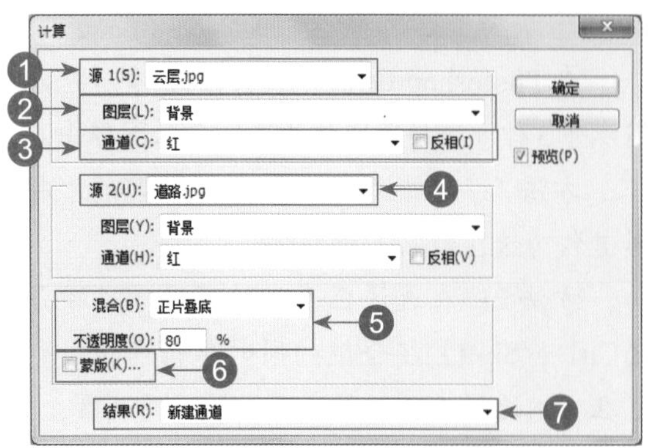

图 13-34　“计算”对话框

❶“源 1”下拉列表框：用于选择要计算的第一个源图像。

❷“图层”下拉列表框：用于选择使用图像的图层。

❸“通道”下拉列表框：用于选择要进行计算的通道名称。

❹“源 2”下拉列表框：用于选择要进行计算的第二个源图像。

❺“混合”下拉列表框：用于选择两个通道进行计算所运用的混合模式，并设置“不透明度”值。

❻“蒙版”复选框：选中该复选框，可以通过蒙版应用混合效果。

❼“结果”下拉列表框：用于选择计算后通道的显示方式。若选择“新文档”选项，将生成一个仅有一个通道的多通道模式图像；若选择“新建通道”选项，将在当前图像文件中生成一个新通道；若选择“选区”选项，则生成一个选区。

Step 03 设置“源 2”为“道路.jpg”、“混合模式”为“正片叠底”、“不透明度”为 80%，单击“确定”按钮，即可合成图像，效果如图 13-35 所示。

图 13-35　合成图像

自学自练——运用通道进行抠图

通道中保存了图像最原始的颜色信息，合理使用通道可以建立其他方法无法创建的图像选区。

Step 01 按【Ctrl + O】组合键，打开一幅素材图像，如图 13-36 所示。

图 13-36　素材图像

Step 02 展开“通道”面板，选择“蓝”通道，复制此通道，得到“蓝副本”通道，如图 13-37 所示。

图 13-37　复制通道

Step 03 单击菜单栏中的“图像”|“调整”|“色阶”命令，弹出“色阶”对话框，设置“输入色阶”文本框分别为 0、0.16 和 255，单击“确定”按钮，按【Ctrl + I】组合键，执行“反相”操作，效果如图 13-38 所示。

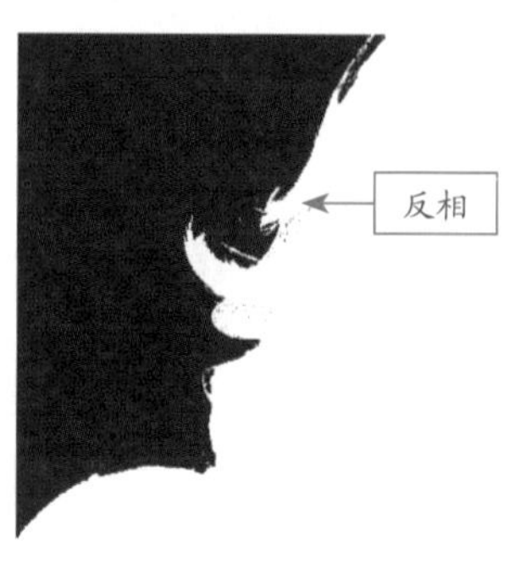

图 13-38　调整色阶

Step 04 单击“通道”面板底部的“将通道作为选区载入”按钮，即可载入选区；选择 RGB 通道，切换至“图层”面板，选择“背景”图层；选取工具箱中的套索工具，单击工具属性栏中的“添加到选区”按钮，拖曳鼠标指针至人物图像上，单击鼠标左键并拖曳，框选需要添加到选区的图像，效果如图 13-39 所示。

图 13-39　载入选区

Step 05 按【Ctrl + J】组合键拷贝粘贴图像，隐藏“背景”图层，效果如图 13-40 所示。

图 13-40　隐藏“背景”图层

Chapter 13 创建与应用通道

第 3 篇

14 Chapter 创建与应用蒙版

图像合成是Photoshop标志性的应用领域，在使用Photoshop进行图像合成时，其中使用最多的就是蒙版技术。蒙版是Photoshop的亮点功能，主要包括剪贴蒙版、快速蒙版和图层蒙版。本章主要讲述如何创建与应用蒙版。

本章内容导航

- 认识蒙版
- 蒙版的创建
- 停用/启用图层蒙版
- 删除图层蒙版
- 移动/选择图层蒙版
- 查看图层蒙版
- 隐藏/显示图像
- 将图层蒙版转换为选区
- 将矢量蒙版转换为选区
- 将矢量蒙版转换为图层蒙版
- 调整图层蒙版区域
- 通过图层蒙版合成图像

14.1 认识蒙版

蒙版可以很好地控制图层区域的显示或隐藏，可以在不破坏图像的情况下反复编辑图像，直至得到所需要的效果，使修改图像和创建复杂选区变得更加方便，因此蒙版是进行图像合成最常用的手段。

自学基础——“蒙版”面板

在 Photoshop CS6 中，“蒙版”面板提供了用于图层蒙版以及矢量蒙版的多种控制选项，“蒙版”面板不仅可以轻松更改图像不透明度、边缘化程度，而且可以方便地增加或删减蒙版、反相蒙版或调整蒙版边缘。

蒙版可以简单地理解为望远镜的镜筒，用镜筒屏蔽外部世界的一部分，使观察者仅观察到出现在镜头中那一部分，类似的，在 Photoshop 中蒙版也屏蔽了图像的一部分，而显示另一部分图像。

有些初学者容易将选区与蒙版混淆，认为两者都起到了限制的作用，但实际上两者之间有本质的区别。选区是用于限制操作者的操作范围，使操作仅发生在选择区域的内部。

“蒙版”面板能够提供用于图层蒙版及矢量蒙版的多种控制选项，使用户轻松地更改不透明度、边缘化程度，可以方便地增加或删减蒙版、反相蒙版或调整蒙版边缘。

在“图层”面板中选择相应图层的图层蒙版，展开“蒙版”面板，如图 14-1 所示。

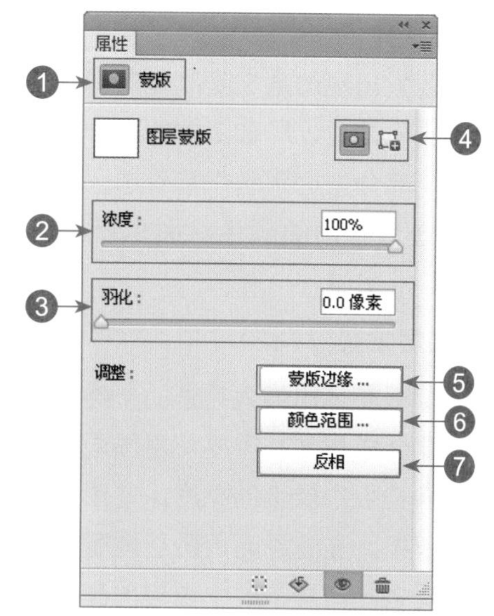

图 14-1 “蒙版”面板

❶ 当前选择的蒙版：显示了在“图层”面板中选择的蒙版的类型。

❷ “浓度”设置区：拖动滑块可以控制蒙版的不透明度，即蒙版的遮盖强度。

❸ “羽化”设置区：拖动滑块可以柔化蒙版的边缘。

❹ “添加像素蒙版”按钮 / “添加矢量蒙版”按钮：单击“添加像素蒙版”按钮，可以为当前图层添加图层蒙版，单击“添加矢量蒙版”按钮，则添加矢量蒙版。

❺ “蒙版边缘”按钮：单击该按钮，打开“调整蒙版”对话框修改蒙版边缘，并针对不同的背景查看蒙版，这些操作与调整选区边缘基本相同。

❻ “颜色范围”按钮：单击该按钮，打开“色彩范围”对话框，通过在图像中取样并调整颜色容差可修改蒙版范围。

❼ “反相”按钮：单击该按钮，可以反转蒙版的遮盖区域。

自学基础——蒙版的类型

蒙版最突出的作用就是屏蔽，无论是什么样的蒙版，都需要对图像的某些区域起到屏蔽作用，这是蒙版存在的终极意义。在 Photoshop 中有以下 4 种类型的蒙版，下面将分别介绍。

1. 剪贴蒙版

这是一类通过图层与图层之间的关系，控制图层中图像显示区域与显示效果的蒙版，能够实现一对一或一对多的屏蔽效果。对于剪贴蒙版而言，基层图层中的像素分布将影响剪贴蒙版的整体效果，基层中的像素不透明度越高、分布范围越大，则整个剪贴蒙版产生的效果也越不明显，反之则越明显。

2. 快速蒙版

快速蒙版出现的意义是制作选择区域，而其制作方法则是通过屏蔽图像的某一个部分，显示另一个部分来达到制作精确选区的目的。快速蒙版通过不同的颜色对图像产生屏蔽作用，效果非常明显。

3. 图层蒙版

图层蒙版是使用最为频繁的一类蒙版，绝大多数图像合成作品都需要使用图层蒙版。图层蒙版依靠蒙版中像素的亮度，使图层显示出被屏蔽的效果，亮度越高，图层蒙版的屏蔽作用越小。反之，图层蒙版中像素的亮度越低，则屏蔽效果越明显。

4. 矢量蒙版

矢量蒙版是图层蒙版的另一种类型，但两者可以共存，用于以矢量图像的形式屏蔽图像。矢量蒙版依靠蒙版中矢量路径的形状与位置，使图像产生被屏蔽的效果。

14.2 蒙版的创建

蒙版是通道的另一种表现形式，可用于为图像添加遮盖效果，灵活运用蒙版，可以制作出丰富多彩的图像效果。本节主要介绍蒙版的各种创建、编辑方法。

自学自练——创建剪贴蒙版

剪贴蒙版可以用一个图层中包含像素的区域来限制它上层图像的显示范围。剪贴蒙版的最大优点是可以通过一个图层来控制多个图层的可见内容。

Step 01 按【Ctrl + O】组合键，打开一幅素材图像，如图 14-2 所示。

Step 02 单击菜单栏中的“图层”|“创建剪贴蒙版”命令，创建剪贴蒙版，效果如图 14-3 所示。

图 14-2 素材图像

图 14-3 创建剪贴蒙版

专家提醒

如果要取消剪贴蒙版，则可以在剪贴蒙版中选择图层，然后单击菜单栏中的“图层”|“释放剪贴蒙版”命令或按【Ctrl + Shift + G】组合键，即可取消剪贴蒙版。

自学自练——创建快速蒙版

快速蒙版是一种手动创建选区的方法，其特点是与绘图工具结合起来创建选区，较适用于对选择要求不很高的情况。快速创建蒙版模式可以将任意选择区域作为蒙版进行编辑，下面向读者介绍创建快速蒙版的操作方法。

Step 01 按【Ctrl + O】组合键，打开一幅素材图像，如图 14-4 所示。

Step 02 单击工具箱底部的“以快速蒙版模式编辑”按钮，即可进入快速蒙版编辑模式。

图 14-4 素材图像

Step 03 选取工具箱中的画笔工具，设置前景色为黑色，在戒指上进行涂抹，如图 14-5 所示。

图 14-5 涂抹图像

Step 04 单击工具箱底部的“以标准模式编辑”按钮，涂抹区域以外部分即可转换为选区，如图 14-6 所示。

图 14-6 创建选区

Step 05 按【Ctrl + U】组合键，弹出“色相/饱和度”对话框，设置“色相”为 180、“饱和度”为 50，如图 14-7 所示。

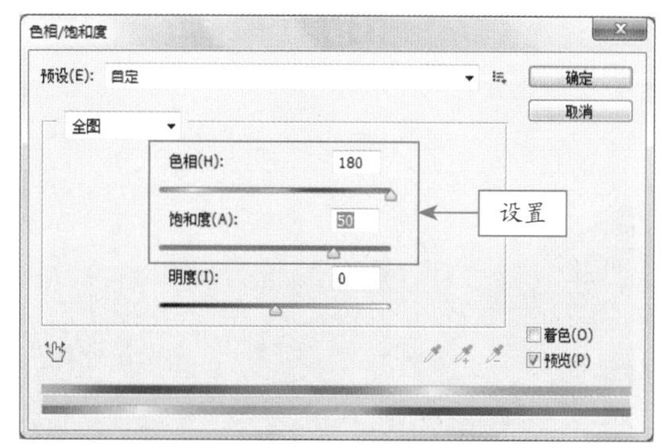

图 14-7 “色相 / 饱和度”对话框

Step 06 单击“确定”按钮，并取消选区，效果如图 14-8 所示。

图 14-8 图像效果

专家提醒

在进入快速蒙版后，当运用黑色画笔工具作图时，将在图像中得到红色的区域；对于非选区区域，当运用白色画笔工具作图时，可以去除红色的区域；对于生成的选区，用灰色画笔工具作图，则生成的选区将会带有一定的羽化。

自学自练——创建矢量蒙版

矢量蒙版是由钢笔、自定形状等矢量工具创建的蒙版（图层蒙版和剪贴蒙版都基于像素的蒙版），矢量蒙版与分辨率无关，常用来制作 Logo、按钮或其他 Web 设计元素。无论图像自身的分辨率是多少，只要使用了该蒙版，都可以得到平滑的轮廓。

Step 01 按【Ctrl + O】组合键，打开一幅素材图像，如图 14-9 所示。

图 14-9 素材图像

Step 02 选取工具箱中的自定形状工具，设置“形状”为网格，在图像编辑窗口中的合适位置绘制一个网格路径，如图 14-10 所示。

图 14-10 绘制网格路径

Step 03 单击菜单栏中的“图层”|“矢量蒙版”|“当前路径”命令，即可创建矢量蒙版，效果如图 14-11 所示。

图 14-11 创建矢量蒙版

Step 04 在“图层”面板中，即可查看到基于当前路径创建的矢量蒙版，如图 14-12 所示。

图 14-12 查看矢量蒙版

自学自练——创建图层蒙版

图层蒙版依靠蒙版中像素的亮度，使图层显示出被屏蔽的效果，亮度越高，屏蔽作用越小；反之，亮度越低，则屏蔽效果越明显。

Step 01 按【Ctrl + O】组合键，打开一幅素材图像，如图 14-13 所示。

图 14-13 素材图像

Step 02 在“图层”面板中，隐藏“图层 2”图层，选择“图层 1”图层，如图 14-14 所示。

图 14-14 选择“图层 1”图层

Step 03 选取工具箱中的魔棒工具，在图像中创建一个选区，如图 14-15 所示。

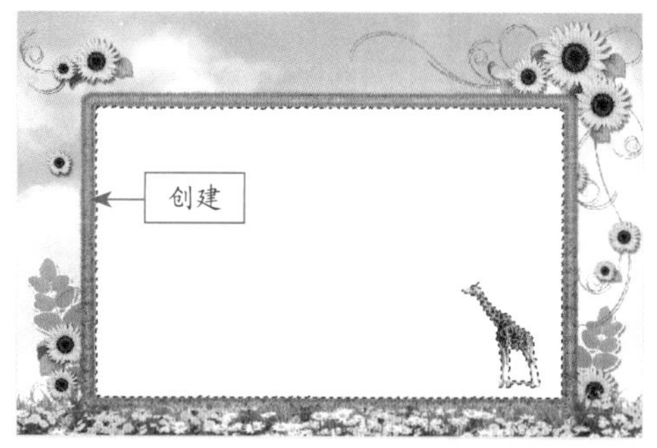

图 14-15 创建选区

Step 04 在“图层”面板中显示并选择“图层 2”图层，单击面板底部的“添加图层蒙版”按钮 ，如图 14-16 所示。

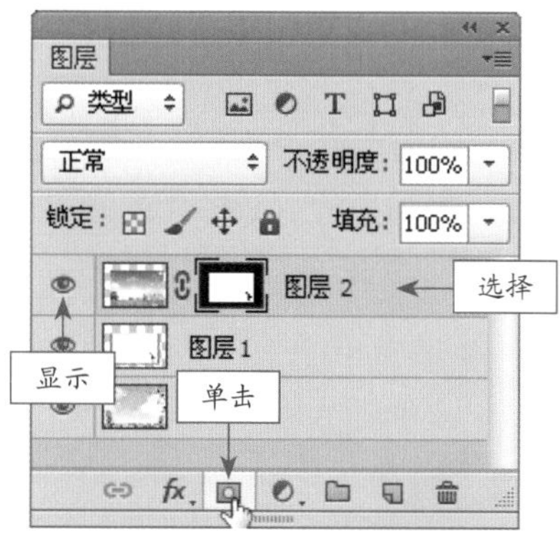

图 14-16 添加图层蒙版

Step 05 执行操作后，即可添加图层蒙版，效果如图 14-17 所示。

图 14-17 添加图层蒙版

专家提醒

单击菜单栏中的“图层”|“图层蒙版”|“显示全部”命令，即可显示创建一个显示图层内容的白色蒙版；单击菜单栏中的“图层”|“图层蒙版”|“隐藏全部”命令，即可创建一个隐藏图层内容的黑色蒙版。

14.3 管理图层蒙版

在 Photoshop CS6 中，创建各种蒙版需要灵活地管理蒙版，才可以更加有效提高工作效果。本节主要向读者介绍停用 / 启用图层蒙版、删除图层蒙彼、应用图层蒙版等操作。

自学自练——停用 / 启用图层蒙版

在图像编辑窗口中添加蒙版后，如果后面的操作不再需要蒙版，用户可以将蒙版关闭以节省系统资源的占用。

Step 01 拖曳鼠标至“图层”面板中的“图层 1”图层蒙版上，单击鼠标右键，在弹出的快捷菜单中选择“停用图层蒙版”选项，停用图层蒙版，效果如图 14-18 所示。

图 14-18 停用图层蒙版

Step 02 拖曳鼠标至“图层”面板中的“图层 1”图层蒙版上，单击鼠标右键，在弹出的快捷菜单中选择“启用图层蒙版”选项，此时图像编辑窗口中的图像呈启用图层蒙版效果显示，如图 14-19 所示。

图 14-19 启用图层蒙版

> **专家提醒**
>
> 除了运用上述方法编辑蒙版外，还有以下两种方法。
>
> ◆ 单击菜单栏中的“图层”|“图层蒙版”|“停用”命令，也可以停用图层蒙版。
>
> ◆ 单击菜单栏中的“图层”|“图层蒙版”|“启用”命令，也可以启用图层蒙版。

自学自练——删除图层蒙版

为图像创建图层蒙版后，如果不再需要，用户可以将创建的蒙版删除，图像即可还原为设置蒙版之前的效果。

Step 01 按【Ctrl + O】组合键，打开一幅素材图像，如图 14-20 所示。

图 14-20　素材图像

Step 02 在“图层”面板中，选择“图层 1”图层，如图 14-21 所示。

图 14-21　选择“图层 1”图层

Step 03 移动鼠标至“图层”面板中的“图层 1”蒙版上，单击鼠标右键，在弹出的快捷菜单中选择“删除图层蒙版”选项，如图 14-22 所示。

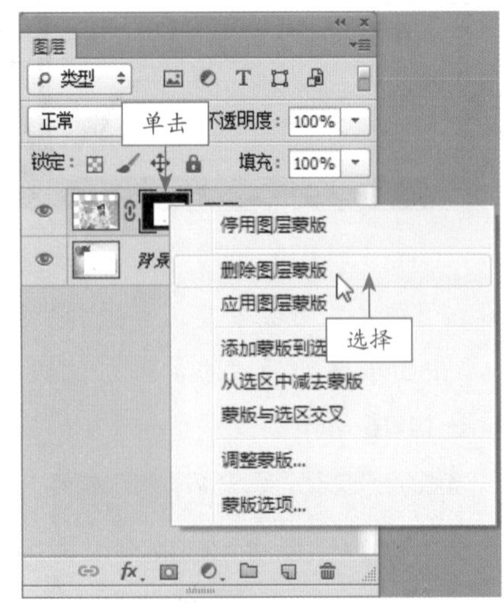

图 14-22　选择“删除图层蒙版”选项

Step 04 执行上述操作后，即可删除图层蒙版，效果如图 14-23 所示。

图 14-23　删除图层蒙版

自学自练——移动 / 选择图层蒙版

在 Photoshop CS6 中，创建图层蒙版后，用户可以根据需要选择并移动图层蒙版。

Step 01 按【Ctrl + O】组合键，打开一幅素材图像，如图 14-24 所示。

Step 02 将鼠标移至“图层”面板中的“图层 1”蒙版缩览图上，单击鼠标左键，即可选择“图层 1”蒙版，蒙版周围将显示出一个方框，如图 14-25 所示。

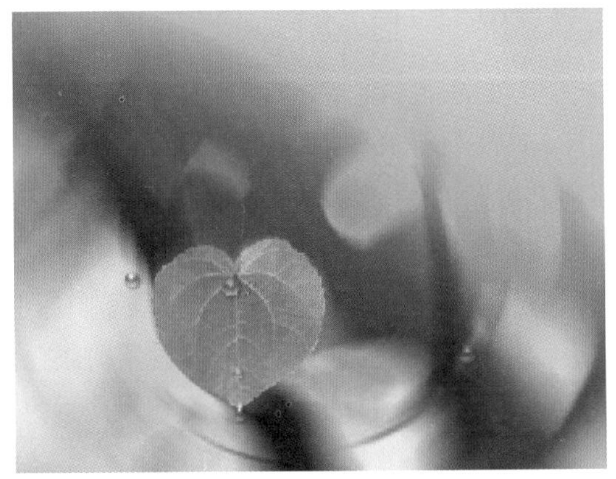

图 14-24　素材图像

图 14-25　选择图层蒙版

Step 03 选择完成后，单击鼠标左键并向上拖曳，拖曳“图层 1”蒙版至“图层 2”图层上，释放鼠标左键，即可移动“图层 1”图层蒙版，效果如图 14-26 所示。

图 14-26　移动图层蒙版

Step 04 执行上述操作后，即可移动图层蒙版，此时的图像效果如图 14-27 所示。

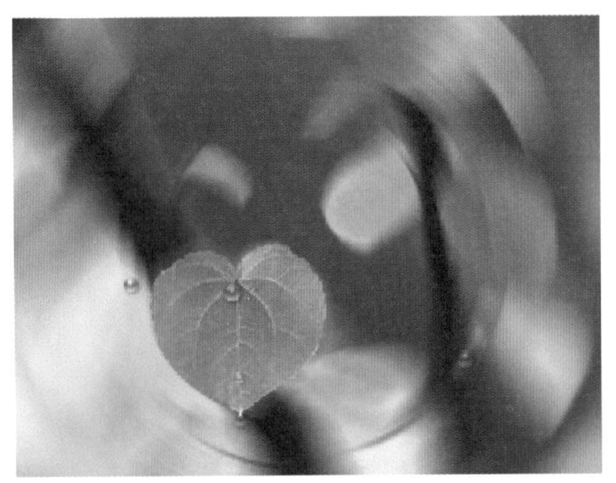

图 14-27　图像效果

自学自练——查看图层蒙版

在 Photoshop CS6 中，默认情况下，图层蒙版不会显示在图像中，用户可以根据需要查看图层蒙版。

Step 01 按【Ctrl + O】组合键，打开一幅素材图像，如图 14-28 所示。

图 14-28　素材图像

Step 02 将鼠标移至“图层”面板中的“图层 1”蒙版缩览图上，按住【Alt】键的同时单击鼠标左键，即可查看图层蒙版，效果如图 14-29 所示。

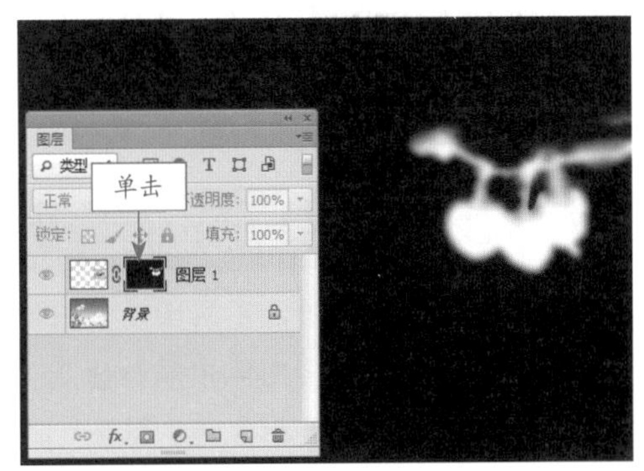

图 14-29　查看图层蒙版

14.4 编辑图层蒙版

在 Photoshop CS6 中，图层蒙版就是一个灰度格式的图像，用户可以运用多种多样的方式对其进行编辑。本节主要介绍隐藏图像和显示图像的操作方法。

自学基础——隐藏图像

在 Photoshop CS6 中，对图像创建图层蒙版后，用户可以根据需要对图层蒙版进行隐藏，只显示图像效果。如图 14-30 所示，用户可以选择"图层 1"图层，单击菜单栏中的"图层"|"图层蒙版"|"隐藏全部"命令，即可隐藏图像，效果如图 14-31 所示。

图 14-30 素材图像

图 14-31 隐藏图像

专家提醒

在 Photoshop CS6 中，不同图层蒙版使用的命令也将有所区别，若图像中添加的是"矢量蒙版"，则需单击菜单栏中的"图层"|"矢量蒙版"|"隐藏全部"命令，才可隐藏矢量蒙版。

自学基础——显示图像

在 Photoshop CS6 中，为图像创建图层蒙版后，只能观察未被图层蒙版隐藏的部分图像，不利于对图像进行编辑，因此用户可以设置显示图像。如图 14-32 所示，用户可以将鼠标移至"图层"面板中的"图层蒙版缩览图"图标上，单击鼠标左键，选择相应图标，设置前景色为白色，按【Alt + Delete】组合键填充前景色，即可显示图像，效果如图 14-33 所示。

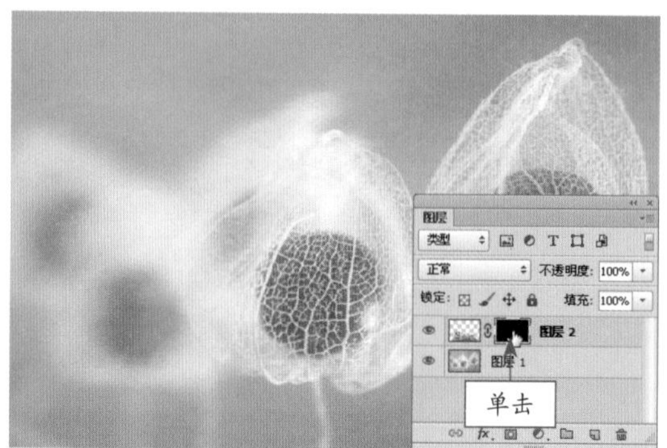

图 14-32 移动鼠标

图 14-33 显示图像效果

14.5 图层蒙版、矢量蒙版与选区的转换

在 Photoshop CS6 中编辑图像时，用户可以根据需要互相转换图层蒙版、矢量蒙版和选区。本节主要介绍将图层蒙版、矢量蒙版转换为选区以及将矢量蒙版转换为图层蒙版等操作。

自学自练——将图层蒙版转换为选区

在 Photoshop CS6 中，用户可以根据工作需要将图层蒙版转换为选区。

Step 01 按【Ctrl + O】组合键，打开一幅素材图像，如图 14-34 所示。

图 14-34 素材图像

Step 02 在“图层”面板中选择“图层 0”图层，单击面板底部的“添加图层蒙版”按钮创建图层蒙版，如图 14-35 所示。

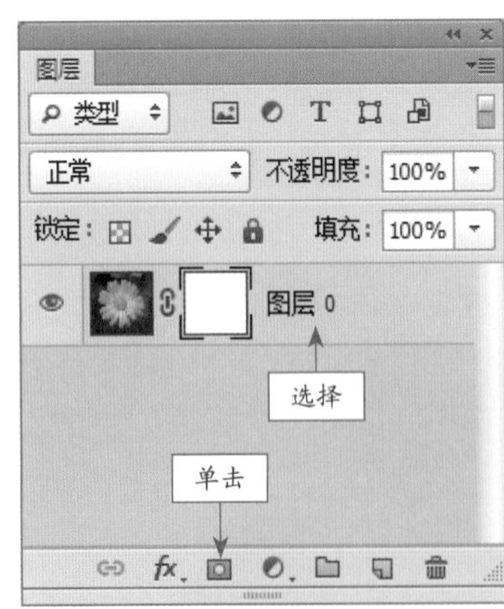

图 14-35 创建图层蒙版

Step 03 设置前景色为黑色，选取工具箱中的画笔工具，涂抹花以外的图像，如图 14-36 所示。

Step 04 将鼠标移至“图层”面板中的“图层 0”蒙版缩略图上，单击鼠标右键，在弹出的快捷菜单中选择“添加蒙版到选区”选项，如图 14-37 所示。

图 14-36 涂抹图像

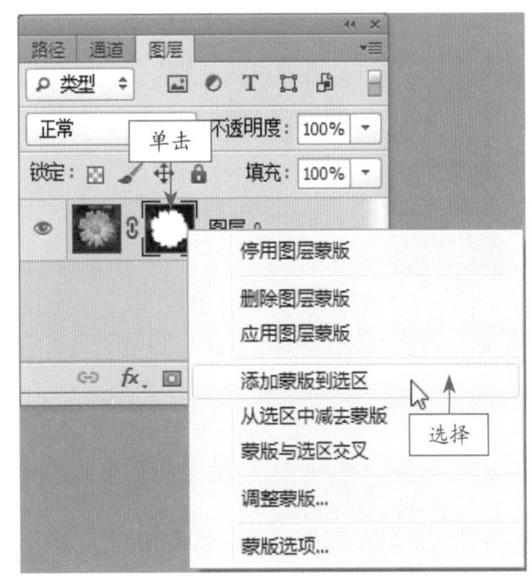

图 14-37 选择“添加蒙版到选区”选项

Step 05 执行上述操作后，即可将图层蒙版转换为选区，效果如图 14-38 所示。

图 14-38 图层蒙版转换为选区

自学自练——将矢量蒙版转换为选区

在 Photoshop CS6 中，一个普通图层的矢量蒙版与形状图层的矢量蒙版，二者的特性是完全相同的，因此用户可以像载入形状图层的选区一样载入普通图层矢量蒙版的选区。

Step 01 按【Ctrl + O】组合键，打开一幅素材图像，如图 14-39 所示。

图 14-39 素材图像

Step 02 在"图层"面板中选择"形状 1"图层，在"形状 1"矢量蒙版缩览图上，按住【Ctrl】键，并单击鼠标左键，即可将矢量蒙版转换为选区，如图 14-40 所示。

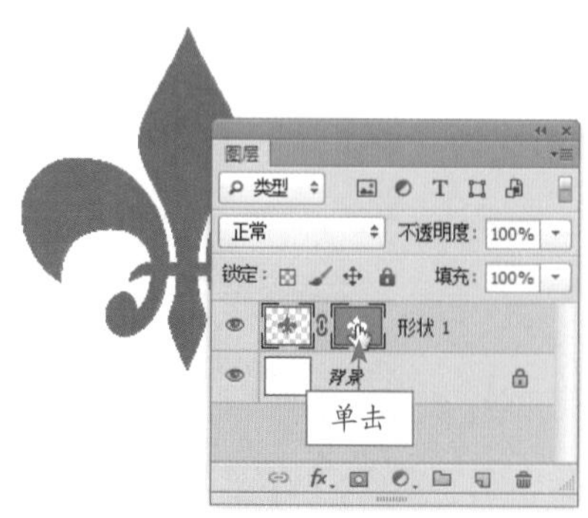

图 14-40 将矢量蒙版转换为选区

自学自练——将矢量蒙版转换为图层蒙版

在 Photoshop CS6 中，用户可以根据需要将图像的矢量蒙版转换成图层蒙版。

Step 01 按【Ctrl + O】组合键，打开一幅素材图像，如图 14-41 所示。

图 14-41 素材图像

Step 02 在"图层"面板中的"形状 1"矢量蒙版缩览图上单击鼠标右键，在弹出的快捷菜单中选择"栅格化矢量蒙版"选项，如图 14-42 所示。

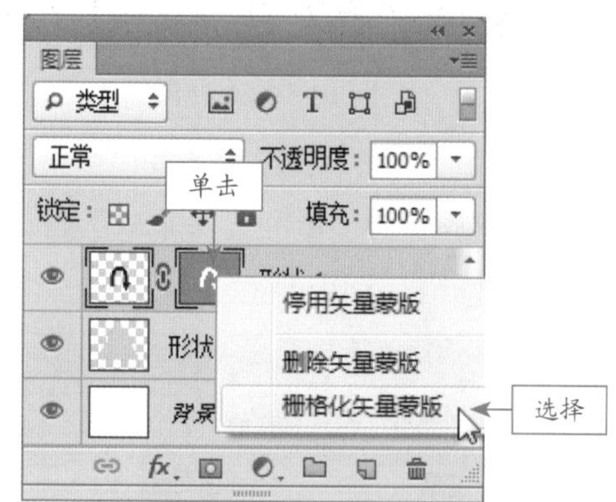

图 14-42 选择"栅格化矢量蒙版"选项

Step 03 执行上述操作后，即可将图像的矢量蒙版转换为图层蒙版，得到的最终效果如图 14-43 所示。

图 14-43 矢量蒙版转换为图层蒙版

14.6 蒙版的应用

运用图层蒙版，可以改变图层蒙版不同区域的黑白程度，控制图像对应区域的显示或隐藏状态，为图像添加特殊效果。

自学自练——调整图层蒙版区域

在 Photoshop CS6 中，用户可以应用蒙版调整图层区域，从而使图像间的合成更融合，更有创意。

Step 01 按【Ctrl + O】组合键，打开一幅素材图像，如图 14-44 所示。

图 14-44 素材图像

Step 02 在“图层”面板中选择“图层 5”中的蒙版，如图 14-45 所示。

图 14-45 选择蒙版

Step 03 在工具箱中设置“前景色”为黑色，选取工具箱中的画笔工具，在工具属性栏中设置画笔的各属性，在图像编辑窗口中适当涂抹图像，如图 14-46 所示。

图 14-46 涂抹图像

Step 04 绘制完成后，图像编辑窗口中调整图层区域后的图像效果如图 14-47 所示。

图 14-47 图像效果

自学自练——通过图层蒙版合成图像

在 Photoshop CS6 中，用户将通道创建的复杂选区载入到图像中，就可以将选区转换为蒙版，进行比较复杂的图像合成设计。

Step 01 按【Ctrl + O】组合键，打开两幅素材图像，如图 14-48 所示。

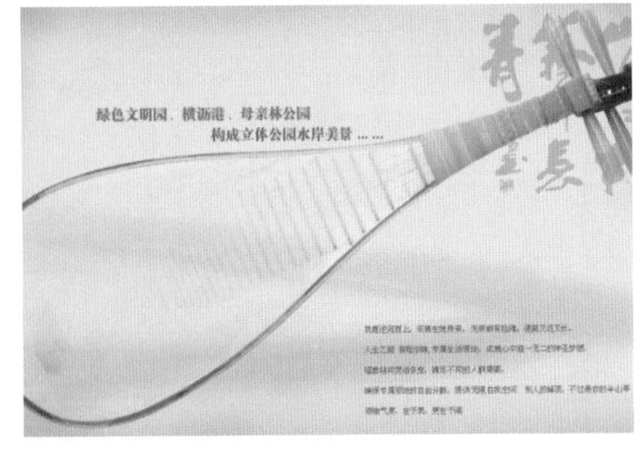

图 14-48

图 14-48 素材图像

Step 02 确认“房地产 2.jpg”图像为当前编辑窗口，将该窗口中的图像拖曳至“房地产 1.psd”图像编辑窗口中，如图 14-49 所示。

图 14-49 拖入素材图像

Step 03 单击“图层”面板底部的“添加图层蒙版”按钮，添加蒙版，运用黑色的画笔工具在图像中适当涂抹，隐藏部分图像，效果如图 14-50 所示。

图 14-50 通过图层蒙版合成的图像

15

Chapter

创建与应用滤镜

“滤镜”这一专业术语源于摄影，通过它可以模拟一些特殊的光照效果，或是带有装饰性的纹理效果。

Photoshop CS6 提供了多种滤镜效果，且功能强大，被广泛应用于各种领域，合理地应用滤镜可以使用户在处理图像时，能轻而易举地制作出绚丽图像效果。

本章内容导航

- 滤镜的基本原则
- 使用滤镜的方法和技巧
- 分析滤镜库图层
- 滤镜效果图层的操作
- 运用液化滤镜制作瘦腰效果
- 运用消失点滤镜制作蔚蓝海岸
- 运用镜头校正命令校正镜头
- 添加智能滤镜
- 编辑智能滤镜
- 编辑智能滤镜混合选项
- 停用 / 启用、删除智能滤镜
- 经典滤镜效果的应用

15.1 初识滤镜

滤镜是 Photoshop CS6 的万花筒，使用不同的滤镜会产生不同的图像效果，对图像执行各种滤镜命令，可以彻底改变图像的外观效果。例如，使用滤镜可以为图像制作出马赛克效果，为图像增加闪光灯效果，或将二维图像变为三维的效果。

自学基础——滤镜的基本原则

在 Photoshop CS6 中，所有的滤镜都有相同之处，掌握好相关的操作要领，才能更加准确、有效地使用各种滤镜特效。掌握滤镜的使用原则是必不可少的，其具体内容如下。

◆ 上一次使用的滤镜显示在“滤镜”菜单面板顶部，再次单击该命令或按【Ctrl + F】组合键，可以相同的参数应用上一次的滤镜，按【Ctrl + Alt + F】组合键，可打开相应的滤镜对话框。

◆ 滤镜可应用于当前选择范围、当前图层或通道，若需要将滤镜应用于整个图层，则不要选择任何图像区域或图层。

◆ 部分滤镜只对 RGB 颜色模式图像起作用，而不能将该滤镜应用于位图模式或索引模式图像，也有部分滤镜不能应用于 CMYK 颜色模式图像。

◆ 部分滤镜是在内存中进行处理的，因此，在处理高分辨率或尺寸较大的图像时非常消耗内存，甚至会出现内存不足的信息提示。

自学基础——使用滤镜的方法和技巧

Photoshop CS6 中的滤镜种类多样，功能和应用也各不相同。因此，所产生的效果也不尽相同。

1. 使用滤镜的方法

在应用滤镜的过程中，使用快捷键十分方便，下面分别介绍快捷键的使用方法。

◆ 按【Esc】键，可以取消当前正在操作的滤镜。

◆ 按【Ctrl + Z】组合键，可以还原滤镜操作执行前的图像。

◆ 按【Ctrl + F】组合键，可以再次应用滤镜。

◆ 按【Ctrl + Alt + F】组合键，可以弹出上一次应用的滤镜对话框。

2. 使用滤镜的技巧

滤镜的功能非常强大，掌握以下使用技巧可以提高工作效率。

◆ 在图像的部分区域应用滤镜时，可创建选区，并对选区设置羽化值，再使用滤镜，以使选区图像与源图像有较好的融合。

◆ 可以对单独的某一图层中的图像使用滤镜，通过色彩混合合成图像。

◆ 可以对单一色彩通道或 Alpha 通道使用滤镜，然后合成图像，或者将 Alpha 通道中的滤镜效果应用到主图像中。

◆ 可以将多个滤镜组合使用，从而制作出漂亮的效果。

专家提醒

另外，一般在工具箱中设置前景色和背景色，不会对滤镜命令的使用产生作用，不过在滤镜组中有些滤镜是例外的，它们创建的效果是通过使用前景色或背景色来设置的。所以在应用这些滤镜前，需要先设置好当前的前景色和背景色的色彩。

自学基础——分析滤镜库图层

单击菜单栏中的“滤镜”|“滤镜库”命令，弹出如图 15-1 所示的“滤镜库”对话框。在“滤镜库”对话框中包括“风格化”、“画笔描边”、“扭曲”、“素描”、“纹理”和“艺术效果”6 类滤镜效果。该对话框的左侧是预览区，中间是 6 类滤镜，右侧是参数设置区。

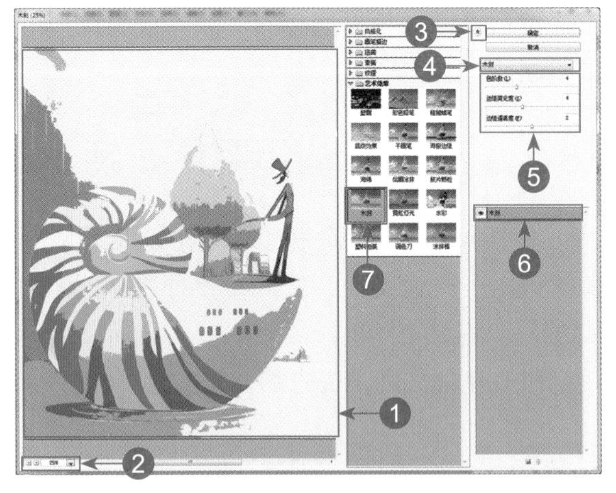

图 15-1 “滤镜库”对话框

❶ 预览区：用来预览滤镜效果。

❷ 缩放区：单击“放大”按钮，可放大预览区图像的显示比例；单击“缩小”按钮，则缩小显示比例。单击文本框右侧的下拉按钮，即可在打开的下拉菜单中选择显示比例。

❸ “显示 / 隐藏滤镜缩览图”按钮：单击该按钮，可以隐藏滤镜组，将窗口空间留给图像预览区，再次单击则显示滤镜组。

❹ 下拉按钮：单击该按钮，可在打开的下拉菜单中选择一个滤镜。

❺ 参数设置区：“滤镜库”中共包含 6 组滤镜，单击滤镜组前的按钮，可以展开该滤镜组；单击滤镜组中的滤镜可使用该滤镜，与此同时，右侧的参数设置内会显示该滤镜的参数选项。

❻ 效果图层：显示当前使用的滤镜列表。单击“眼睛”图标可以隐藏或显示滤镜。

❼ 当前使用的滤镜：显示当前使用的滤镜。

自学基础——滤镜效果图层的操作

在 Photoshop CS6 中，滤镜效果图层的操作也跟图层一样灵活，其中包括添加、隐藏及删除滤镜效果图层等操作。

1. 添加滤镜效果图层

如果用户需要添加滤镜效果图层，可以在“参数设置区”的下方单击“新建效果图层”按钮，此时所添加的新滤镜效果图层延续上一个滤镜图层的参数，如图 15-2 所示。

图 15-2 添加滤镜图层

2. 调整滤镜效果图层的顺序

除了添加效果图层外，用户也可以向改变图层顺序一样更改各个效果图层的顺序，其操作方法也与调整图层顺序完全相同。

如图 15-3 所示为添加了 4 个滤镜效果图层后的“滤镜库”对话框，如图 15-4 所示为将最底部的“水彩”滤镜效果图层拖曳至最顶部的效果。

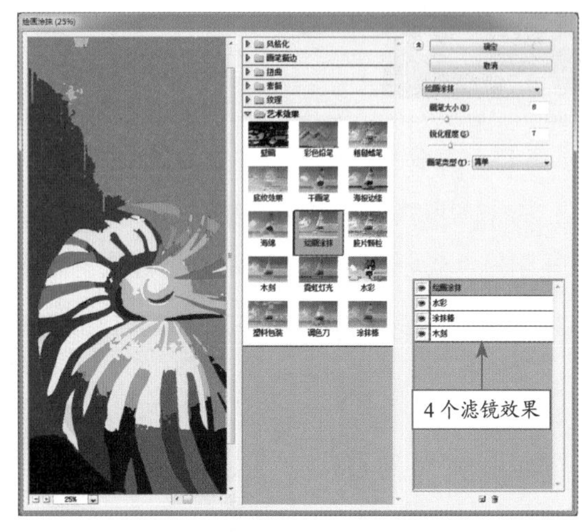

图 15-3 滤镜效果图层

3. 隐藏及删除滤镜效果图层

在 Photoshop CS6 中，如果用户需要查看某一个或某几个滤镜效果图层添加前的效果，可以单击该滤镜效果图层左侧的眼睛图标，以将其隐藏起来，如图 15-5 所示。

图 15-4 修改后的滤镜图层

图 15-5 隐藏两个滤镜效果图层后的图像效果

对于不再需要的滤镜效果图层，用户可以将其删除，要删除这些图层可以通过选择该图层，然后单击对话框底部的“删除效果图层”按钮即可。

15.2 运用特殊滤镜制作效果

在 Photoshop CS6 中，特殊滤镜是相对众多滤镜组中的滤镜而言的，其相对独立，但功能强大，使用频率也较高。本节主要向读者介绍制作液化效果和消失点的操作方法。

自学自练——运用液化滤镜制作瘦腰效果

在 Photoshop CS6 中，使用“液化”滤镜可以逼真地模拟液化流动的效果，通过它用户可以对图像调整弯曲、旋转、扩展和收缩等效果。下面向读者介绍制作液化效果的操作方法。

Step 01 按【Ctrl + O】组合键，打开一幅素材图像，如图 15-6 所示。

图 15-6 素材图像

Step 02 单击菜单栏中的“滤镜”|“液化”命令，弹出“液化”对话框，如图 15-7 所示。

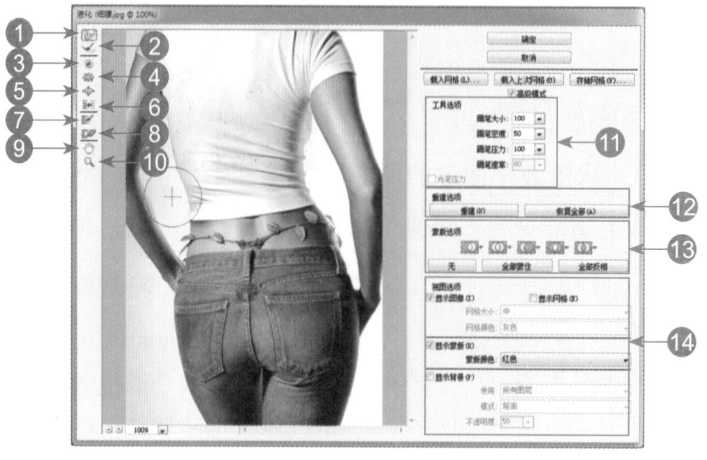

图 15-7 “液化”对话框

❶“向前变形工具”按钮：用于向前推动像素。

❷“重建工具”按钮：用来恢复图像。在变形的区域中单击或拖动涂抹，可以使变形区域的图像恢复为原来的效果。

❸“顺时针旋转扭曲工具”按钮：在图像中单击或拖动鼠标可顺时针旋转像素，按住【Alt】键的同时单击或拖动鼠标则逆时针旋转扭曲像素。

❹“褶皱工具”按钮：使像素向画笔区域的中心移动，图像产生向内收缩效果。

❺“膨胀工具”按钮：使像素向画笔区域中心以外的方向移动，图像产生向外膨胀的效果。

❻“左推工具”按钮：垂直向上拖动鼠标时，像素向左移动；垂直向下拖动鼠标时，像素向右移动；按住【Alt】键的同时垂直向上拖动，像素向右移动；按住【Alt】键的同时向下拖动，像素向左移动。

❼“冻结蒙版工具”按钮：如果要对一些区域进行处理，而又不希望影响其他区域，可以使用该工具在图像上绘制出冻结区域，即要保护的区域。

❽“解冻蒙版工具”按钮：涂抹冻结区域可以解除冻结。

❾“抓手工具”按钮：用于移动图像，放大图像后方便查看图像的各部分区域。

❿“缩放工具”按钮：用于放大、缩小图像。

⓫“工具选项”选项组：该选项区中有“画笔大小”、“画笔密度”、“画笔压力”、“画笔速率”、“光笔压力”等选项。

⓬“重建选项”选项组：在该选项区中，单击“重建”按钮，可以应用重建效果；单击“恢复全部”按钮，可以取消所有扭曲效果，即使当前图像中有被冻结的区域也不例外。

⓭“蒙版选项”选项组：在该选项区中，有“替换选区”、“添加到选区”、“从选区中减去”、“在选区交叉”以及“反相选区”等图标；单击“无”按钮，可以解冻所有区域；单击“全部蒙住”按钮，可以使图像全部冻结；单击“全部反相”按钮，可以使冻结和解冻区域反相。

⓮“视图选项”选项组：在该选项区中，有“显示图像”、“显示网格”、“显示蒙版”、“显示背景”等复选框。

Step 03 单击“向前变形工具”按钮，将鼠标指针移至缩略图人物腰部处，单击鼠标左键并向内拖曳。

Step 04 重复操作后，单击“确定”按钮，即可液化图像，效果如图 15-8 所示。

图 15-8　液化图像

> **专家提醒**
>
> 在 Photoshop CS6 中，“液化”命令不能在索引模式、位图模式和多通道色彩模式的图像中使用，只能在 RGB 模式下使用。

自学自练——运用消失点滤镜制作蔚蓝海岸

在 Photoshop CS6 中，使用“消失点”滤镜可以自定义透视参考框，从而将图像复制、转换或移动到透视结构上。可以在图像中指定平面，应用绘画、仿制、拷贝、粘贴及变换等编辑操作。下面向用户介绍制作消失点效果的操作方法。

Step 01 按【Ctrl + O】组合键，打开一幅素材图像，如图 15-9 所示。

图 15-9 素材图像

Step 02 单击菜单栏中的“滤镜”|“消失点”命令，弹出“消失点”对话框，单击“创建平面工具”按钮，创建一个透视矩形框，如图 15-10 所示。

图 15-10 创建透视矩形框

Step 03 单击“选框工具”按钮，在透视矩形框中双击鼠标左键，按住【Alt】键的同时单击鼠标左键并拖曳，如图 15-11 所示。

Step 04 单击“变换工具”按钮，调出变换控制框，调整控制柄，如图 15-12 所示。

Step 05 调整完成后，单击“确定”按钮，即可去除污渍，得到最终效果如图 15-13 所示。

图 15-11 单击鼠标左键并拖曳

图 15-12 调整控制柄

图 15-13 去除污渍效果

“消失点”对话框左侧各工具按钮的含义分别介绍如下。

◆ “编辑平面工具”按钮：用于选择、编辑、移动平面的节点以及调整平面的大小。

◆ “创建平面工具”按钮：用于定义透视平面的 4 个角节点。创建了 4 个角节点后，可以移动、缩放平面或重新确定其形状；

按住【Ctrl】键拖动平面的边节点可以拉出一个垂直平面，再定义透视平面。在定义透视平面的节点时，如果节点的位置不正确，可按下【Backspace】键将该节点删除。

◆ “选框工具”按钮：在平面上单击并拖动鼠标可以选择平面上的图像。选择图像后，将光标放在选区内，按住【Alt】键拖动可以复制图像；按住【Ctrl】键拖动选区，则可以用源图像填充该区域。

◆ “图章工具”按钮：使用该工具时，按住【Alt】键的同时在图像中单击可以为仿制设置取样点；在其他区域拖动鼠标可复制图像；按住【Shift】键的同时单击可以将描边扩展到上一次单击处。

◆ “画笔工具”按钮：可在图像上绘制选定的颜色。

◆ “变换工具”按钮：使用该工具时，可以通过移动定界框的控制点来缩放、旋转和移动浮动选区，类似于在矩形选区上使用“自由变换”命令。

◆ “吸管工具”按钮：拾取图像中的颜色作为画笔工具的绘画颜色。

◆ “测量工具”按钮：在透视平面中测量项目的距离和角度。

◆ “抓手工具”按钮：移动图像，放大图像后方便查看图像的各部分区域。

◆ “缩放工具”按钮：放大、缩小图像。

自学自练——运用镜头校正命令校正镜头

“镜头校正”滤镜可以用于对失真或倾斜的图像进行校正，还可以对图像调整扭曲、色差、晕影和变换效果，使图像恢复至正常状态。

Step 01 按【Ctrl + O】组合键，打开一幅素材图像，如图 15-14 所示。

图 15-14　素材图像

Step 02 单击菜单栏中的“滤镜”|“镜头校正”命令，弹出“镜头校正”对话框，如图 15-15 所示。

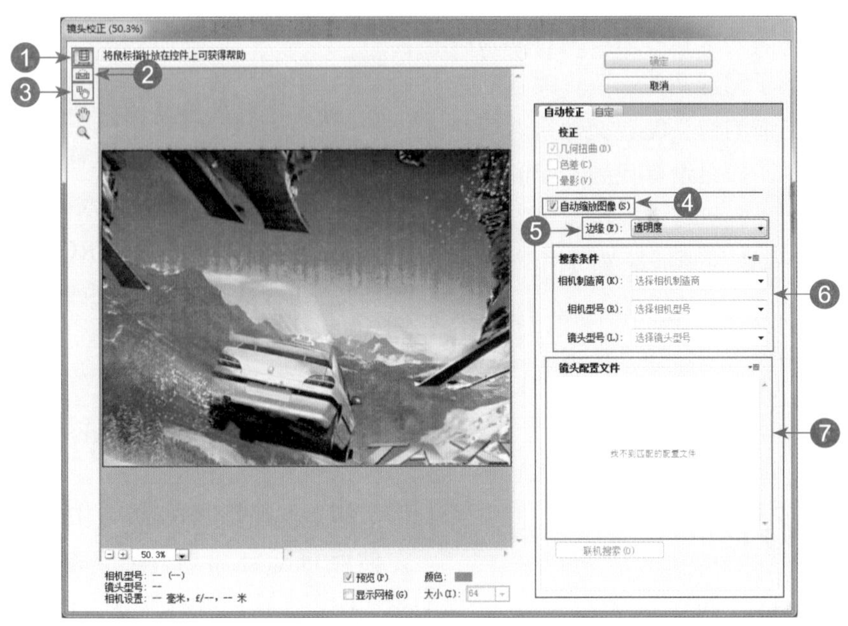

图 15-15　“镜头校正”对话框

❶ “移去扭曲工具”按钮：向中心拖动或拖离中心以校正失真。

❷ “移动网格工具”按钮：拖动可以移动网格位置。

❸ “拉直工具”按钮：绘制一条直线以将图像拉直到新的横轴或纵轴。

❹ “自动缩放图像”复选框：如果校正没有按预期的方式扩展或收缩图像，从而使图像超出了原始尺寸，可选中“自动缩放图像”复选框。

❺ “边缘”下拉列表框：用于指定如何处理由于枕形失真、旋转或透视校正而产生的空白区域。可以使用透明或某种颜色填充空白区域，也可以扩展图像的边缘像素。

❻ “搜索条件”选项组：用于对“镜头配置文件”列表进行过滤。默认情况下，基于图像传感器大小的配置文件首先出现。要首先列出 RAW 配置文件，单击其右侧的按钮，然后在弹出的菜单中选择“优先使用 RAW 配置文件”选项。

❼ “镜头配置文件”列表框：用于选择匹配的配置文件。默认情况下，Photoshop 只显示与用来创建图像的相机和镜头匹配的配置文件（相机型号不必完全匹配）。Photoshop 还会根据焦距、光圈大小和对焦距离自动为所选镜头选择匹配的子配置文件。要更改自动选区，可右键单击当前的镜头配置文件，然后选择其他子配置文件。如果没有找到匹配的镜头配置文件，则单击“联机搜索”按钮可以获取 Photoshop 社区所创建的其他配置文件。要存储联机配置文件以供将来使用，可单击按钮，然后在弹出的菜单中选择“在本地存储联机配置文件”选项。

Step 03 单击“确定”按钮，即可校正扭曲图像，如图 15-16 所示。

Step 04 按【Ctrl + F】组合键，重复镜头校正，效果如图 15-17 所示。

图 15-16 校正扭曲图像

图 15-17 重复镜头校正

专家提醒

“镜头校正”滤镜可以用于对失真或倾斜的图像进行校正，还可以对图像调整扭曲、色差、晕影和变换效果，使图像恢复至正常状态。

若滤镜效果图层排列的顺序不同，则应用到图像中的效果也将不同。滤镜命令不能应用于位图模式、索引模式及 16 位图像中，有些滤镜效果只能应用于 RGB 颜色模式的图像中。“镜头校正”命令对应的快捷键为【Shift + Ctrl + R】组合键。

15.3 添加与编辑智能滤镜

智能滤镜是 Photoshop 中一个强大的功能，在使用 Photoshop 时，如果要对智能对象中的图像应用滤镜，就必须将该智能对象图层栅格化，然后才可以应用智能滤镜。但如果用户要修改智能对象中的内容时，则还需要重新应用滤镜，这样就在无形中增加了操作的复杂程度，而智能滤镜功能就是为了解决这一难题而产生的。同时，使用智能滤镜，还可以对所添加的滤镜进行反复的修改。

自学自练——添加智能滤镜

所选择的图层转换为智能对象，才能应用智能滤镜，“图层”面板中的智能对象可以直接将滤镜添加到图像中，但不破坏图像本身的像素。

Step 01 按【Ctrl + O】组合键，打开一幅素材图像，如图 15-18 所示，按【Ctrl + J】组合键，复制“背景”图层，即可得“图层 1”图层。

图 15-18 素材图像

Step 02 选择“图层 1”图层，单击鼠标右键，在弹出的快捷菜单中选择“转换为智能对象”选项，将图像转换为智能对象，如图 15-19 所示。

图 15-19 将图像转换为智能对象

Step 03 单击菜单栏中的“滤镜”|“扭曲”|“水波”命令，弹出“水波”对话框，设置选项，如图 15-20 所示。

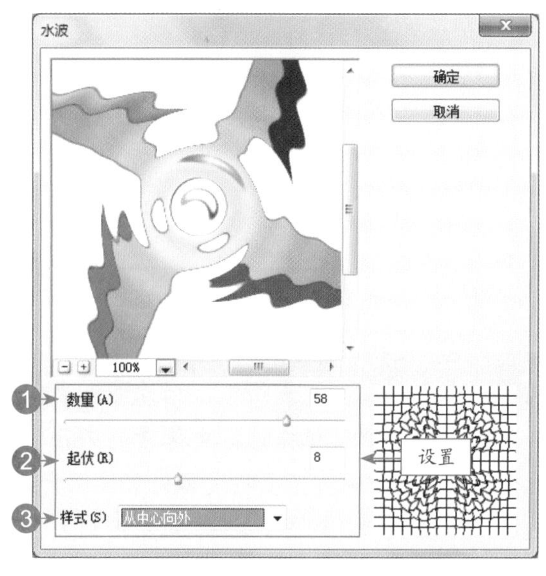

图 15-20 “水波”对话框

❶“数量”设置区：输入数值或拖动滑块，可以调整水波化的缩放数值。

❷“起伏”设置区：设置水波方向从选区的中心到其边缘的反转次数。

❸“样式”设置区：可设置围绕中心、从中心向外和水池波纹 3 个样式。

Step 04 单击“确定”按钮，生成一个对应的智能滤镜图层，如图 15-21 所示。

图 15-21 生成智能滤镜图层

Step 05 操作执行完成后，图像编辑窗口中的图像效果如图 15-22 所示。

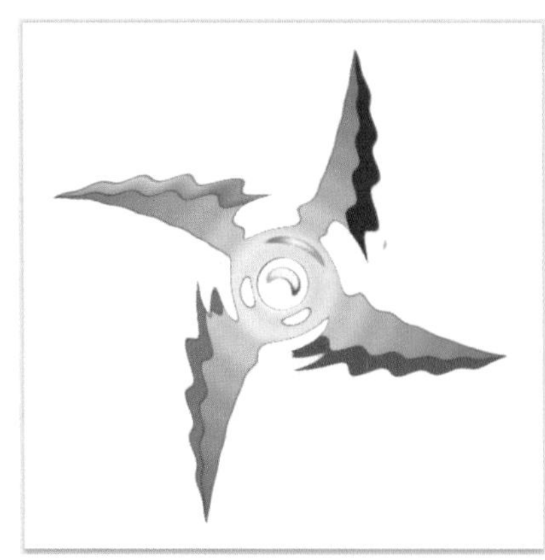

图 15-22　图像效果

专家提醒

“水波”滤镜根据选区中像素的半径将选区径向扭曲，同时还要指定如何置换像素：选择“水池波纹”选项，将像素置换到左上方或右下方；选择“从中心向外”选项，将向着或远离选区中心置换像素；选择“围绕中心”选项，则是围绕着中心旋转像素。

自学自练——编辑智能滤镜

在 Photoshop CS6 中为图像创建智能滤镜后，可以根据需要反复编辑所应用的滤镜参数。下面向读者介绍编辑智能滤镜的操作方法。

Step 01 按【Ctrl + O】组合键，打开一幅素材图像，如图 15-23 所示。

图 15-23　素材图像

Step 02 在“图层”面板中，将鼠标指针指向“图层 1”图层下的“纤维”滤镜效果名称上，如图 15-24 所示。

图 15-24　鼠标指向位置

Step 03 双击鼠标左键，弹出“纤维”对话框，设置“差异”为 8、“强度”为 2，如图 15-25 所示。

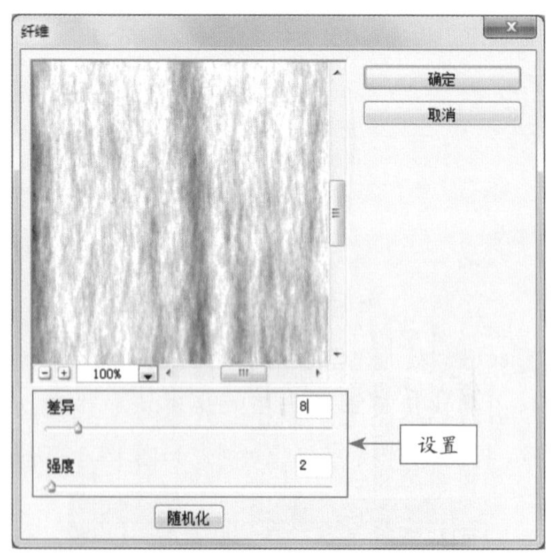

图 15-25　“纤维”对话框

Step 04 单击“确定”按钮，即可完成滤镜的编辑，且图像效果随之改变，效果如图 15-26 所示。

图 15-26　图像效果

自学自练——编辑智能滤镜混合选项

智能滤镜作为图层效果存储在“图层”面板中，并且可以利用智能对象中包含的原始图像数据随时重新调整这些滤镜。

Step 01 按【Ctrl + O】组合键，打开一幅素材图像，如图 15-27 所示。

图 15-27　素材图像

Step 02 在“图层”面板中，将鼠标指针指向“图层 1”图层下的“滤镜库”滤镜右侧的图标上，如图 15-28 所示。

Step 03 双击鼠标左键，弹出“混合选项（滤镜库）”对话框，在其中设置“模式”为“叠加”，如图 15-29 所示。

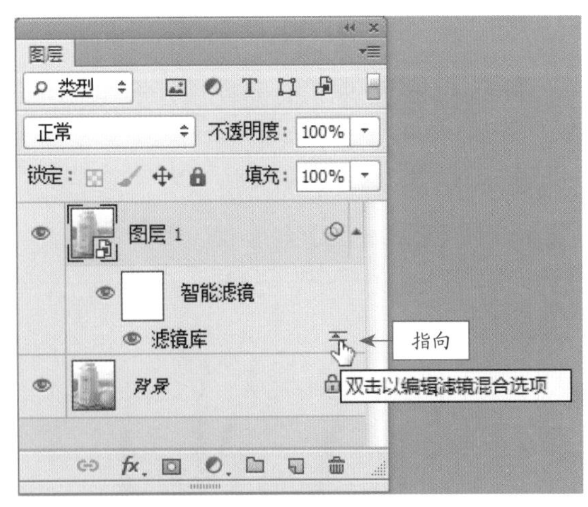

图 15-28　将鼠标指向相应图标上

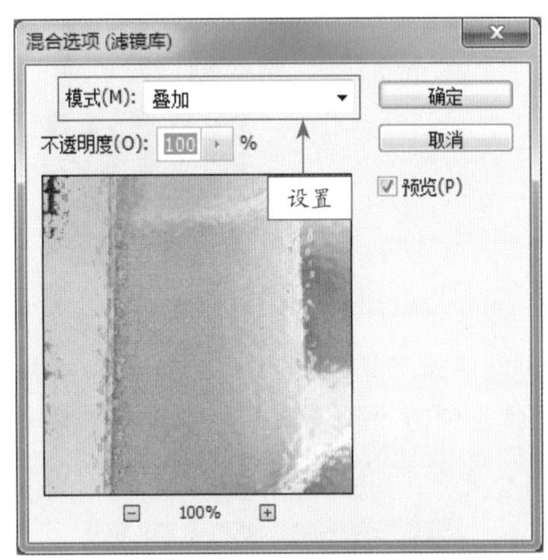

图 15-29　“混合选项（滤镜库）”对话框

Step 04 单击“确定”按钮，即可完成滤镜混合模式的编辑，且图像效果随之改变，效果如图 15-30 所示。

图 15-30　图像效果

自学自练——停用/启用智能滤镜

Photoshop提供了很多种用于创建Alpha通道的操作方法，用户在设计工程中，可根据实际需要选择一种合适的方法。

Step 01 按【Ctrl＋O】组合键，打开一幅素材图像，如图15-31所示。

图15-31 素材图像

Step 02 单击“图层”面板中“动感模糊”智能滤镜左侧的“切换单个智能滤镜可见性”图标，如图15-32所示。

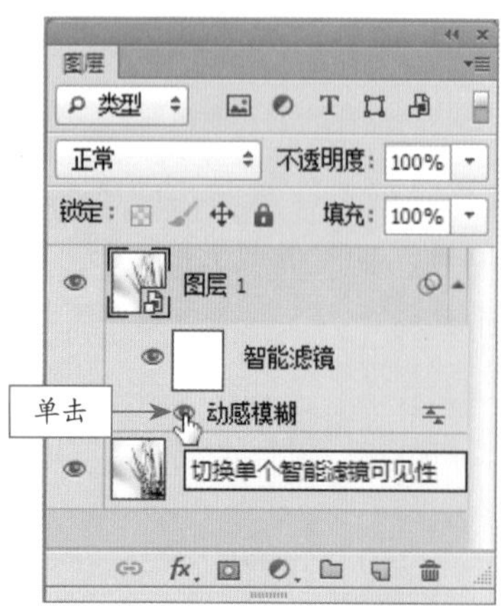

图15-32 单击相应图标

Step 03 执行上述操作后，即可停用智能滤镜，效果如图15-33所示。

Step 04 再次单击“图层”面板中“动感模糊”智能滤镜左侧的“切换单个智能滤镜可见性”图标，即可启用智能滤镜，效果如图15-34所示。

图15-33 停用智能滤镜

图15-34 启用智能滤镜

自学自练——删除智能滤镜

如果要删除一个智能滤镜，可直接在该滤镜名称上单击鼠标右键，在弹出的快捷菜单中选择“删除智能滤镜”选项，或者直接将要删除的滤镜拖至“图层”面板底部的“删除图层”按钮上即可。

Step 01 按【Ctrl＋O】组合键，打开一幅素材图像，如图15-35所示。

图15-35 素材图像

Step 02 在“图层”面板中，选择“图层 1”图层，在“点状化”智能滤镜上单击鼠标右键，在弹出的快捷菜单中选择“删除智能滤镜”选项，如图 15-36 所示。

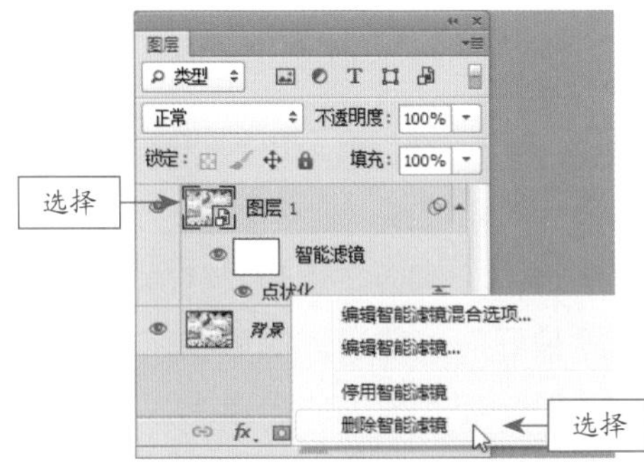

图 15-36 选择“删除智能滤镜”选项

Step 03 执行操作后，即可删除智能滤镜，效果如图 15-37 所示。

图 15-37 删除智能滤镜效果

> **专家提醒**
>
> 如果用户需要清除所有的智能滤镜，有以下两种方法。
>
> ◆ 快捷菜单：在智能滤镜上单击鼠标右键，在弹出的快捷菜单中选择“清除智能滤镜”选项。
>
> ◆ 命令：单击菜单栏中的“图层”|“智能滤镜”|“清除智能滤镜”命令。

15.4 经典滤镜效果的应用

在 Photoshop CS6 中有很多常用的滤镜，如“风格化”滤镜、“模糊”滤镜、“杂色”滤镜等。下面将介绍基本滤镜的应用。

自学自练——应用“风格化”滤镜

“风格化”滤镜可以将选区中的图像像素进行移动，并提高像素的对比度，从而产生印象派等特殊风格的图像效果。

Step 01 按【Ctrl + O】组合键，打开一幅素材图像，如图 15-38 所示，设置背景色为白色。

图 15-38 素材图像

Step 02 单击菜单栏中的“滤镜”|“风格化”|“拼贴”命令，弹出“拼贴”对话框，保持默认参数设置，单击“确定”按钮，图像效果如图 15-39 所示。

图 15-39 图像效果

自学自练——应用“模糊”滤镜

应用“模糊”滤镜，可以使图像中清晰或对比度较强烈的区域，产生模糊的效果。

Step 01 按【Ctrl + O】组合键，打开一幅素材图像，如图 15-40 所示。

Step 02 选取工具箱中的磁性套索工具，沿着布偶边缘创建一个选区，并反选选区，如图

15-41 所示。

图 15-40　素材图像

图 15-41　创建并反选选区

Step 03 单击菜单栏中的“滤镜”|“模糊”|“径向模糊”命令，弹出“径向模糊”对话框，设置其中各选项，如图 15-42 所示。

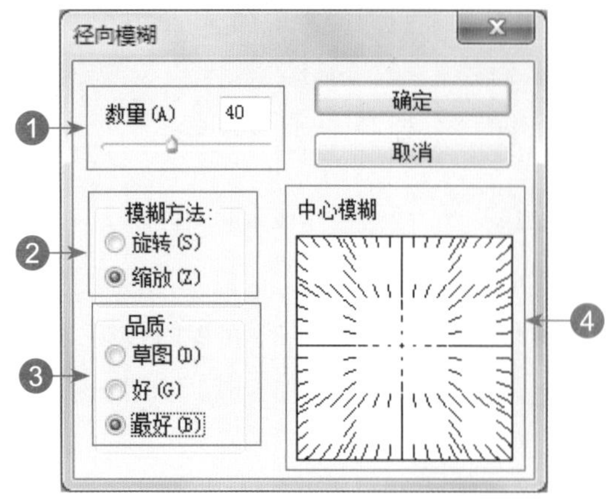

图 15-42　“径向模糊”对话框

❶ “数量”设置区：用来设置模糊的强度，该值越高，模糊效果越强烈。

❷ “模糊方法”选项组：选中“旋转”单选钮，则沿同心圆环线进行模糊；选中“缩放”单选钮，则沿径向线进行模糊，类似于放大或缩小图像的效果。

❸ “品质”选项组：用于设置应用模糊效果后图像的显示品质。选中“草图”单选钮，处理的速度最快，但会产生颗粒状效果；选中“好”和“最好”单选钮，都可以产生较为平滑的效果，但除非在较大的图像上，否则看不出这两种品质的区别。

❹ “中心模糊”图形区：拖动“中心模糊”图形区中的图案，可以指定模糊的原点。

Step 04 单击“确定”按钮，即可将“径向模糊”滤镜应用于图像中，按【Ctrl + D】组合键取消选区，图像效果如图 15-43 所示。

图 15-43　图像效果

专家提醒

如果选区在保持前景清晰的情况下想要进行模糊处理的背景区域，则模糊的背景区域边缘将会沾染上前景中的颜色，从而在前景周围产生模糊、浑浊的轮廓。

自学自练——应用“扭曲”滤镜

“扭曲”滤镜将图像进行几何扭曲，创建 3D 或其他整形效果。可以通过“滤镜库”来应用“极坐标”、“扩散亮光”、“玻璃”和“海洋波纹”等滤镜。

Step 01 按【Ctrl + O】组合键，打开一幅素材图像，如图 15-44 所示。

图 15-44 素材图像

Step 02 单击菜单栏中的“滤镜”|“扭曲”|“极坐标”命令，弹出“极坐标”对话框，设置各选项，如图 15-45 所示。

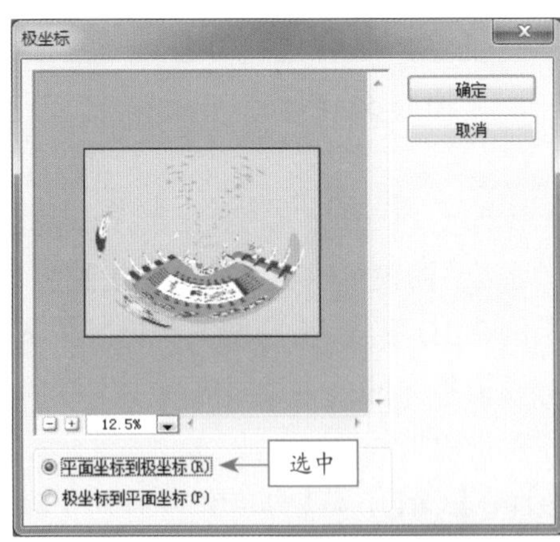

图 15-45 “极坐标”对话框

Step 03 单击“确定”按钮，即可为图像添加极坐标，图像效果如图 15-46 所示。

图 15-46 图像效果

自学自练——应用“素描”滤镜

“素描”滤镜组中除了“水彩画纸”滤镜是以图像的色彩为标准外，其他的滤镜都是用黑、白、灰来替换图像中的色彩，从而产生多种绘画效果。本节主要向读者介绍添加“素描”滤镜组中炭精笔滤镜的操作方法。

Step 01 按【Ctrl + O】组合键，打开一幅素材图像，如图 15-47 所示。

图 15-47 素材图像

Step 02 单击菜单栏中的“滤镜”|“滤镜库”|“素描”|“炭精笔”命令，在弹出的“炭精笔”对话框中，设置“前景色阶”为 2、“背景色阶”为 8、“缩放”为 50%、“凸现”为 5，单击“确定”按钮，即可为图像添加炭精笔滤镜，图像效果如图 15-48 所示。

图 15-48 图像效果

自学自练——应用“纹理”滤镜

使用“纹理”滤镜可以为图像添加各式各样的纹理图案，通过设置各个选项的参数值或选项，以制作出深度或材质不同的纹理效果。

Step 01 按【Ctrl + O】组合键，打开一幅素材图像，如图 15-49 所示，设置前景色为白色。

图 15-49 素材图像

Step 02 单击菜单栏中的“滤镜”|“滤镜库”|“纹理”|“染色玻璃”命令，在弹出的“染色玻璃”对话框中，设置“单元格大小”为 28、“边框粗细”为 6、“光照强度”为 3，单击“确定”按钮，图像效果如图 15-50 所示。

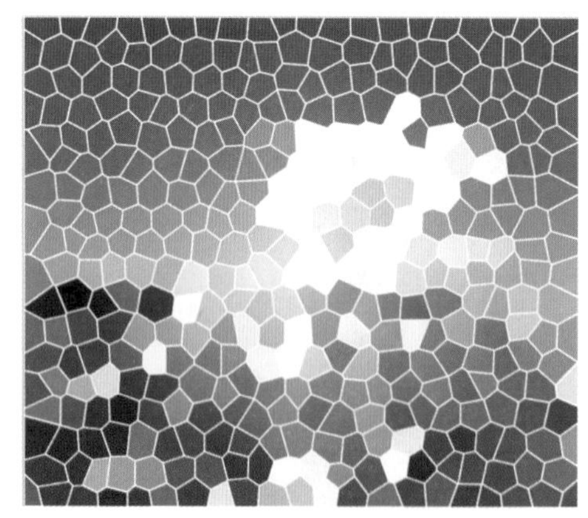

图 15-50 图像效果

自学自练——应用“像素化”滤镜

“像素化”滤镜主要用来为图像平均分配色度，通过使单元格中颜色相近的像素结果成块来清晰地定义一个选区，从而使图像产生点状、马赛克及碎片等效果。

Step 01 按【Ctrl + O】组合键，打开一幅素材图像，如图 15-51 所示。

Step 02 单击菜单栏中的“滤镜”|“像素化”|“点状化”命令，弹出“点状化”对话框，设置“单元格大小”为 10，单击“确定”按钮，即可为图像添加点状化效果，如图 15-52 所示。

图 15-51 素材图像

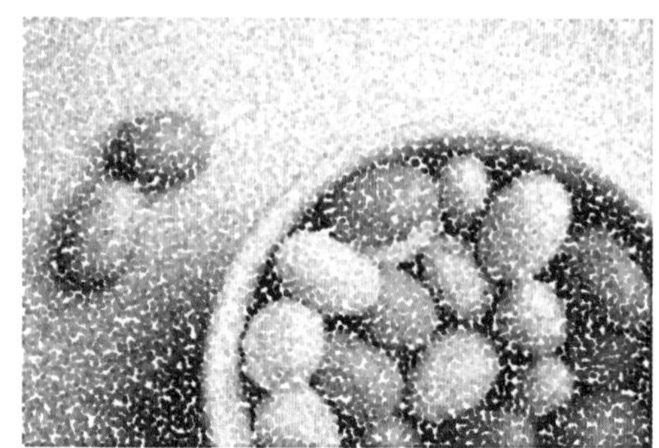

图 15-52 添加点状化效果

自学自练——应用“渲染”滤镜

“渲染”滤镜可以在图像中产生照明效果，常用于创建 3D 形状、云彩图案和折射图案等，它还可以模拟光的效果，同时产生不同的光源效果和夜景效果等。

Step 01 按【Ctrl + O】组合键，打开一幅素材图像，如图 15-53 所示。

图 15-53 素材图像

Step 02 单击菜单栏中的“滤镜”|“渲染”|“镜头光晕”命令，弹出“镜头光晕”对话框，设置其中各选项，如图 15-54 所示。

图 15-54 “镜头光晕”对话框

❶ “光晕中心区域”图形区：在图像缩览图上单击或拖动十字线，可以指定光晕的中心。

❷ “亮度”设置区：使对象与网格对齐，网格被隐藏时不能选择该选项。

❸ “镜头类型”选项组：用来选择产生光晕的镜头类型。

Step 03 单击“确定”按钮，即可添加光晕效果，如图 15-55 所示。

图 15-55 添加光晕效果

自学自练——应用“艺术效果”滤镜

“艺术效果”滤镜通过模拟彩色铅笔、蜡笔画、油画以及木刻作品的特殊效果，为商业项目制作绘画效果，使图像产生不同风格的艺术效果。

Step 01 按【Ctrl + O】组合键，打开一幅素材图像，如图 15-56 所示。

Step 02 单击菜单栏中的“滤镜”|“滤镜库”|“艺术效果”|“水彩”命令，在弹出的“水彩”对话框中，设置“画笔细节”为 9、“阴影强度”为 1、“纹理”为 1，单击“确定”按钮，即可为图像添加水彩效果，如图 15-57 所示。

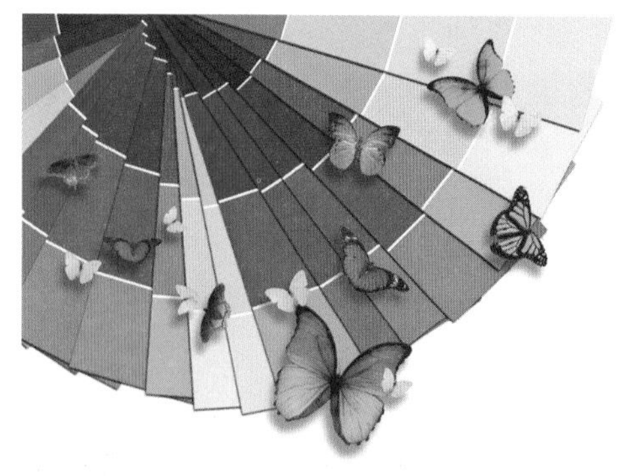

图 15-56 素材图像

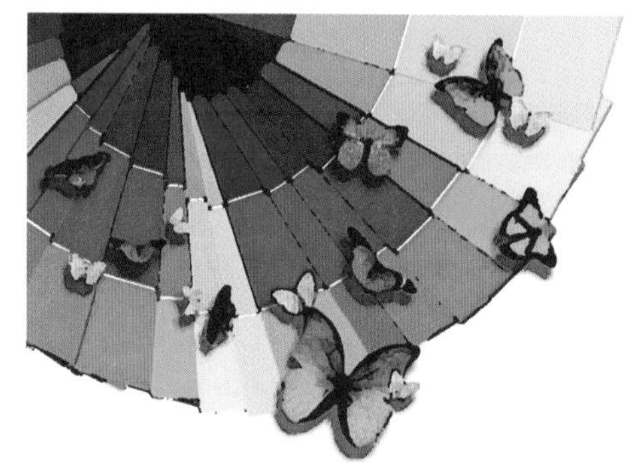

图 15-57 添加水彩效果

自学自练——应用“杂色”滤镜

“杂色”滤镜组下的命令可以添加或移去图像中的杂色及带有随机分布色阶的像素，适用于去除图像中的杂点和划痕等操作。

Step 01 按【Ctrl + O】组合键，打开一幅素材图像，如图 15-58 所示。

图 15-58 素材图像

Step 02 单击菜单栏中的“滤镜”|“杂色”|“中间值”命令，在弹出的“中间值”对话框中，设置“半径”为 15，单击“确定”按钮，即可为图像添加中间值效果，如图 15-59 所示。

图 15-59 添加中间值效果

> **专家提醒**
>
> “中间值”滤镜通过搜索像素选区的半径范围来查找亮度相近的像素，清除与相邻像素差异太大的像素，并将搜索到的像素中间亮度替换为中心像素，“中间值”滤镜在消除或减弱图像的动感效果中非常适合。

自学自练——应用“画笔描边”滤镜

“画笔描边”滤镜中的各命令均用于模拟绘画时各种笔触技法的运用，以不同的画笔和颜料生成一些精美的绘画艺术效果。

Step 01 按【Ctrl + O】组合键，打开一幅素材图像，如图 15-60 所示。

图 15-60 素材图像

Step 02 单击菜单栏中的“滤镜”|“滤镜库”命令，在弹出的对话框中，单击“画笔描边”按钮，选择“阴影线”选项，弹出“阴影线”对话框，设置“描边长度”为 25、“锐化程度”为 5、“强度”为 2，如图 15-61 所示。

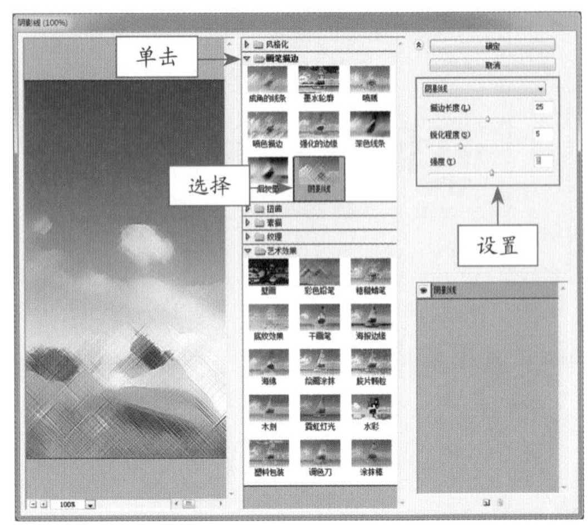

图 15-61 “阴影线”对话框

Step 03 单击“确定”按钮，即可将“阴影线”滤镜应用于图像中，效果如图 15-62 所示。

图 15-62 图像效果

第4篇

自学高端篇

主要讲解了 Photoshop CS6 软件中制作与渲染 3D 图像、制作动画与切片、创建与编辑动作、创建与编辑视频、优化与输出图像等内容，可以让读者对 Photoshop 的功能和技巧的认识更加全面和丰富。

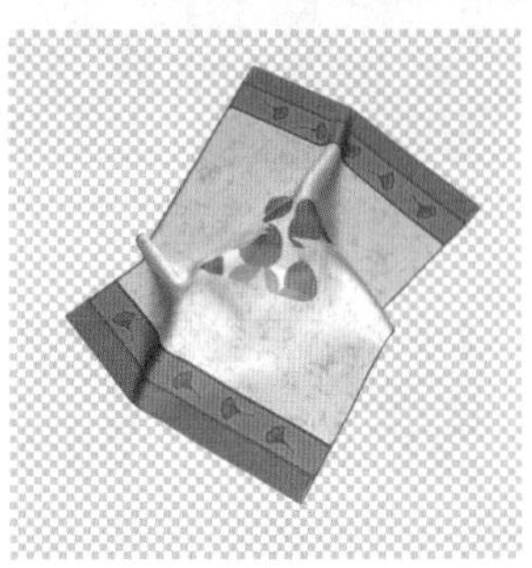

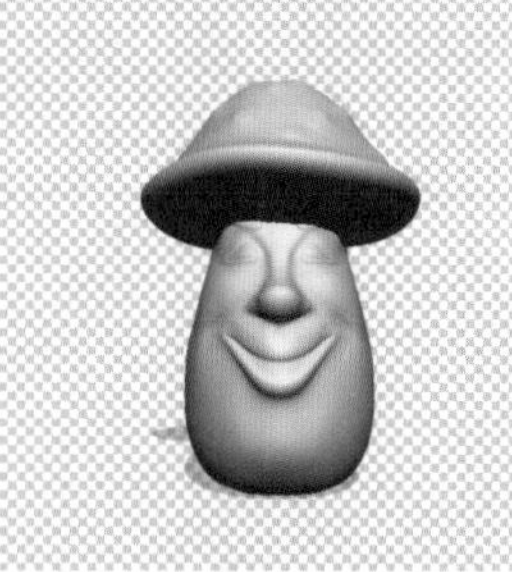

16

Chapter

制作与渲染 3D 图像

Photoshop CS6 添加了用于制作与编辑 3D 和基于动画内容的突破性工具。在 Photoshop 中预设了几类 3D 模型，用户可以直接创建，除此之外还可以从外部导入 3D 模型数据，也可以将 3D 图像转换为 2D 图像。本章主要介绍制作与渲染 3D 图像的操作方法。

本章内容导航

- 3D 的概念与作用
- 3D 的特性与工具
- 3D 场景
- 3D 的网格与材质
- 3D 的光源
- 导入三维模型
- 创建 3D 模型纹理
- 填充 3D 模型
- 调整三维模型视角
- 改变模型光照
- 渲染图像
- 2D 和 3D 转换

16.1 3D 简介

Photoshop CS6 可以打开并使用由 Adobe Acrobat 3D Version 8、3D StuDio Max、Alias、Maya 和 Google Earth 等格式的 3D 文件。

自学基础——3D 的概念与作用

在 Photoshop CS6 中，用户首先需要了解和掌握 3D 的概念与作用，才能使用 Photoshop 中的 3D 功能做出漂亮的三维图形。

1. 3D 的概念

3D 也叫三维，图形内容除了有水平的 X 轴与垂直的 Y 轴外，还有代表进深的 Z 轴，与二维图形的区别是三维图形可以包含 360° 的信息，能从各个角度去表现。理论上看，三维图形的立体感、光影效果都要比二维平面图形好得多，因为三维图形的立体、光线、阴影都是真实存在的。如图 16-1 所示为 Photoshop 制作与渲染后的三维图形。

图 16-1 三维图形

2. 3D 的作用

3D 技术是推进工业化与信息化融合的发动机，是促进产业升级和自主创新的推动力，是工业界与文化创意产业广泛应用的基础性、战略性工具技术，嵌入到了现代工业与文化创意产业的整个流程，包括工业设计、工程设计、模具设计、数控编程、仿真分析、虚拟现实、展览展示、影视动漫、教育训练等，是各国争夺行业制高点的竞争焦点。

经过多年的快速发展与广泛应用，近年 3D 技术得到了显著的成熟与普及。一个以 3D 取代 2D、“立体”取代“平面”、“虚拟”模拟“现实”的 3D 浪潮正在各个领域迅猛掀起。

自学基础——3D 的特性与工具

在 Photoshop CS6 中，只有熟练掌握了 3D 功能的特性、3D 工具的使用，才能通过 Photoshop 制作出满意的 3D 效果图像。

1. 3D 的特性

人眼有一个特性就是近大远小，就会形成立体感。计算机屏幕是二维平面的，之所以能欣赏到真如实物般的三维图像，是因为显示在计算机屏幕上时色彩灰度的不同而使人眼产生视觉上的错觉，而将二维的计算机屏幕感知为三维图像。

基于色彩学的有关知识，三维物体边缘的凸出部分一般显高亮度色，而凹下去的部分由于受光线的遮挡而显暗色。这一认识被广泛应用于网页或其他应用中对按钮、3D 线条的绘制。比如要绘制 3D 文字，即在原始位置显示高亮度颜色，而在左下或右上等位置用低亮度颜色勾勒出其轮廓，这样在视觉上便会产生 3D 文字的效果。具体实现时，可用完全一样的字体在不同的位置分别绘制两个不同颜色的 2D 文字，只要使两个文字的坐标合适，就完全可以在视觉上产生出不同效果的 3D 文字。

2. 3D 工具

选择 3D 图层时，3D 工具将变成可使用状态。使用 3D 对象工具可以变更 3D 模型的位置或缩放大小。如图 16-2 所示为 3D 对象工具属性栏。

图 16-2 3D 对象工具属性栏

❶ 旋转 3D 对象工具：单击鼠标左键并上下拖曳可将模型绕着其 X 轴旋转，单击鼠标左键左右拖曳则可将模型绕着 Y 轴旋转。

❷ 滚动 3D 对象工具：单击鼠标左键左右拖曳可以将模型绕着 Z 轴旋转。

❸ 拖动 3D 对象工具：单击鼠标左键左右拖曳可以水平移动模型，单击鼠标左键上下拖曳则可垂直移动。

❹ 滑动 3D 对象工具：单击鼠标左键左右拖曳可以水平移动模型，单击鼠标左键上下拖曳则可拉远或拉近模型。

❺ 缩放 3D 对象工具：单击鼠标左键上下拖曳可以放大或缩小模型。

值得一提的是，Photoshop CS6 全新添加的 3D 功能增强，是该功能自 2008 年的 Photoshop CS4 引入以来变动幅度最大的一次，共有以下 3 处。

◆ 颜料桶工具组中新增了 3D 材质拖放工具，如图 16-3 所示。

图 16-3 3D 材质拖放工具

◆ 吸管工具组增加了 3D 材质吸管工具，如图 16-4 所示。

◆ 文字菜单中加入了 3D Text（拉伸到 3D）命令。

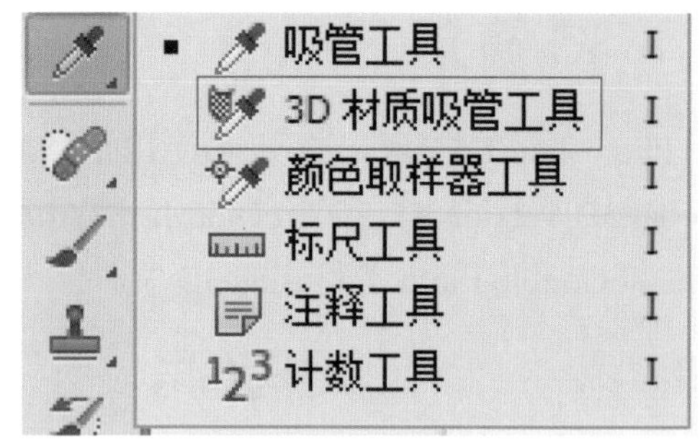

图 16-4 3D 材质吸管工具

16.2 3D 控制面板

选择 3D 图层时，3D 面板会显示其关联 3D 文件的组件。面板的顶端部位会列出档案中的网格、材质和光源，面板的底部会显示顶部所选取 3D 组件的设定和选项。

自学基础——3D 场景

“3D 场景”面板，可更改演算模式、选取要绘图的纹理或建立横截面，如图 16-5 所示。若要存取场景设定，单击“3D”面板中的“滤镜：整个场景”按钮，再选择面板中的场景项目，即可选择该场景。

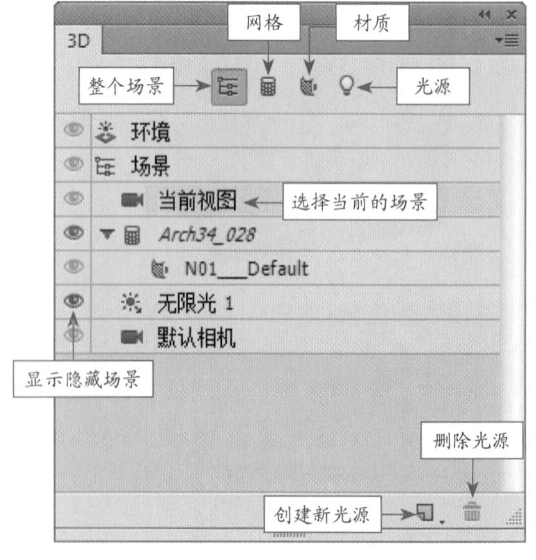

图 16-5 “3D 场景”面板

在图像编辑窗口中的相应图层上单击鼠标右键，即可弹出该图层的“图层 1”面板，如图 16-6 所示。

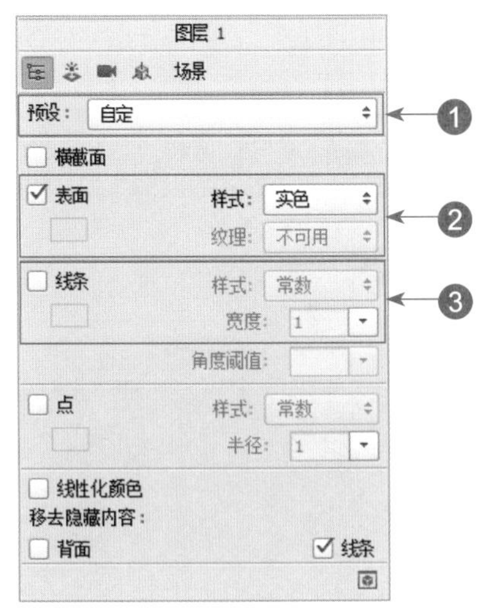

图 16-6 “图层 1”面板

❶ “预设”下拉列表框：指定模型的渲染预设。

❷ 样式设置：使用 OpenGL 进行渲染可以利用视频卡上的 GPU 产生高品质的效果，但缺乏细节的反射和阴影。

❸ 光线跟踪：使用计算机主板上的 CPU 进行渲染，具有草图品质的反射和阴影。如果系统有功能强大的显卡，则“交互”选项可以产生更快的结果。

自学基础——3D 的网格与材质

网格可提供 3D 模型的底层结构。网格的可视化外观通常是线框，由数以千计的个别多边形所建立的骨干结构。3D 模型一般都至少含有一个网格，而且可能会组合数个网格，用户可以在各种演算模式中检视网格，也可以独立操作各个网格。虽然在网格中无法更改实际的多边形，但是可以更改其方向，并沿着不同的轴缩放，让多边形变形。也可以使用预先提供的形状或转换现有的 2D 图层，以建立自己的 3D 网格，如图 16-7 所示。

材质网格可以有一或多个与其关联的材质，用以控制所有或部分网格的外观。每个材质接着会依赖称为纹理对应的子组件，而这些子组件的累计效果会建立材质的外观。纹理对应本身是 2D 影像文件，可建立各种质量，例如颜色、图样、反光或凹凸。Photoshop 材质可以使用多达 9 种不同的纹理对应类型，来定义其整体外观，如图 16-8 所示。

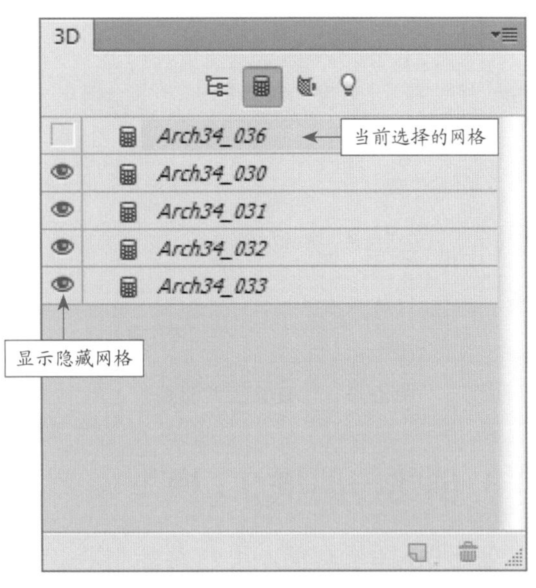

图 16-7 “3D 网格”面板

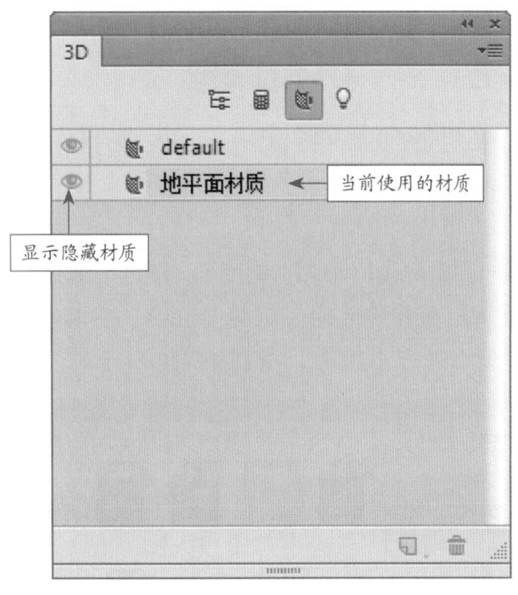

图 16-8 “3D 材质”面板

自学基础——3D 的光源

光源类型包括无限光、聚光灯和点光。用户可以移动和调整现有光源的颜色与强度，以及为 3D 场景增加新光源。在 Photoshop 中打开的 3D 文件会保持其纹理、演算和光源信息，如图 16-9 所示。

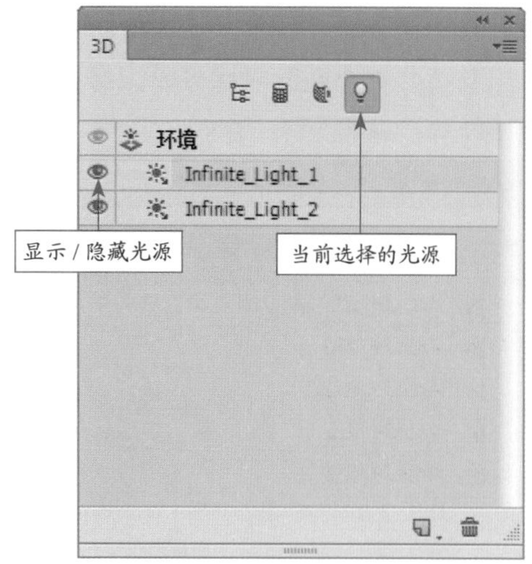

图 16-9 “3D 光源”面板

16.3 创建与调整 3D 模型

使用 3D 图层功能，用户将能很轻松地将三维立体模型引入到当前操作的 Photoshop CS6 图像中，从而为平面图像增加三维元素。

自学自练——导入三维模型

在 Photoshop CS6 中，可以通过“打开”命令，直接将三维模型引入当前操作的 Photoshop 图像编辑窗口中。

Step 01 按【Ctrl + O】组合键，弹出“打开”对话框，在其中选择后缀为“3DS”格式的素材模型“烛台 .3DS”，如图 16-10 所示。

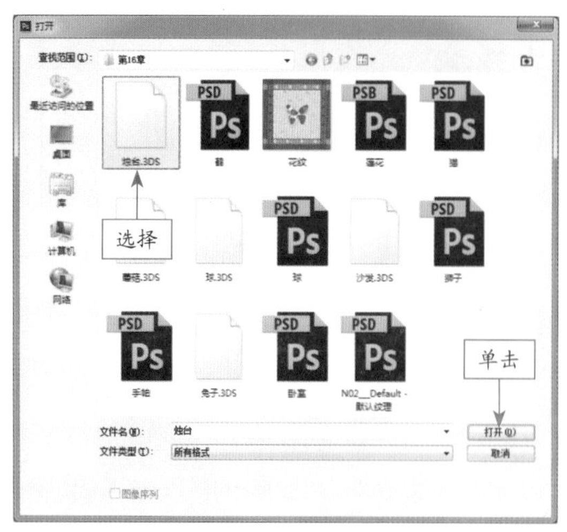

图 16-10 选择素材模型

Step 02 单击“打开”按钮，即可导入三维模型，效果如图 16-11 所示。

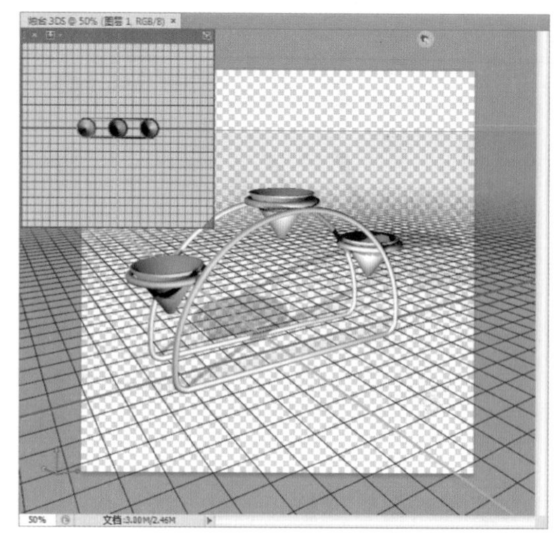

图 16-11 导入三维模型

自学自练——创建 3D 模型纹理

在 Photoshop CS6 中为图像创建 3D 模型纹理后，可以使模型看起来更加生动和逼真。下面向读者介绍创建3D模型纹理的操作方法。

Step 01 按【Ctrl + O】组合键，打开素材模型“手帕 .psd”，如图 16-12 所示。

图 16-12 素材模型

Step 02 按【Ctrl + O】组合键，打开素材图像“花纹 .jpg”，单击菜单栏中的“选择” | “全部”命令，创建选区，按【Ctrl + C】组合键，复制图像，如图 16-13 所示。

图 16-13 复制图像

Step 03 确认“手帕.psd”图像为当前模型编辑窗口，在“图层”面板中，移动鼠标至“图层 1”下方的“NO1___Default-默认纹理”文字上双击鼠标左键，如图 16-14 所示。

图 16-14 双击文字

Step 04 执行操作后，弹出“NO1___Default-默认纹理.psd”窗口，按【Ctrl + V】组合键，粘贴图像，如图 16-15 所示。

Step 05 按【Ctrl + T】组合键，调整图像的大小，按【Enter】键，确认操作，如图 16-16 所示。

Step 06 返回“手帕.psd”模型窗口中，图像效果如图 16-17 所示。

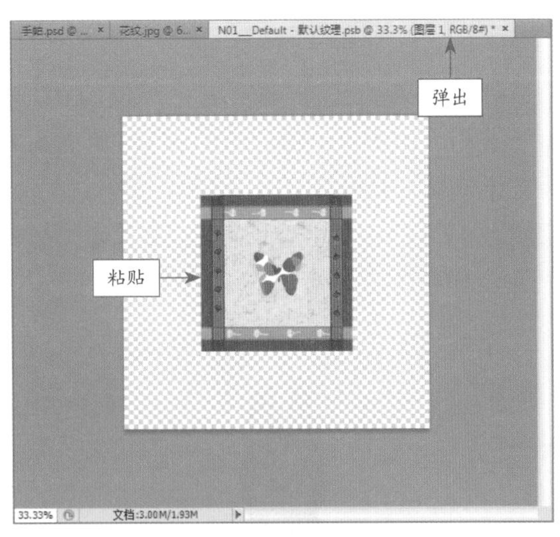

图 16-15 粘贴图像

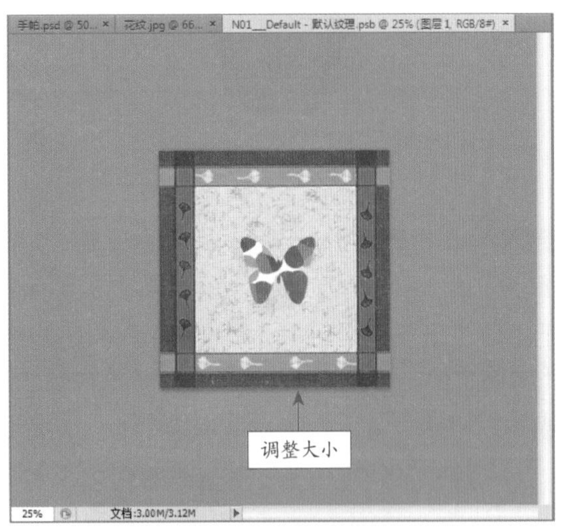

图 16-16 调整图像大小

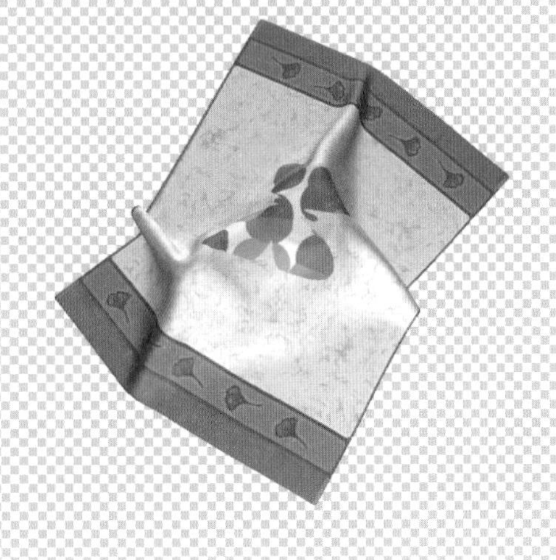

图 16-17 图像效果

自学自练——填充 3D 模型

在 Photoshop CS6 中，用户可以为 3D 模型填充相应的颜色，使创建的 3D 模型更加具有艺术效果。

Step 01 按【Ctrl + O】组合键，打开素材模型“兔子 .3DS”，如图 16-18 所示。

图 16-18 素材模型

Step 02 在“图层”面板中，选择“图层 1”图层，如图 16-19 所示，移动鼠标至“图层 1”下方的“NO1___Default- 默认纹理”文字上双击鼠标左键，弹出“NO1___Default- 默认纹理”窗口。

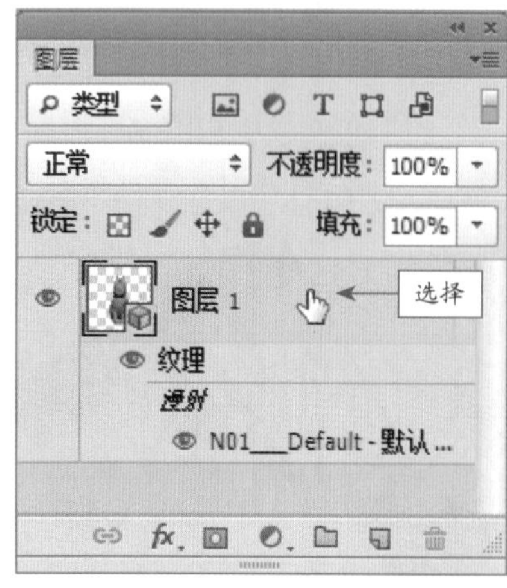

图 16-19 选择“图层 1”图层

Step 03 在工具箱中，选取油漆桶工具，单击前景色工具，弹出“拾色器（前景色）”对话框，设置颜色为红色（RGB 参数值分别为 245、85、85），如图 16-20 所示，单击“确定”按钮。

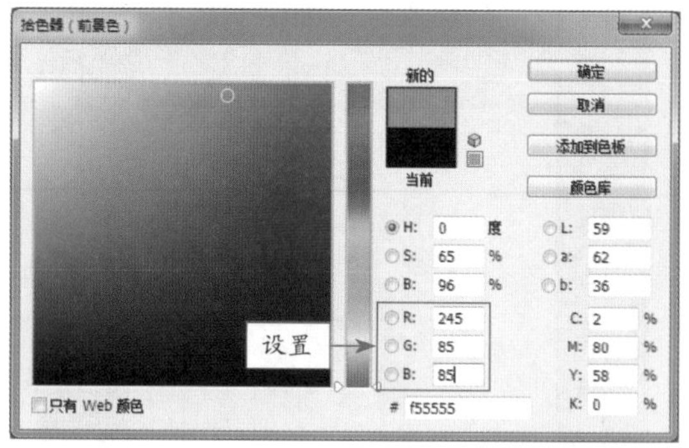

图 16-20 “拾色器（前景色）”对话框

Step 04 在图像编辑窗口中单击鼠标左键，填充前景色，返回“兔子 .3DS”模型窗口中，填充的 3D 模型效果如图 16-21 所示。

图 16-21 填充 3D 模型效果

自学自练——调整三维模型视角

在 Photoshop 中不能对三维模型进行修改，但可以对模型进行旋转、缩放、改变光照效果、材质等调整，从而使其更符合当前工作的需要。

Step 01 按【Ctrl + O】组合键，打开素材模型“猫 .psd”，如图 16-22 所示。

图 16-22 素材模型

Step 02 选取工具箱中的 3D 对象旋转工具，将鼠标拖曳至图像编辑窗口中，单击鼠标左键并上下拖曳，即可使模型围绕其 X 轴旋转，如图 16-23 所示。

图 16-23 模型围绕其 X 轴旋转

Step 03 选取工具箱中的 3D 对象滚动工具，在两侧拖曳鼠标即可将模型围绕其 Z 轴旋转，如图 16-24 所示。

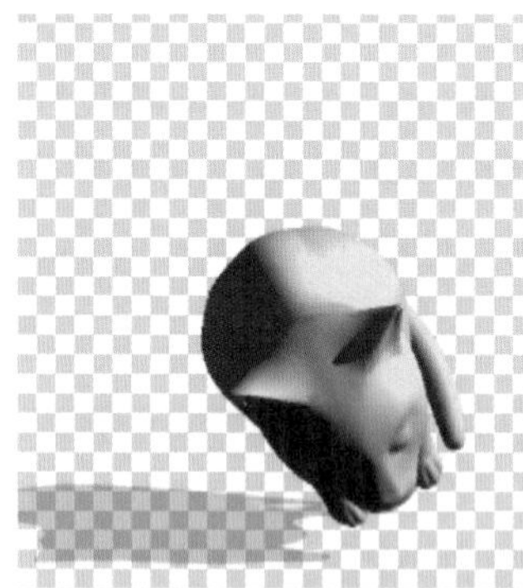

图 16-24 模型围绕其 Z 轴旋转

Step 04 选取工具箱中的 3D 对象平移工具，在两侧拖曳鼠标即可将模型沿水平方向移动，如图 16-25 所示。

图 16-25 模型沿水平方向移动

Step 05 选取工具箱中的 3D 对象滑动工具，在两侧拖曳鼠标即可将模型沿水平方向滑动，如图 16-26 所示。

图 16-26 模型沿水平方向滑动

Step 06 选取工具箱中的 3D 对象比例工具，上下拖曳鼠标即可放大或缩小模型，效果如图 16-27 所示。

图 16-27 放大或缩小模型

专家提醒

按住【Shift】键的同时拖曳鼠标，即可将旋转、拖曳、滑动或缩放比例工具限制为沿单一方向运动。

自学自练——改变模型光照

塑造对象光照除了利用所导入的三维模型自带的光照系统进行照明控制外，Photoshop 中也可以利用其内置的若干种光照选项，以改变当前三维模型的光照效果。

Step 01 按【Ctrl + O】组合键，打开素材模型“球 .psd”，如图 16-28 所示。

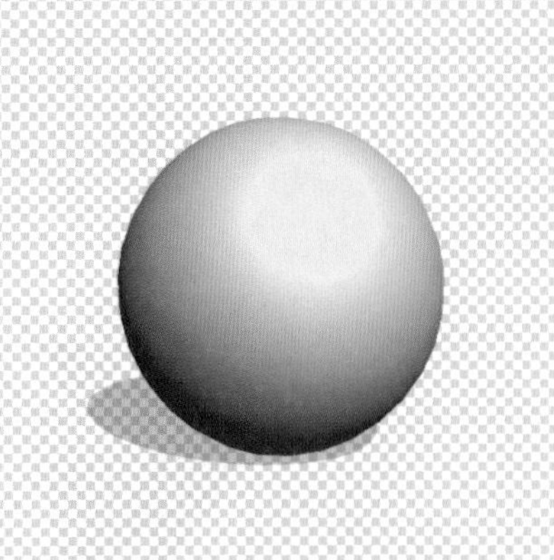

图 16-28 素材模型

Step 02 展开“3D 光源”面板，设置“预设”为“狂欢节”，即可更改 3D 图层的光照效果，如图 16-29 所示。

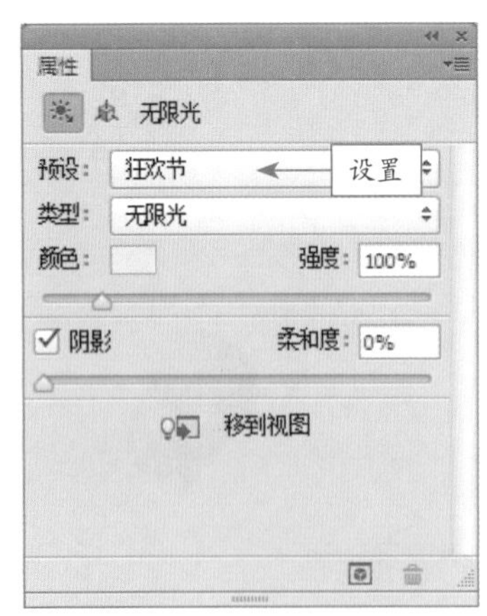

图 16-29 更改光照效果

Step 03 单击“颜色”色块，弹出“拾色器（光照颜色）”对话框，设置颜色为浅红色，如图 16-30 所示。

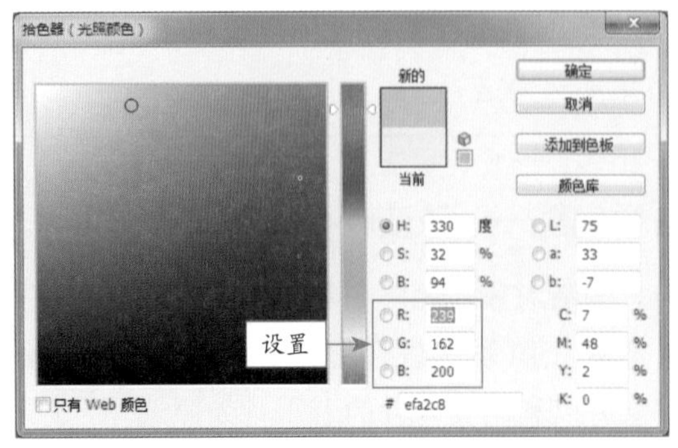

图 16-30 设置颜色为浅红色

Step 04 单击“确定”按钮，即可更改 3D 图层的光照效果，效果如图 16-31 所示。

图 16-31 更改 3D 图层的光照效果

专家提醒

必须启用 OpenGL 绘图才能显示 3D 轴、地面和光源，可单击菜单栏中的“编辑”|“首选项”|“性能”命令，在弹出的对话框中选中“启用 OpenGL 绘图”复选框来启用该功能。

16.4 渲染与管理 3D 图像

借助 Adobe Repoussé 技术，从任何文本图层、选区、路径或图层蒙版都可创建 3D 徽标和图稿，通过扭转、旋转、凸出、倾斜和膨胀等操作可更完善 3D 效果。

自学自练——渲染图像

Photoshop CS6 中提供了多种模型的渲染效果设置选项，以帮助用户渲染出不同效果的三维模型。

Step 01 按【Ctrl + O】组合键，打开素材模型“狮子 .psd”，如图 16-32 所示。

Step 02 单击菜单栏中的“3D”|“渲染”命令，开始渲染图像，如图 16-33 所示，待渲染完成即可。

图 16-32　素材图像模型

图 16-33　渲染图像

自学自练——2D和3D转换

在 Photoshop CS6 中对 3D 图层不能进行直接操作，当设置完 3D 模型的材质、光照后，用户可将 3D 图层转换为 2D 图层，再对其进行操作。

Step 01 按【Ctrl + O】组合键，打开素材模型"莲花.psb"，如图 16-34 所示。

图 16-34　素材模型

Step 02 单击菜单栏中的"图层"|"栅格化"|3D 命令，栅格化图层，如图 16-35 所示。

图 16-35　栅格化图层

> **专家提醒**
>
> 栅格化的图像会保留 3D 场景的外观，但格式为平面化的 2D 格式。除了运用上述方法可以栅格化 3D 图层外，用户还可以直接在 3D 图层中单击鼠标右键，在弹出的快捷菜单中选择"栅格化"选项。

自学自练——导出3D

在 Photoshop 中编辑 3D 图层后，可通过"导出 3D 图层"命令，将 3D 图层导出。

Step 01 按【Ctrl + O】组合键，打开素材模型"蘑菇.3DS"，如图 16-36 所示。

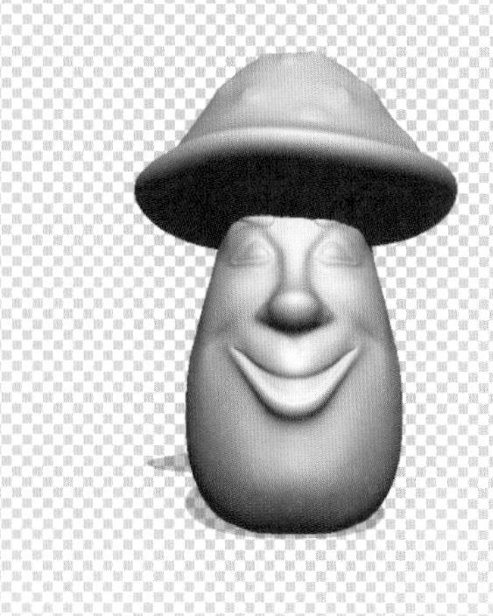

图 16-36　素材模型

Step 02 单击菜单栏中的“3D”|“导出3D图层”命令，弹出“存储为”对话框，设置存储路径和文件名，如图16-37所示。

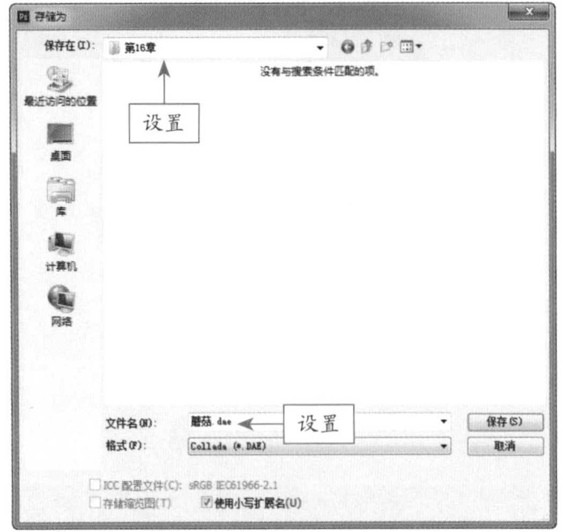

图16-37 “存储为”对话框

Step 03 单击“保存”按钮，弹出“3D导出选项”对话框，如图16-38所示，单击“确定”按钮，即可导出图层。

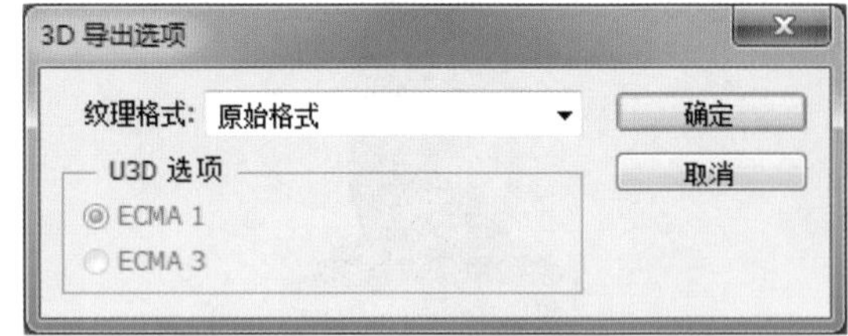

图16-38 “3D导出选项”对话框

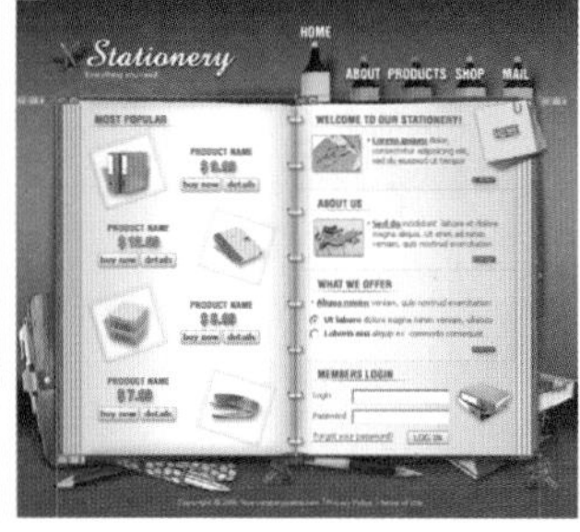

17 Chapter 制作动画与切片

Photoshop CS6向用户提供了非常强大的图像制作功能，可以直接对网页图像进行优化操作，还可以在网页中制作动态的图像动画效果。本章主要向读者介绍创建网页动画特效与切片的操作方法，主要内容包括优化网络图像、制作动态图像、编辑切片以及管理切片等。

本章内容导航

- 优化网络图像
- “动画”控制面板
- 创建动态图像
- 制作动态图像
- 保存动态图像
- 制作过渡动画
- 制作风景切换动画
- 制作文字变形动画
- 切片对象的种类
- 创建切片
- 创建自动切片
- 管理切片

17.1 优化网络图像

优化是微调图像显示品质和文件大小的过程，在压缩图像文件大小的同时又能优化在线显示的图像品质。Web 上应用的文件格式主要有 GIF、JPEG。

自学基础——优化 JPEG 格式图像

JPEG 是用于压缩连续色调图像（如照片）的标准格式。将图像优化为 JPEG 格式的过程依赖于有损压缩，它有选择地扔掉数据。在“存储为 Web 所用格式”对话框右侧的“预设”列表框中选择“JPEG 高”选项，即可显示它的优化选项，如图 17-1 所示。

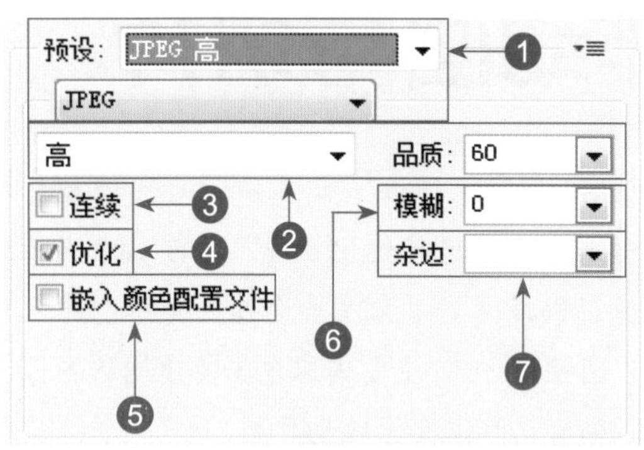

图 17-1 显示优化选项

❶“预设”下拉列表框：在预设列表框中，可以选择相应的图片预设格式。

❷“品质”选项：确定压缩程度，“品质”设置越高，压缩算法保留的细节越多。但是，使用高“品质”设置比使用低“品质”设置生成的文件大。

❸“连续”复选框：在 Web 浏览器中以渐进方式显示图像，图像将显示为叠加图形，从而使浏览者能够在图像完全下载前查看它的低分辨率版本。

❹“优化”复选框：创建文件大小稍小的增强 JPEG，要最大限度地压缩文件，建议使用优化的 JPEG 格式（某些旧版浏览器不支持此功能）。

❺“嵌入颜色配置文件”复选框：在优化文件中保存颜色配置文件，某些浏览器使用颜色配置文件进行颜色校正。

❻“模糊”选项：指定应用于图像的模糊量，“模糊”选项应用与“高斯模糊”滤镜具有相同的效果，并允许进一步压缩文件以获得更小的文件大小（建议使用 0.1 ～ 0.5 之间的设置）。

❼“杂边”选项：为在原始图像中透明的像素指定一个填充颜色，单击“杂边”色板以在拾色器中选择一种颜色，或者从“杂边”菜单中选择一个选项：“吸管”（使用吸管样本框中的颜色）、“前景色”、“背景色”、“白色”、“黑色”或“其他”（使用拾色器）。

▶ 专家提醒

由于以 JPEG 格式存储文件时会丢失图像数据。因此，如果准备对文件进行进一步编辑或创建额外的 JPEG 版本，最好以原始格式（例如 Photoshop .PSD）存储源文件。

自学基础——优化 GIF 格式图像

GIF 格式主要通过减少图像的颜色数目来优化图像，最多支持 256 色。将图像保存为 GIF 格式时，将丢失许多的颜色，因此将颜色和色调丰富的图像保存为 GIF 格式，会使图像严重失真，所以 GIF 格式只适合保存色调单一的图像，而不适合颜色丰富的图像。单击菜单栏中的“文件”|“存储为 Web 所用格式”命令，弹出“存储为 Web 所用格式”对话框，如图 17-2 所示，在其中选择优化图像的选项以及预览优化的图像。

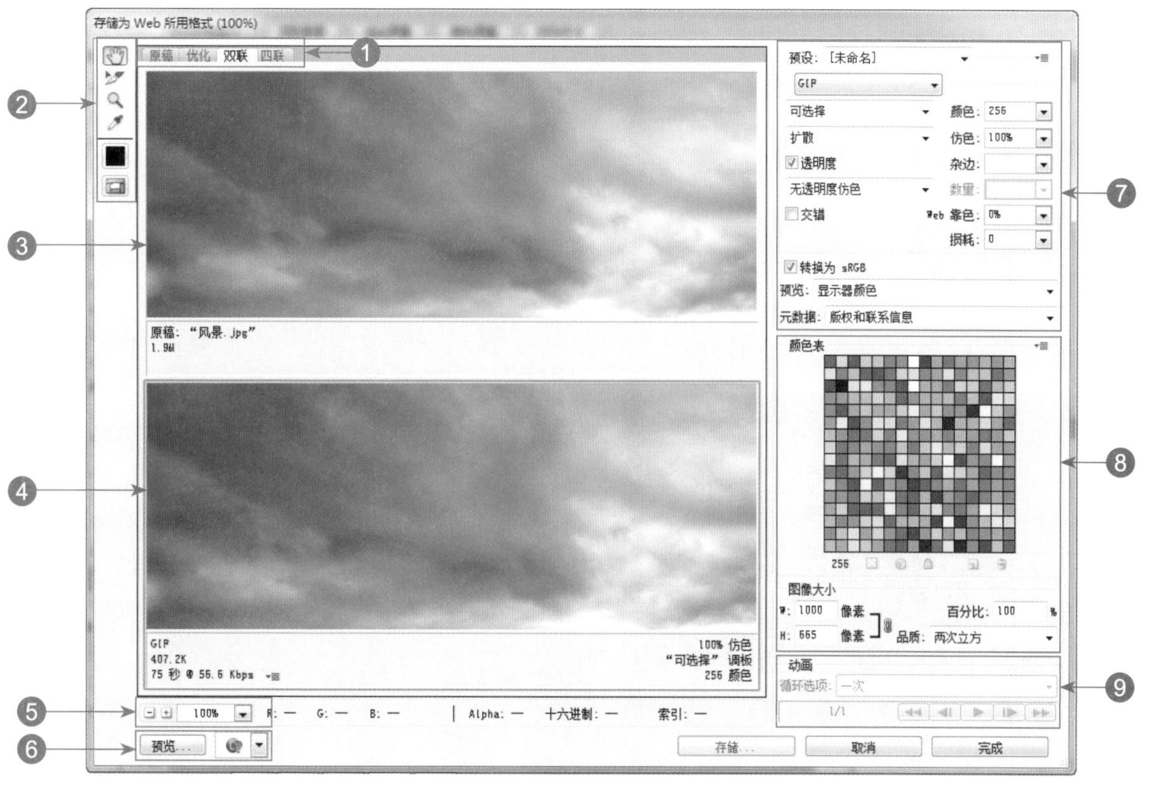

图 17-2 “存储为 Web 所用格式”对话框

❶ 显示选项卡：4 个各选项卡的含义如下，原稿——显示没有优化的图像；优化——显示应用了当前优化设置的图像；双联——并排显示图像的两个版本；四联——并排显示图像的 4 个版本。

❷ 工具箱：如果在“存储为 Web 和设备所用格式”对话框中无法看到整个图稿，可以使用抓手工具来查看其他区域，可以使用缩放工具来放大或缩小视图。

❸ 原稿图像：显示优化前的图像、原稿图像的注释显示文件名和文件大小。

❹ 优化的图像：显示优化后的图像、优化图像的注释显示当前优化选项、优化文件的大小以及使用选中的调制解调器速度时的估计下载时间。

❺ “缩放”文本框：用于设置图像预览窗口的显示比例。

❻ “在浏览器中预览”菜单：单击“预览”按钮可以打开浏览器窗口，预览 Web 网页中的图片效果。

❼ “优化”选项组：用于设置图像的优化格式及相应选项，可以在“预览”菜单中选取一个调制解调器速度。

❽ “颜色表”菜单：用于设置 Web 安全颜色。

❾ “动画”选项组：用于控制动画的播放。

17.2 制作动态图像

在浏览网页时，会看到各式各样的图像动画，如滚动的画面、旋转的立方体、跳动的按钮等。动画为网页增添了动感和趣味性。根据格式的不同，网页中的动画大致可分为两大类，一类是 GIF 格式，另一类是 FLASH 动画。动画是在一段时间内显示的一系列图像或帧，当每一帧较前一帧都有轻微的变化时，连续、快速地显示这些帧就会产生运动或其他变化的视觉效果。

自学基础——“动画”控制面板

在 Photoshop CS6 中，“时间轴”面板以帧模式出现，显示动画中每一帧的缩览图。使用面板底部的工具可浏览各个帧、设置循环选项、添加和删除帧以及预览动画。

打开“时间轴”面板，如果面板为时间轴模式，如图 17-3 所示，可单击“转换为帧动画”按钮，将其切换为帧模式，如图 17-4 所示。

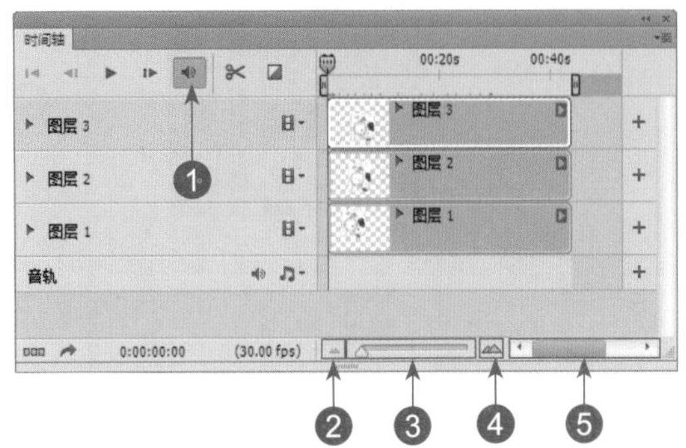

图 17-3 时间轴模式

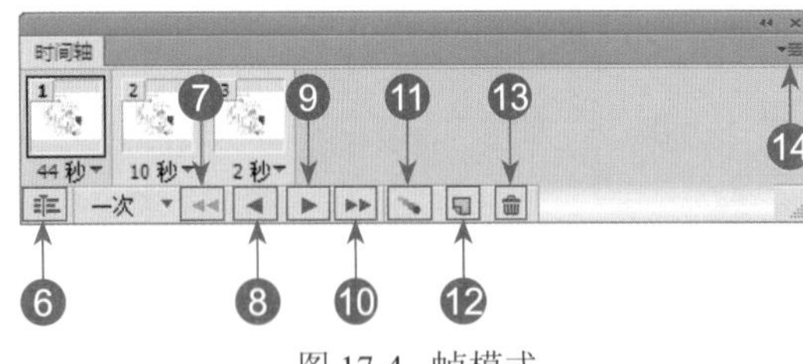

图 17-4 帧模式

❶ “音频”按钮：用于启用音频播放。

❷ “缩小”按钮：用于缩小时间帧预览图。

❸ 缩放滑块：用于缩小或放大时间帧预览图。

❹ “放大”按钮：用于放大时间帧预览图。

❺ 水平滚动条：拖曳水平滚动条可以直接查看时间轴里面的内容。

❻ “转换为时间轴”按钮：将其切换为时间轴模式。

❼ “选择第一个帧”按钮：选择序列中的第一帧作为当前帧。

❽ “选择上一帧”按钮：选择当前帧的前一帧。

❾ “播放”按钮：在窗口中播放动画，再次单击则停止播放。

❿ “选择下一帧”按钮：选择当前帧的下一帧。

⓫ “过渡动画帧”按钮：用于在两个现有帧之间添加一系列，让新帧之间的图层属性均匀化。

⓬ “复制所选帧”按钮：向面板中添加帧。

⓭ “删除选定的帧”按钮：删除选择的帧。

⓮ “动画面板菜单”按钮：单击该按钮，在弹出的菜单中包含影响关键帧、图层、面板外观、洋葱皮和文档设置的功能。

自学自练——创建动态图像

动画的工作原理与电影放映十分相似，都是将一些静止的、表现连续动作的画面以较快的速度播放出来，利用图像在人眼中具有暂存的原理产生连续的播放效果。

Step 01 按【Ctrl + O】组合键，打开素材图像“雪人 .psd”，如图 17-5 所示。

图 17-5 素材图像

Step 02 单击菜单栏中的“窗口”|“时间轴”命令，弹出“时间轴”面板，如图 17-6 所示。

图 17-6 “时间轴”面板

Step 03 在“图层”面板中，选择“图层 1”图层，如图 17-7 所示。

图 17-7 选择“图层 1”图层

Step 04 在“时间轴”面板中，单击“创建帧动画”按钮，在“时间轴”面板中得到 1 个动画帧，如图 17-8 所示。

图 17-8 得到 1 个动画帧

Step 05 在面板底部连续单击“复制所选帧”按钮两次，在“时间轴”面板中得到 3 个动画帧，如图 17-9 所示。

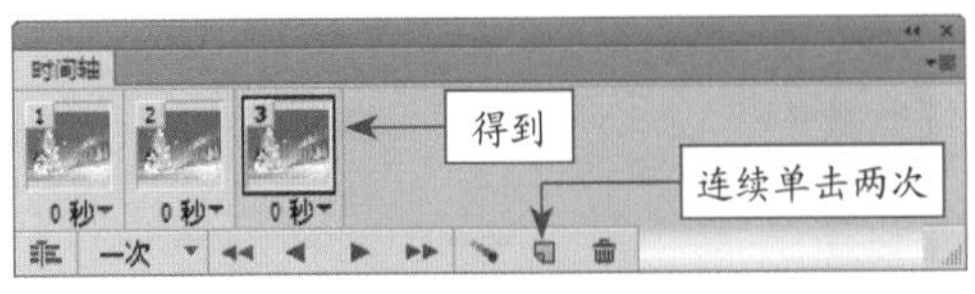

图 17-9 得到 3 个动画帧

自学自练——制作动态图像

在浏览网页时，会看到各式各样的动态图像，它为网页增添了动感和趣味性。下面向读者介绍制作动态图像的操作方法。

Step 01 以上面“创建动态图像”小节效果为素材，选择“帧 2”选项，如图 17-10 所示。

图 17-10 选择“帧 2”选项

Step 02 选取工具箱中的移动工具，在图像编辑窗口中，调整“帧 2”图像的位置，如图 17-11 所示。

图 17-11 调整“帧 2”图像位置

Step 03 选择“帧 3”选项，用与上述相同的方法，调整“帧 3”图像的位置，结果如图 17-12 所示。

图 17-12 调整“帧 3”图像位置

Step 04 确认“帧 3”为选中状态，按住【Ctrl】键的同时，分别选择“帧 1”和“帧 2”，同时选择 3 个动画帧，单击“选择帧延迟时间”

下拉按钮，在弹出的时间列表中选择 0.5 秒，如图 17-13 所示。

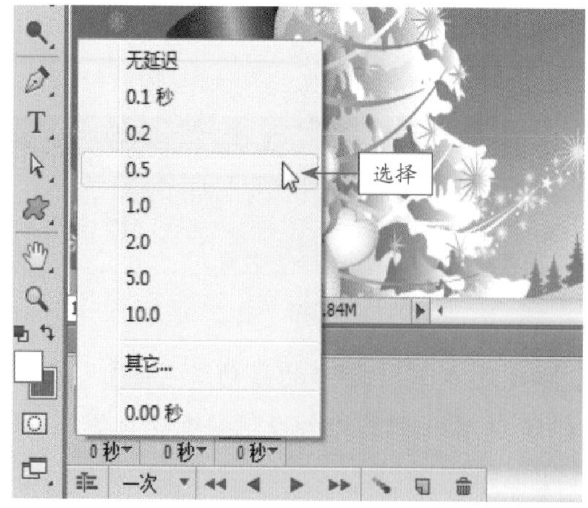

图 17-13 选择 0.5 秒

Step 05 在“时间轴”面板中，单击“一次”右侧的“选择循环选项”下拉按钮，在弹出的列表框中选择“永远”选项，如图 17-14 所示。

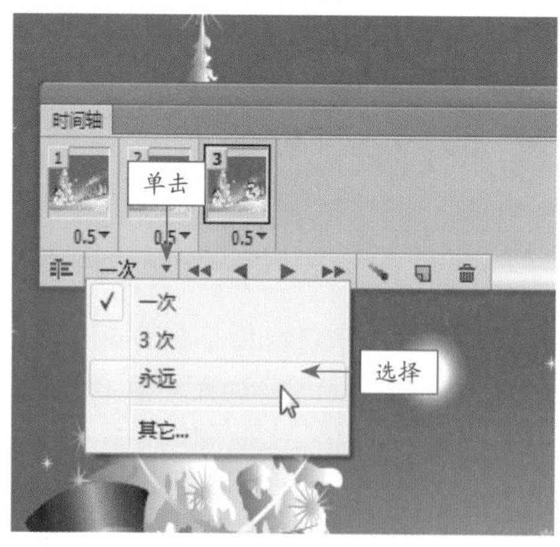

图 17-14 选择“永远”选项

专家提醒

以上制作的雪人动画，是利用图层的位置来制作的动画效果，用户如果希望在雪人行走的过程中，雪人方向和大小能同时改变，则需要复制多个雪人图层，调整各图层雪人图像的方向和大小，然后通过控制各图层的可视性来制作动画。

Step 06 单击“播放”按钮▶，即可浏览动态图像效果，效果如图 17-15 所示。

图 17-15 浏览动态图像效果

自学自练——保存动态图像

在 Photoshop CS6 中，动画制作完毕后，可将动画输出为 GIF 格式。

Step 01 以“制作动态图像”小节的效果为例，单击菜单栏中的“文件”|“存储为 Web 所用格式”命令，弹出“存储为 Web 和设备所用格式”对话框。

Step 02 在“优化的文件格式”下拉列表框中选择 GIF 选项，单击“存储”按钮。

Step 03 弹出“将优化结果存储为”对话框，设置保存路径和名称，如图 17-16 所示。

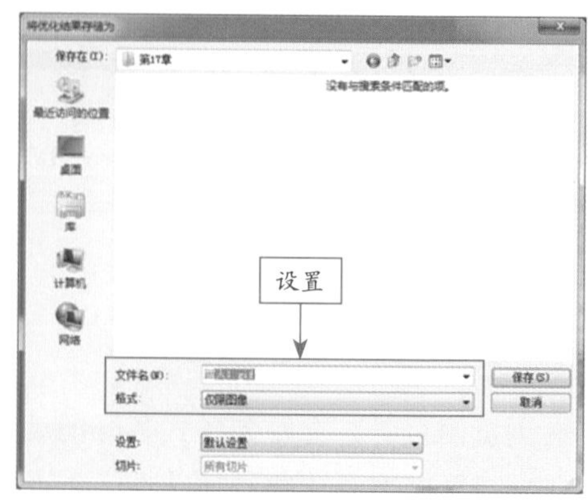

图 17-16 “将优化结果存储为”对话框

Step 04 单击“保存”按钮，弹出提示信息框，如图 17-17 所示，单击“确定”按钮，即可将动画输出为 GIF 动画。

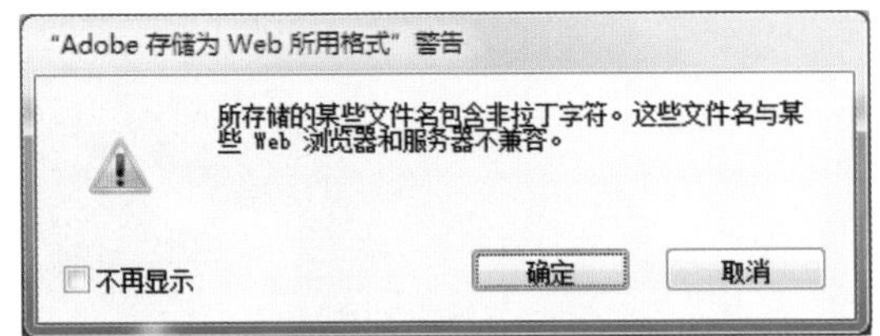

图 17-17 提示信息框

自学自练——制作过渡动画

在 Photoshop 中，除了可以逐帧地修改图像以创建动画外，也可以使用“过渡”命令让系统自动在两帧之间产生位置、不透明度或图层效果的变化动画。

Step 01 按【Ctrl + O】组合键，打开素材图像“电视机.psd”，如图 17-18 所示，单击菜单栏中的“窗口”|“时间轴”命令，展开“时间轴”面板。

图 17-18 素材图像

Step 02 在“图层”面板中，隐藏“图层 2”图层，单击“时间轴”面板底部的“复制所选帧”按钮，隐藏“图层 1”图层，并显示“图层 2”图层，效果如图 17-19 所示。

Step 03 按住【Ctrl】键的同时，选择“帧 1”和“帧 2”，单击“时间轴”面板底部的“过渡帧”按钮，如图 17-20 所示。

图 17-19 显示“图层 2”图层

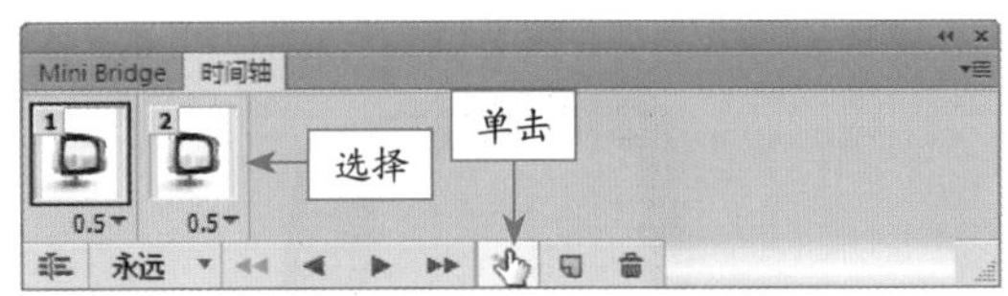

图 17-20 “时间轴”面板

Step 04 弹出“过渡”对话框，设置各选项，如图 17-21 所示，单击“确定”按钮。

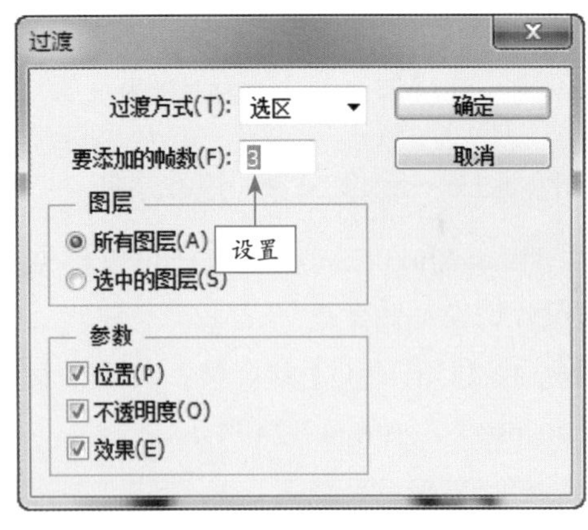

图 17-21 “过渡”对话框

Step 05 在“时间轴”面板中，选中所有帧，设置所选帧的延迟时间为 0.2 秒，如图 17-22 所示。

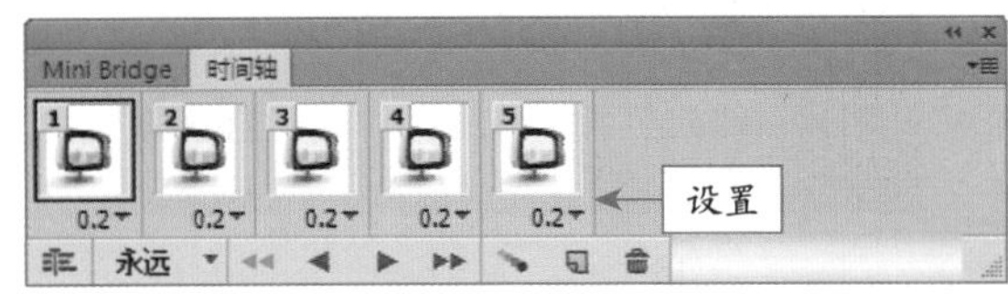

图 17-22 设置帧延迟时间为 0.2 秒

Step 06 单击“播放”按钮，即可浏览过渡动画效果，效果如图 17-23 所示。

图 17-23　浏览过渡动画效果

自学自练——制作风景切换动画

在 Photoshop CS6 中，用户可以根据需要制作照片切换动画效果。

Step 01 按【Ctrl + O】组合键，打开素材图像“秋天 .psd”，如图 17-24 所示。

图 17-24　素材图像

Step 02 在“图层”面板中，隐藏“图层 2”图层，单击“时间轴”面板底部的“复制所选帧”按钮，在“图层”面板中，显示“图层 2”图层，如图 17-25 所示。

图 17-25　显示“图层 2”图层

Step 03 按住【Ctrl】键的同时，选择“帧 1”和“帧 2”，单击“时间轴”面板底部的“过渡帧”按钮，弹出“过渡”对话框，在“要添加的帧数”文本框中输入 5，如图 17-26 所示，单击“确定”按钮。

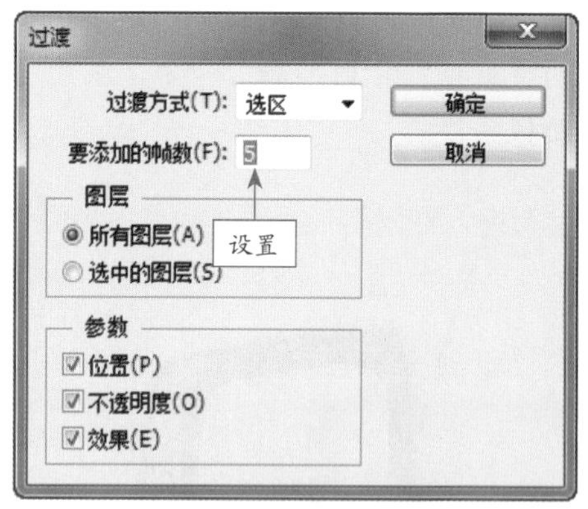

图 17-26　“过渡”对话框

Step 04 设置所有帧的延迟时间为 0.5 秒，单击“播放”按钮，即可浏览创建的照片切换动画，效果如图 17-27 所示。

图 17-27 浏览照片切换动画

自学自练——制作文字变形动画

在浏览网页时，会看到各式各样的文字动画效果，如闪动的文字、五彩的文字、变形的文字以及跳动的文字等。

Step 01 按【Ctrl + O】组合键，打开素材图像“粉色.psd”，如图 17-28 所示。

图 17-28 素材图像

Step 02 在“图层”面板中，复制“粉色记忆”文字图层，得到“粉色记忆 副本”文字图层，如图 17-29 所示。

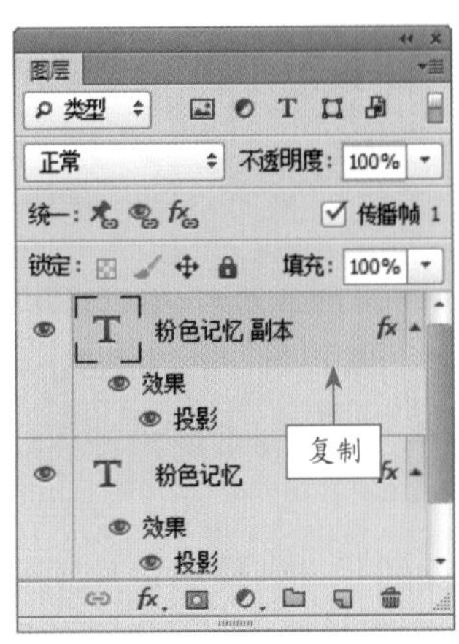

图 17-29 得到“粉色记忆 副本”文字图层

Step 03 在工具箱中，选取横排文字工具T，在工具属性栏中单击“创建文字变形”按钮，弹出“变形文字”对话框，设置“样式”为“花冠”，设置“弯曲”为 50，如图 17-30 所示。

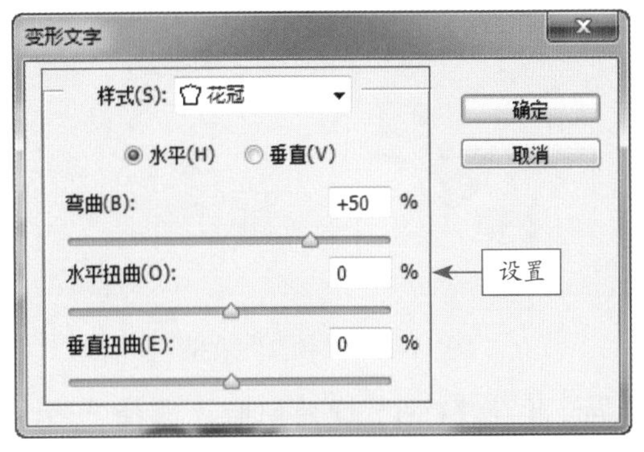

图 17-30 “变形文字”对话框

Step 04 单击“确定”按钮，“粉色记忆 副本”文字图层自动更改为“粉色记忆”变形文字图层，执行操作后，即可将文字变形，效果如图 17-31 所示。

图 17-31 文字变形效果

Step 05 单击菜单栏中的“窗口”|“时间轴”命令，展开“时间轴”面板，单击“创建帧动画”按钮，得到“帧 1”，如图 17-32 所示。

图 17-32 得到“帧 1”

Step 06 在“图层”面板中，隐藏变形文字图层，单击“时间轴”面板底部的“复制所选帧”按钮，隐藏文字图层，显示变形文字图层，得到“帧 2”效果，如图 17-33 所示。

图 17-33 “帧 2”效果

Step 07 按住【Ctrl】键的同时，选择“帧 1”和“帧 2”，单击“时间轴”面板底部的“过渡帧”按钮，弹出“过渡”对话框，在“要添加的帧数”文本框中输入 5，如图 17-34 所示。

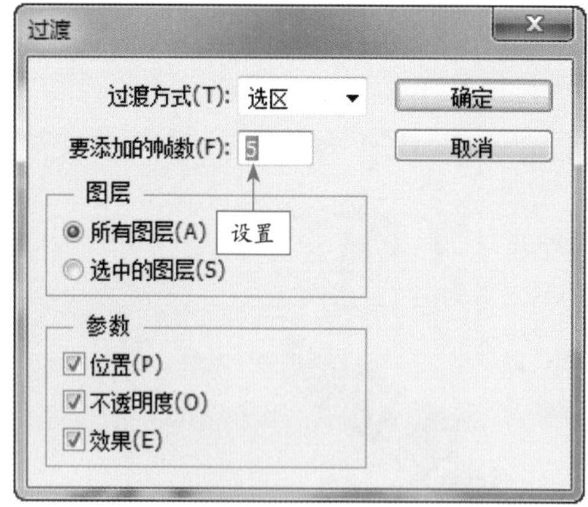

图 17-34 “过渡”对话框

Step 08 单击“确定”按钮，设置所有帧的延迟时间为 0.2 秒，单击“播放”按钮，即可浏览变形文字动画，效果如图 17-35 所示。

图 17-35 浏览变形文字动画

17.3 编辑切片

切片主要用于定义一幅图像的指定区域，用户一旦定义好切片后，这些图像区域可以用于模拟动画和其他图像效果。本节主要向读者介绍切片对象的种类、创建切片和创建自动切片的操作方法。

自学基础——切片对象的种类

在 ImageReady 中，切片被分为 3 种类型，即用户切片、自动切片和子切片，如图 17-36 所示。

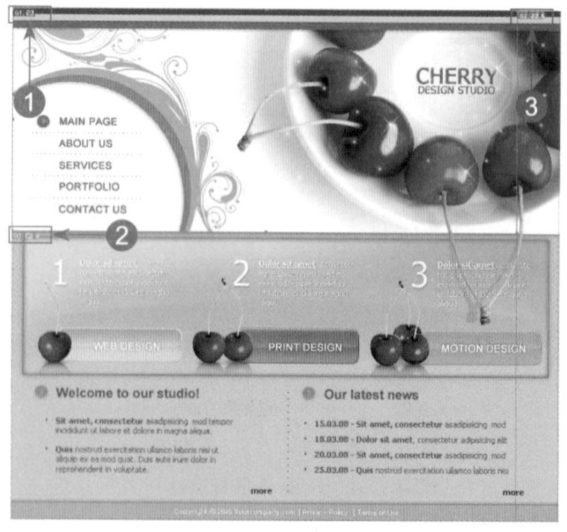

图 17-36 切片类型

❶ 用户切片：表示用户使用切片工具创建的切片。

❷ 自动切片：当使用切片工具创建用户切片区域，在用户切片区域之外的区域将生成

自动切片，每次添加或编辑用户切片时，都重新生成自动切片。

❸ 子切片：它是自动切片的一种类型。当用户切片发生重叠时，重叠部分会生成新的切片，这种切片称为子切片，子切片不能在脱离切片存在的情况下独立选择或编辑。

自学基础——创建切片

从图层中创建切片时，切片区域将包含图层中的所有像素数据，如果移动该图层或编辑其内容，切片区域将自动调整以包含改变后图层的新像素。

选取工具箱中的切片工具，拖曳鼠标至图像编辑窗口中的左上方，单击鼠标左键并向右下方拖曳，即可创建一个用户切片。如图17-37所示为创建切片前后的对比效果。

> **专家提醒**
>
> 在Photoshop和Ready中都可以使用切片工具定义切片或将图层转换为切片，也可以通过参考线来创建切片。此外，ImageReady还可以将选区转换为定义精确的切片。
>
> 在要创建切片的区域上，按住【Shift】键并拖曳鼠标，可以将切片限制为正方形。

图17-37 创建切片前后的对比效果

自学基础——创建自动切片

通过Photoshop中的切片工具创建切片后，将自动生成自动切片。选取工具箱中的切片工具，拖曳鼠标至图像编辑窗口的中间，单击鼠标左键并向右下方拖曳，创建一个用户切片，同时自动生成自动切片。如图17-38所示为创建自动切片前后的对比效果。

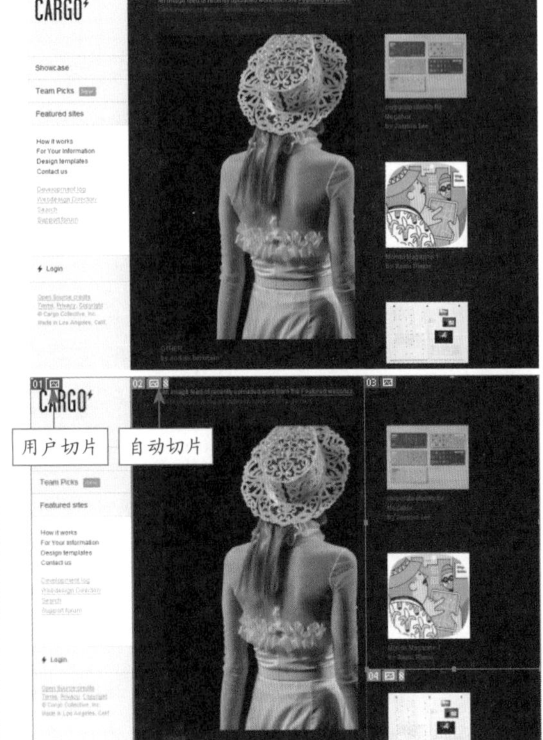

图17-38 创建自动切片前后的对比效果

专家提醒

当使用切片工具创建用户切片区域时，在用户切片区域之外的区域将生成自动切片，每次添加或编辑用户切片时都将重新生成自动切片，自动切片是由点线定义的。

可以将两个或多个切片组合为一个单独的切片，Photoshop CS6 利用通过连接组合切片的外边缘创建的矩形来确定所生成切片的尺寸和位置。如果组合切片不相邻，或者比例、对齐方式不同，则新组合的切片可能会与其他切片重叠。

17.4 管理切片

在 Photoshop CS6 中，用户可以对创建的切片进行管理。本节主要向读者介绍移动切片、调整切片、转换切片以及锁定切片的操作方法。

自学自练——移动切片

在 Photoshop CS6 中创建切片后，用户可运用切片选择工具移动切片。

Step 01 按【Ctrl + O】组合键，打开一幅已创建切片的素材图像“蘑菇.psd”，如图 17-39 所示。

图 17-39 素材图像

Step 02 在工具箱中选取切片选择工具，移动鼠标至图像编辑窗口中的用户切片内，单击鼠标左键，即可选择切片，并调出变换控制框，如图 17-40 所示。

图 17-40 调出变换控制框

Step 03 在控制框内单击鼠标左键并向右拖曳，移动切片，效果如图 17-41 所示。

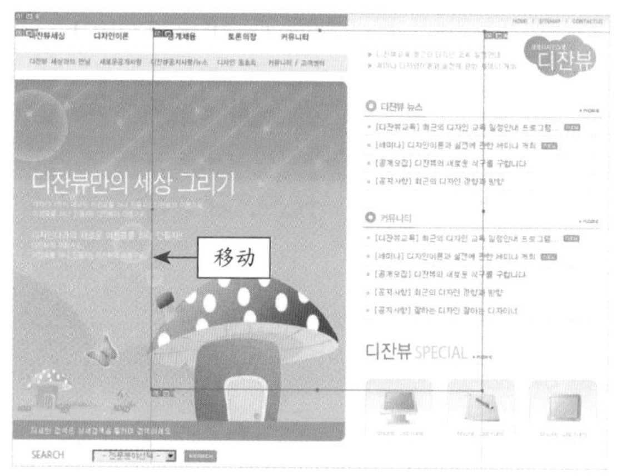

图 17-41 移动切片

自学自练——调整切片

在 Photoshop CS6 中，使用切片选择工具，选定要调整的切片，此时切片的周围会出现 8 个控制柄，可以对这 8 个控制柄进行拖移，来调整切片的位置和大小。

Step 01 按【Ctrl + O】组合键，打开已创建切片的素材图像“鲜花.jpg”，如图 17-42 所示。

Step 02 选取工具箱中的切片选择工具，将鼠标移至图像编辑窗口中的切片内，单击鼠标左键，调出变换控制框，如图 17-43 所示。

Step 03 将鼠标移至变换控制框下方的控制柄上，此时鼠标指针呈双向箭头形状，单击鼠标左键并向下方拖曳，调整切片，效果如图

17-44 所示。

图 17-42 素材图像

图 17-43 调出变换控制框

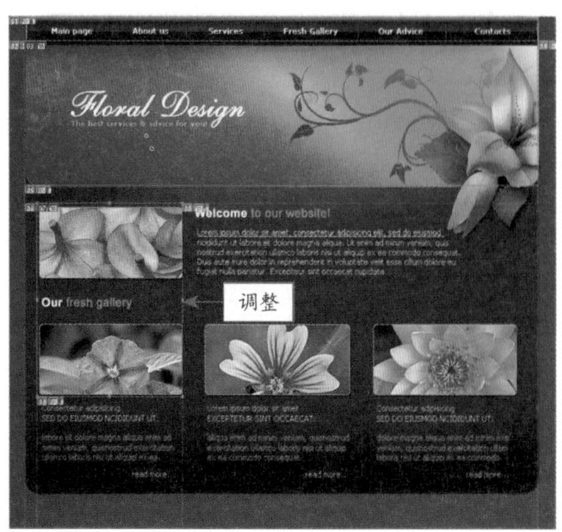

图 17-44 调整切片

自学自练——转换切片

在 Photoshop CS6 中，当创建用户切片后，用户切片与自动切片之间可以相互进行转换。使用切片选择工具，选定要转换的自动切片，单击工具属性栏中的“提升”按钮，可以转换切片。

Step 01 按【Ctrl + O】组合键，打开素材图像“网页 1.jpg”，如图 17-45 所示。

图 17-45 素材图像

Step 02 在工具箱中选取切片工具，移动鼠标至图像编辑口中，单击鼠标左键并拖曳，创建切片，如图 17-46 所示。

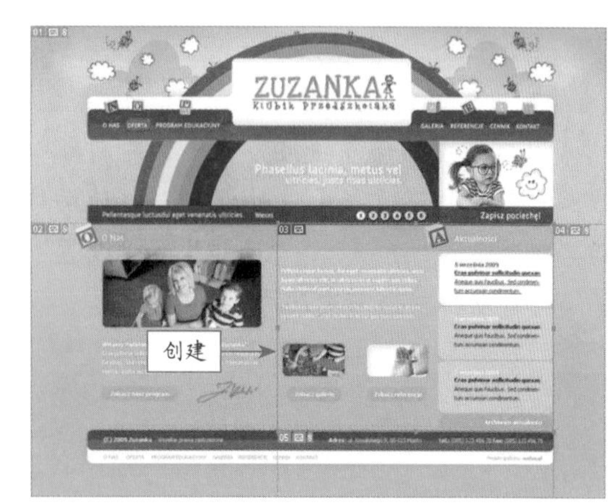

图 17-46 创建切片

Step 03 选取工具箱中的切片选择工具，将鼠标移至图像编辑窗口中下侧的自动切片内，单击鼠标右键，在弹出的快捷菜单中选择“提升到用户切片”选项，如图 17-47 所示。

Step 04 执行操作后，即可转换切片，效果如

图 17-48 所示。

图 17-47 选择“提升到用户切片”选项

图 17-48 转换切片

专家提醒

用户将自动切片转换为用户切片，可以防止自动切片在重新生成时更改，自动切片的“划分”、“组合”、“连接”和“设置”选项会自动转换为用户切片的各个选项。

自学自练——隐藏 / 显示切片

在 Photoshop CS6 中，用户可以运用菜单栏中的“隐藏”|“切片”命令，隐藏当前图像的所有切片。而运用菜单栏中的“显示”|“切片”命令，即可显示当前图像的所有切片。

Step 01 按【Ctrl + O】组合键，打开已创建切片的素材图像“网页 2.jpg”，如图 17-49 所示。

Step 02 单击菜单栏中的“视图”|“显示”|“切片”命令，隐藏“切片”命令前的对勾符号 ☑，即可隐藏切片，效果如图 17-50 所示。

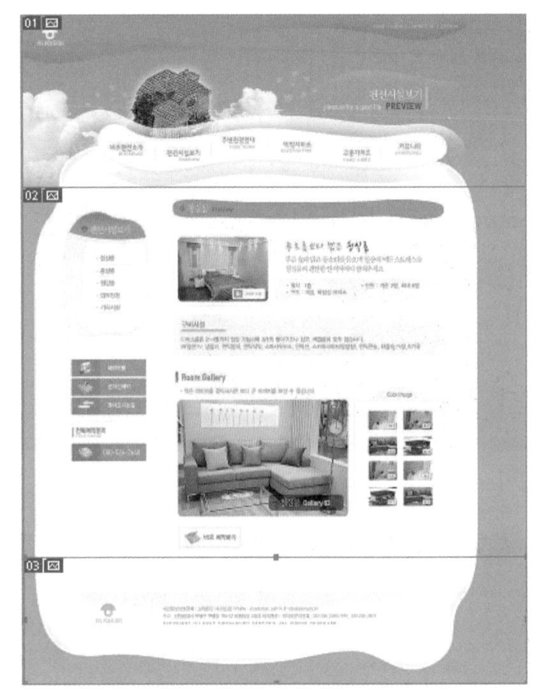

图 17-49 素材图像

图 17-50 隐藏切片

Step 03 单击菜单栏中的“视图”|“显示”|“切片”命令，使“切片”命令前显示对勾符号 ☑，即可显示切片。

自学基础——锁定切片

在 Photoshop CS6 中，运用锁定切片功能可以阻止在编辑操作中重新调整切片的尺寸、移动切片，甚至变更切片。用户可以在已创建切片的图像中（如图 17-51 所示），单击菜单栏中的“视图”|“锁定切片”命令，锁定切片。

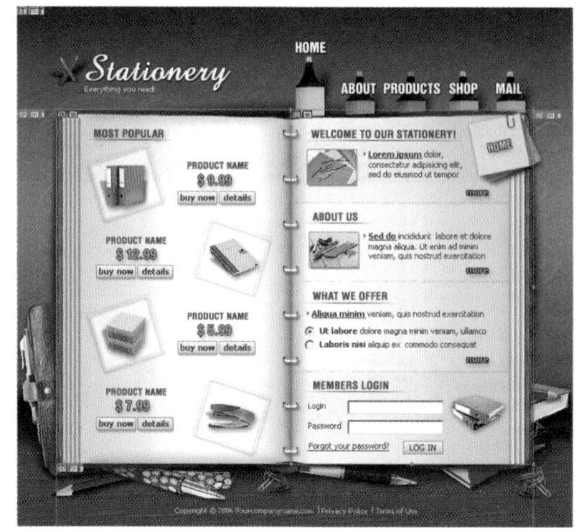

图 17-51 素材图像

自学基础——清除切片

在 Photoshop CS6 中，运用“清除切片”命令可以清除当前图像编辑窗口中的所有切片。用户可以打开一幅已创建切片的素材图像“商务网页 .psd”，如图 17-52 所示，单击菜单栏中的“视图”|“清除切片”命令，即可清除切片，如图 17-53 所示。

图 17-52 素材图像

图 17-53 清除切片

18 Chapter 创建与编辑动作

用户可以使用 Photoshop CS6 提供的自动化功能，它是提高工作效率的专家，将编辑图像的许多步骤简化为一个动作。动作是用于处理单个或批量文件的一系列命令，可以大大地提高设计师们的工作效率。本章主要讲述动作的创建与编辑以及如何制作效果与批量处理图像的方法。

本章内容导航

- 初识动作
- 创建与编辑动作
- 运用动作制作木质相框
- 运用动作制作暴风雪
- 批处理图像
- 创建快捷批处理
- 裁剪并修齐照片
- 运用 HDR Pro 合并图像
- 运用命令合并生成全景
- 运用“条件模式更改”转换颜色模式
- 制作 PDF 演示文稿
- 制作 Web 照片画廊

18.1 初识动作

在 Photoshop 中，设计师们不断追求更高的设计效率，动作的出现无疑极大地提高了设计师们的操作效率。使用动作可以减少许多操作，大大降低了工作的重复度。例如，在转换百张图像的格式时，用户无需一一进行操作，只需对这些图像文件应用一个设置好的动作，即可一次性完成对所有图像文件的相同操作。

自学基础——动作的基本功能

Photoshop 提供了许多现成的动作以提高操作人员的工作效率，但在大多数情况下，操作人员仍然需要自己录制大量新的动作，以适应不同的工作情况。

1. 将常用操作录制成为动作

用户根据自己的习惯将常用操作的动作记录下来，在设计工作中更加方便。

2. 与“批处理”结合使用

单独使用动作尚不足以充分显示动作的优点，如果将动作与“批处理”命令结合起来，则能够成倍放大动作的威力。

自学基础——“动作”面板

“动作”面板是建立、编辑和执行动作的主要场所，在该面板中用户可以记录、播放、编辑或删除单个动作，也可以存储和载入动作文件。单击菜单栏中的“窗口”|“动作”命令或按【Alt + F9】组合键，即可打开“动作”面板。

“动作”面板以标准模式和按钮模式存在，分别如图 18-1 和图 18-2 所示。

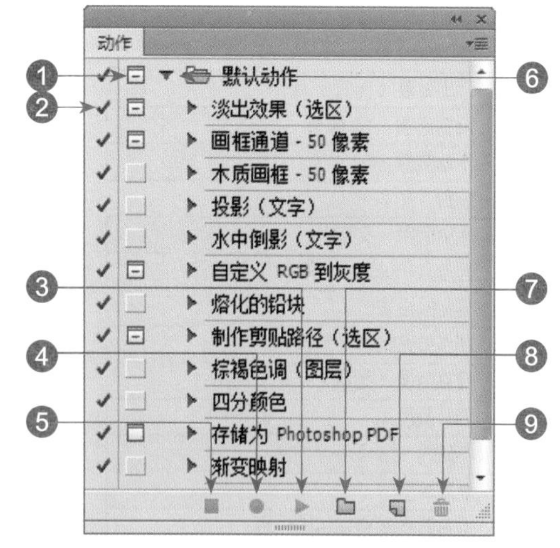

图 18-1　标准模式

❶“切换对话开 / 关”图标：当面板中出现这个图标时，动作执行到该步时将暂停。

❷“切换项目开 / 关”图标：可设置允许 / 禁止执行动作组中的动作、选定的部分动作或动作中的命令。

❸“播放选定的动作”按钮：单击该按钮，可以播放当前选择的动作。

❹“开始记录”按钮：单击该按钮，可以开始录制动作。

❺“停止播放 / 记录”按钮：该按钮只有在记录动作或播放动作时才可以使用，单击该按钮，可以停止当前的记录或播放操作。

❻“展开 / 折叠”图标：单击该图标可以展开 / 折叠动作组，以便存放新的动作。

❼“创建新组”按钮：单击该按钮，可以创建一个新的动作组。

❽“创建新动作”按钮：单击该按钮，可以创建一个新的动作。

❾“删除”按钮：单击该按钮，可以删除所选动作。

> **专家提醒**
>
> 要切换标准模式与按钮模式，可以在“动作”面板右上角的“动画面板菜单”按钮上单击鼠标左键，在弹出的“动作”面板菜单中选择“标准模式”或“按钮模式”选项。

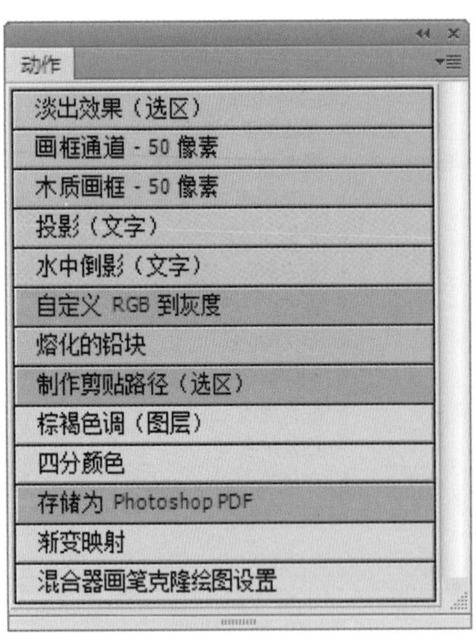

图 18-2　按钮模式

自学基础——动作与自动化命令的关系

动作与自动化命令都被用于提高工作效率，不同之处在于，动作的灵活性更大，而自动化命令类似于由Photoshop录制完成的动作。

自动化命令包括“批处理”、“创建快捷批处理”、“裁剪并修齐图像”、“Photomerge”、“合并到 HDR Pro”、“镜头校正”、“条件模式更改”、“限制图像”等命令。

18.2 创建与编辑动作

使用“动作”面板可以对动作进行记录，在记录完成之后，还可以执行插入等编辑操作。本节主要向读者介绍创建动作、录制动作、播放动作、再次记录动作、复制与加载动作、删除与保存动作、替换与复位动作、新增动作组、插入停止、插入菜单选项等操作方法。

自学基础——创建动作

在使用动作之前，需要对动作进行创建。用户可以单击菜单栏中的“窗口”|“动作”命令，弹出“动作”面板，如图 18-3 所示。再单击“动作”面板底部的“创建新动作”按钮，弹出“新建动作”对话框，在其中设置动作名称，如图 18-4 所示，单击“记录”按钮，即可创建新的动作。

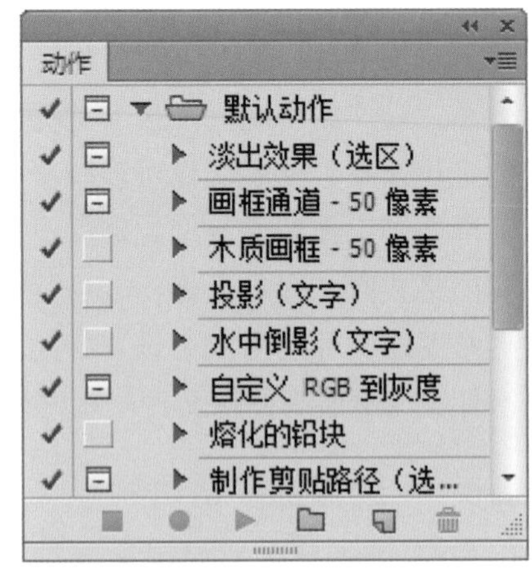

图 18-3　“动作”面板

图 18-4　“新建动作”对话框

专家提醒

“新建动作”对话框中“功能键”下拉列表框和“颜色”下拉列表的含义如下。

◆ “功能键”下拉列表：在下拉列表框中选择一个功能键，在播放动作时，可直接按该功能键播放动作。

◆ “颜色”下拉列表：在下拉列表框中选择一个颜色，作为在命令按钮显示模式下新动作的颜色。

自学自练——录制动作

在创建动作之后，需要对动作进行录制。下面向读者介绍录制动作的操作方法。

Step 01 按【Ctrl + O】组合键，打开素材图像“极限滑雪.psd”，如图 18-5 所示。

Step 02 在“图层”面板中，选择“背景”图层，如图 18-6 所示。

图 18-5　素材图像

图 18-6　选择“背景”图层

Step 03 展开“动作”面板，单击面板底部的“创建新动作”按钮，弹出“新建动作”对话框，如图 18-7 所示，单击“记录”按钮，即可开始录制动作。

图 18-7　“新建动作”对话框

Step 04 单击菜单栏中的“滤镜”|“模糊”|“径向模糊”命令，弹出“径向模糊”对话框，在其中设置各选项，如图 18-8 所示。

Step 05 单击“确定”按钮，即可径向模糊图像，此时图像编辑窗口中的效果如图 18-9 所示。

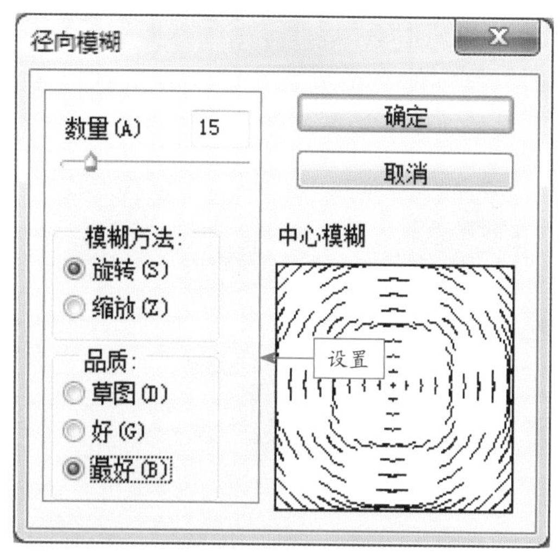

图 18-8　设置各选项

图 18-9　径向模糊图像效果

Step 06 单击“动作”面板底部的“停止播放/记录”按钮，完成新动作的录制。

> **专家提醒**
>
> 在录制状态中应该尽量避免执行无用操作，例如在执行某个命令后虽然可按【Ctrl＋Z】组合键，撤销此命令，但在“动作”面板中仍然记录此命令。

自学基础——播放动作

在 Photoshop CS6 中，预设了一系列的动作，用户可以选择任意一种动作，进行播放。

用户可以打开素材图像“糕点 .jpg”，然后单击菜单栏中的“窗口”|“动作”命令，展

开“动作”面板，选择“渐变映射”动作，单击面板底部的“播放选定的动作”按钮▶，即可播放动作，效果如图 18-10 所示。

图 18-10 播放动作前后图像的对比效果

自学基础——再次记录动作

再次记录动作时仍以动作中原有的命令为基础，打开对话框，让用户重新设置对话框中的参数。如图 18-11 所示，用户在“动作”面板中选择“渐变映射”动作，并单击面板右上方的“动画面板菜单”按钮，在弹出的“动画”面板菜单上选择“再次记录”选项，如图 18-12 所示，即可将动作重新记录。

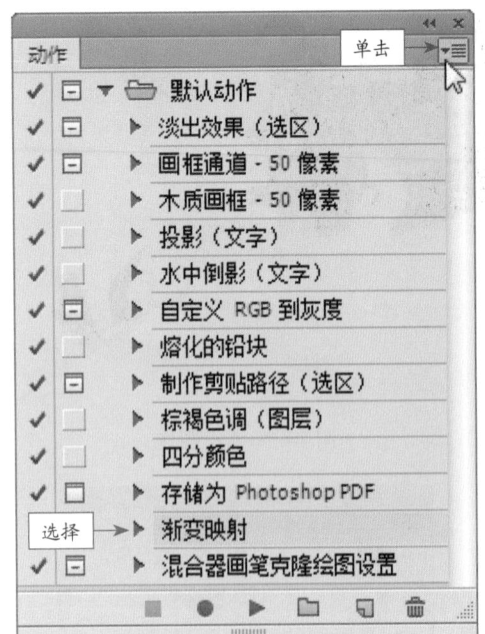

图 18-11 “动作”面板

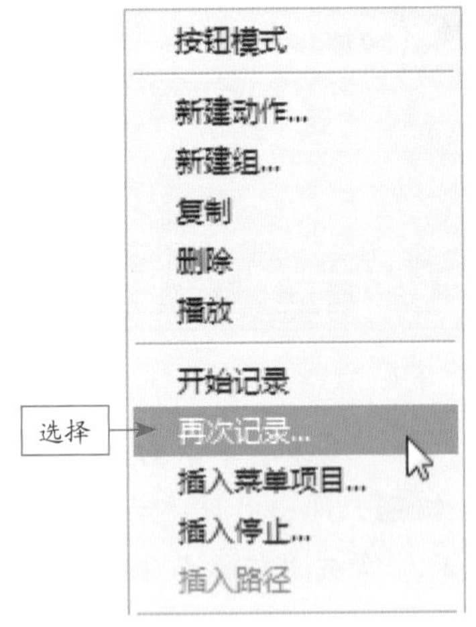

图 18-12 选择“再次记录”选项

自学基础——复制与加载动作

进行动作操作时，有些动作是相同的，可以将其复制，提高工作效率，而加载动作可将在网上下载的或者磁盘中所存储的动作文件添加到当前的动作列表之后。

在“动作”面板中，选择“投影（文字）”动作，单击面板右上方的“动画面板菜单”按钮，在弹出的“动画”面板菜单中选择“复制”选项，就可以复制动作。如图 18-13 所示为复制动作前后“动作”面板的对比效果。

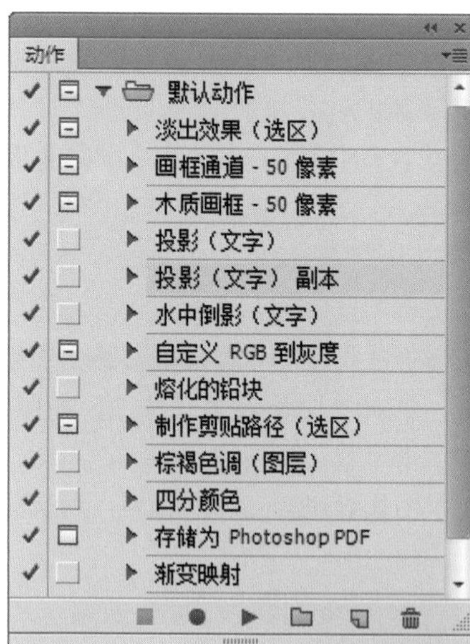

图 18-13 复制动作前后“动作”面板的对比效果

专家提醒

复制动作也可在按住【Alt】键的同时，将要复制的命令或动作拖曳至“动作”面板中的新位置，或者将动作拖曳至“动作”面板底部的“创建新动作”按钮上。

在“动作”面板中，单击面板右上方的“动画面板菜单”按钮，在弹出的“动画”面板菜单中选择“载入动作”选项，弹出“载入”对话框，如图 18-14 所示，选择需要载入的动作选项，单击“载入”按钮，即可在“动作”面板中载入“图像效果”动作组，如图 18-15 所示。

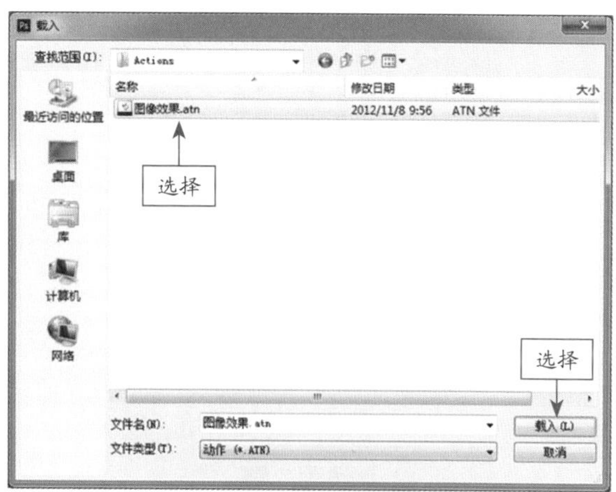

图 18-14 “载入”对话框

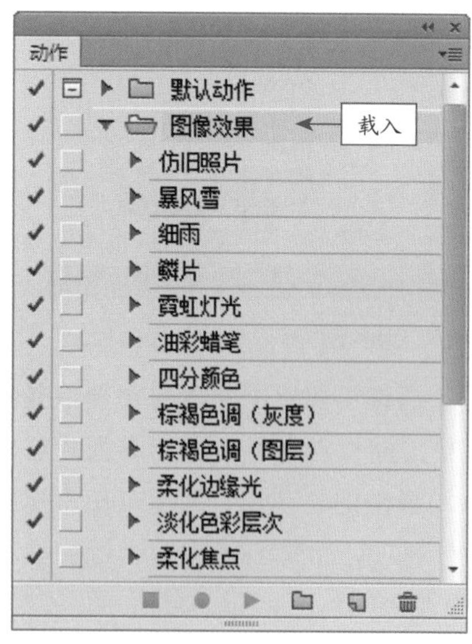

图 18-15 载入“图像效果”动作组

自学基础——删除与保存动作

在编辑动作时，用户可以删除不需要的动作，也可以将新的动作保存。

在“动作”面板中，选择“四分颜色”动作，单击“动作”面板右上方的“动画面板菜单”按钮，在弹出的“动画”面板菜单中，选择“删除”选项，弹出提示信息框，单击“确定”按钮，即可删除动作。如图 18-16 所示为删除动作前后“动作”面板的对比效果。

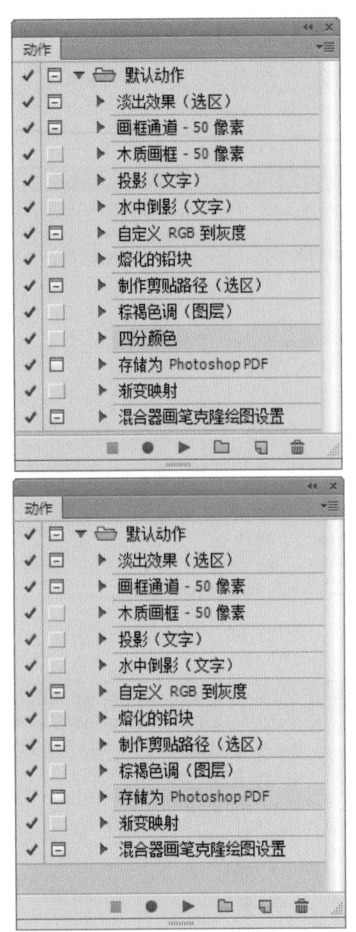

图 18-16 删除动作前后“动作”面板的对比效果

在“动作”面板中，选择“图像效果”动作组，单击面板右上方的“动画面板菜单”按钮，在弹出的“动画”面板菜单中选择“存储动作”选项，如图 18-17 所示，弹出“存储”对话框，如图 18-18 所示，单击“保存”按钮，即可存储动作。

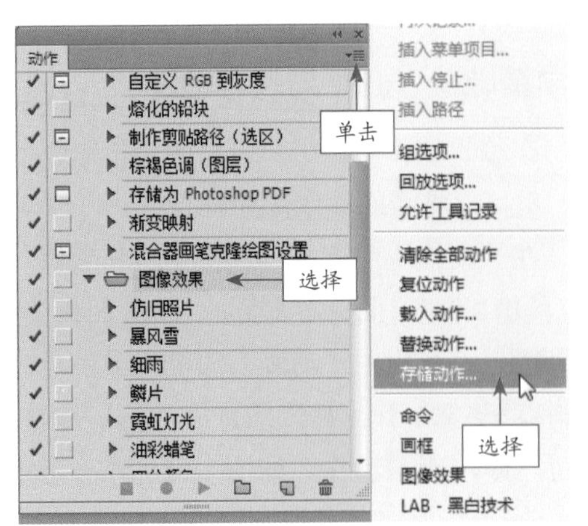

图 18-17 选择“存储动作”选项

图 18-18 “存储”对话框

自学基础——替换与复位动作

替换动作可以将当前所有动作替换为从硬盘中装载的动作文件，复位动作将使用安装时的默认动作代替当前“动作”面板中的所有动作。

在“动作”面板中单击面板右上方的“动画面板菜单”按钮，在弹出的“动画”面板菜单中选择“替换动作”选项，弹出“载入”对话框，选择“图像效果”选项，如图 18-19 所示，单击“载入”按钮，即可在“动作”面板中用“图像效果”动作组替换“默认动作”动作组，如图 18-20 所示。

图 18-19 “载入”对话框

图 18-20 替换“默认动作”动作组

在“动作”面板中，单击面板右上方的“动画面板菜单”按钮，在弹出的“动画”面板菜单中选择“复位动作”选项，弹出提示信息框，如图 18-21 所示，单击“确定”按钮，即可复位动作，如图 18-22 所示。

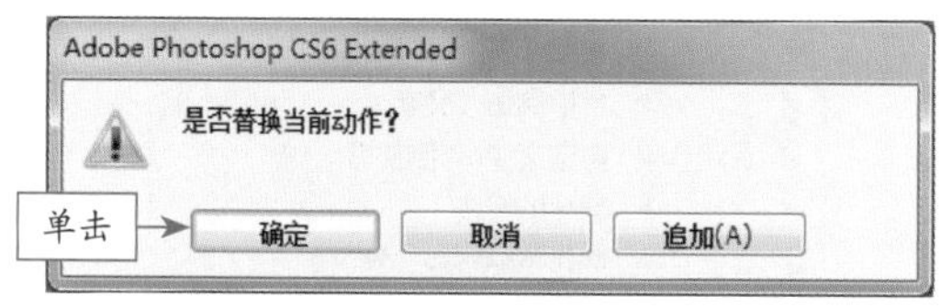

图 18-21 信息提示框

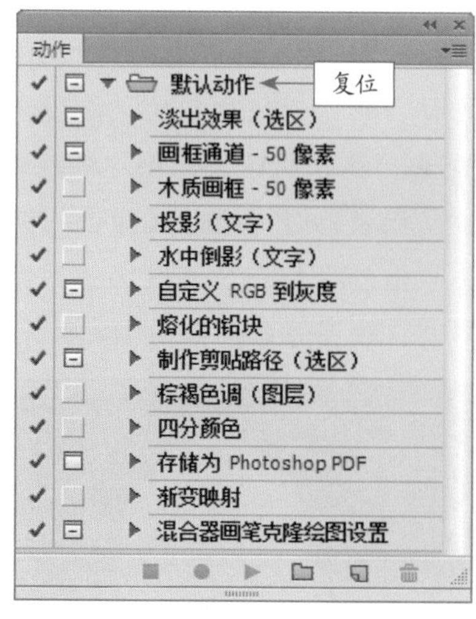

图 18-22 复位动作

自学基础——新增动作组

在 Photoshop CS6 中，“动作”面板中默认状态下只显示“默认动作”组，单击“动作”面板右上角的“动画面板菜单”按钮，在弹出的“动画”面板菜单中选择“载入动作”选项，可载入 Photoshop CS6 中预设的或其他用户录制的动作组。

单击菜单栏中的“窗口”|“动作”命令，在展开的“动作”面板中单击右上角的“动画面板菜单”按钮，在弹出的“动画”菜单面板中选择“图像效果”选项，如图 18-23 所示，执行上述操作后，即可新增“图像效果”动作组，如图 18-24 所示。

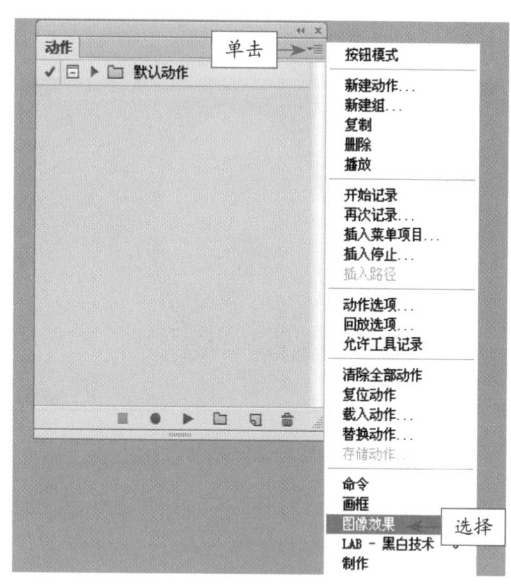

图 18-23 选择“图像效果”选项

图 18-24 新增“图像效果”动作组

自学自练——插入停止

由于动作无法记录用户在 Photoshop CS6 中执行的所有操作（例如绘制类操作就无法被记录在动作中），因此如果在录制动作的过程中，某些操作无法被录制，但又必须执行，则可以在录制过程中插入一个“停止”提示框，以提示用户手动执行这些操作。执行“插入停止”命令后，在执行动作时就可以手动调整动作参数。

Step 01 按【Ctrl + O】组合键，打开素材图像“破壳.jpg”，如图 18-25 所示。

图 18-25 素材图像

Step 02 在“动作”面板中选择“木质画框 -50 像素”选项，单击面板右上方的“动画面板菜单”按钮，在弹出的“动画”面板菜单中选择“插入停止”选项，如图 18-26 所示。

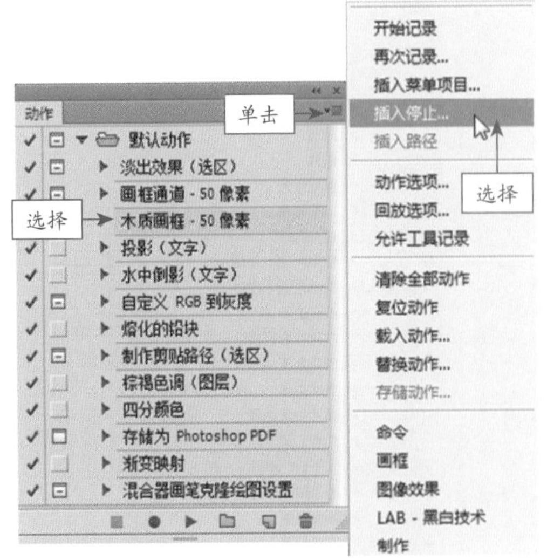

图 18-26 选择“插入停止”选项

Step 03 执行操作后，弹出“记录停止”对话框，选中“允许继续”复选框，如图 18-27 所示。

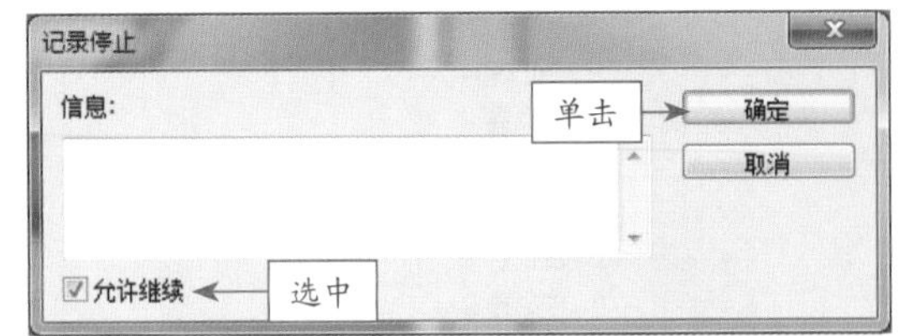

图 18-27 “记录停止”对话框

Step 04 单击“确定”按钮，即可在“动作”面板的“设置选区”动作下方插入“停止”命令，如图 18-28 所示。

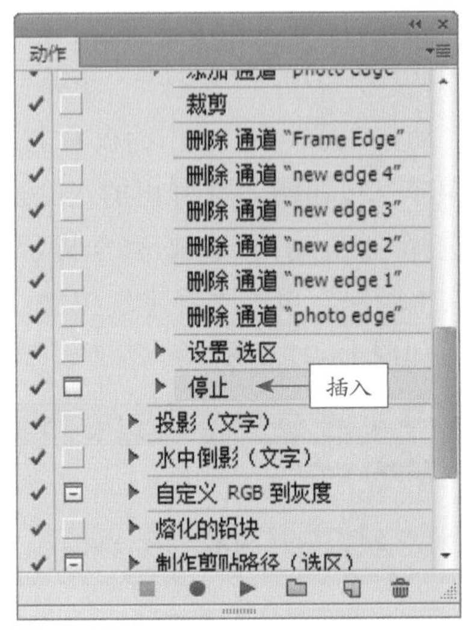

图 18-28 插入“停止”命令

Step 05 选择“动作”面板中的“木质画框 -50 像素”动作，单击面板底部的“播放选定的动作”按钮，弹出提示信息框，单击“继续”按钮，继续播放动作，此时又弹出一提示信息框，单击“继续”按钮，继续播放动作，此时图像编辑窗口中图像效果如图 18-29 所示。

图 18-29 图像效果

自学基础——插入菜单选项

由于动作并不能记录所有的命令操作，此时就需要用户插入菜单命令，以在播放动作时正确地执行所插入的动作。

在“动作”面板中选择“水中倒影（文字）”动作，单击面板右上方的“动画面板菜单”按钮，在弹出的“动画”面板菜单中选择“插入菜单项目”选项，弹出“插入菜单项目”对话框，如图 18-30 所示。单击菜单栏中的“滤镜”|“模糊”|“动感模糊”命令，在弹出的“插入菜单项目”对话框显示插入“动感模糊”选项，如图 18-31 所示，单击“确定”按钮，即可在面板中显示插入的“动感模糊”选项。

图 18-30 “插入菜单项目”对话框

图 18-31 插入“动感模糊”选项

18.3 运用动作制作效果

经常使用的两个或多个命令及其他操作组合为一个动作，在执行相同操作时，直接执行该动作即可。在 Photoshop CS6 中编辑图像时，用户可以播放“动作”面板中自带的动作，用于快速处理图像。

自学基础——运用动作制作木质相框

在 Photoshop CS6 中，用户可以应用动作快速制作木质相框。快速制作木质相框的方法很简单，用户只需单击菜单栏中的“窗口”|“动作”命令，在展开的“动作”面板中单击右上方的“动画面板菜单”按钮，在弹出的“动画”菜单面板中选择“画框”选项，即可新增“画框”动作组。在“画框”动作组中选择“木质画框 -50 像素”选项，单击面板底部的“播放选定的动作”按钮，弹出提示信息框，单击“继续”按钮，即可制作出木质相框。如图 18-32 所示为快速制作木质相框前后的对比效果。

图 18-32 制作木质相框前后的对比效果

自学基础——运用动作制作暴风雪

在 Photoshop CS6 中，用户可以应用动作快速制作暴风雪效果。快速制作暴风雪的方法很简单，用户只需在展开的“动作”面板中单击右上方的“动画面板菜单”按钮，在弹出的“动画”菜单面板中选择“图像效果”选项，即可新增“图像效果”动作组。在“图像效果”动作组中选择“暴风雪”选项，单击面板底部的“播放选定的动作”按钮，在“图层”面板中，将“填充”设置为 70%。如图 18-33 所示为快速制作暴风雪前后的对比效果。

图 18-33　制作暴风雪前后的对比效果

18.4 批量自动处理图像

自动化功能是 Photoshop CS6 为用户提供的快速完成工作任务、大幅度提高工作效率的功能。自动化功能包括批处理、创建快捷批处理、裁剪并修齐照片等。

自学基础——批处理图像

批处理就是将一个指定的动作应用于某文件夹下的所有图像或当前打开的多个图像。在使用批处理命令时，需要进行批处理操作的图像必须保存于同一个文件夹中或全部打开，执行的动作也需要提前载入至“动作”面板。单击菜单栏中的“文件”|“自动”|“批处理”命令，弹出“批处理”对话框，在其中设置各选项，如图 18-34 所示，单击“确定”按钮。执行操作后，即可批处理同文件夹内的图像，单击菜单栏中的“窗口”|“排列”|“平铺”命令，可以平铺批处理图像，效果如图 18-35 所示。

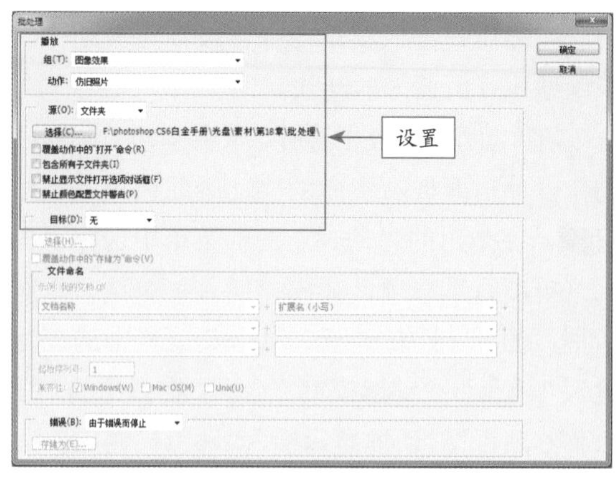

图 18-34　“批处理”对话框

图 18-35　批处理图像

自学基础——创建快捷批处理

快捷批处理可以看作用来批处理动作的一个快捷方式。动作是创建快捷批处理的基础。在创建快捷批处理之前，必须在“动作”面板中创建所需要的动作。单击菜单栏中的“文件”|“自动”|“创建快捷批处理”命令，即可弹出“创建快捷批处理”对话框，如图 18-36 所示，单击“选择”按钮，弹出“存储”对话框，设置各选项，如图 18-37 所示，单击“保存”按钮，再单击“确定”按钮，即可保存快捷批处理。

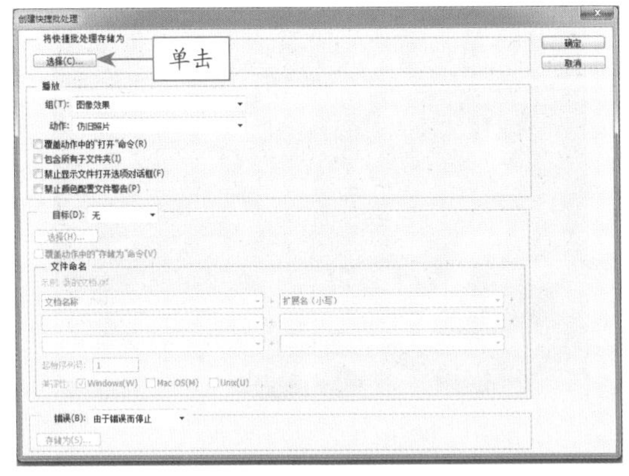

图 18-36 “创建快捷批处理”对话框

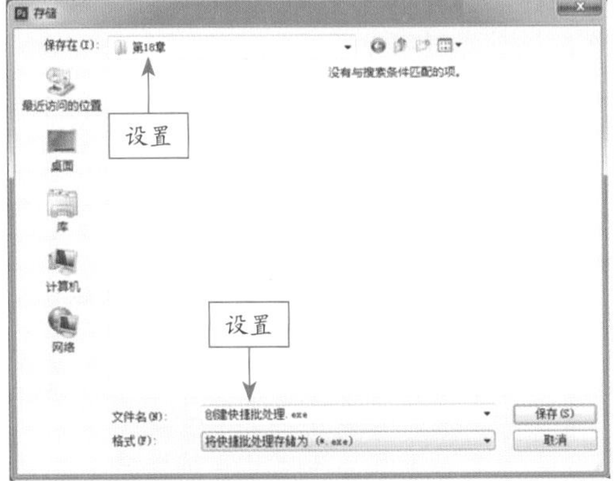

图 18-37 “存储”对话框

自学基础——裁剪并修齐照片

在扫描图片时，如果同时扫描了多张，可以通过“裁剪并修齐”命令将扫描的图片从大的图像中分割出来，并生成单独的图像文件。用户可以单击菜单栏中的“文件”|“自动”|“裁剪并修齐照片”命令，即可自动裁剪并修齐照片，如图 18-38 所示。

图 18-38 自动裁剪并修齐照片

自学基础——运用 HDR Pro 合并图像

HDR 图像是通过合成多幅以不同曝光度拍摄的同一场景或同一人物的照片而创建的高动态范围图片，主要用于影片、特殊效果、3D 作品及某些高端图片。

单击菜单栏中的“文件”|“自动”|“合并到 HDR Pro”命令，弹出“合并到 HDR Pro”对话框，单击“浏览”按钮，选择 4 幅素材图片，依次单击“确定”按钮，弹出“手动设置曝光值”话框。设置 ISO 均为 100，单击“确定”按钮，弹出“合并到 HDR Pro”对话框，如图 18-39 所示，设置各选项，单击“确定”按钮，即可将 4 幅曝光不同的图像合成，如图 18-40 所示。

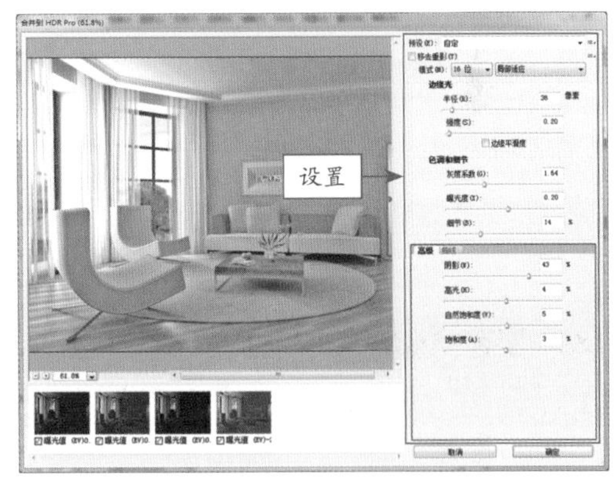

图 18-39 “合并到 HDR Pro”对话框

图 18-40 合成图像

自学基础——运用命令合并生成全景

Photoshop 提供了一系列可以自动处理照片的命令，通过这些命令可以合并全景照片、裁剪照片、限制图像的尺寸、自动对齐图层等。

单击菜单栏中的“文件”|“自动”|“Photomerge”命令，弹出“Photomerge”对话框，如图 18-41 所示，单击“浏览”按钮，打开 3 幅素材图像，在“Photomerge”对话框中，选中“调整位置”单选按钮，单击“确定”按钮，即可合并全景图像，效果如图 18-42 所示。

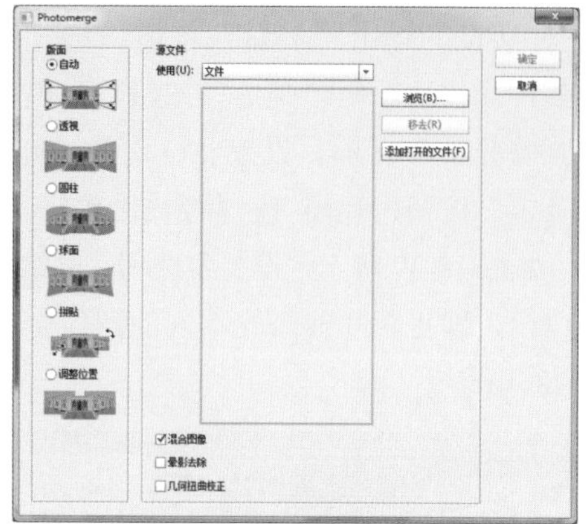

图 18-41 “Photomerge”对话框

图 18-42 合并全景图像

▶ 专家提醒

用于合成全景图的各张照片都要有一定的重叠内容，Photoshop 需要识别这些重叠的地方才能拼接照片，一般来说，重叠处应该占照片的 10%~15% 即可。

自学自练——运用“条件模式更改”转换颜色模式

运用“条件模式更改”命令可根据图像原来的模式将图像的颜色模式更改为用户指定的模式。

Step 01 按【Ctrl + O】组合键，打开素材图像“花朵.jpg”，如图 18-43 所示。

图 18-43 素材图像

Step 02 单击菜单栏中的“文件”|“自动”|“条件模式更改”命令，弹出“条件模式更改”对话框，设置各选项，如图 18-44 所示。

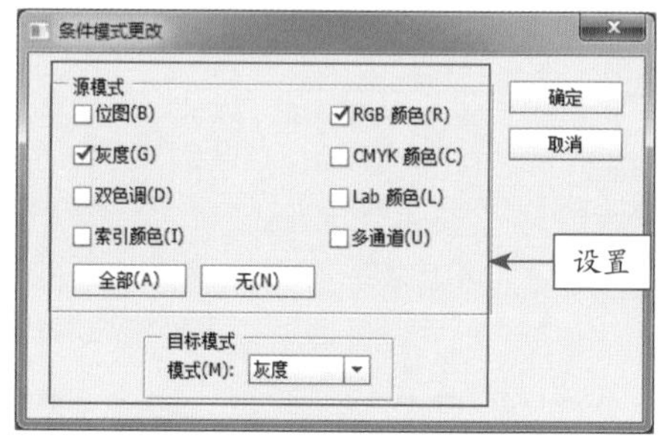

图 18-44 设置各选项

Step 03 单击“确定”按钮，弹出提示信息框，如图 18-45 所示。

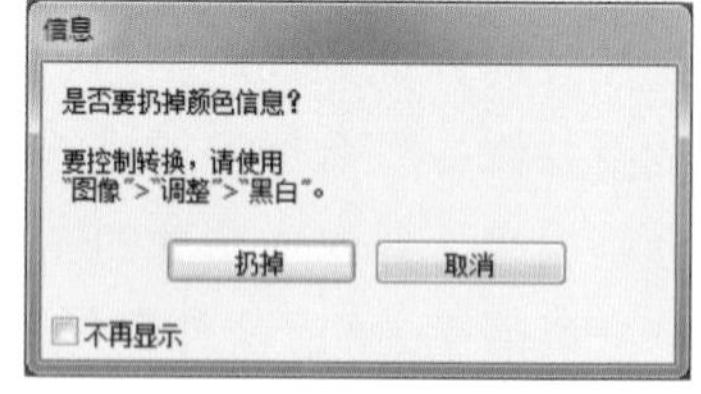

图 18-45 提示信息框

Step 04 单击“扔掉”按钮，即可更改图像的条件模式，效果如图 18-46 所示。

图 18-46 更改图像的条件模式

> **专家提醒**
>
> “条件模式更改”对话框中两个选项组的含义如下。
>
> ◆ “源模式”选项组：用来选择源文件的颜色模式，只有与选择的颜色模式相同的文件才可以被更改。单击“全部”按钮，可选择所有可能的模式，单击“无”按钮，则不需安装任何模式。
>
> ◆ “目标模式”选项组：用来设置图像转换后的颜色模式。

自学自练——制作 PDF 演示文稿

PDF 格式是一种跨平台的文件格式，Adobe Illustrator 和 Adobe Photoshop 都可以直接将文件存储为 PDF 格式。

Step 01 单击菜单栏中的“文件”|“自动”|“PDF 演示文稿”命令，弹出“PDF 演示文稿”对话框，如图 18-47 所示。

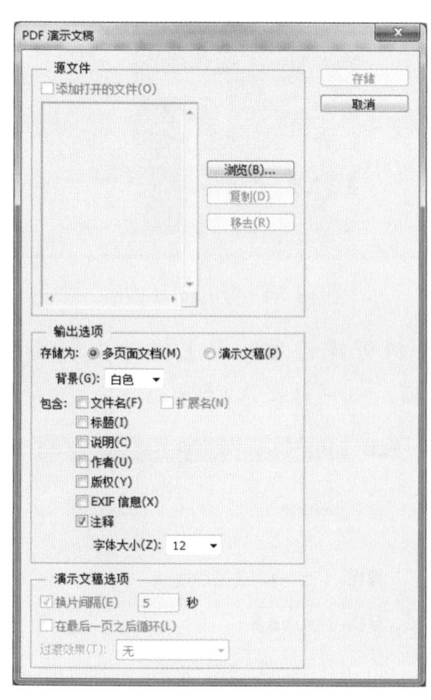

图 18-47 “PDF 演示文稿”对话框

Step 02 单击“浏览”按钮，弹出“打开”对话框，选择相应文件，如图 18-48 所示，单击“打开”按钮。

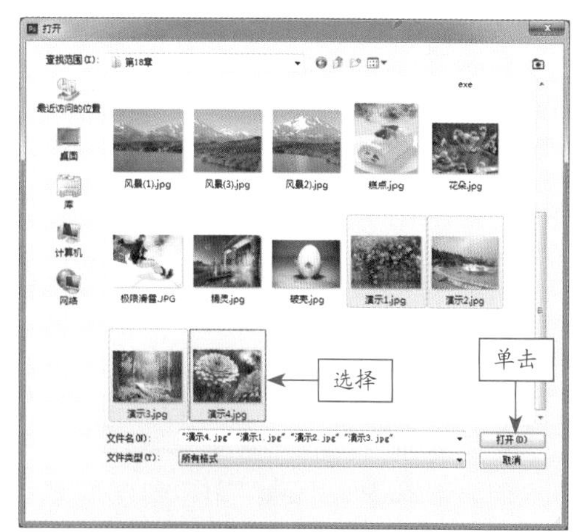

图 18-48 选择相应文件

Step 03 执行上步操作后，在“PDF 演示文稿”对话框的“源文件”列表框中显示添加的相应文件，如图 18-49 所示。

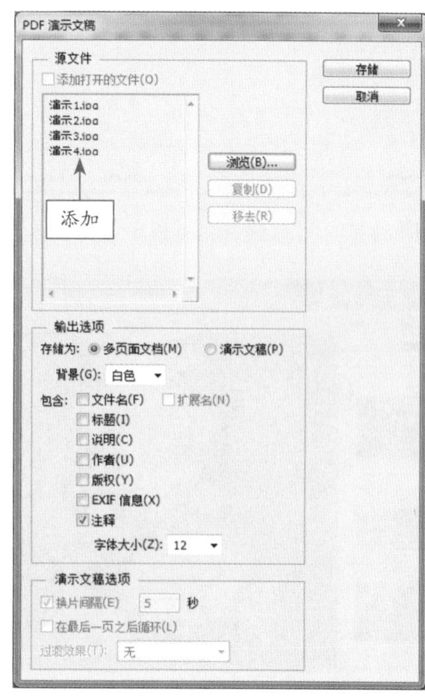

图 18-49 显示添加的相应文件

Step 04 单击“存储”按钮，弹出“存储”对话框，设置保存路径和名称，如图 18-50 所示。

Step 05 单击“保存”按钮，弹出“存储 Adobe PDF”对话框，如图 18-51 所示。

Step 06 单击“存储 PDF”按钮，即可将文件存储为 PDF 格式，在相应文件夹中可以查看该 PDF 演示文稿，如图 18-52 所示。

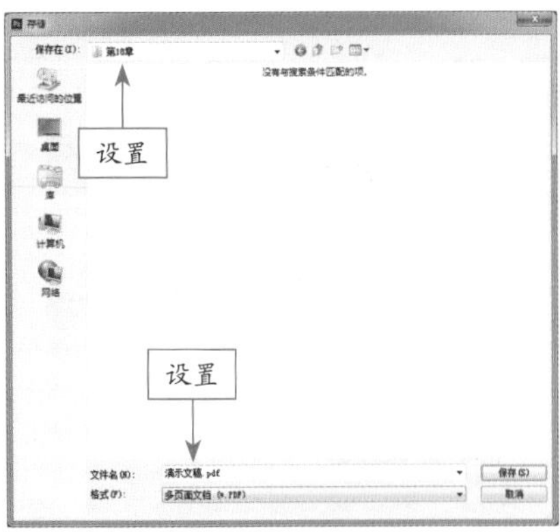

图 18-50 “存储”对话框

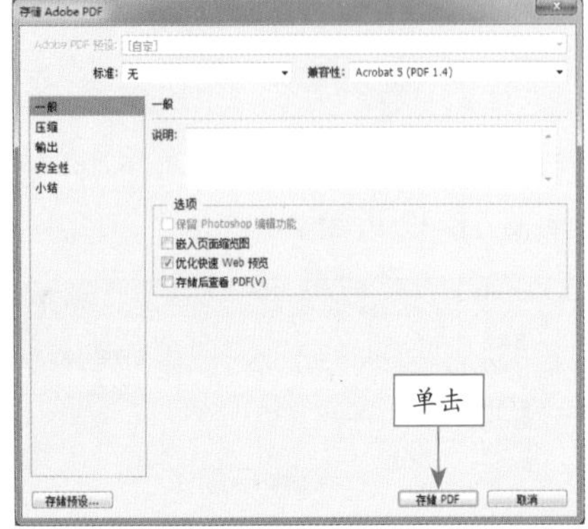

图 18-51 “存储 Adobe PDF”对话框

图 18-52 查看 PDF 演示文稿

自学自练——制作 Web 照片画廊

“Web 照片画廊”命令可以从许多图像中自动合成一个小型的图像网站，适合制作网页的专业人士使用。

Step 01 单击菜单栏中的“文件”|“在 Bridge 中浏览（B）……”命令，打开“Bridge”窗口，单击“输出”标签，展开“输出”面板，如图 18-53 所示。

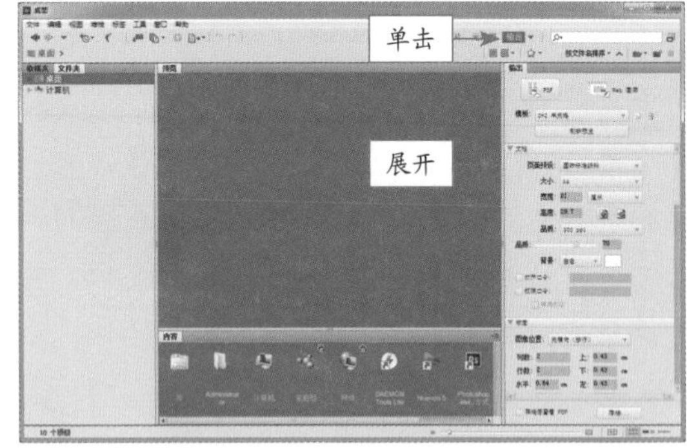

图 18-53 展开“输出”面板

Step 02 单击“文件夹”选项卡，在其中选择需要的文件夹，在“内容”选项面板中，在按住【Ctrl】键的同时，单击鼠标左键选择多张图片，即可在“预览”选项区中查看图片内容，如图 18-54 所示。

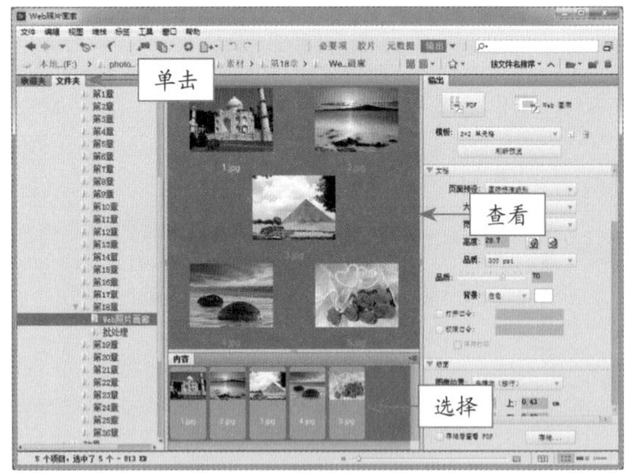

图 18-54 查看图片内容

Step 03 执行操作后，设置“输出”选项区中的各选项，如图 18-55 所示。

图 18-55 设置各选项

Step 04 单击“输出”选项面板中的“在浏览器中预览”按钮，即可预览照片画廊，如图 18-56 所示。

图 18-56 预览照片画廊

Step 05 在“创建画廊”选项区中，单击“存储位置”右侧的“浏览”按钮，弹出“选择文件夹”对话框，设置“选择 Adobe Web 画廊的位置”的存储位置，如图 18-57 所示，单击“确定”按钮。

图 18-57 设置存储位置

Step 06 在“Web 照片画廊”选项面板中，单击“存储”按钮，弹出提示信息框，如图 18-58 所示，单击“确定”按钮，即可创建 Web 照片画廊。

图 18-58 提示信息框

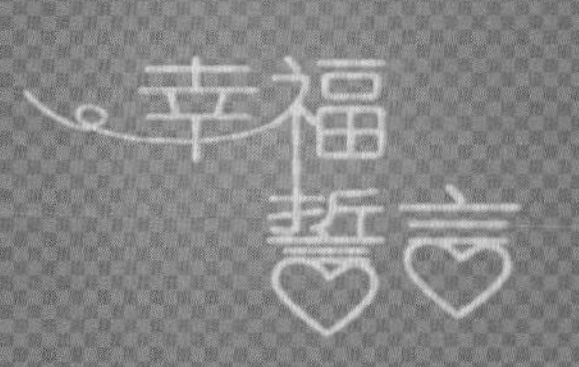

19 Chapter

创建与编辑视频

视频泛指将一系列静态影像以电信号方式加以捕捉、纪录、处理、储存、传送与重现的各种技术。本章主要向读者介绍了解与编辑视频图层、创建与导入视频、编辑视频文件的操作方法，希望读者可以熟练掌握，制作出更多漂亮的视频效果。

本章内容导航

- 认识视频图层
- 编辑视频图层
- 新建视频图像
- 导入视频帧
- 导入视频文件
- 导入图像序列
- 调整像素长宽比
- 解释图像素材
- 新建与删除空白视频帧
- 设置视频不透明度
- 替换素材
- 渲染与导出视频

19.1 认识与编辑视频图层

Photoshop 可以编辑视频的各个帧和图像序列文件。除了使用任意 Photoshop 工具在视频上进行编辑和绘制之外，还可以应用滤镜、蒙版、变换、图层样式和混合模式编辑视频。

自学基础——认识视频图层

在 Photoshop CS6 中打开视频文件或图像序列时，帧将包含在视频图层中。在“图层”面板中，视频图层以胶片图标进行标识。视频图层可让用户使用画笔工具和图章工具在各个帧上进行绘制和仿制。与使用常规图层类似，可以创建选区或应用蒙版以限定对帧的特定区域进行编辑。

自学基础——编辑视频图层

通过调整混合模式、不透明度、位置和图层样式，可以像使用常规图层一样编辑视频图层，也可以在“图层”面板中对视频图层进行编组。调整图层可让用户将颜色和色调调整应用于视频图层，而不会造成任何破坏。如果在单独的图层上对帧进行编辑，可以创建空白视频图层。空白视频图层也可以让用户创建手绘动画。因此，对视频图层进行编辑不会改变原始视频或图像序列文件。

专家提醒

当“时间轴”面板处于帧模式时，视频图层不起作用。

19.2 新建与导入视频

在 Photoshop CS6 中，可以打开多种视频格式的文件，包括 MPEG 1、MPEG-4、MOV 和 AVI。如果计算机上已安装 MPEG-2 编码器，则支持 MPEG-2 格式，打开视频后，即可对视频进行编辑。

专家提醒

要在 Photoshop CS6 中处理视频，必须要在计算机上安装 QuickTime7.72 或其他的版本，此软件可以在 360 软件管家中直接下载。

自学自练——新建视频图像

Photoshop CS6 可以新建具有各种长宽比的图像，以便它们能够在设备（如视频显示器）上正确显示。可以选择特定的视频选项（使用“新建”对话框）以便对最终图像合并到视频中时进行的缩放提供补偿。

Step 01 单击菜单栏中的“文件”|“新建”命令，弹出“新建”对话框，在其中设置各选项，如图 19-1 所示。

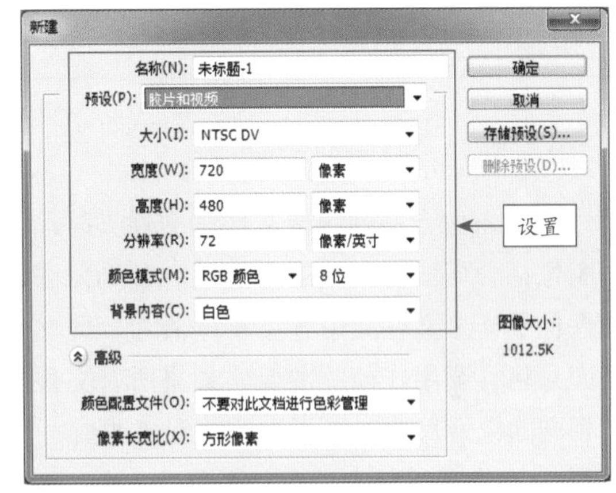

图 19-1 设置各选项

Step 02 单击“确定”按钮，弹出提示信息框，如图 19-2 所示。

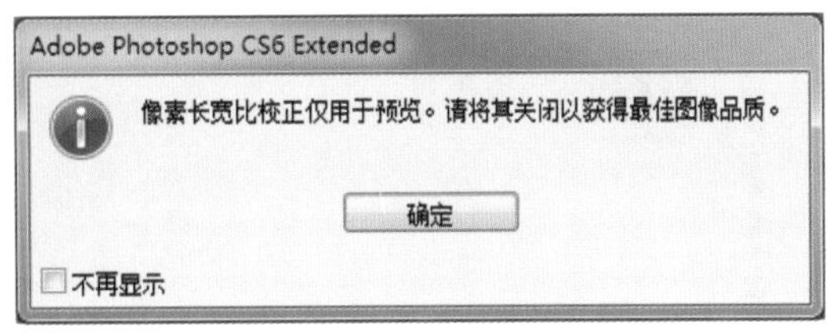

图 19-2 信息提示框

Step 03 单击“确定”按钮，即可创建视频图像，效果如图 19-3 所示。

图 19-3 创建视频图像

> **专家提醒**
>
> 默认情况下，在打开非方形像素文档时，“像素长宽比校正”处于启用状态。此设置会对图像进行缩放，就如同图像是在非方形像素输出设备（通常为视频显示器）上显示一样。

自学自练——导入视频帧

当导入包含序列图像文件的文件夹时，每个图像都会变成视频图层中的帧。应确保图像文件位于一个文件夹中并按顺序命名，此文件夹应只包含要用作帧的图像。如果所有文件具有相同的像素尺寸，则可成功地创建动画。

Step 01 单击菜单栏中的“文件”|“导入”|“视频帧到图层”命令，弹出“打开”对话框，选择需要导入的视频文件，如图 19-4 所示。

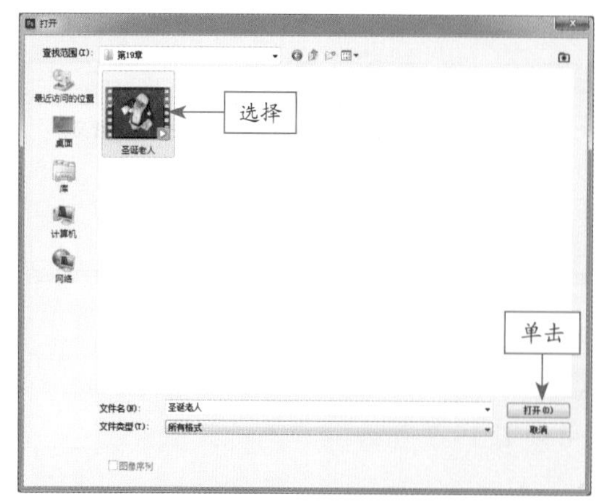

图 19-4 选择需要导入的视频文件

Step 02 单击“打开”按钮，弹出“将视频导入图层”对话框，如图 19-5 所示。

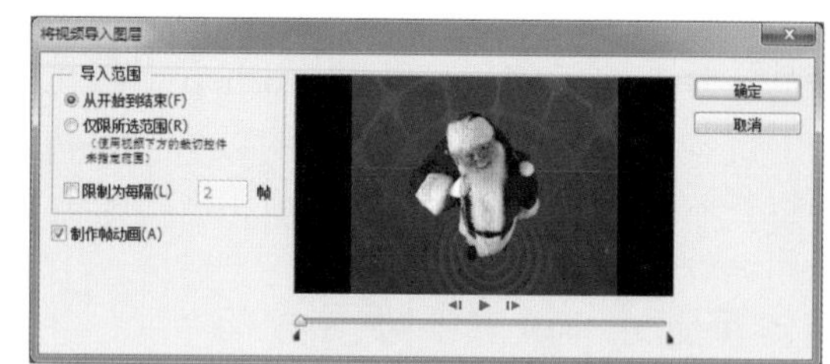

图 19-5 “将视频导入图层”对话框

Step 03 单击“确定”按钮，即可将视频导入到图层，效果如图 19-6 所示。

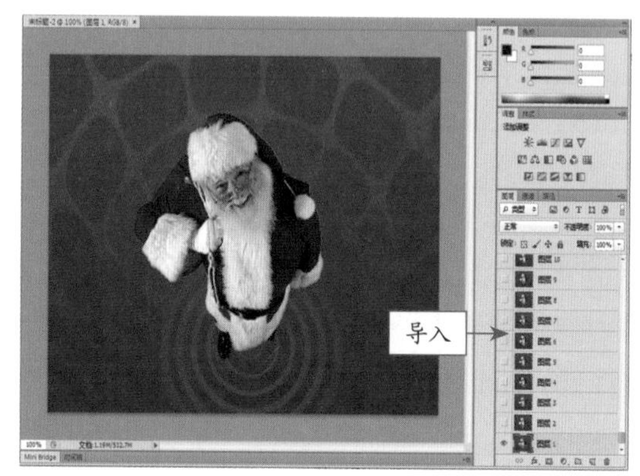

图 19-6 将视频导入到图层

19.3 编辑视频文件

视频是在一段时间内显示的一系列图像或帧，当每一帧与前一帧相比都有轻微变化时，连续、快速地显示这些帧就会产生运动或其他变化的视觉效果。本节主要向读者介绍视频的导入、调整以及解释素材、在图层中替换素材的操作方法。

自学自练——导入视频文件

在 Photoshop CS6 中，可以直接打开视频文件或向打开的文档添加视频。导入视频时，将在视频图层中引用图像帧。

Step 01 按【Ctrl + O】组合键，弹出“打开”对话框，在“文件类型”下拉列表框中选择“视频”选项，然后选择相应的视频素材文件，如图 19-7 所示。

专家提醒

用户也可以从 Bridge 直接打开视频，选择视频文件并单击鼠标右键，在弹出的快捷菜单中选择“打开方式”|Adobe Photoshop 选项。

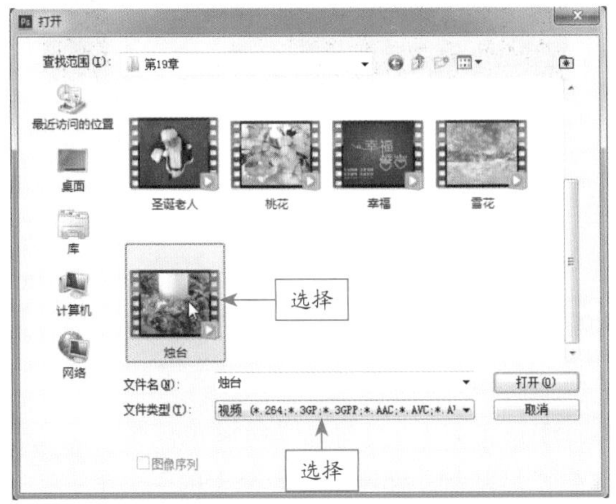

图 19-7 “打开”对话框

Step 02 单击“打开”按钮，即可打开视频文件，在图像编辑窗口中显示视频，并在视频图层中引用图像帧，如图 19-8 所示。

图 19-8 打开视频文件

自学自练——导入图像序列

当导入包含序列图像文件的文件夹时，每个图像都会变成视频图层中的帧。

Step 01 按【Ctrl + O】组合键，弹出“打开”对话框，选择相应的视频素材文件夹，接着在文件夹中选择第 1 张图片，并勾选“图像序列”复选框，如图 19-9 所示。

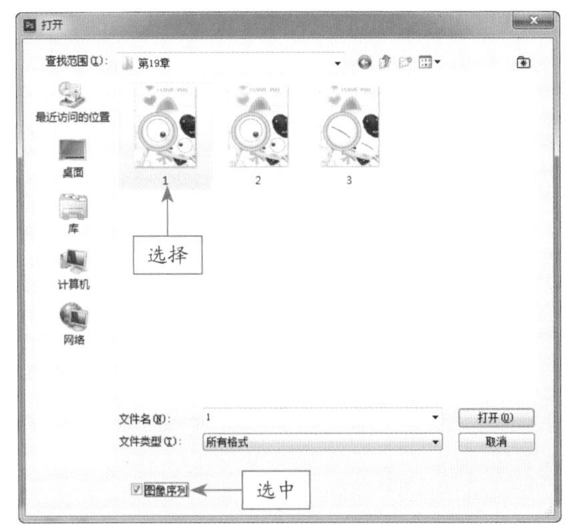

图 19-9 “打开”对话框

Step 02 单击“打开”按钮，弹出“帧速率”对话框，各选项保持默认设置即可，如图 19-10 所示。

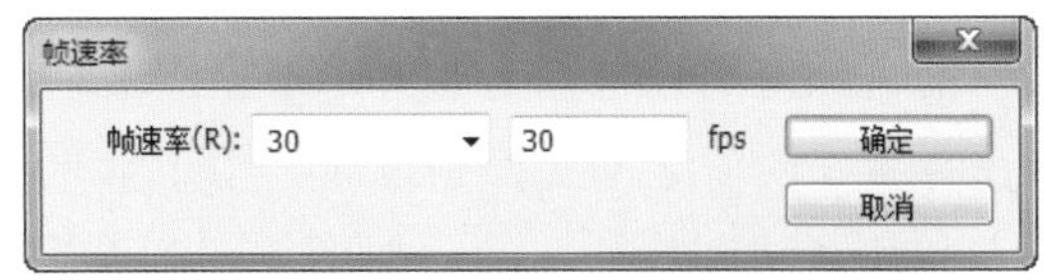

图 19-10 “帧速率”对话框

Step 03 单击“确定”按钮，即可自动生成一个视频图层，效果如图 19-11 所示。

图 19-11 生成视频图层

> **专家提醒**
>
> 如果要将视频或图像序列导入文档时进行变换，可使用“置入”命令。一旦置入，视频帧就包含在智能对象中。当视频包含在智能对象中时，可以使用“动画”面板浏览各个帧，也可以应用智能滤镜。不能在智能对象中包含的视频帧上直接绘制或仿制。不过，可以在智能对象的上方添加空白视频图层，并在空白帧上绘制。也可以使用仿制工具并结合“对所有图层取样”选项在空白帧上绘制，这样可以使用智能对象中的视频作为仿制源。

自学基础——调整像素长宽比

像素长宽比用于描述帧中单一像素的宽度与高度的比例。不同的视频标准使用不同的像素长宽比。计算机上的图像是由方形像素组成的，而视频编码设备则为非方形像素组成的，这就导致在两者之间交换图像时会由于像素的不一致而造成图像的扭曲，如图 19-12 所示。例如，圆形会扭曲成椭圆。不过，当在广播显示器上显示图像时，这些图像会按照正确的比例出现，因为广播显示器使用的是矩形像素。单击菜单栏中的“视图”|“像素长宽比校正”命令，即可校正图像在计算机显示器（方形像素）上的显示，如图 19-13 所示。

图 19-12　图像发生扭曲

图 19-13　校正图像

自学自练——解释图像素材

在 Photoshop CS6 中，可以指定 Photoshop 如何解释已打开或导入的视频的 Alpha 通道和帧速率。

Step 01 按【Ctrl + O】组合键，打开一个视频素材“红玫瑰 .wmv”，如图 19-14 所示。

图 19-14　素材视频

Step 02 在“时间轴”面板中，选择“图层 1”视频图层，如图 19-15 所示。

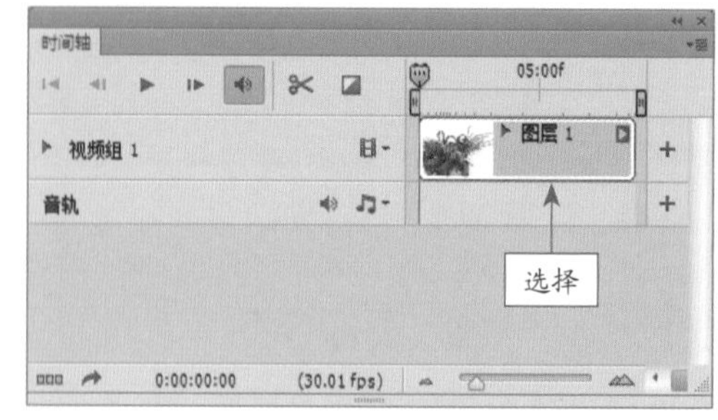

图 19-15　选择要解释的视频图层

Step 03 单击菜单栏中的“图层”|“视频图层”|“解释素材”命令，弹出“解释素材”对话框，在其中查看素材相关信息，如图 19-16 所示。

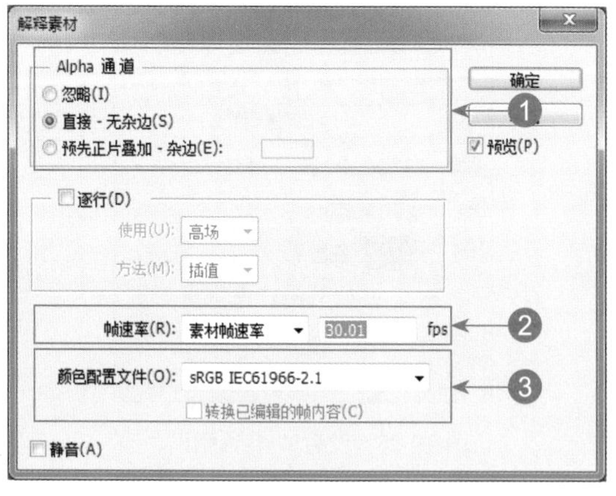

图 19-16　“解释素材”对话框

❶ “Alpha 通道”选项组：用于指定解释视频图层中 Alpha 通道的方式。素材如果已选择“预先正片叠加 - 杂边”选项，则可以指定对通道进行预先正片叠底所使用的杂边颜色。

❷ “帧速率”下拉列表框：用于指定每秒播放的视频帧数。

❸ “颜色配置文件”下拉列表框：用于对视频图层中的帧或图像进行色彩管理。

自学自练——新建与删除空白视频帧

Photoshop 可以在各个视频帧上进行编辑或绘制，以创建动画、添加内容或移去不需要的细节。除了使用任一画笔工具之外，还可以使用仿制图章、图案图章、修复画笔或污点修复画笔工具进行绘制，也可以使用修补工具编辑视频帧。

Step 01 按【Ctrl＋O】组合键，打开视频素材“雪花.mp4”，展开“时间轴”面板，如图 19-17 所示。

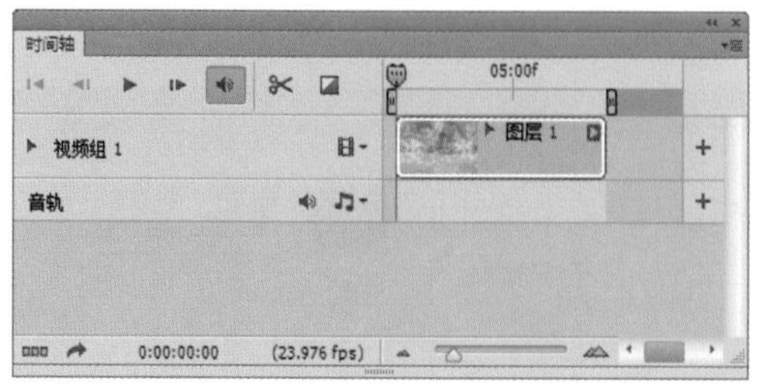

图 19-17　“时间轴”面板

Step 02 单击菜单栏中的“图层”|“视频图层”|“新建空白视频图层”命令，即可新建一个空白视频图层，如图 19-18 所示。

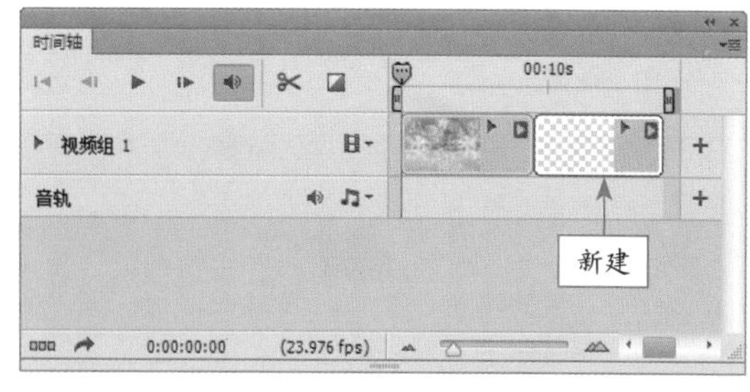

图 19-18　新建空白视频图层

Step 03 在新建的空白视频图层上选择相应的帧，单击菜单栏中的“图层”|“视频图层”|“插入空白帧”命令，即可在空白视频图层中插入一个关键帧。

Step 04 在新建的空白视频图层上选择相应的帧，单击菜单栏中的“图层”|“视频图层”|“删除帧”命令，即可在空白视频图层中删除该关键帧。

> **专家提醒**
>
> 通常，在视频帧上进行的绘制操作（或使用任何其他工具进行的操作）称作转描，不过在传统意义上，转描会对动画中使用的实时动作图像进行逐帧跟踪。

自学自练——设置视频不透明度

视频图层同普通图层一样可以设置其不透明度，可以使视频的效果更加丰富和富有变化。

Step 01 按【Ctrl＋O】组合键，打开视频素材“幸福.mp4”，如图 19-19 所示，按【空格】键播放视频，观察视频的内容。

图 19-19　视频素材

Step 02 在“时间轴”面板中，单击“视频组 1”前面的“展开”按钮▶，即可展开列表，如图 19-20 所示。

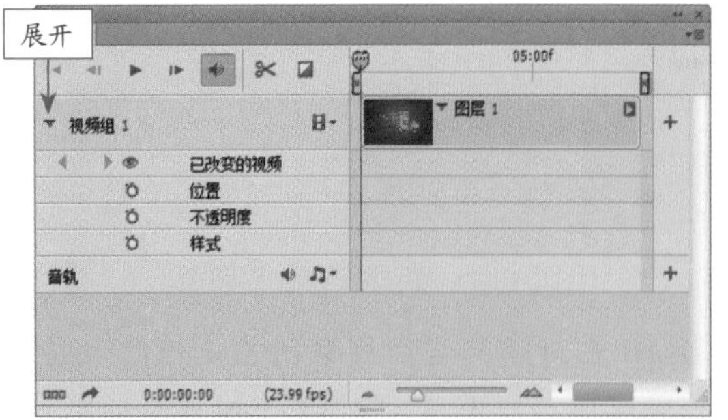

图 19-20 展开列表

Step 03 在展开的列表中，单击“不透明度”前面的“时间－变化秒表”按钮，即可添加一个关键帧，如图 19-21 所示。

图 19-21 添加一个关键帧

Step 04 将当前位置指示器拖到 15f 的位置，如图 19-22 所示。

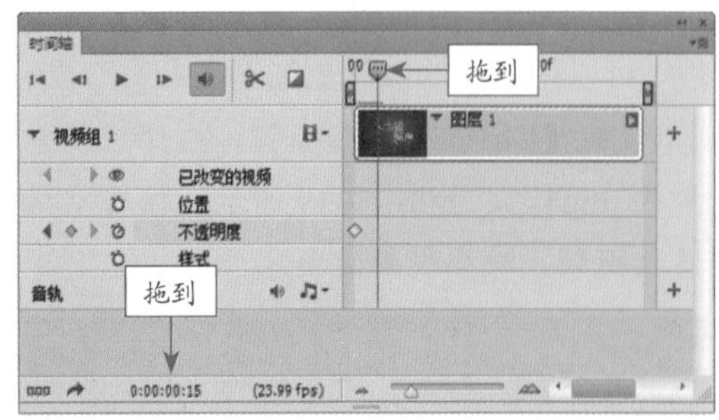

图 19-22 将位置指示器拖到 15f 的位置

Step 05 在“图层”面板中，选择“图层 1”图层，设置“不透明度”为 50%，如图 19-23 所示。

Step 06 在“时间轴”面板中，将自动添加了一个关键帧，如图 19-24 所示。

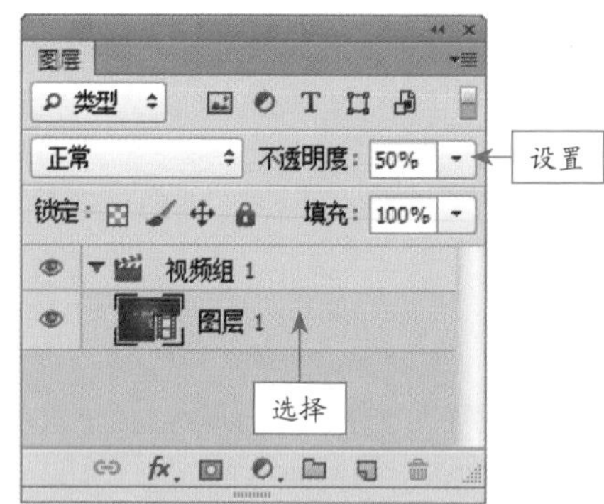

图 19-23 设置“不透明度”

图 19-24 自动添加关键帧 1

Step 07 将位置指示器拖到 1s 的位置，如图 19-25 所示。

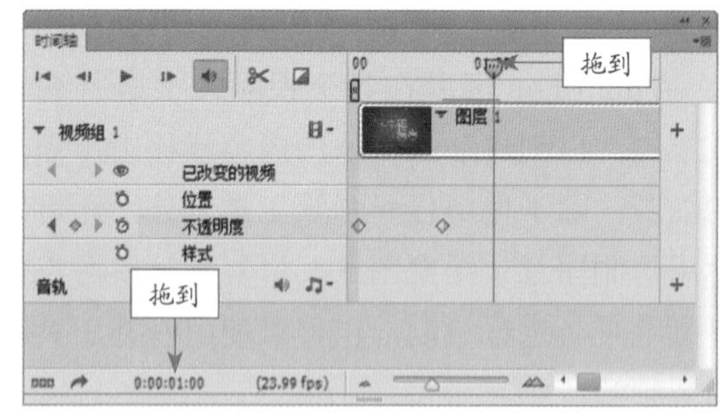

图 19-25 将指示器拖到 1s 的位置

Step 08 在“图层”面板中，选择“图层 1”图层，设置“不透明度”为 100%，在“时间轴”面板中，自动添加了一个关键帧，如图 19-26 所示。

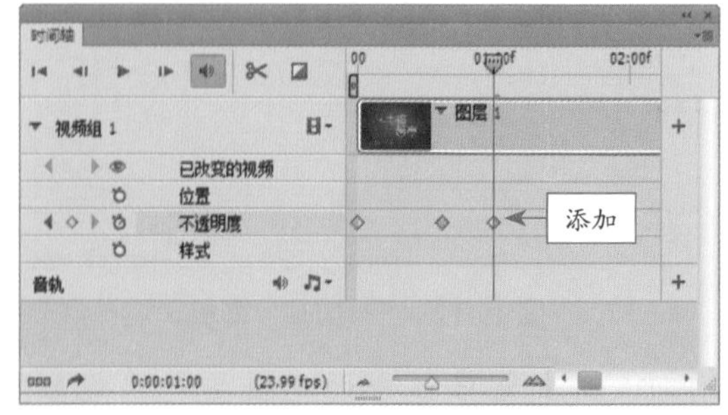

图 19-26 自动添加关键帧 2

Step 09 单击“转到第一帧”按钮，切换到视频的起始点，单击“播放”按钮，即可播放视频，效果如图 19-27 所示。

图 19-27 播放视频

自学自练——替换素材

用户可以随意选择一个图层替换其中的素材，下面向读者介绍在视频图层中替换素材的操作方法。

Step 01 按【Ctrl ＋ O】组合键，打开视频素材“桃花 .mp4”，如图 19-28 所示。

图 19-28 视频素材

Step 02 在“图层”面板中，选择“图层 1”图层，如图 19-29 所示。

Step 03 单击菜单栏中的“图层”|“视频图层”|“替换素材”命令，弹出“替换素材”对话框，选择相关素材文件“浪漫春天 .mp4”，如图 19-30 所示。

图 19-29 选择“图层 1”图层

图 19-30 “替换素材”对话框

Step 04 单击“打开”按钮，即可替换素材，效果如图 19-31 所示。

图 19-31 替换素材

专家提醒

“替换素材”命令可以将由于某种原因导致视频图层和源文件之间的链接断开，重新链接到源文件或替换内容的视频图层，还可以将图像序列帧替换为不同的视频或图像序列源文件中的帧。

自学自练——渲染与导出视频

可以将动画存储为 GIF 文件以便在 Web 上观看。在 Photoshop 中，可以将视频和动画存储为 QuickTime 影片或 PSD 文件。如果没有渲染视频，最好将文件存储为 PSD，因为它将保留所做的编辑，并用 Adobe 数字视频应用程序和许多电影编辑应用程序支持的格式存储文件。单击菜单栏中的“文件”|“导出”|“渲染视频”命令，弹出“渲染视频”对话框，如图 19-32 所示。

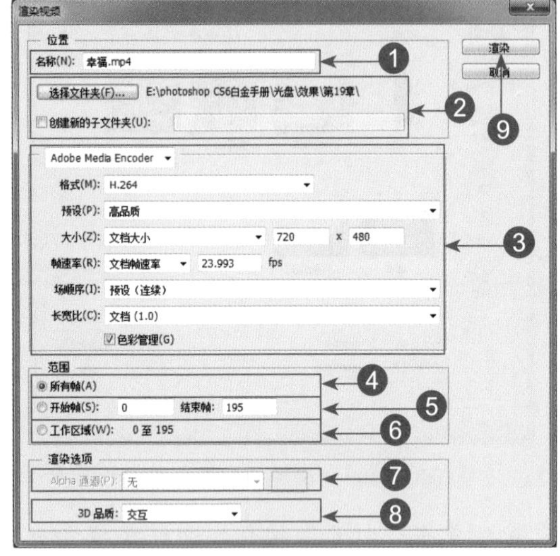

图 19-32 “渲染视频”对话框

❶ “名称”文本框：用于输入视频或图像序列的名称。

❷ “选择文件夹”按钮：单击该按钮，并浏览到用于导出文件的位置。要创建一个文件夹以包含导出的文件，可选中“创建新子文件夹”复选框并输入该子文件夹的名称。

❸ “Adobe Media Encoder”选项组：在 Adobe Media Encoder 下，可以设置渲染文件的格式（包含 DPX、H.264 或 QuickTime）、预设相应的品质、导出文件的像素大小、帧速率（确定要为每秒视频或动画创建的帧数，其中“文档帧速率”选项反应 Photoshop 中的速率）、场顺序以及长宽比。

❹ “所有帧”单选钮：点选该单选钮，将渲染 Photoshop 文档中的所有帧。

❺ “开始帧和结束帧”单选钮：点选该单选钮，将指定要渲染的帧序列。

❻ “工作区域”单选钮：点选该单选钮，将渲染“动画”面板中工作区域栏选定的帧。

❼ “Alpha 通道”下拉列表框：用于指定 Alpha 通道的渲染方式（此选项仅适用于支持 Alpha 通道的格式，如 PSD 或 TIFF。）

❽ “3D 品质”下拉列表框：在下拉列表框中可以选择交互、光线跟着草图、光线跟踪最终效果，用户可以根据需要在其中选择相应的选项。

❾ “渲染”按钮：单击该按钮，即可导出视频文件。

Step 01 做完一段视频（如“生日快乐 .mp4”）之后，单击菜单栏中的“文件”|“导出”|“渲染视频”命令，弹出“渲染视频”对话框，在其中设置各选项，如图 19-33 所示。

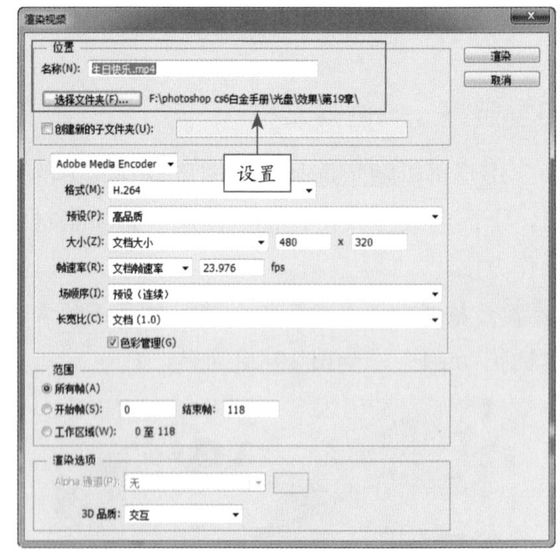

图 19-33 “渲染视频”对话框

Step 02 单击“渲染”按钮，弹出“进程”提示框，显示渲染进程，如图 19-34 所示。

图 19-34 显示渲染进程

20 Chapter 优化与输出图像

用户使用 Photoshop CS6 编辑图像时，需要经常用到图像资料，这些图像资料可以通过不同的途径获取。在制作好图像效果之后，有时需要以印刷品的形式输出图像，这就需要将其打印输出。本章主要向读者介绍输入图像、优化图像选项、图像印前处理准备工作等。

本章内容导航

- 使用素材光盘中的图像
- 使用数码相机输入图像
- 优化 PNG-8 格式
- 优化 PNG-24 格式
- 优化 WBMP 格式
- 选择文件存储格式
- 转换图像色彩模式
- 检查图像的分辨率
- 识别色域范围外的色调
- 认识图像印刷流程
- 添加、设置打印机
- 输出图像

20.1 输入图像

在 Photoshop CS6 中处理图像时，经常要用到素材图像，这些素材图像可以通过不同的途径获得，如图像素材光盘、数码相机和网络等。本节主要介绍使用图像素材光盘输入图像、数码相机输入图像的操作方法。

自学基础——使用素材光盘中的图像

目前，市场上的素材光盘很多，用户可以根据需要进行选购，然后将素材盘放入光驱中，在Photoshop CS6中单击菜单栏中的“文件”|“打开”命令，弹出“打开”对话框，如图 20-1 所示。选择所需的图片后单击“打开”按钮，即可从素材光盘中输入图像，如图 20-2 所示。

图 20-1 “打开”对话框

图 20-2 从素材光盘中输入图像

自学基础——使用数码相机输入图像

数码相机是目前较为流行的一种高效快捷的图像获取工具，它具有数字化存取功能，并能与电脑进行信息交互。用户可以单击菜单栏中的“文件”|“在 Bridge 中浏览……”命令，打开“Bridge”窗口。单击菜单栏中的“文件”|“从相机获取照片”命令，弹出“Adobe Bridge CS6－图片下载工具”对话框，进行各选项设置，如图 20-3 所示。单击“获取媒体”按钮，即可从数码相机中获取照片素材至 Adobe Bridge 中，如图 20-4 所示。

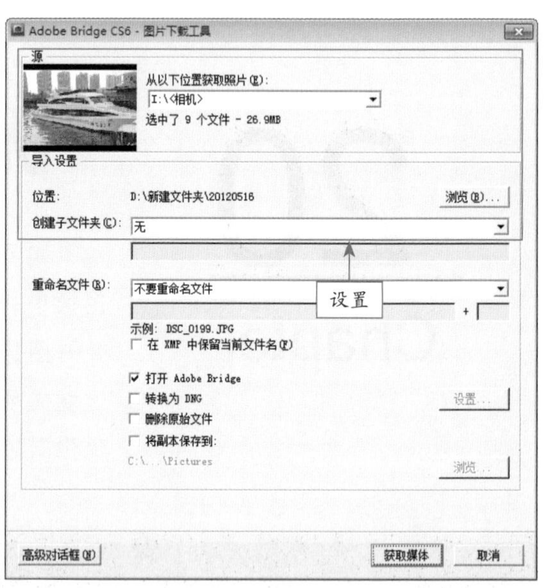

图 20-3 “Adobe Bridge CS6－图片下载工具”对话框

图 20-4 获取照片素材

20.2 优化图像选项

针对 Web 和其他联机介质准备图像时，通常需要在图像显示品质和图像文件大小之间加以折中，所以就需要优化图像。

自学基础——优化 PNG-8 格式

与 GIF 格式一样，PNG-8 格式可有效地压缩纯色区域，同时保留清晰的细节。在“存储为 Web 所用格式”对话框右侧的列表框中，选择 PNG-8 选项，即可显示优化选项，如图 20-5 所示。

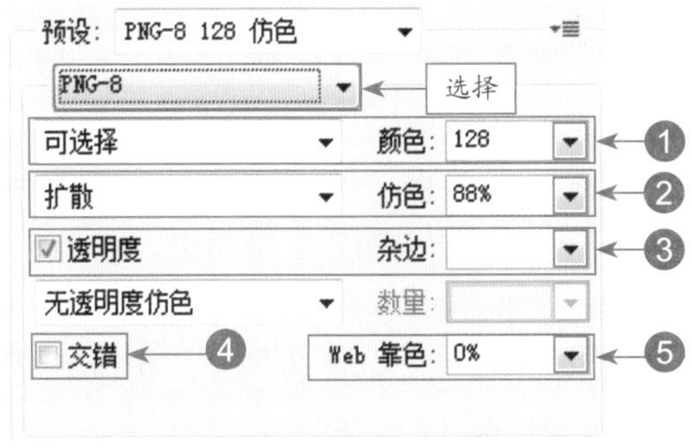

图 20-5 优化 PNG-8 选项

❶ “减低颜色深度算法”下拉列表框：指定用于生成颜色查找表的方法以及想要在颜色查找表中使用的颜色数量。

❷ “仿色算法”下拉列表框：用于确定应用程序仿色的方法和数量。“仿色”是指模拟计算机的颜色显示系统中未提供的颜色的方法。较高的仿色百分比使图像中出现更多的颜色和更多的细节，但同时也会增大文件的大小。

❸ “透明度”复选框和“杂边”下拉列表框：用于确定如何优化图像中的透明像素。要使完全透明的像素透明并将部分透明的像素与一种颜色相混合，选中“透明度”复选框，选择一种杂边颜色。

❹ “交错”复选框：当图像文件正在下载时，在浏览器中显示图像的低分辨率版本，使下载时间感觉更短，但也会增加文件大小。

❺ “Web 靠色”下拉列表框：用于指定将颜色转换为最接近的 Web 调板等效颜色的容差级别（并防止颜色在浏览器中进行仿色），值越大，转换的颜色越多。

> **专家提醒**
>
> 减少颜色数量通常可以减小图像的文件大小，同时保持图像品质。可以在颜色表中添加和删除颜色，将所选颜色转换为 Web 安全颜色，并锁定所选颜色以防从调板中删除它们。

自学自练——优化 PNG-24 格式

PNG-24 适合于压缩连续色调图像，优点在于可在图像中保留多达 256 个透明度级别，但它所生成的文件比 JPEG 格式生成的文件要大得多。在“存储为 Web 所用格式”对话框右侧的列表框中选择 PNG-24 选项，即可显示它的优化选项，如图 20-6 所示。

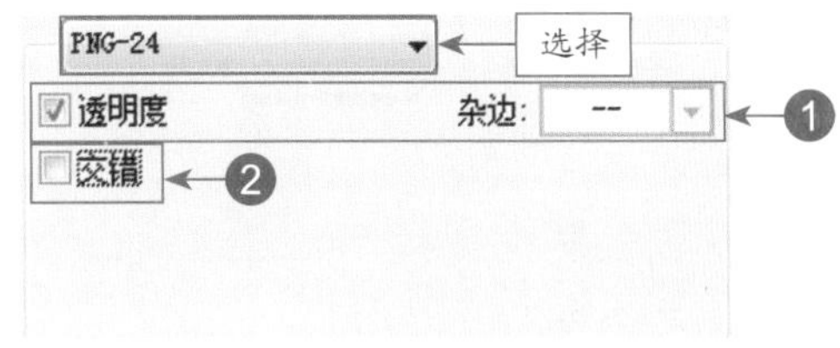

图 20-6 优化 PNG-24 选项

❶ “透明度”复选框和“杂边”下拉列表框：用于确定如何优化图像中的透明像素，与优化 GIF 和 PNG 图像中的透明度同理。

❷ “交错”复选框：与 PNG-8 的“交错”复选框同理。

Step 01 按【Ctrl + O】组合键，打开素材图像“蛋糕.jpg”，如图 20-7 所示。

图 20-7 素材图像

Step 02 单击菜单栏中的“文件”|“存储为Web所用格式”命令，弹出“存储为Web所用格式”对话框，设置各选项，如图20-8所示。

图20-8 “存储为Web所用格式”对话框

Step 03 单击“存储”按钮，弹出“将优化结果存储为”对话框，设置各选项，如图20-9所示。

图20-9 “将优化结果存储为”对话框

Step 04 单击“保存”按钮，弹出提示信息框，如图20-10所示，单击“确定”按钮，即可优化图像。

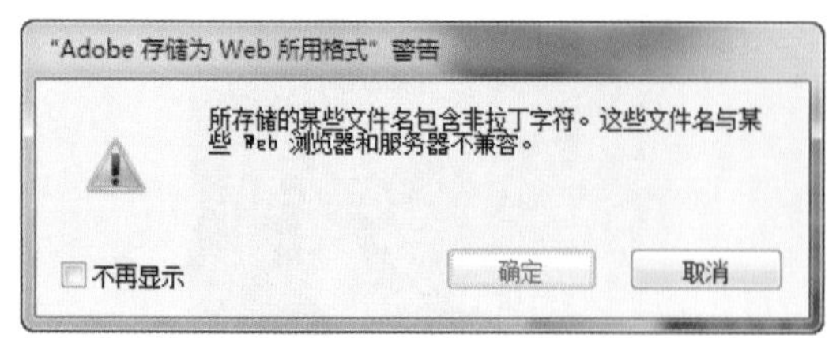

图20-10 提示信息框

自学自练——优化WBMP格式

WBMP格式是用于优化移动设备（如移动电话）图像的标准格式。WBMP支持一位颜色，意即WBMP图像只包含黑色和白色像素。在“存储为Web和设备所用格式”对话框右侧的列表框中选择“WBMP”选项，即可显示它的优化选项，如图20-11所示。

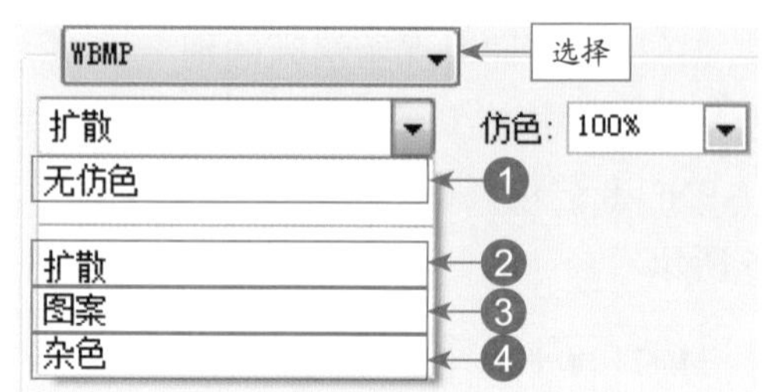

图20-11 优化WBMP选项

❶ “无仿色”选项：根本不应用仿色，同时用纯黑和纯白像素渲染图像。

❷ “扩散”选项：应用与“图案”仿色相比通常不太明显的随机图案，仿色效果在相邻像素间扩散。

❸ “图案”选项：应用类似半调的方块图案来确定像素值。

❹ “杂色”选项：应用与“扩散”仿色相似的随机图案，但不在相邻像素间扩散图案，使用该算法时不会出现接缝。

Step 01 按【Ctrl＋O】组合键，打开素材图像“猫.jpg”，如图20-12所示。

图20-12 素材图像

Step 02 单击菜单栏中的“文件”|“存储为Web所用格式”命令，弹出“存储为Web所

用格式”对话框，在右侧下拉列表框中分别选择“WBMP”选项和“杂色”选项，如图20-13所示。

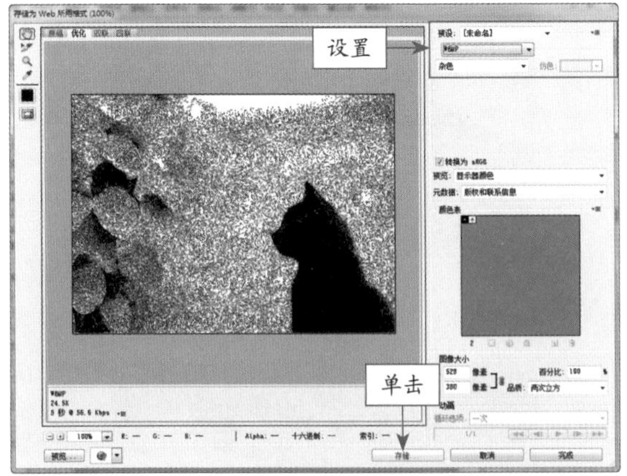

图 20-13 “存储为 Web 所用格式”对话框

Step 03 单击“存储”按钮，弹出“将优化结果存储为”对话框，设置各选项，如图 20-14 所示。

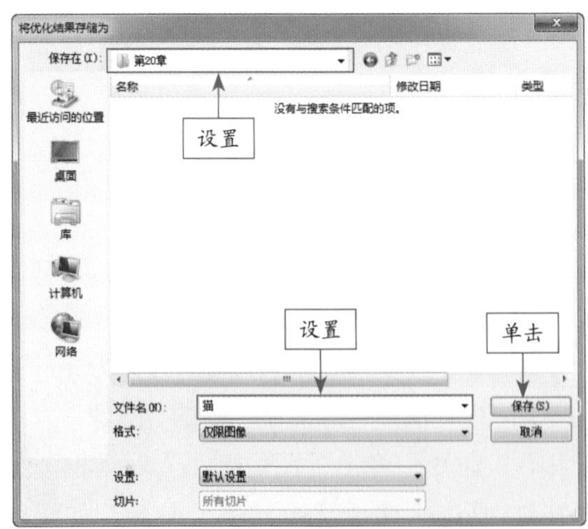

图 20-14 “将优化结果存储为”对话框

Step 04 单击“保存”按钮，弹出提示信息框，如图 20-15 所示，单击“确定”按钮，即可优化图像。

> **专家提醒**
>
> 扩散仿色可能导致切片边界上出现可觉察到的接缝。链接切片可在所有链接的切片上扩散仿色图案并消除接缝。

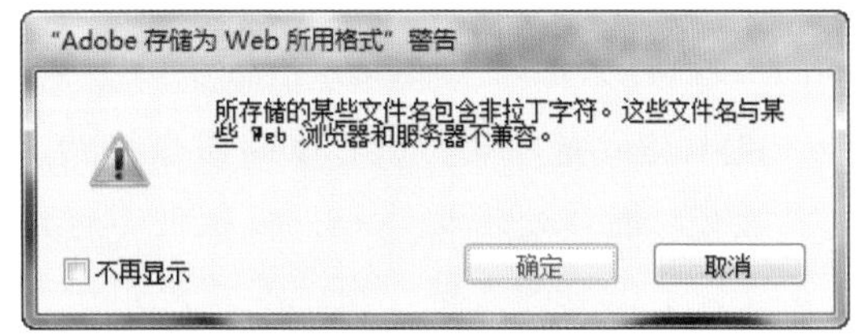

图 20-15 提示信息框

20.3 图像印前准备工作

为了获得高质量、高水准的作品，除了进行精心设计与制作外，还应了解一些关于打印的基本知识，这样能使打印工作更顺利地完成。

自学基础——选择文件存储格式

制作完作品后，用户可以根据需要将图像存储为相应的格式。例如，用于观看的图像，可将其存储为 JPGE 格式；用于印刷的图像，则可以将其存储为 TIFF 格式。

在 Photoshop CS6 中，用户打开素材后，可以单击菜单栏中的“文件”|“存储为”命令，弹出“存储为”对话框，设置存储路径，单击“格式”下拉列表框，在弹出的下拉列表中选择“TIFF”格式，如图 20-16 所示，单击“保存”按钮，弹出“TIFF 选项”对话框，如图 20-17 所示，单击“确定”按钮，即可保存文件。

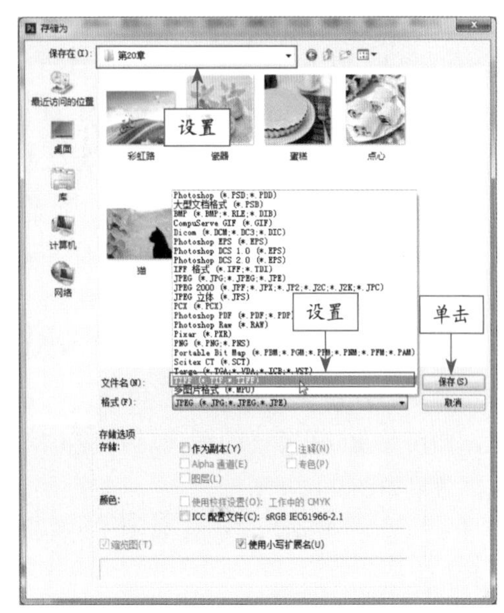

图 20-16 “存储为”对话框

> **专家提醒**
>
> TIFF 格式是印刷行业标准的图像格式，几乎所有的图像处理软件和排版软件都对该格式提供了很好的支持，因此其广泛用于程序和计算机平台之间进行图像数据交换。

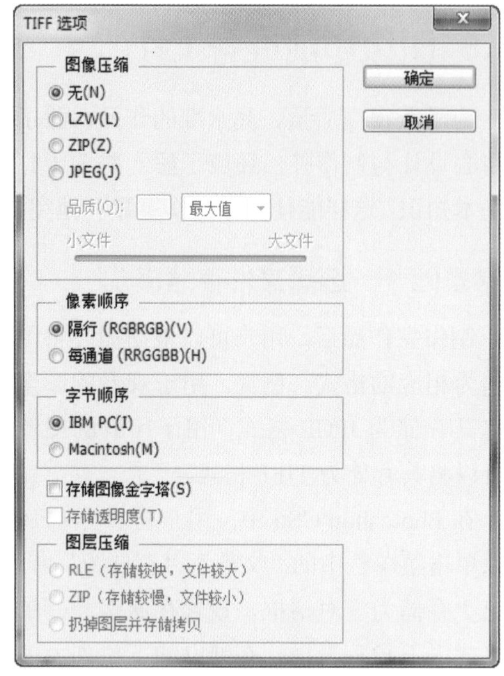

图 20-17 “TIFF 选项”对话框

自学基础——转换图像色彩模式

用户在设计作品的过程中要考虑作品的用途和输出方式，不同的输出要求所设置的色彩模式也不同。例如，输出至电视设备中供观看的图像，必须经过“NTSC 颜色”滤镜等颜色较正工具进行校正后，才能在电视上正常显示。

在 Photoshop CS6 中，用户可以打开素材图像“世外桃源 .jpg”，如图 20-18 所示，然后单击菜单栏中的“图像”|“模式”|“CMYK 颜色”命令，弹出信息提示框，单击“确定”按钮，即可将 RGB 模式的图像转换成 CMYK 模式，效果如图 20-19 所示。

图 20-18 素材图像

图 20-19 转换成 CMYK 模式

自学基础——检查图像的分辨率

在 Photoshop CS6 中，用户为确保印刷出的图像清晰，在印刷图像之前，需检查图像的分辨率。用户可以打开素材图像“巧克力 .jpg”，如图 20-20 所示，单击菜单栏中的“图像”|“图像大小”命令，弹出“图像大小”对话框，如图 20-21 所示，查看“分辨率”参数，如果图像不清晰，则需要设置高分辨率参数。

图 20-20 素材图像

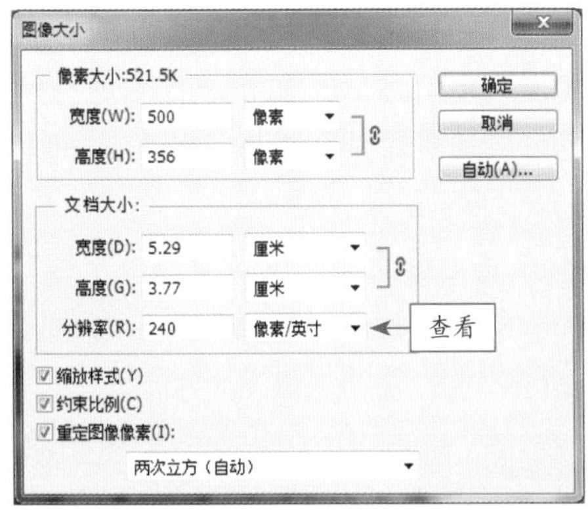

图 20-21 “图像大小”对话框

自学基础——识别色域范围外的色调

色域范围是指颜色系统可以显示或打印的颜色范围。用户可以在将图像转换为 CMYK 模式之前，识别图像中的溢色或手动进行校正，使用“色域警告”命令来高亮显示溢色。用户可以打开素材图像“彩虹路.jpg”，如图 20-22 所示，然后单击菜单栏中的“视图”|“色域警告”命令，即可识别色域范围外的色调，如图 20-23 所示。

图 20-22 素材图像

图 20-23 识别色域范围外的色调

20.4 认识图像印刷流程

图像的印刷处理包括图像的印刷处理流程、色彩校正、出片和打样等。本节主要介绍图像印前处理流程、图像的色彩校正以及图像出片和打样等内容。

自学基础——图像印刷前处理流程

在 Photoshop CS6 中，对于设计完成的图像作品，在打印之前需要处理的工作流程包括以下 5 个基本步骤。

◆ 色彩校正：对图像作品进行色彩校正。

◆ 校稿：对打印图像进行校对。

◆ 定稿：再次打印、校稿并修改，最后确定最终稿件。

◆ 打样：送印刷机构进行印前打样。

◆ 制版、印刷：校正打样稿，如无问题，送到印刷机构进行制版、印刷。

自学基础——校正图像色彩

显示器或打印机在打印图像时颜色有偏差，将导致印刷出的图像色彩和原作品色彩不符。因此，在制作过程中，进行色彩校正是印刷前的一个重要步骤。在 Photoshop CS6 中，用户可以打开素材图像“风景.jpg”，如图 20-24 所示，单击菜单栏中的“视图”|“校样颜色”命令，校正图像颜色，效果如图 20-25 所示。

图 20-24 素材图像

图 20-25 校正图像颜色

自学基础——出片与打样图像

印刷厂在印刷前，必须将所有交付印刷的作品交给出片中心进行出片，若设计的作品最终要求不是输出胶片，而是大型彩色喷绘样张，则可以直接用喷绘机输出。设计稿在电脑中排版完成后，可以进行设计稿打样，在印刷工作过程中，打样的目的有两种，即设计阶段的设计稿打样和印刷前的印刷胶片打样。

> **专家提醒**
>
> 出片与打样是分为两个程序：出片是设计完的文件制作成胶片（也叫菲林）的过程，在印刷上称作出片，和照相用的底片相似；打样是一般工厂接受客户委托，及客户对产品的要求（例如颜色、填充物等），先行制作一个或数个样品（或先绘图样），给客户修正并确认后，签定生产合同，开始批量生产，属于一种前期承接产品的预备工作。

20.5 添加、设置打印机

制作图像效果之后，需要将其打印输出。在对图像进行打印输出之前，需要对打印选项做一些基本的设置。本节主要讲解打印机的添加与设置。

自学自练——添加打印机

要将创建的图像作品打印，首先要添加和设置打印机。对于个人用户，可以通过添加和设置本地打印机来满足打印需要；而对于网络用户来说，不但可以添加和设置本地打印机，而且还可以通过添加和设置网络打印机来完成打印。

Step 01 单击电脑桌面左下角中的“开始”|“控制面板”命令，打开“控制面板”窗口，如图20-26 所示。

图 20-26 “控制面板”窗口

Step 02 单击“查看设备和打印机”超链接，弹出“设备和打印机”窗口，单击“添加打印机”按钮，如图 20-27 所示。

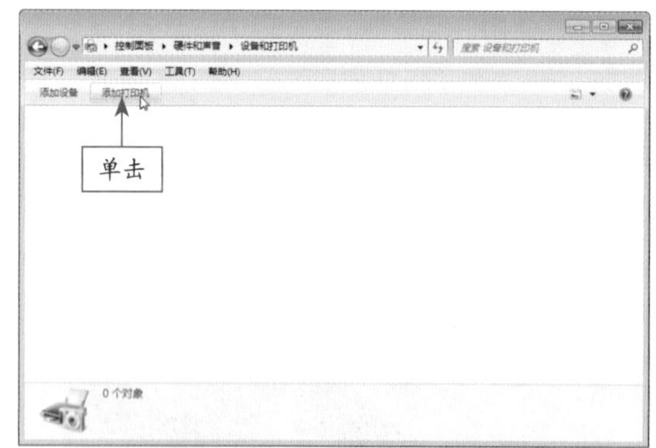

图 20-27 单击“添加打印机”按钮

Step 03 弹出“要安装什么类型的打印机”界面，选择“添加本地打印机”选项，弹出“安装打印机驱动程序”界面，在“厂商”下拉列表框中选择“Microsoft”选项，在“打印机”下拉列表框中选择“Microsoft XPS Document Writer”选项，如图 20-28 所示。

Step 04 依次单击“下一步”按钮，弹出“键入打印机名称”界面，在“打印机名称”右侧的文本框中输入打印机名称；再依次单击“下一步”按钮，弹出“您已成功添加 Microsoft XPS Document Writer（副本 2）”界面，如图 20-29 所示，单击“完成”按钮，即可完成打印机的添加操作。

图 20-28　“安装打印机驱动程序”界面

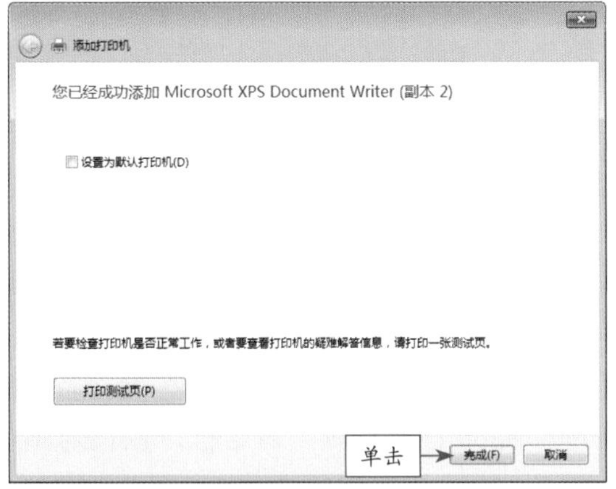

图 20-29　“您已经成功添加……”界面

自学基础——设置打印页面

在图像进行打印输出之前，用户可以根据需要对页面进行设置，从而达到设计作品所需要的效果。

单击电脑桌面左下角中的“开始”|“设备和打印机”命令，打开“设备和打印机”窗口，拖曳鼠标指针至 Microsoft XPS Document Writer（副本 1）图标上，单击鼠标右键，在弹出的快捷菜单中选择“打印机属性”选项，弹出“Microsoft XPS Document Writer（副本 1）属性”对话框，如图 20-30 所示。单击“首选项”按钮，弹出“Microsoft XPS Document Writer（副本 1）打印首选项”对话框，单击右下角的“高级”按钮，弹出“Microsoft XPS Document Writer 高级选项”对话框，如图 20-31 所示，在“纸张规格”下拉别表框中选择 A4 选项，设置纸张尺寸，依次单击“确定”按钮即可完成打印页面设置。

图 20-30　“Microsoft XPS Document Writer（副本 1）属性”对话框

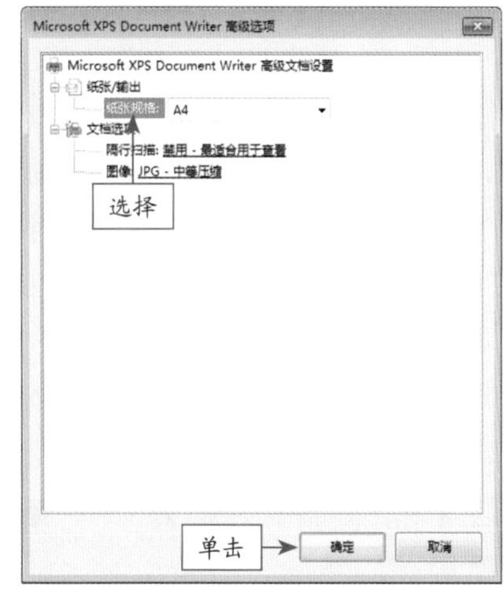

图 20-31　“Microsoft XPS Document Writer 高级选项”对话框

自学基础——设置打印选项

添加打印机后，用户还可以根据不同的工作对打印选项进行合理地设置，这样打印机才会按照用户的要求打印出各种精美的效果。

单击菜单栏中的“文件”|“打印”命令，弹出“Photoshop 打印设置”对话框，如图

20-32 所示。在该对话框的右侧，选中“居中”复选框，单击“打印机”右侧的下三角按钮，在弹出的列表框中选择“Microsoft XPS Document Writer（副本 1）”选项，在“份数”右侧的数值框中输入 1，设置打印为 1 份，单击“完成”按钮，即可完成打印选项的设置。

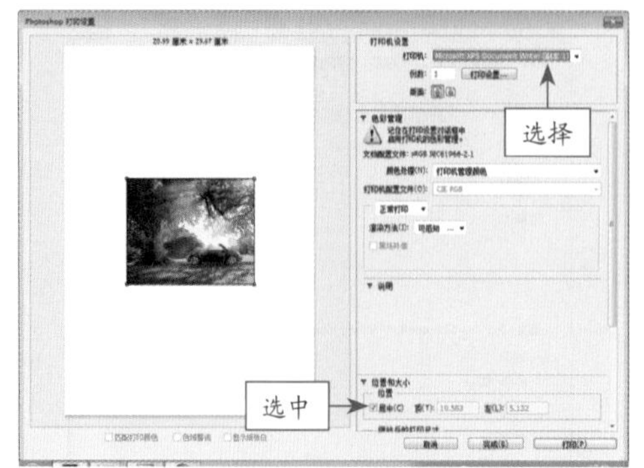

图 20-32 “Photoshop 打印设置”对话框

自学基础——设置双页打印

双页打印不仅可以节省纸张，还可以节约用户打印的时间，因此双页打印是一种方便又快捷的打印方法。用户可以单击菜单栏中的“文件”|“打印”命令，弹出“Photoshop 打印设置”对话框，单击“打印设置”按钮，弹出“Microsoft Office Document Image Writer 属性”对话框，切换至“完成”选项卡，选中“双面打印”复选框，如图 20-33 所示，单击“确定”按钮，返回“打印”对话框，单击“完成”按钮，确认操作。

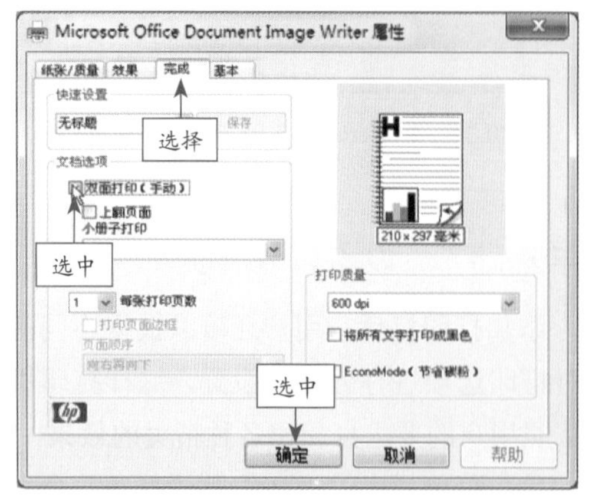

图 20-33 “Microsoft Office Document Image Writer 属性”对话框

自学基础——设置打印份数

在 Photoshop CS6 中打印图像时，可以对其设置打印的份数。用户可以单击菜单栏中的“文件”|“打印”命令，弹出“Photoshop 打印设置”对话框，在对话框的右侧设置“份数”选项，如图 20-34 所示。

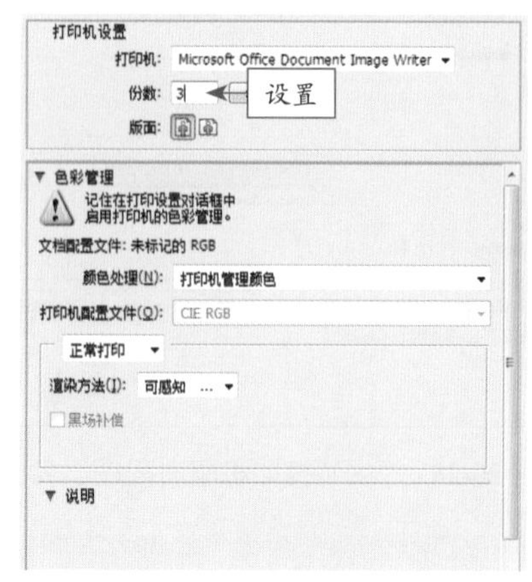

图 20-34 设置“份数”选项

自学基础——预览打印效果

设置打印预览选项，可以实时预览各种打印选项的效果。在 Photoshop CS6 中，用户可以打开素材图像“设计.jpg”，如图 20-35 所示，单击菜单栏中的“文件”|“打印”命令，弹出“Photoshop 打印设置”对话框，在该对话框左侧是一个图像预览窗口，可以预览打印的效果，如图 20-36 所示。

图 20-35 素材图像

图 20-36 预览打印效果

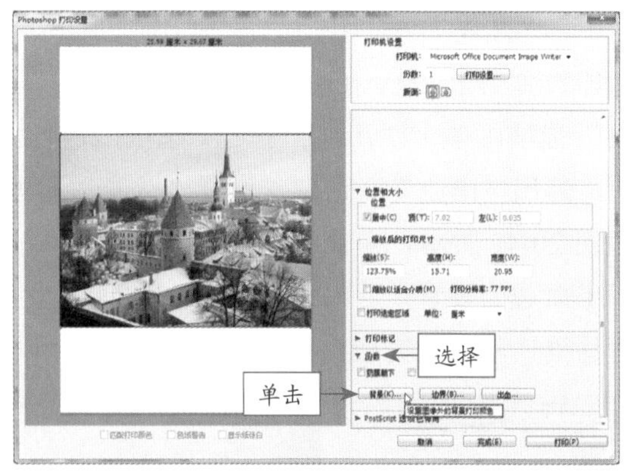

图 20-38 “Photoshop 打印设置”对话框

20.6 输出图像

Photoshop CS6 提供了专用的打印选项设置功能，用户在需要以印刷品的形式输出图像时，可以根据不同的工作需求进行合理地设置。

自学自练——设置输出背景

设置图像区域外打印的背景色，有利于更精确地裁剪图像。

Step 01 按【Ctrl + O】组合键，打开素材图像“设计.jpg”，如图 20-37 所示。

图 20-37 素材图像

Step 02 单击菜单栏中的“文件”|“打印”命令，弹出“Photoshop 打印设置”对话框，在该对话框右侧的下拉列表中选择“函数”选项，单击“背景”按钮，如图 20-38 所示。

Step 03 执行上述操作后，弹出“拾色器（打印背景色）”对话框，设置 RGB 参数值为 78、105、194，如图 20-39 所示。

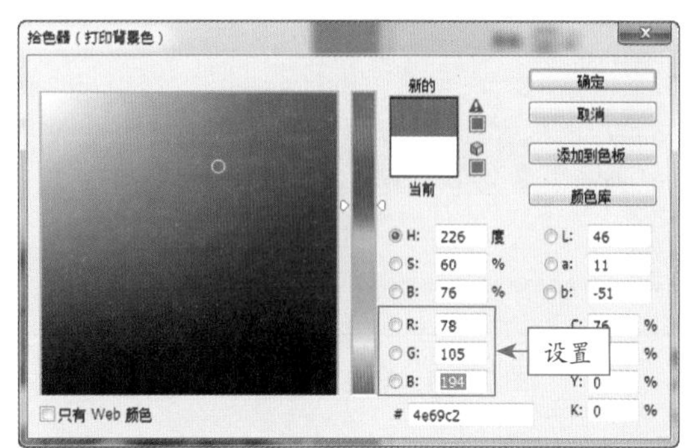

图 20-39 “拾色器（打印背景色）”对话框

Step 04 单击“确定”按钮，即可设置输出背景色，此时预览窗口中的图像显示如图 20-40 中所示，单击“完成”按钮，确认操作。

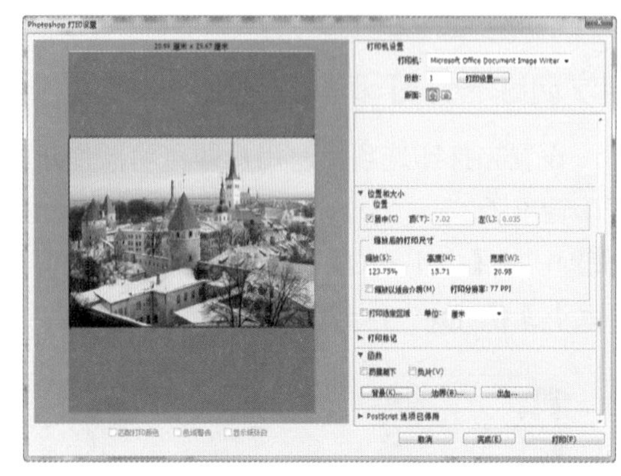

图 20-40 设置输出背景色

自学基础——设置出血边

“出血”是指印刷作品在经过裁切成为成品之前，上、下、左、右 4 条边上都会被裁剪约 3mm 左右，这个宽度即被称为“出血边”。

在 Photoshop CS6 中，用户可以单击菜单

栏中的“文件”|“打印”命令，弹出“Photoshop 打印设置”对话框，在右侧的列表框中展开“函数”选项，单击“出血”按钮，如图 20-41 所示，弹出“出血”对话框，设置“宽度”选项，如图 20-42 所示，单击“确定”按钮，完成图像出血边的设置，返回“Photoshop 打印设置”对话框，单击“完成”按钮，完成操作。

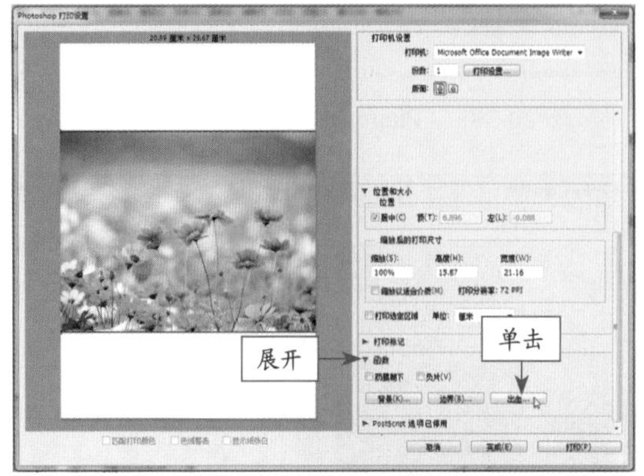

图 20-41 单击“出血”按钮

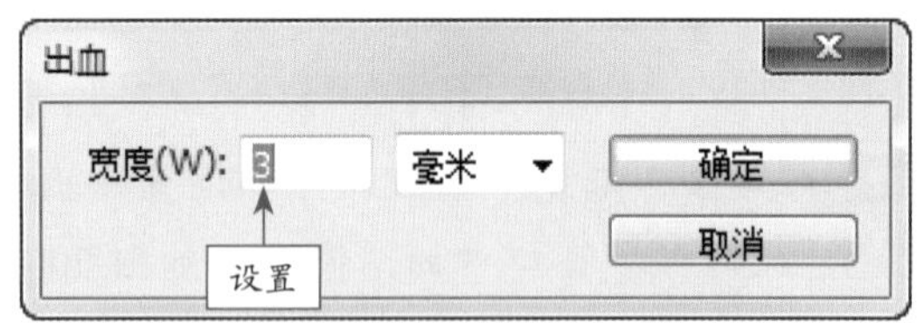

图 20-42 “出血”对话框

自学自练——打印输出图像

设置完打印选项后，用户即可将图像进行打印输出了。

Step 01 按【Ctrl + O】组合键，打开素材图像“大小互换 .jpg”，如图 20-43 所示。

图 20-43 素材图像

Step 02 单击菜单栏中的“文件”|“打印”命令，弹出“Photoshop 打印设置”对话框，预览需要打印的图像，如图 20-44 所示。

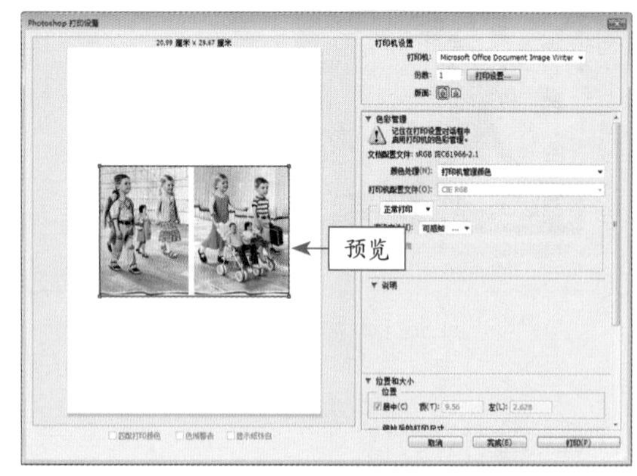

图 20-44 “Photoshop 打印设置”对话框

Step 03 单击右下角的“打印”按钮，弹出“打印”对话框，选中“当前页面”单选钮，并在“份数”数值框中输入 1，如图 20-45 所示。

图 20-45 “打印”对话框

Step 04 单击“打印”按钮，弹出信息提示框，提示将打印当前的作品，如图 20-46 所示，稍后即可打印图像。

图 20-46 提示信息框

第 5 篇

白金案例篇

主要讲解了实例的制作，如处理数码照片、制作文字效果、制作商务卡片效果、制作宣传册效果、制作包装设计效果、制作报纸广告效果等内容，通过学习和分析案例制作，可以帮助读者成为创新高手。

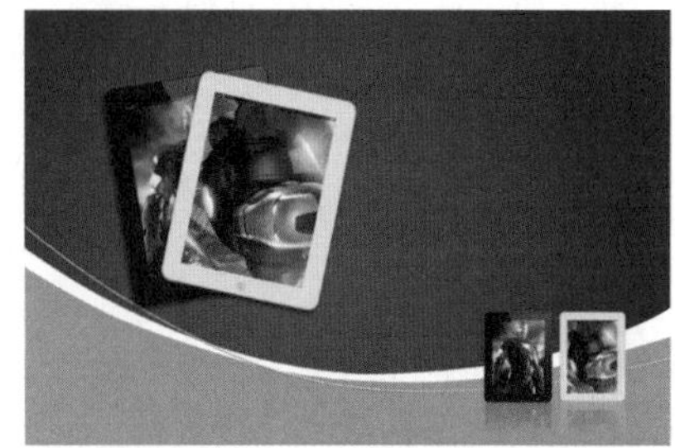

21 Chapter 白金案例：处理数码照片

现在数码相机的使用越来越普及，受拍摄者的技术水平、数码相机的品质高低以及一系列自然因素的影响，拍出来的照片或多或少地会存在一些问题。运用 Photoshop CS6 可以将一张普通的照片处理得很完美，而且还可以将其处理为具有其他风格的照片效果。

本章内容导航

- 调整照片曝光不足
- 制作完美彩妆效果
- 制作婚纱合成效果

21.1 调整照片曝光不足

色调是体现一张照片色彩是否正常的基本要素，曝光不足会使人眼视觉感到压抑，均衡的照片色调就可以使整个画面和谐且美观。

导致曝光不足的原因有：①闪光灯的指数偏小，这样的闪光灯在环境光暗弱的情况下便很容易出现曝光不足；②被摄体离闪光灯太远，无论闪光灯的指数多大，只要超过了有效范围，同样会造成曝光不足；③镜头的最大光圈太小，普及型镜头的光圈一般偏小，通光量少，这样就更易导致曝光不足。在 Photoshop CS6 中，用户可以运用“曝光度”命令修整图像。

本实例效果如图 21-1 所示。

图 21-1 调整照片曝光不足

21.1.1 运用“曝光度”命令修正图片

Step 01 按【Ctrl ＋ O】组合键，打开光盘中的素材图像，如图 21-2 所示。

图 21-2 素材图像

Step 02 展开“图层”面板，选择“背景”图层，按【Ctrl ＋ J】组合键，拷贝“背景”图层，得到“图层 1”图层，如图 21-3 所示。

图 21-3 拷贝图层

Step 03 单击菜单栏中的“图层”｜“新建调整图层”｜“曝光度”命令，弹出“新建图层”对话框，设置各选项，如图 21-4 所示，单击“确定”按钮，即可新建“曝光度 1”调整图层。

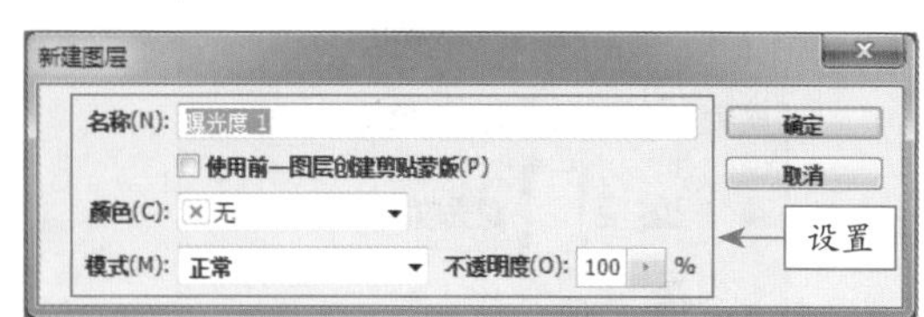

图 21-4 “新建图层”对话框

Step 04 展开“属性”面板，设置“曝光度”为 1.3、“位移”为 0.0000、“灰度系数校正”为 1.00，如图 21-5 所示。

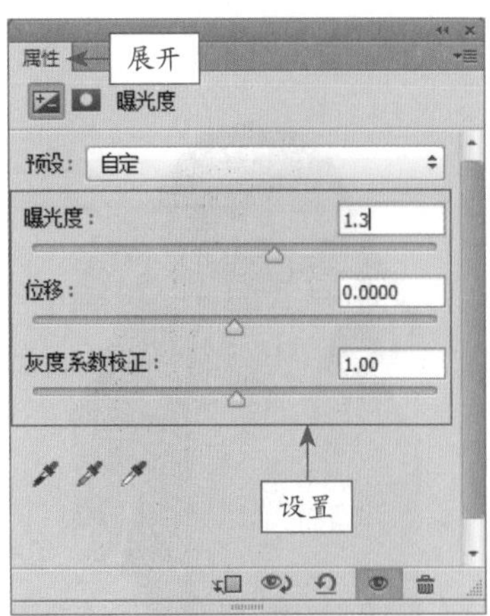

图 21-5 “属性”面板

Step 05 执行上述操作后，图像曝光度随之提高，效果如图 21-6 所示。

图 21-6 提高曝光度效果

Step 06 在“图层”面板中设置“曝光度 1”调整图层的“不透明度”为 90%，如图 21-7 所示。

图 21-7 设置不透明度

21.1.2 运用“亮度 / 对比度”命令修正图片

Step 01 单击“图层”面板底部的“创建新的填充或调整图层”按钮，新建“亮度 / 对比度 1”调整图层，展开“属性”面板，设置“亮度”为 10、“对比度”为 28，如图 21-8 所示。

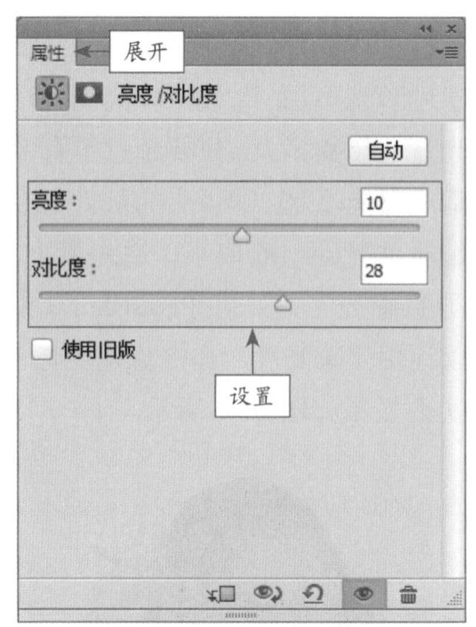

图 21-8 设置“亮度 / 对比度”参数

Step 02 此时，图像效果随之改变，效果如图 21-9 所示，完成修整图像曝光不足的操作。

图 21-9 图像调整效果

21.2 制作完美彩妆效果

人物数码照片中往往含有各种各样不尽如人意的瑕疵需要处理，Photoshop 在对人物图像处理上有着强大的修复功能，用户利用这些功能可以将这些缺陷消除。同时，还可以对照片中的人物进行必要的美容与修饰，使人物以一个近乎完美的姿态展现出来，留住美丽的容颜与身材。本实例效果如图 21-10 所示。

图 21-10 制作完美彩妆效果

21.2.1 制作美白效果

Step 01 按【Ctrl + O】组合键，打开光盘中的素材图像，如图 21-11 所示。

图 21-11 素材图像

Step 02 按【Ctrl + J】组合键，拷贝“背景”图层，得到“背景 副本”图层，如图 21-12 所示。

Step 03 单击菜单栏中的“滤镜”|“模糊”|“高斯模糊”命令，弹出“高斯模糊”对话框，设置“半径”选项为 4.0，如图 21-13 所示，然后单击“确定”按钮。

图 21-12 拷贝“背景”图层

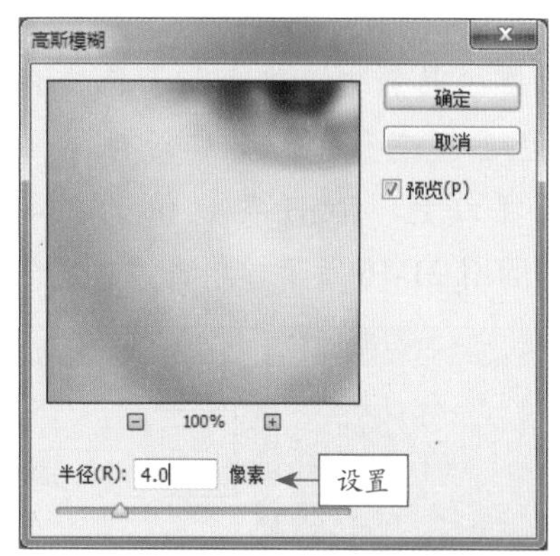

图 21-13 “高斯模糊”对话框

Step 04 单击“颜色”面板左侧的“历史记录”按钮，展开“历史记录”面板，单击“高斯模糊”选项前面的“设置历史记录画笔的源”按钮，选择“通过拷贝的图层”选项，如图 21-14 所示。

图 21-14 “历史记录”面板

Step 05 在工具栏中选取历史记录画笔工具，拖曳鼠标至图像编辑窗口中合适位置，进行适当涂抹，单击菜单栏中的“图像”|“调整”|

“曲线”命令，适当调整图像的色调，最终效果如图 21-15 所示。

图 21-15 调整图像的色调

21.2.2 制作绚丽眼影

Step 01 在工具箱中，单击前景色工具□，弹出“拾色器（前景色）”对话框，设置前景色为浅洋红色（RGB 参数值为 234、148、206），如图 21-16 所示，单击“确定”按钮。

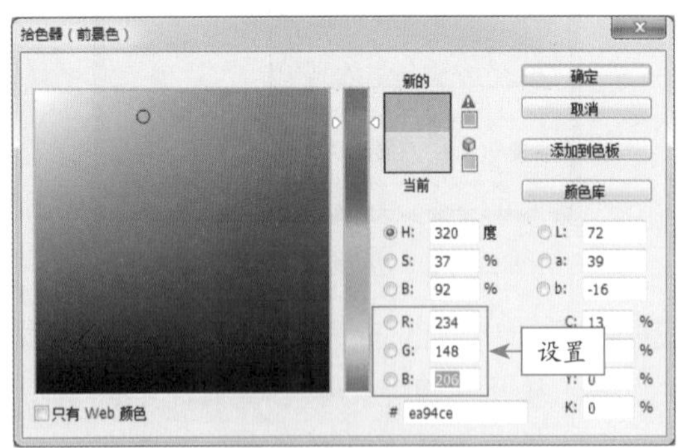

图 21-16 “拾色器（前景色）”对话框

Step 02 选取工具箱中的套索工具，在工具属性栏中设置“羽化”为 15 像素，在图像编辑窗口中人物的左眼处创建一个选区，如图 21-17 所示。

图 21-17 左眼处创建一个选区

Step 03 新建“图层 1”图层，按【Alt + Delete】组合键，填充前景色，按【Ctrl + D】组合键，取消选区，效果如图 21-18 所示。

图 21-18 填充前景色

Step 04 在“图层”面板中，选择“图层 1”图层，设置“图层 1”图层的混合模式为“正片叠底”，此时图像编辑窗口中的图像效果如图 21-19 所示。

图 21-19 设置混合模式为“正片叠底”

Step 05 单击菜单栏中的“图层”|“复制图层”命令，即可得到“图层 1 副本”图层，在“图层”面板中，设置“不透明度”为 15%，如图 21-20 所示。

图 21-20 设置“图层 1 副本”图层的“不透明度”为 15%

Step 06 采用与上同样的方法，新建“图层2”图层，制作出人物右眼的眼影效果，如图21-21所示。

图21-21 人物右眼的眼影效果

Step 07 复制“图层2”图层，得到“图层2副本”图层，设置图层的不透明度为15%，此时图像编辑窗口中的图像效果如图21-22所示。

图21-22 设置“图层2 副本”图层的“不透明度”为15%

21.2.3 制作炫色唇彩

Step 01 选取工具箱中的钢笔工具，在图像编辑窗口中人物嘴唇处绘制一条闭合路径，并转换为选区，如图21-23所示。

图21-23 绘制路径并转换为选区

Step 02 按【Shift＋F6】组合键，即可弹出“羽化选区”对话框，设置“羽化半径”为5，如图21-24所示，单击“确定”按钮。

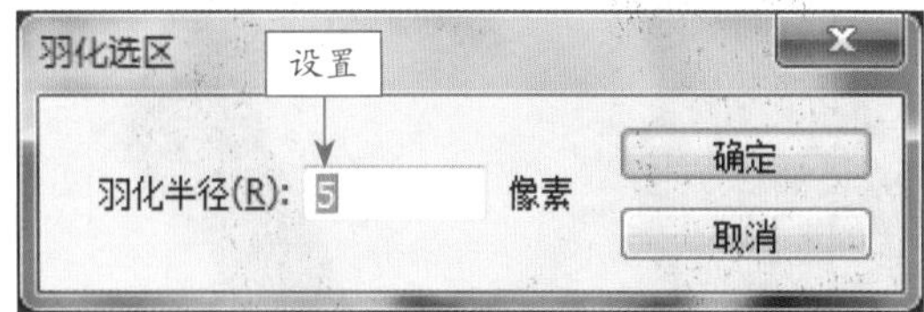

图21-24 “羽化选区”对话框

Step 03 选择“背景 副本”图层，单击菜单栏中的“图像”|“调整”|“色彩平衡”命令，弹出“色彩平衡”对话框，设置各选项，如图21-25所示，单击“确定”按钮。

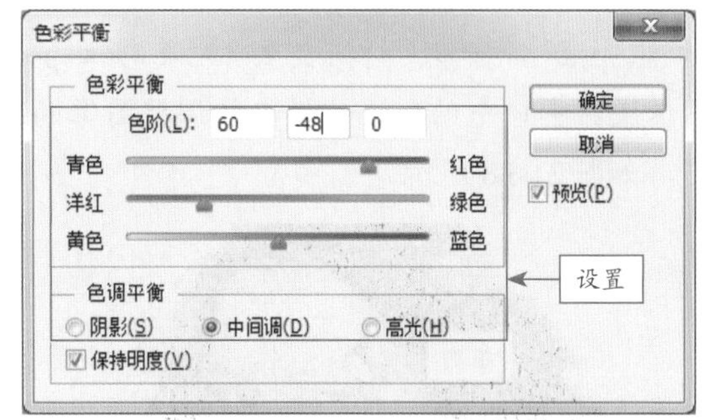

图21-25 设置各选项

Step 04 执行上述操作后，即可调整嘴唇的色调，此时图像编辑窗口中的图像效果如图21-26所示。

图21-26 调整嘴唇的色调

Step 05 按【Ctrl＋D】组合键，取消选区，效果如图21-27所示。

图 21-27　取消选区

21.2.4 添加蝴蝶饰品

Step 01 按【Ctrl + O】组合键，打开素材图像“蝴蝶 .psd”，将该素材拖曳至“完美彩妆 .psd”图像编辑窗口中的合适位置，并调整图像的大小，如图 21-28 所示。

图 21-28　调整图像的大小

Step 02 在“图层”面板中，选择“图层 3”图层，在图层的右侧，双击鼠标左键，弹出“图层样式”对话框，如图 21-29 所示。

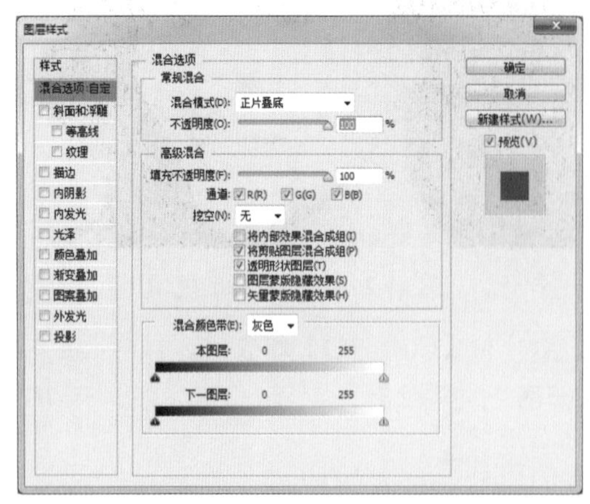

图 21-29　“图层样式”对话框

Step 03 在左侧列表框中选中“投影”复选框，设置“不透明度”选项为 34、“角度”选项为 30、“距离”选项为 3、“大小”选项为 4，如图 21-30 所示，单击“确定”按钮。

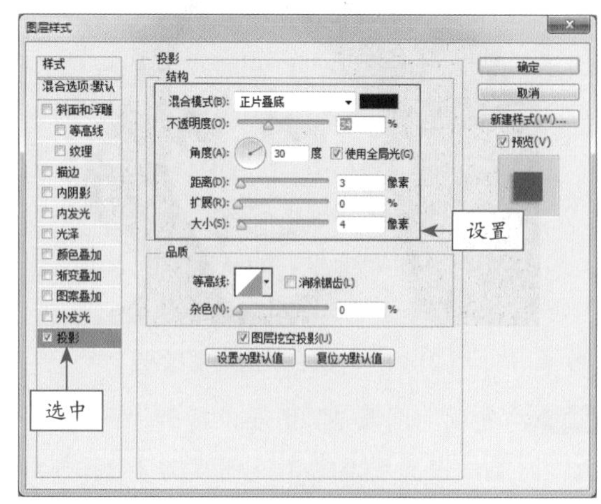

图 21-30　设置各选项

Step 04 执行上述操作后，图像编辑窗口中的图像效果如图 21-31 所示。

图 21-31　图像效果

21.3 制作婚纱合成效果

随着数码相机的普及以及婚纱摄影的盛行，影楼婚纱设计已逐渐形成一个产业，随之对修片工作人员与模板设计师的要求也越来越高。因此，本节主要读者介绍婚纱数码摄影后期设计的相关知识，使读者可以熟练掌握婚纱照片的设计方法。本实例效果如图 21-32 所示。

图 21-32　婚纱合成效果

21.3.1　制作背景效果

Step 01 单击菜单栏中的“文件”|“新建”命令，弹出“新建”对话框，设置各选项，如图 21-33 所示，单击“确定”按钮，即可新建一个空白文档。

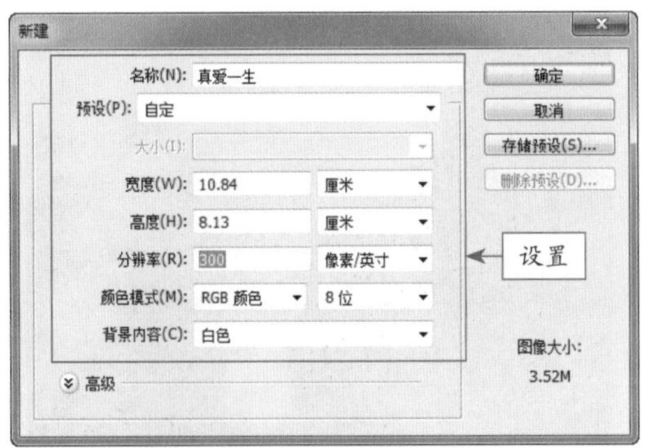

图 21-33　“新建”对话框

Step 02 新建“图层 1”图层，单击工具箱下方的前景色工具，弹出“拾色器（前景色）”对话框，设置前景色为红色（RGB 参数值为 241、104、104），如图 21-34 所示，单击“确定”按钮。

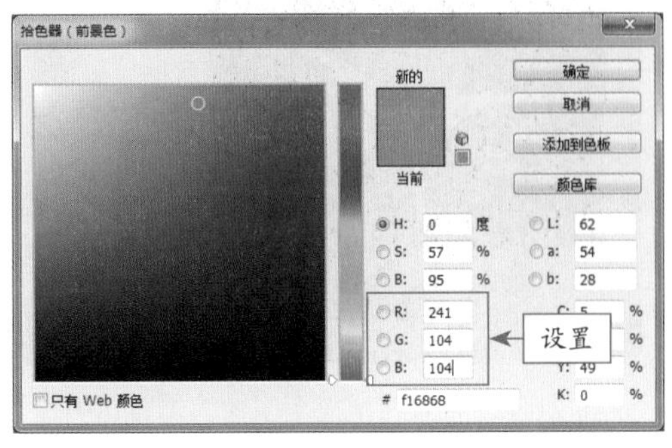

图 21-34　“拾色器（前景色）”对话框

Step 03 按【Alt + Delete】组合键，为“图层 1”图层填充前景色，如图 21-35 所示。

图 21-35　填充前景色

Step 04 按【Ctrl + O】组合键，打开素材图像“红色背景.jpg”，将其拖曳至“真爱一生”图像编辑窗口中，如图 21-36 所示。

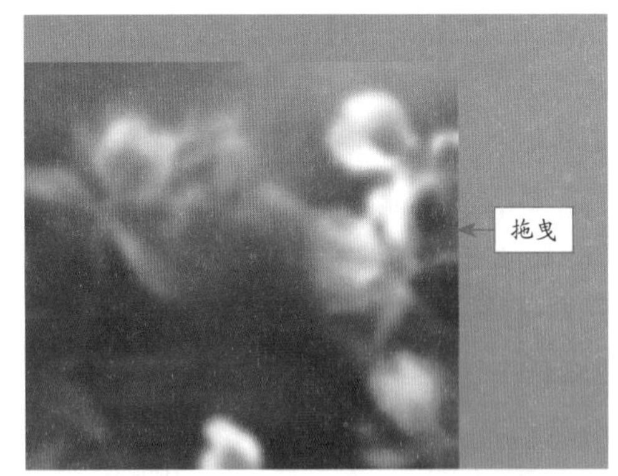

图 21-36　拖曳图像至合适位置

Step 05 在工具箱中，选取移动工具，拖曳图像至合适位置，新建“图层 3”图层，选取工具箱中的椭圆选框工具，按【Alt + Shift】组合键，创建一个圆形选区，如图 21-37 所示。

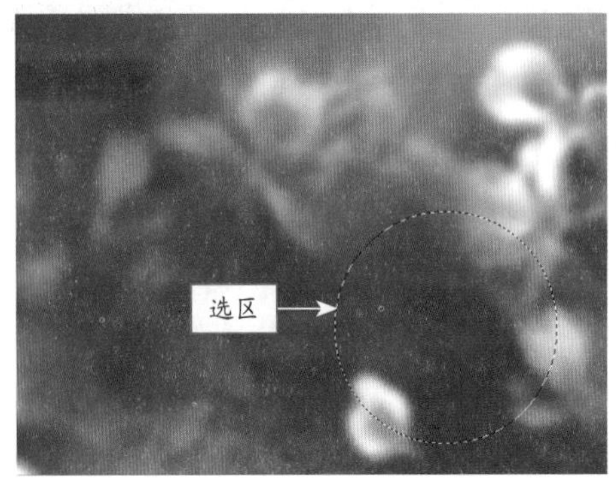

图 21-37　创建圆形选区

Step 06 单击工具箱下方的前景色工具□，弹出“拾色器（前景色）”对话框，设置前景色为白色，单击“确定”按钮，按【Alt ＋ Delete】组合键，即可在选区内填充前景色，如图 21-38 所示。

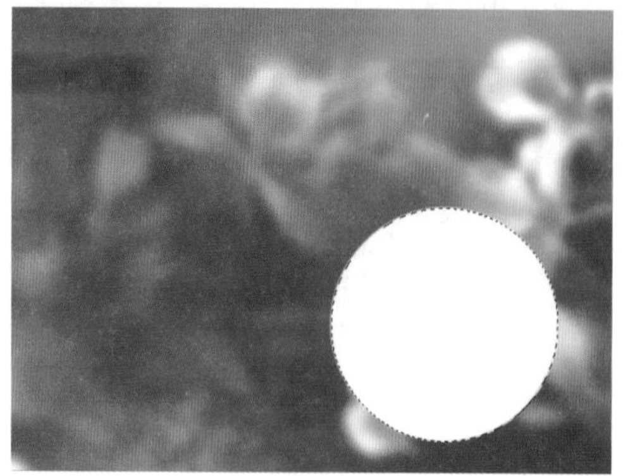

图 21-38 在选区内填充前景色

Step 07 按【Ctrl ＋ D】组合键，取消选区，设置“图层 3”图层的“不透明度”为 20%，单击菜单栏中的“图层”|“复制图层”命令，弹出“复制图层”对话框，单击“确定”按钮，得到“图层 3 副本”图层，并拖曳至合适位置，如图 21-39 所示。

图 21-39 复制图层并拖曳至合适位置

Step 08 单击菜单栏中的“编辑”|“变换”|“缩放”命令，调出变换控制框，将鼠标指针拖曳至图像右上角，当鼠标指针呈双向箭头状时，按住【Alt ＋ Shift】组合键的同时，单击鼠标左键并向下拖曳，按【Enter】键，确认操作，复制“图层 3 副本”图层两次，得到“图层 3 副本 2”和“图层 3 副本 3”两个图层，并将两个复制的图像拖曳至合适的位置，效果如图 21-40 所示。

图 21-40 复制图层

Step 09 参照步骤 08 的操作方法，缩放“图层 3 副本 2”和“图层 3 副本 3”两个图层，复制“图层 3 副本 3”图层两次，得到“图层 3 副本 4”和“图层 3 副本 5”两个图层，调整图像的大小和位置，效果如图 21-41 所示。

图 21-41 调整图像的大小和位置

Step 10 按【Ctrl ＋ O】组合键，打开素材图像“花 .jpg”，将该素材拖曳至“真爱一生”图像编辑窗口中，如图 21-42 所示。

图 21-42 将素材拖曳至图像编辑窗口中

Step 11 单击菜单栏中的“编辑”|“变换”|“缩

放”命令，调出变换控制框，将鼠标指针拖曳至图像右上角，当鼠标指针呈双向箭头状时，按住【Alt + Shift】组合键的同时，单击鼠标左键并向下拖曳，缩小图像，如图 21-43 所示。

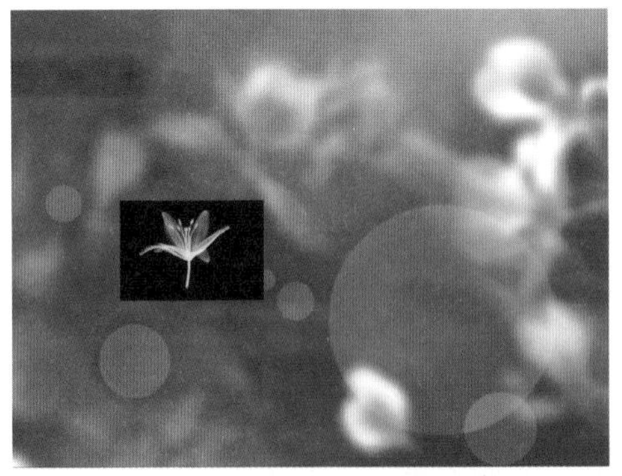

图 21-43 缩小图像

Step 12 按【Enter】键确认操作，设置“图层 4”图层的混合模式为“滤色”，效果如图 21-44 所示。

图 21-44 设置图层的混合模式为“滤色”

Step 13 在“图层”面板中，选择“图层 4”图层，单击“图层”面板底部的“添加图层蒙版”按钮，添加蒙版，如图 21-45 所示。

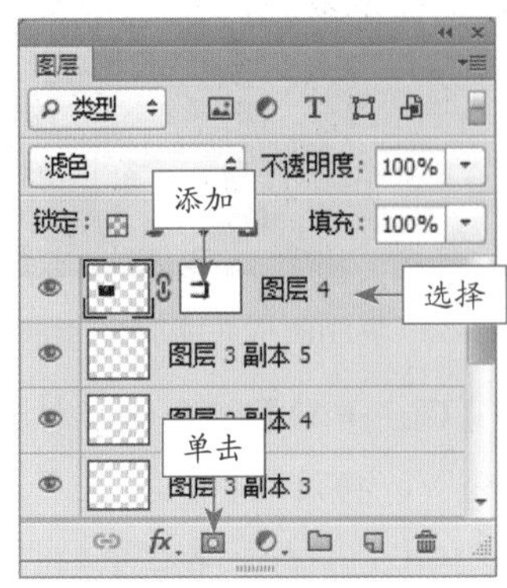

图 21-45 添加蒙版

Step 14 设置前景色为黑色，选取工具箱中的画笔工具，设置画笔大小为“80 像素”，在图像编辑窗口中花的白色边缘区域涂抹，将其隐藏，复制“图层 4”图层三次，得到“图层 4 副本”、“图层 4 副本 2”和“图层 4 副本 3”三个图层，再调整各图像大小，并拖曳至合适的位置，效果如图 21-46 所示。

图 21-46 复制图层并拖曳至合适的位置

21.3.2 制作主体图像

Step 01 新建“图层 5”图层，选取工具箱中的椭圆工具，单击工具属性栏中的“路径”按钮，按【Alt + Shift】组合键，绘制一个圆形路径，如图 21-47 所示。

图 21-47 绘制圆形路径

Step 02 在工具箱中，选取画笔工具，设置前景色为白色，单击菜单栏中的“窗口”|“画笔”命令，展开“画笔”面板，如图 21-48 所示。

Step 03 在“画笔笔尖形状”右侧的列表框中，选择“尖角 13”画笔，设置“间距”为

130%，如图 21-49 所示。

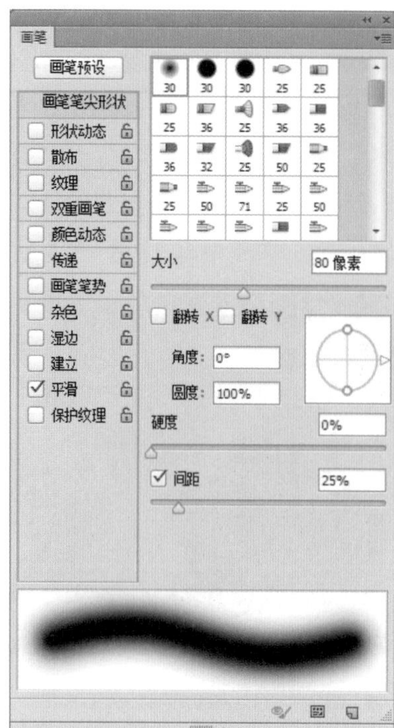

图 21-48 展开“画笔”面板

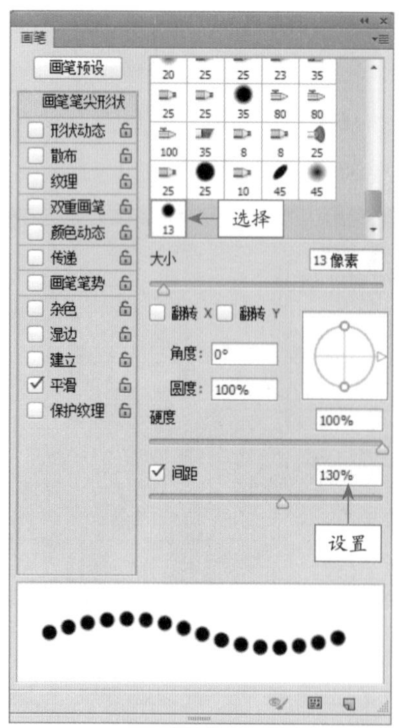

图 21-49 设置“间距”为 130%

Step 04 展开“路径”面板，选择“工作路径”路径，将其拖曳至“用画笔描边路径”按钮上，如图 21-50 所示。

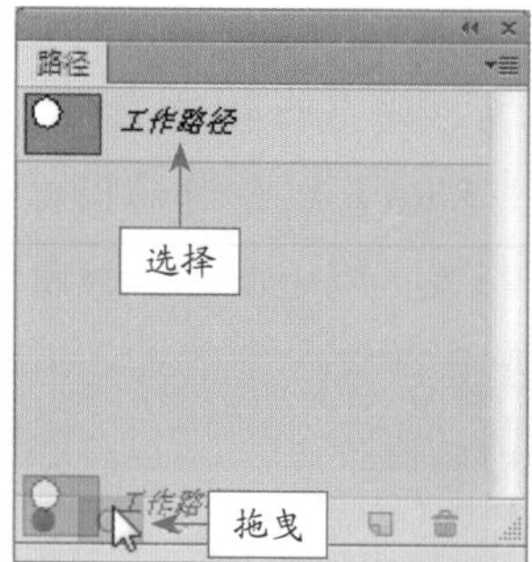

图 21-50 “路径”面板

Step 05 执行上述操作后，即可对路径进行描边，效果如图 21-51 所示。

图 21-51 描边路径

Step 06 选取工具箱中的移动工具，选中图像并拖曳至合适位置，复制“图层 5”图层两次，得“图层 5 副本”和“图层 5 副本 2”两个图层，分别将复制的两个图层拖曳至合适的位置，并缩放至合适大小，如图 21-52 所示。

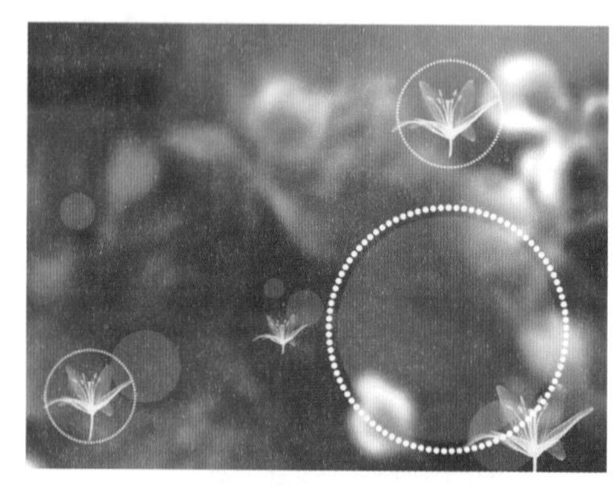

图 21-52 复制图层并缩放至合适大小

Step 07 按【Ctrl ＋ O】组合键，打开素材图像“照片 1.jpg”，将该文件拖曳至“真爱一生”图像编辑窗口中，单击菜单栏中的“编辑”|“变换”|“缩放”命令，调出变换控制框，按【Alt

＋ Shift】组合键，等比例缩放图像，并拖曳至合适位置，按【Enter】键确认操作，效果如图 21-53 所示。

图 21-53 等比例缩放图像 1

Step 08 在“图层”面板中选择“图层 3”图层，按住【Ctrl】键的同时，单击“图层 3”图层左侧的缩览图，即可调出选区，如图 21-54 所示。

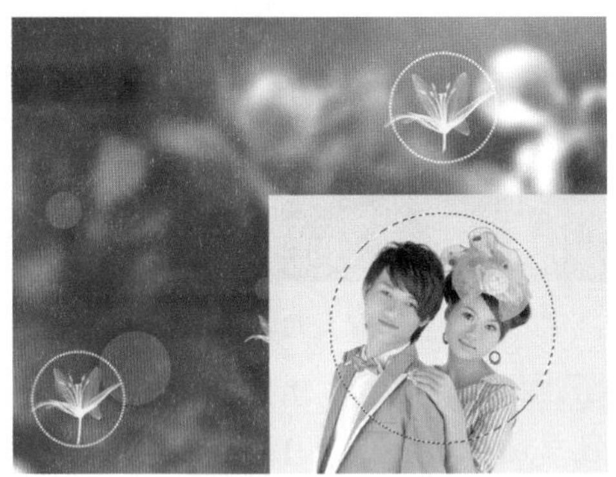

图 21-54 调出选区

Step 09 选择“照片 1”图层，单击菜单栏中的“选择”|“反向”命令，反选选区，按【Delete】键，清除选区内的图像，再按【Ctrl ＋ D】组合键取消选区，如图 21-55 所示。

图 21-55 反选选区并清除选区内的图像

Step 10 按【Ctrl ＋ O】组合键，打开素材图像“照片 2.jpg”，如图 21-56 所示。

图 21-56 素材图像

Step 11 将“照片 2.jpg”素材拖曳至“真爱一生”图像编辑窗口中，如图 21-57 所示。

图 21-57 拖曳至“真爱一生”图像编辑窗口中

Step 12 按【Ctrl ＋ T】组合键，调出变换控制框，按【Alt ＋ Shift】组合键，等比例缩放图像，并拖曳至合适位置，按【Enter】键确认操作，效果如图 21-58 所示。

图 21-58 等比例缩放图像 2

Step 13 在“图层”面板中，选择“照片 2”图层，单击面板底部的“添加图层蒙版”按钮，添加图层蒙版，如图 21-59 所示。

图 21-59 添加图层蒙版

Step 14 选取工具箱中的画笔工具，设置前景色为黑色，单击菜单栏中的“窗口”|“画笔”命令，展开“画笔”面板，设置“大小”为 100、“硬度”为 0%、“间距”为 1%，如图 21-60 所示。

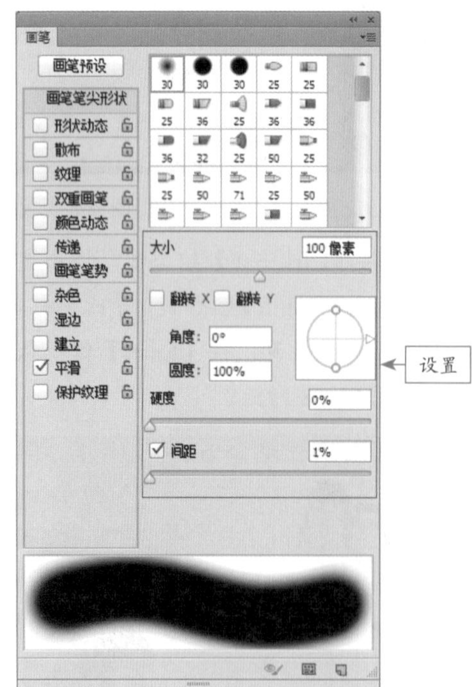

图 21-60 设置“画笔”面板

Step 15 在工具属性栏中，设置“不透明度”为 40%，在图像编辑窗口中的合适区域进行涂抹，即可隐藏部分图像，如图 21-61 所示。

图 21-61 隐藏部分图像

Step 16 采用与上同样的方法，涂抹除人物以外的图像区域，如图 21-62 所示。

图 21-62 涂抹除人物以外的图像区域

Step 17 新建“图层 7”图层，选取工具箱中的矩形工具，在工具属性栏中，选择“路径”按钮，在图像编辑窗口左上方，单击鼠标左键并向右下方拖曳，创建一个矩形路径，如图 21-63 所示；选取工具箱中的画笔工具，设置前景色为白色，设置工具属性栏中的画笔“大小”为 5 像素、“硬度”为 100%。

图 21-63 创建矩形路径

Step 18 展开“路径”面板，选择“工作路径”路径，并拖曳至面板底部的“用画笔描边路径”按钮上，对路径进行描边，在“图层”面板中，设置“图层 7”图层的混合模式为“叠加”，效果如图 21-64 所示。

图 21-64 设置混合模式为“叠加”

Step 19 将光盘中的两组文字素材“文字素材 1.psb”和“文字素材 2.psb”拖曳至“真爱一生”图像编辑窗口中，并运用移动工具将其拖曳至合适位置，如图 21-65 所示。

图 21-65 拖曳文字至合适位置

Step 20 按【Ctrl + T】组合键，调出变换控制框，调整素材至合适大小，按【Enter】键，确认操作，最终效果如图 21-66 所示。

图 21-66 最终效果

白金案例：制作文字效果

22
Chapter

在平面设计作品中，文字设计占据极其重要的位置，文字的设计内容包括流畅、简洁的语言和独具风格的造型，通过这些可以赋予平面设计作品视觉上的美感。本章主要通过制作 3 个不同效果的实例，帮助用户掌握文字设计的具体方法。

本章内容导航

- 制作花形文字效果
- 制作创意文字效果
- 制作特效文字效果

22.1 制作花形文字效果

花形文字效果，顾名思义，就是通过不同形状的花纹，结合要表达的文字，进行各类版式、布局、颜色上的创意和融合，从而制作出一种艺术字效，让要表现的文字更醒目、突出，让文字意境更美丽、深远。本实例效果如图 22-1 所示。

图 22-1　花形文字效果

22.1.1　制作文字效果

Step 01 新建一幅名为“情人节”的 RGB 颜色模式图像，设置“宽度”为 1024 像素、“高度”为 764 像素、“分辨率”为 300 像素 / 英寸、“背景内容”为“白色”，如图 22-2 所示。

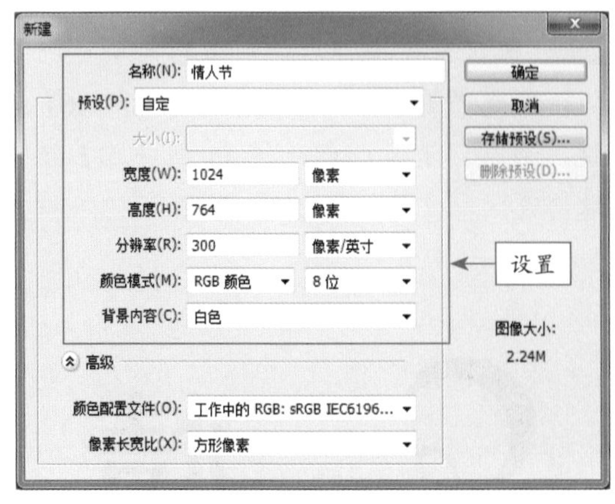

图 22-2　设置“新建”对话框

Step 02 选取工具箱中的横排文字工具 T，在图像编辑窗口中单击鼠标左键，确认文本输入点，输入“情人节”，如图 22-3 所示。

情人节

图 22-3　输入文字

Step 03 在“图层”面板中选中“情人节”图层，单击菜单栏中的“窗口”|“字符”命令，弹出“字符”面板，设置“字体”为“方正姚体简体”、“大小”为 36 点、“字符间距”为 -250、“颜色”为红色（RGB 为 238、27、35），如图 22-4 所示。

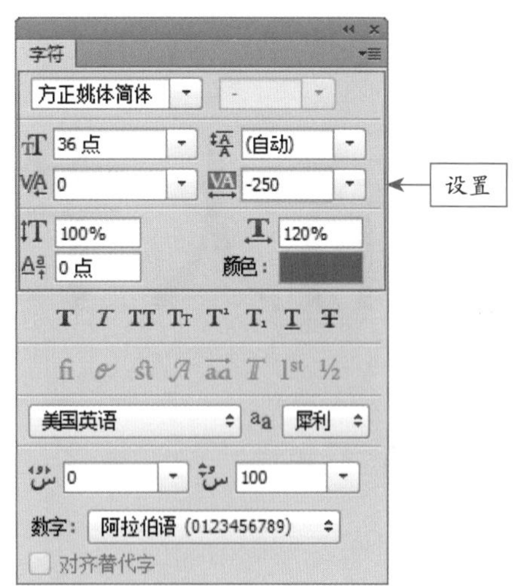

图 22-4　设置“字符”面板

Step 04 执行上述操作后，文字效果随之改变，如图 22-5 所示。

情人节

图 22-5　文字效果

Step 05 在“情人节”文字图层上单击鼠标右键，在弹出的快捷菜单中选择“栅格化文字”选项；选取工具箱中的多边形套索工具，在“节”图像附近创建一个选区，如图 22-6 所示。

图 22-6　创建选区

Step 06 按【Delete】键删除选区内的图像，再按【Ctrl + D】组合键取消选区，效果如图 22-7 所示。

图 22-7　删除图像

22.1.2　制作花形效果

Step 01 选取工具箱中的钢笔工具，在“情”图像的左侧创建一条闭合路径，如图 22-8 所示。

图 22-8　创建闭合路径 1

Step 02 单击工具属性栏中的“路径操作”按钮，选择“排除重叠形状”选项，在已绘制的路径上绘制一条闭合路径，如图 22-9 所示。

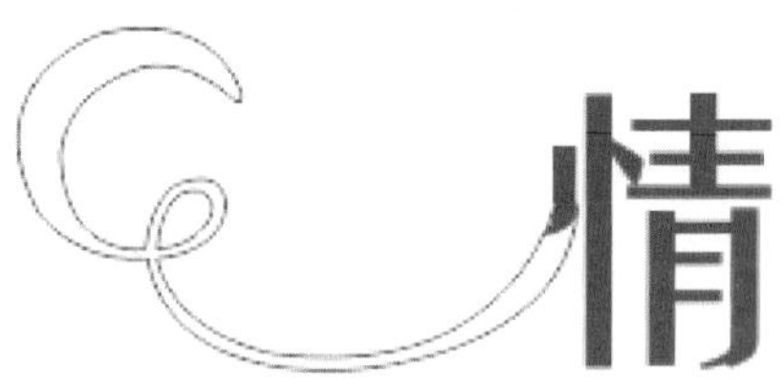

图 22-9　创建闭合路径 2

Step 03 按【Ctrl + Enter】组合键，即可将路径转换为选区；然后选取工具箱中的吸管工具，拖曳鼠标至“情”图像上，单击鼠标左键，即可吸取颜色，如图 22-10 所示。

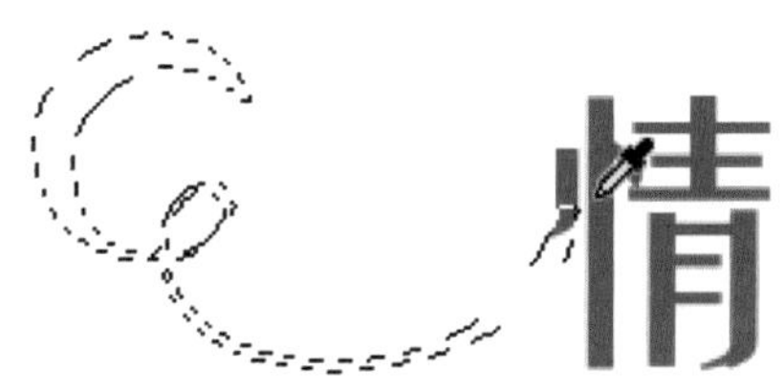

图 22-10　吸取颜色

Step 04 执行上述操作后，前景色的颜色随之改变，新建“图层 1”，按【Alt + Delete】组合键，为选区填充颜色，按【Ctrl + D】组合键取消选区，效果如图 22-11 所示。

图 22-11　为选区填充颜色 1

Step 05 选取工具箱中的钢笔工具，在“节”图像的附近绘制一条闭合路径，如图 22-12 所示。

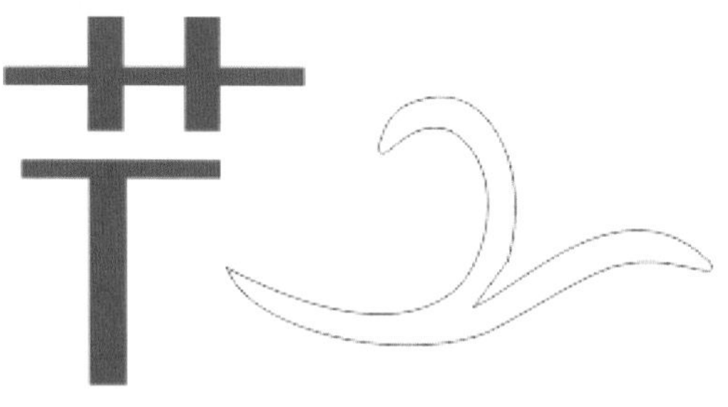

图 22-12 绘制闭合路径 3

Step 06 按【Ctrl + Enter】组合键，即可将路径转换为选区；新建“图层 2”，按【Alt + Delete】组合键，为选区填充颜色，按【Ctrl + D】组合键取消选区，如图 22-13 所示。

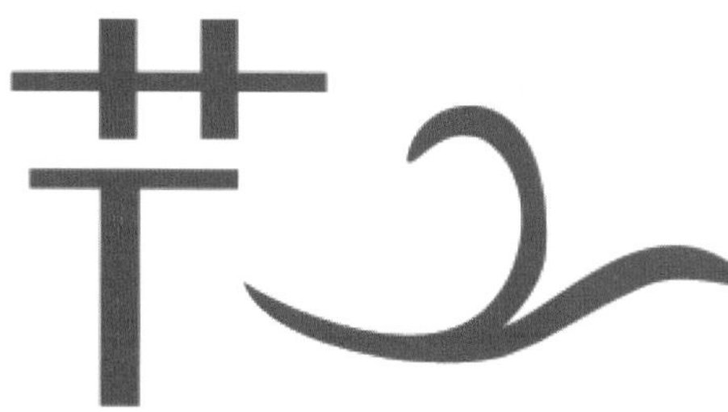

图 22-13 为选区填充颜色 2

Step 07 复制“图层 1”，得到“图层 1 副本”，单击菜单栏中的“编辑”|“自由变化”命令，调出变换控制框，单击鼠标右键，在弹出的快捷菜单中选择“水平翻转”选项，对图像进行适当调整，按【Enter】键确认，效果如图 22-14 所示。

图 22-14 复制并变换图像

22.1.3 制作艺术字整体效果

Step 01 选取工具箱中的自定形状工具，在工具属性栏中单击“路径”按钮，设置“形状”为“红心形卡”，再在图像编辑窗口中绘制一个大小合适的心形路径，如图 22-15 所示。

图 22-15 绘制心形路径

Step 02 选取工具箱中的直接选择工具，在路径上单击鼠标左键，即可显示路径锚点，在锚点上单击鼠标左键并拖曳，即可调整锚点的位置，路径的形状随之改变，如图 22-16 所示。

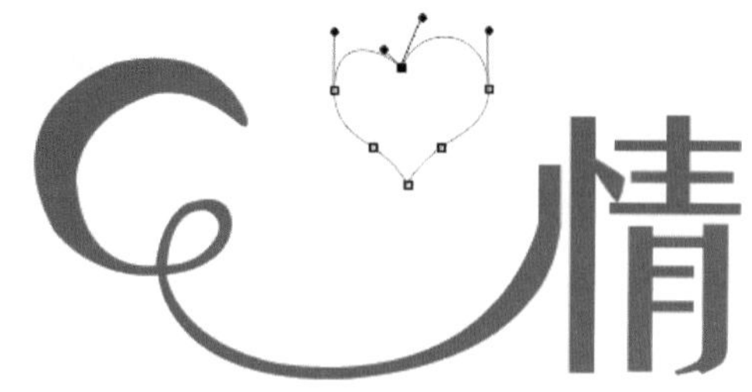

图 22-16 调整锚点

Step 03 采用与上面同样的方法，运用直接选择工具，适当地调整锚点和控制柄，改变路径的形状，如图 22-17 所示。

图 22-17 调整路径

Step 04 按【Ctrl + Enter】组合键，即可将路径转换为选区，新建“图层 3”，按【Alt + Delete】组合键，为选区填充颜色，如图 22-18 所示。

图 22-18 填充颜色

Step 05 单击菜单栏中的“选择”|“变换选区”命令，调出变换控制框，如图 22-19 所示。

图 22-19 调出变换控制框

Step 06 按【Alt + Shift】组合键的同时，等比例缩放选区，调整至合适大小后，按【Enter】键确认，即可完成选区的缩放操作，如图 22-20 所示。

图 22-20 缩小选区

Step 07 选中“图层 3”，按【Delete】键删除选区内图像，按【Ctrl + D】组合键取消选区，制作出相应的心形图像，如图 22-21 所示。

图 22-21 制作心形图像

Step 08 复制“图层 3”得到“图层 3 副本”，按【Ctrl + T】组合键，调出变换控制框，调整图像的大小、位置和角度，如图 22-22 所示。

图 22-22 复制并变换图像

Step 09 采用与上面同样的方法，复制心形图像多次，根据需要调整各图像的大小、位置和角度，效果如图 22-23 所示；在“图层”面板中，选中“情人节”、“图层 1”、“图层 2”、“图层 3”及其所有副本图层，单击鼠标右键，在弹出的快捷菜单中选择“合并图层”选项，合并图层并重命名为“情人节”图层。

图 22-23 复制并调整图像

Step 10 双击“情人节”图层，弹出“图层样式”对话框，选中“渐变叠加”复选框，单击“点按可编辑渐变”色块，弹出“渐变编辑器”对话框，在渐变条上设置大红色（RGB 参数值为 181、4、4）至洋红色（RGB 参数值为 255、0、78）的渐变色，并适当调整各色标位置，如图 22-24 所示。

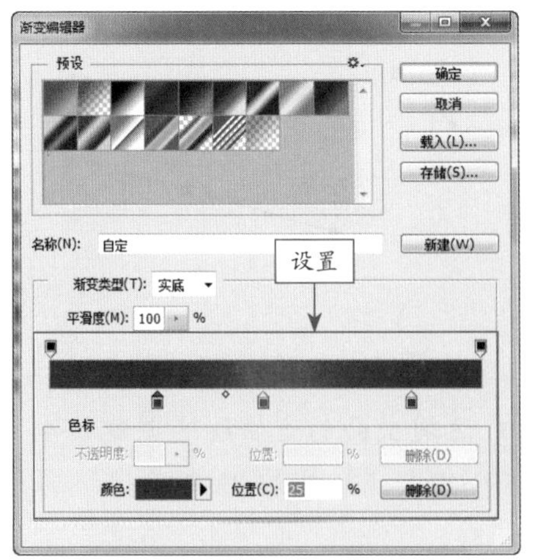

图 22-24 设置渐变色

Step 11 单击“确定”按钮，返回“图层样式”对话框，设置“混合模式”为“正常”、“不透明度”为 100%、“样式”为“线性”、“角度”为 -135，“缩放”为 100%，如图 22-25 所示，单击“确定”按钮，即可添加渐变叠加图层样式。

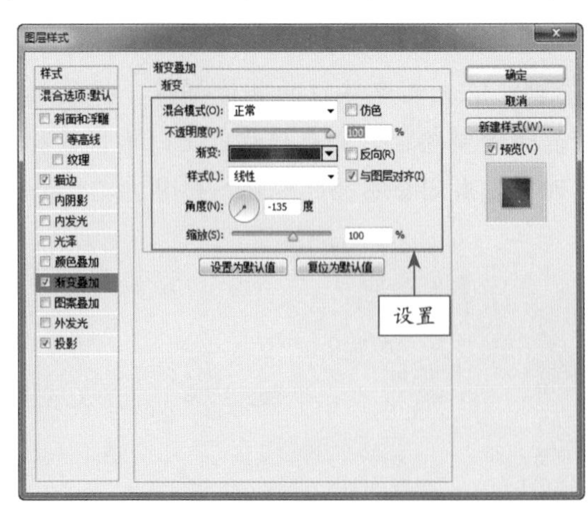

图 22-25 设置各选项

Step 12 采用与上面相同的方法选中“描边”和“投影”复选框，添加描边和投影图层样式，效果如图 22-26 所示。

Step 13 将素材拖曳至“情人节”图像编辑窗口中的合适位置，并适当调整图像大小，最终效果如图 22-27 所示。

图 22-26 添加图层样式

图 22-27 最终效果

22.2 制作创意文字效果

创意是艺术最强大的武器，拥有好的创意可以创造出很多美妙的效果。本节以创意为主，充分发挥想象力，将文字艺术化，通过对文字所述含义的理解，将文字的优美通过视觉的方式体现出来。本实例效果如图 22-28 所示。

图 22-28 创意文字效果

22.2.1 制作花纹效果

Step 01 新建一幅名为“爱上诗意生活”的RGB颜色模式的图像，设置“宽度”为1024像素、“高度”为764像素、“分辨率”为300像素/英寸、“背景内容”为“白色”，如图22-29所示。

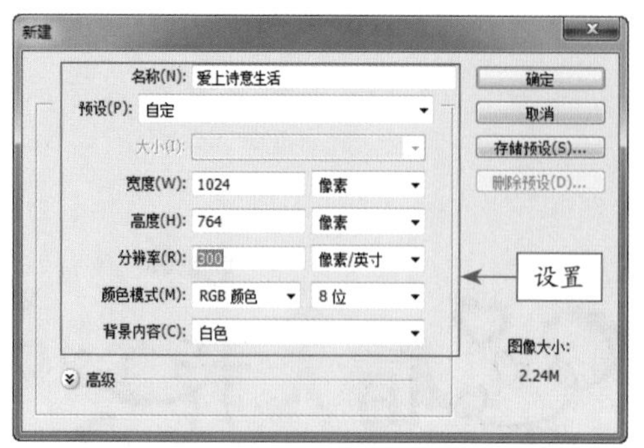

图22-29 设置“新建”对话框

Step 02 选取工具箱中的钢笔工具，在工具属性栏中单击“路径”按钮，将鼠标拖曳至图像编辑窗口中，单击鼠标左键确认起始点，如图22-30所示。

图22-30 确认起始点

Step 03 以起始点为标准，向左拖曳鼠标，单击鼠标左键不放并向左拖曳，确认第2个锚点，绘制一条曲线，如图22-31所示。

图22-31 确认第2个锚点

Step 04 将钢笔工具拖曳至第2个锚点的下方，单击鼠标左键不放并向右拖曳至合适位置，确认第3个锚点，绘制一条曲线，如图22-32所示。

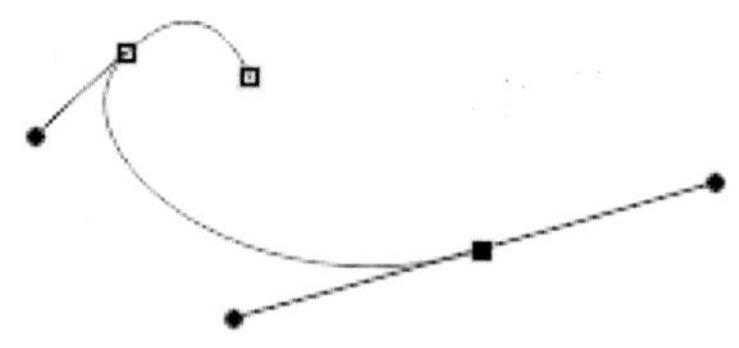

图22-32 确认第3个锚点

Step 05 运用上面的方法继续创建第4个锚点和第5个锚点，如图22-33所示。

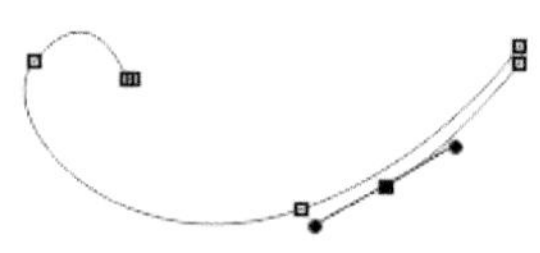

图22-33 确认第5个锚点

Step 06 依次创建路径的其他锚点，将鼠标指针置于绘制路径时的起始锚点上，单击鼠标左键即可完成闭合路径的绘制，如图22-34所示。

图22-34 闭合路径

Step 07 新建“图层1”图层，设置前景色为黑色，按【Ctrl + Enter】组合键，将路径转化为选区，按【Alt + Delete】组合键，填充对应前景色，按【Ctrl + D】组合键取消选区，效果如图22-35所示。

图 22-35　填充颜色

Step 08 复制“图层 1”图层，得到“图层 1 副本”，单击菜单栏中的“编辑”｜“自由变化”命令，调出变换控制框；单击鼠标右键，在弹出的快捷菜单中选择“水平翻转”，再选择“垂直翻转”选项，对图像进行适当调整，按【Enter】键确认，效果如图 22-36 所示。

图 22-36　翻转图像

Step 09 再次复制“图层 1”图层，得到“图层 1 副本 2”，单击菜单栏中的“编辑”｜“自由变化”命令，调出变换控制框；单击鼠标右键，在弹出的快捷菜单中选择“水平翻转”选项，对图像进行适当调整，按【Enter】键确认，效果如图 22-37 所示。

图 22-37　水平翻转图像

22.2.2　制作文字字体效果

Step 01 选取工具箱中的横排文字工具 T，设置字体为“经典粗宋繁”，字体大小为 30 点，输入文字“爱”，按【Ctrl + Enter】组合键，确认输入；单击菜单栏中的“图层”｜“栅格化”｜“文字”命令，将文字栅格化，如图 22-38 所示。

图 22-38　栅格化文字

Step 02 选择“图层 1 副本 2”，拖曳对应图像至“爱”图层相应位置，按【Ctrl + T】组合键，调出变换控制框，调整图像至合适大小，如图 22-39 所示。

图 22-39　调整图像大小

Step 03 选取工具箱中的横排文字工具 T，设置字体为“经典粗宋繁”、字体大小为 20 点，输入文字“上诗意生活”，按【Ctrl + Enter】组合键，确认输入；单击菜单栏中的“窗口”｜“字符”命令，打开“字符”面板，设置该面板，如图 22-40 所示；单击菜单栏中的“图层”｜“栅格化”｜“文字”命令，将文字栅格化。

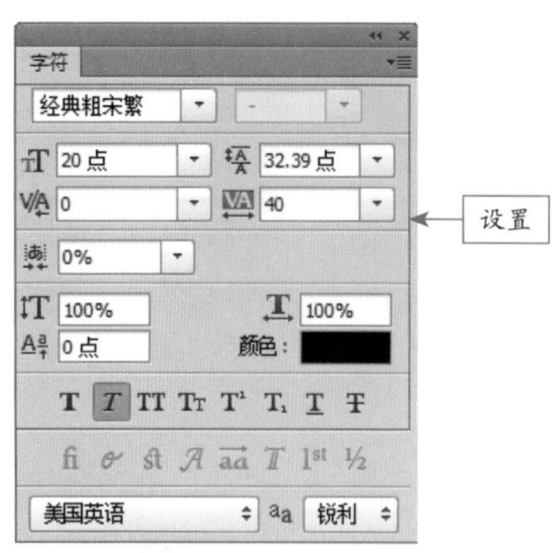

图 22-40 设置“字符”面板

Step 04 选择“图层 1 副本”和“图层 1”，拖曳对应图像至“上诗意生活”图层相应位置，按【Ctrl + T】组合键，调出变换控制框，调整图像至合适大小，如图 22-41 所示。

图 22-41 调整图像大小

Step 05 选择“图层 1”、“图层 1 副本”、“图层 1 副本 2”、“爱”和“上诗意生活”图层，按【Ctrl + E】组合键，合并图层并重命名为“爱上诗意生活”，按住【Ctrl】键，单击图层缩览图，创建选区，如图 22-42 所示；将前景色设为白色，按【Alt + Delete】组合键填充选区，按【Ctrl + D】组合键取消选区。

Step 06 双击“爱上诗意生活”图层，弹出“图层样式”对话框，选中“渐变叠加”复选框，单击“点按可编辑渐变”色块，弹出“渐变编辑器”对话框；设置颜色分别为黄色（RGB 参数值为 255、255、102）、绿色（RGB 参数值为 0、255、0）和灰绿色（RGB 参数值为 51、102、51）的渐变色，单击“确定”按钮返回“图层样式”对话框，设置“角度”为 40°，如图 22-43 所示。

图 22-42 创建选区

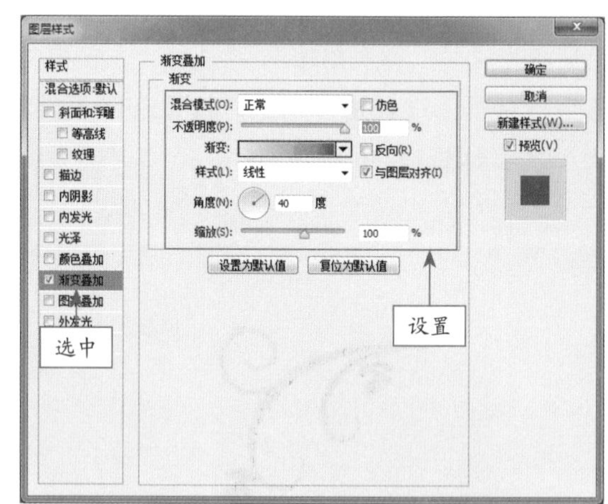

图 22-43 设置“渐变叠加”图层样式

Step 07 选中“投影”复选框，设置各选项，如图 22-44 所示。

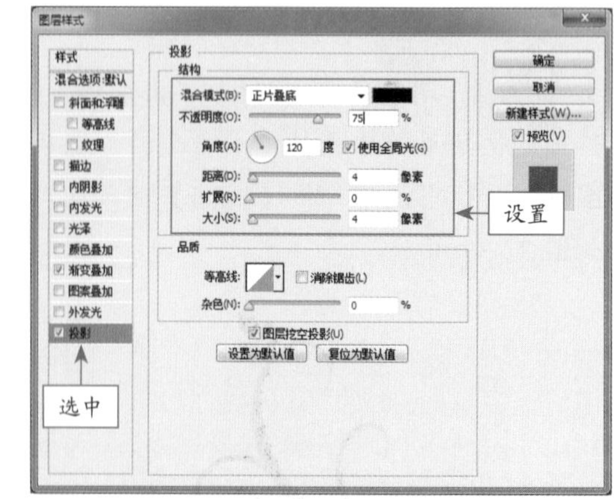

图 22-44 设置“投影”图层样式

Step 08 单击“确定”按钮，即可添加渐变叠加与投影图层样式，最终效果如图 22-45 所示。

图 22-45 最终效果

22.3 制作特效文字效果

随着电脑科技的快速发展，“三维立体技术”逐渐深入人心，书刊、电视、电影等都引用了三维技术，带来强大的视觉冲击力，文字也能拥有这种三维立体的感觉。本实例效果如图 22-46 所示。

图 22-46 特效文字效果

22.3.1 制作文字字体效果

Step 01 按【Ctrl + O】组合键，打开素材图像“特效文字 .jpg”，如图 22-47 所示。

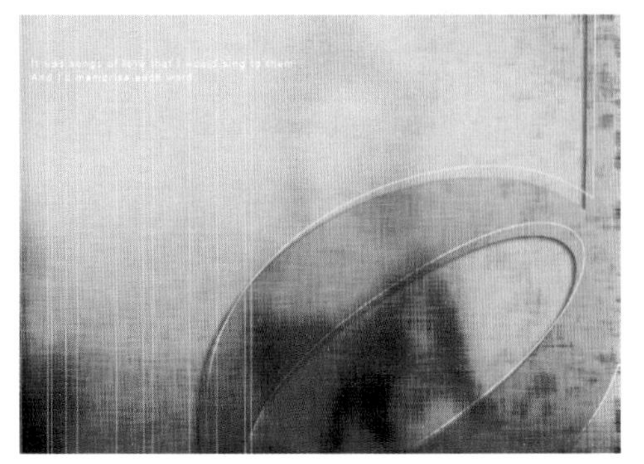

图 22-47 素材图像

Step 02 选取工具箱中的横排文字工具 T，在工具属性栏中选择适合字体并设置文字大小，输入白色文字，如图 22-48 所示，图层控制面板中生成新的文字图层。

图 22-48 输入文字

Step 03 单击“图层”控制面板下方的“添加图层样式”按钮 fx，在弹出的菜单中选择“内发光”选项，在弹出的“图层样式”对话框中，将发光颜色设为白色，其他“内发光”图层样式设置如图 22-49 所示。

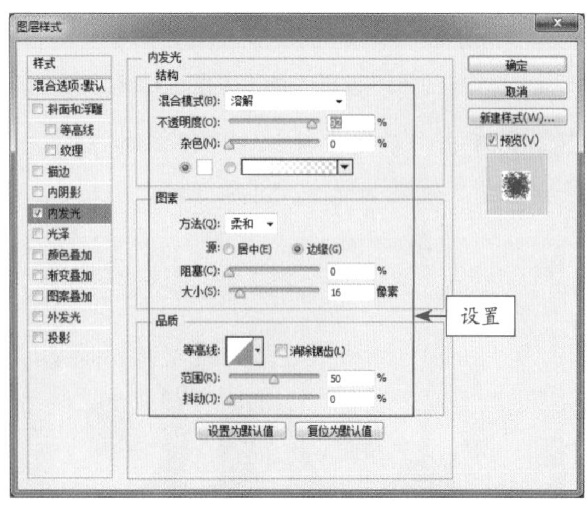

图 22-49 设置“内发光”图层样式

Step 04 单击“确定”按钮，即可添加“内发光”图层样式，效果如图 22-50 所示。

Step 05 单击“图层”控制面板下方的“添加图层样式”按钮 fx，在弹出的菜单中选择“描边”选项，在弹出的对话框中将描边颜色设为白色，其他“描边”图层样式设置如图 22-51 所示。

图 22-50 添加“内发光”图层样式

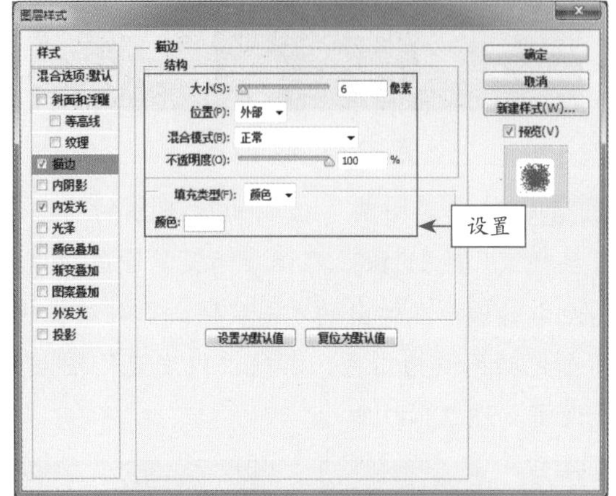

图 22-51 设置“描边”图层样式

Step 06 单击“确定”按钮，即可添加“描边”图层样式，效果如图 22-52 所示。

图 22-52 添加“描边”图层样式

22.3.2 制作文字特效效果

Step 01 在“图层”控制面板上方，将“Song”图层的“不透明度”选项设为 75%、“填充”选项设为 12%，如图 22-53 所示。

图 22-53 设置“Song”图层效果

Step 02 复制“Song”图层，得到“Song 副本”；用鼠标右键单击“Song 副本”图层，在弹出的快捷菜单中选择“清除图层样式”选项，设置“不透明度”和“填充”选项为 100%，效果如图 22-54 所示。

图 22-54 设置“Song 副本”图层效果

Step 03 单击“图层”控制面板下方的“添加图层样式”按钮 fx，在弹出的菜单中选择“投影”选项，设置“投影”图层样式，如图 22-55 所示。

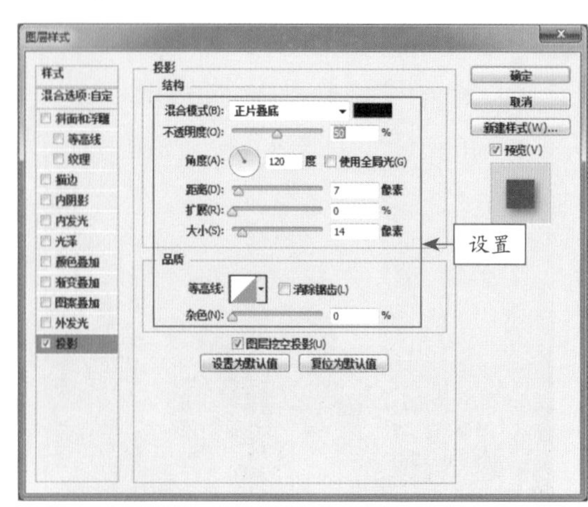

图 22-55 设置“投影”图层样式

Step 04 选中“内阴影”复选框，设置“不透明度”为75%，“角度”为120°、“距离”为7、“大小”为14；选中“内发光”复选框，设置“混合模式”为“正片叠底”，将发光颜色设为白色，“方法”设为柔和，“源”选择“边缘”选项，“阻塞”设为10%，“大小”设为104，添加“内发光”图层样式后的图像效果如图22-56所示。

图22-56 添加“内发光”图层样式效果

Step 05 在“图层样式”对话框左侧选中“斜面和浮雕”复选框，单击“光泽等高线”选项右侧的下拉按钮▾，弹出“等高线”预设面板，选择“环形”图标，如图22-57所示。

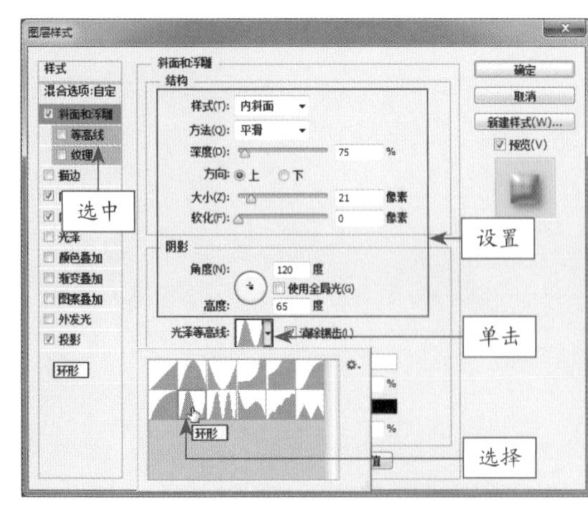

图22-57 选择“环形”图标

Step 06 单击“光泽等高线”选项，弹出“等高线编辑器”对话框，将右上方的光泽点设为98、100，如图22-58所示。

Step 07 单击“确定”按钮，返回“图层样式”对话框中，单击“确定”按钮，添加“斜面和浮雕”图层样式后的图像效果如图22-59所示。

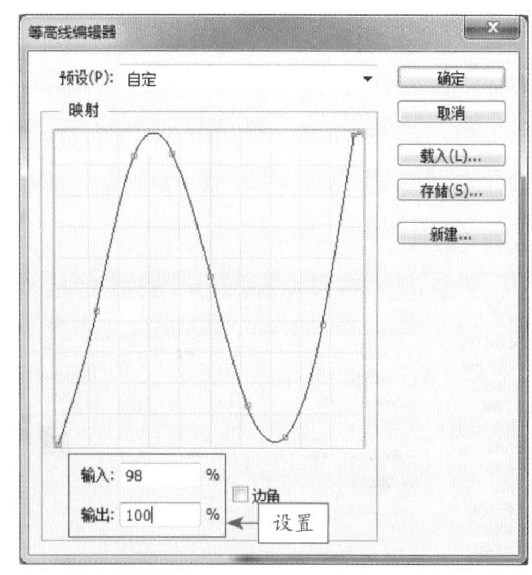

图22-58 “等高线编辑器”对话框

图22-59 添加“斜面和浮雕”图层样式效果

Step 08 单击“图层”控制面板下方的“添加图层样式”按钮 fx，在弹出的菜单中选择“颜色叠加”选项，在弹出的对话框中将叠加颜色设为黑色，单击“确定”按钮，效果如图22-60所示。

图22-60 设置“颜色叠加”选项效果

Step 09 单击“图层”控制面板下方的“添加图层样式”按钮 *fx*，在弹出的菜单中选择“描边”选项，在弹出的“图层样式”对话框中将描边颜色设为黑色，如图 22-61 所示，然后单击“确定”按钮。

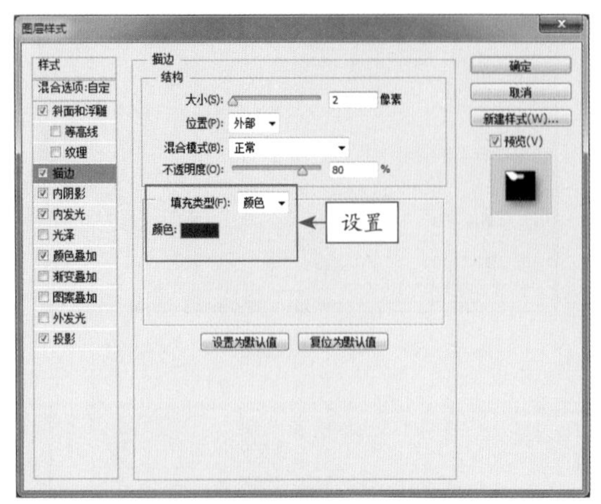

图 22-61 设置“描边”图层样式

Step 10 在“图层”面板中，将“Song 副本”图层的混合模式设置为“叠加”，“填充”选项设置为 60%，如图 22-62 所示，至此完成特效文字效果的制作。

图 22-62 设置“图层”面板

23 Chapter 白金案例：制作商务卡片效果

随着时代的发展，各类卡片广泛应用于商务活动中，它们在推销各类产品的同时还起着展示、宣传企业信息的作用，运用 Photoshop 可以方便快捷地设计出各类卡片。本章通过 3 个实例，详细讲解了各类卡片及名片的组成要素、构图思路及版式布局。

本章内容导航

- 制作会员卡效果
- 制作游戏卡效果
- 制作个人名片效果

23.1 制作会员卡效果

会员卡是指普通身份识别卡，包括商场、宾馆、健身中心、酒家等消费场所的会员认证，其用途非常广泛，凡涉及到需要识别身份的地方，都可用到会员卡，从而说明会员卡在现今的重要性。本实例效果如图 23-1 所示。

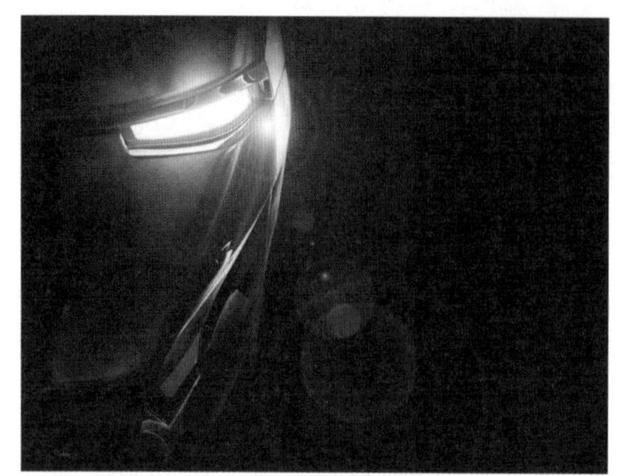

图 23-1　会员卡效果

23.1.1　制作文字效果

Step 01 新建一幅名为“会员卡”的 RGB 颜色模式的图像，“宽度”为 1024 像素、“高度”为 768 像素、“分辨率”为 150 像素 / 英寸、“背景内容”为“白色”，如图 23-2 所示，单击“确定”按钮。

Step 02 设置前景色为黑色，新建“图层 1”，填充颜色，再设置前景色为白色，选取工具箱中的横排文字工具 T，设置适合的“字体”，输入文字，按【Ctrl + Enter】组合键确认输入，如图 23-3 所示。

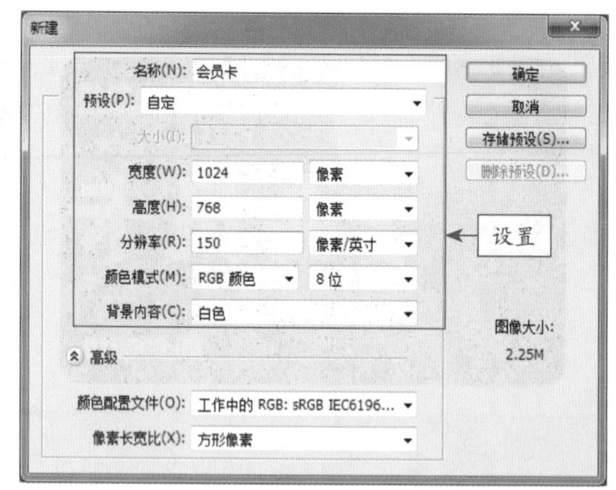

图 23-2　设置“新建”对话框

图 23-3　输入文字

Step 03 新建“图层 2”，设置前景色和背景色的 RGB 参数值分别为 255、216、0 和 160、70、13；单击菜单栏中的“滤镜”|“渲染”|“云彩”命令，得到的云彩效果如图 23-4 所示。

图 23-4　云彩效果

Step 04 按住【Ctrl】键的同时，单击“会员卡”文字图层的缩览图，将其载入选区，按【Ctrl + J】组合键复制图像得到“图层 3”；参照该操作选择其他文字图层，按住【Ctrl】键的同时单击文字图层前的缩览图，载入选区，按【Ctrl + J】组合键复制图像，得到“图层4”，隐藏“图层2”，效果如图 23-5 所示。

图 23-5 复制图像

Step 05 按住【Ctrl】键的同时，单击“图层3”前的缩览图，将其载入选区，按【Ctrl + T】组合键，调出变换控制框，在工具属性栏中的设置“W”和“H”均为 101%，按【Enter】键确认变换，调整图像大小后的效果如图 23-6 所示。

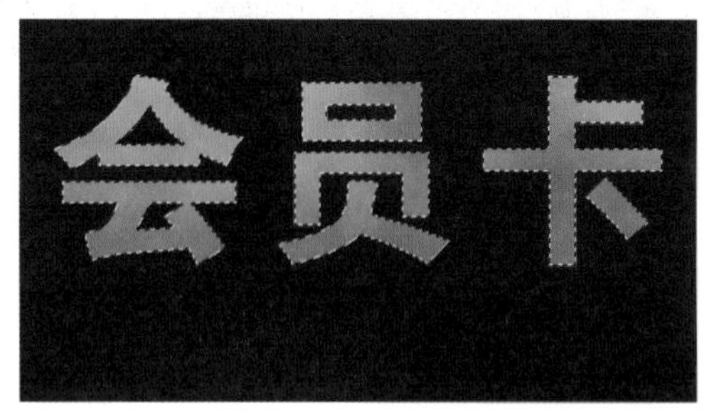

图 23-6 调整图像大小

Step 06 按【Ctrl + Alt + Shift + T】组合键，变换并复制图像以及创建立体面，效果如图 23-7 所示。

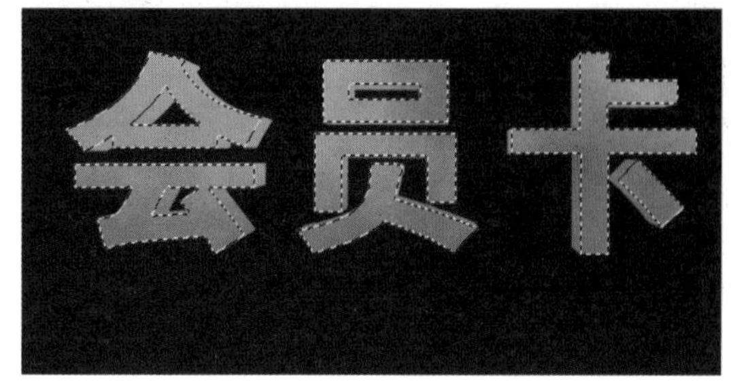

图 23-7 创建立体面

Step 07 按【Ctrl + J】组合键复制图像得到“图层 5”，双击“图层 5”，弹出“图层样式”对话框，选中“外发光”复选框，设置“发光颜色”的 RGB 参数值分别是 255、255、190，设置“扩展”为 5%、“大小”为 3 像素，选择“等高线”为“锥形”，其余参数不变，如图 23-8 所示。

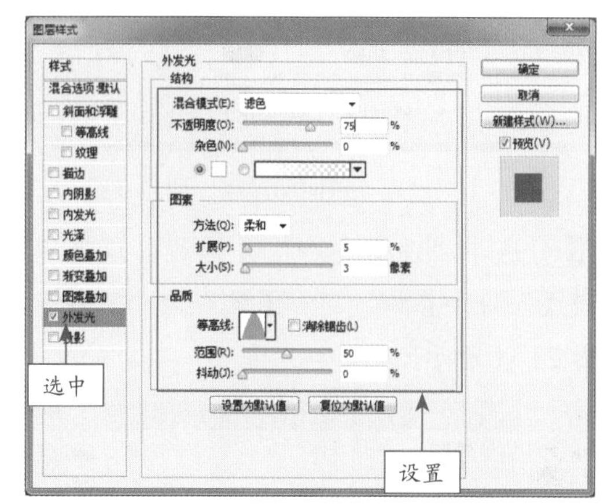

图 23-8 设置“外发光”图层样式

Step 08 选中“内发光”复选框，设置“混合模式”为“正常”、“发光颜色”的 RGB 参数值分别是 255、255、190，设置“大小”为 6 像素，如图 23-9 所示。

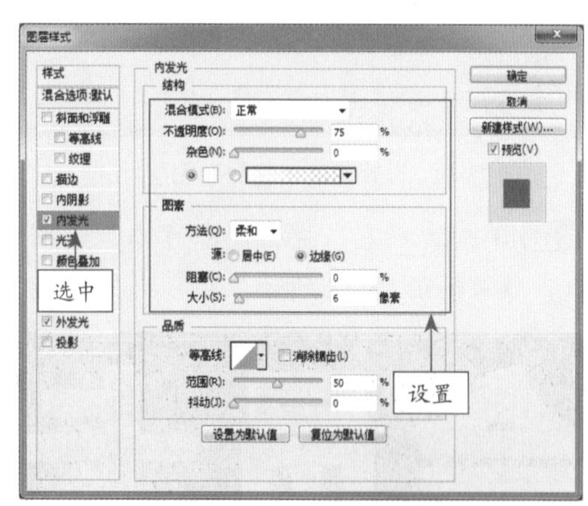

图 23-9 设置“内发光”图层样式

Step 09 选中“斜面和浮雕”复选框，设置“样式”为“浮雕效果”、“大小”和“软化”均为 2 像素、“方向”为“下”，选择“光泽等高线”为“滚动斜坡 - 递减”，其余参数不变，如图 23-10 所示。

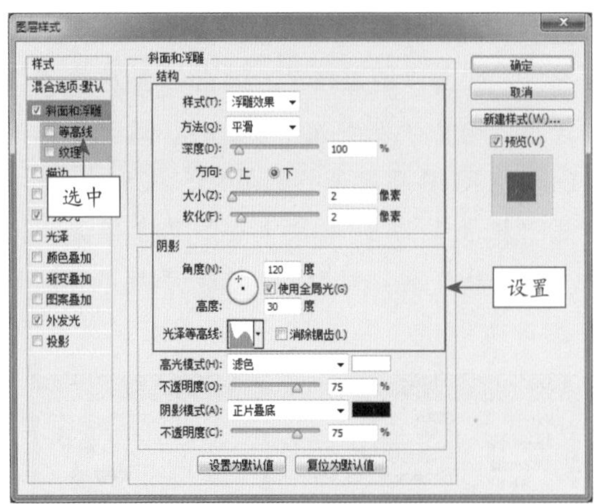

图 23-10 设置“斜面和浮雕”图层样式

Step 10 选中“图案叠加”复选框，设置“混合模式”为“叠加”、“图案”为“碎石”，如图 23-11 所示。

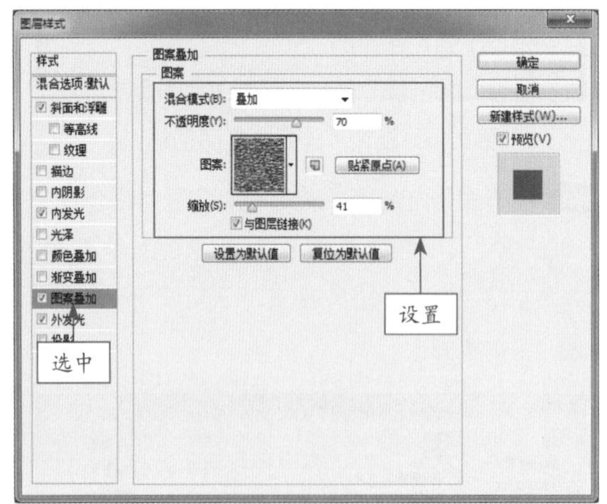

图 23-11 设置“图案叠加”图层样式

Step 11 单击“确定”按钮，即可添加的图层样式，效果如图 23-12 所示。

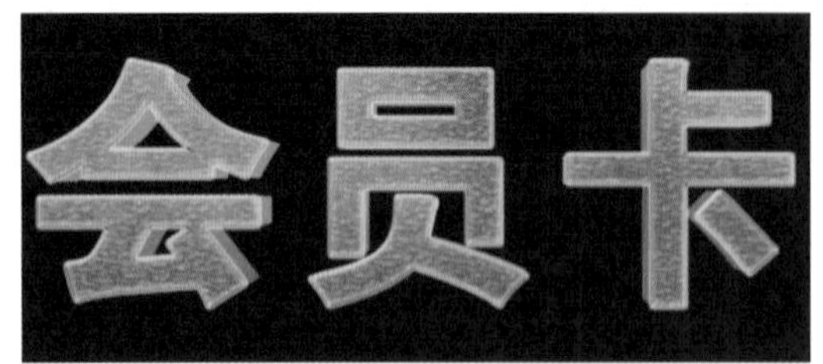

图 23-12 添加图层样式

Step 12 选择其余文字图层，参照步骤 06 ～ 11 的操作步骤，创建其他文字图层的立体效果，得到的文字效果如图 23-13 所示。

图 23-13 文字效果

23.1.2 制作卡片整体效果

Step 01 打开素材文件“背景 .psb”，将其拖曳至“会员卡”图像编辑窗口中，根据需要适当地调整图像的位置和大小，如图 23-14 所示。

图 23-14 插入素材图像

Step 02 选择“图层 5”，单击“图层”面板底部的“创建新的填充和调整图层”按钮，在弹出的菜单中选择“色相 / 饱和度”选项，新建“色相 / 饱和度 1”调整图层，展开“色相 / 饱和度”调整面板，设置“色相”为＋ 4、“饱和度”为＋ 31，效果如图 23-15 所示。

图 23-15 调整色相 / 饱和度

Step 03 单击“图层”面板底部的“创建新的填充和调整图层”按钮，在弹出的菜单中选择“色彩平衡”选项，新建“色彩平衡 1”调整图层，展开“色彩平衡”调整面板，设置“中间调”的参数分别为＋51、＋16、-30，效果如图 23-16 所示。

图 23-16 调整色彩平衡

Step 04 单击“图层”面板底部的“创建新的填充和调整图层”按钮，在弹出的菜单中选择“色阶”选项，新建“色阶 1”调整图层，展开“色阶”调整面板，设置各参数分别为 0、1.13、233，效果如图 23-17 所示。

图 23-17 调整色阶

Step 05 单击“图层”面板底部的“创建新的填充和调整图层”按钮，在弹出的菜单中选择“曲线”选项，新建“曲线 1”调整图层，在弹出的曲线“属性”面板中，设置“输入”和“输出”分别为 151 和 138，效果如图 23-18 所示。

Step 06 选取工具箱中的圆角矩形工具，在其属性栏中单击“路径”按钮，绘制一个“半径”为 40 像素的圆角矩形路径，如图 23-19 所示。

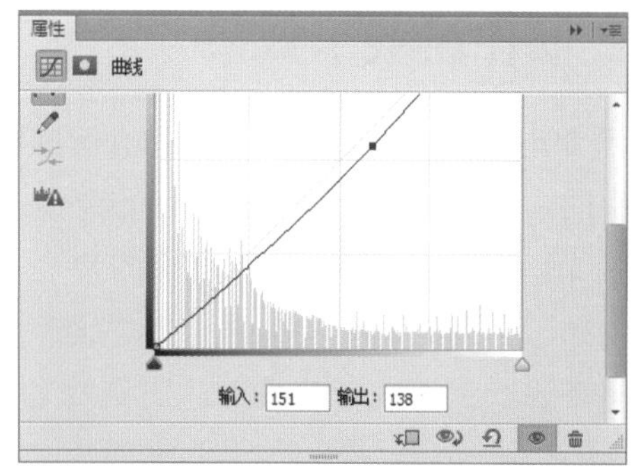

图 23-18 设置“输入”和“输出”

图 23-19 绘制圆角矩形路径

专家提醒

用圆角矩形工具，可以绘制圆角矩形或路径。在其属性栏中的“半径”文本框中输入数值，可以设置圆角的半径值，数值越大，角度越圆滑，若该数值为 0 像素时，可绘制矩形。

Step 07 按【Ctrl ＋ Enter】组合键，将路径转换为选区，按【Ctrl ＋ Shift ＋ I】组合键，反选选区，按【Delete】键删除选区内的图像，最终效果如图 23-20 所示。

图 23-20 最终效果图

23.2 制作游戏卡效果

当今电子平台游戏大部分是由玩家扮演游戏中的一个或数个角色，游戏都赋予完整的故事情节，从而吸引玩家对游戏的热爱与着迷，由此一系列的游戏储值卡也随之诞生。本实例将讲述一款游戏卡的设计，实例效果如图23-21所示。

图 23-21　游戏卡效果图

23.2.1 制作卡片初步效果

Step 01 按【Ctrl＋O】组合键，打开素材图像“背景.jpg”，如图23-22所示。

图 23-22　素材图像 1

Step 02 选取工具箱中的圆角矩形工具，在其属性栏中单击“路径”按钮，并设置“半径”为40像素，然后在图像编辑窗口中的偏左上角并向右下角拖曳鼠标，绘制出一个圆角矩形路径，如图23-23所示。

图 23-23　绘制圆角矩形路径

Step 03 切换至“路径”面板，单击面板底部的“将路径作为选区载入”按钮，将路径转换为选区，如图23-24所示。

图 23-24　将路径转换为选区

Step 04 单击菜单栏中的“选择”|“反向”命令，反选选区，按【Delete】键，删除选区内的图像，最后按【Ctrl＋D】组合键，取消选区，如图23-25所示。

图 23-25　取消选区

Step 05 按【Ctrl＋O】组合键，打开素材图像“图层2.psb”，如图23-26所示，然后将“图层2.psb”素材拖曳至图像编辑窗口中合适位置，单击鼠标右键，在弹出的快捷菜单中选择“栅格化图层”命令。

图 23-26 素材图像 2

Step 06 在“图层”面板中选择“图层 2”图层，然后单击面板底部的“添加图层蒙版”按钮，添加图层蒙版，如图 23-27 所示。

图 23-27 添加图层蒙版

Step 07 选取工具箱中的渐变工具，在其属性栏中单击“对称渐变”按钮，勾选“反向”复选框，然后在“渐变编辑器”对话框中设置“预设”为“前景色到背景色渐变”，如图 23-28 所示。

图 23-28 设置“渐变编辑器”对话框

Step 08 按住【Shift】键的同时，在图像编辑窗口中的上侧单击并向下拖曳鼠标，填充渐变色，效果如图 23-29 所示。

图 23-29 填充渐变色

Step 09 在“图层”面板底部单击“创建新的填充或调整图层”按钮，在弹出的菜单栏中选择“色彩平衡”选项，添加色彩平衡，在弹出的“属性”面板中设置各参数，如图 23-30 所示。

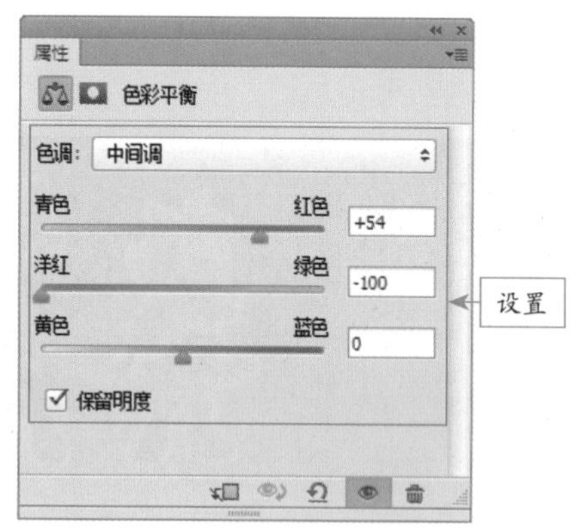

图 23-30 设置“属性”面板

Step 10 按【Ctrl + O】组合键，打开素材图像“游戏 1.psd”，将该素材拖曳至“游戏卡”图像编辑窗口中，按【Ctrl + T】组合键，调出变换控制框调整图像大小，按【Enter】键取消变换，选取移动工具将其拖曳至合适位置，添加的素材效果如图 23-31 所示。

图 23-31 调整图像大小与位置

Step 11 单击菜单栏中的“编辑”|“描边”命令，弹出“描边”对话框，设置“宽度”为10像素、“颜色”为白色、“不透明度”为100%，效果如图23-32所示。

图23-32 添加素材效果

Step 12 按【Ctrl＋O】组合键，打开素材图像“游戏2.psd”，参照步骤10、11制作该素材效果，如图23-33所示。

图23-33 制作素材效果

Step 13 选中“游戏1”和“游戏2”图层，按【Ctrl＋J】组合键拷贝图层，得到“游戏1副本”、“游戏2副本”，去除白边，按【Ctrl＋T】组合键调出变换框调整图像大小，按【Enter】键取消变换，在“图层”面板顶部设置两个图层“不透明度”为30%，效果如图23-34所示。

图23-34 设置“不透明度”

23.2.2 制作卡片整体效果

Step 01 选取工具箱中的横排文字工具T，在图像编辑窗口中的合适位置单击鼠标左键，输入文字，在其属性栏中设置“字体”为“华文琥珀”，“100元”文字的“字号”为9.58点、“颜色”为红色（CMYK参数值分别为11、99、100、0），其余文字的“字号”为7.45点、“颜色”为黄色（CMYK参数值分别为7、23、89、0），如图23-35所示。

图23-35 输入文字1

Step 02 双击文字图层，弹出“图层样式”对话框，选择“描边”复选框，设置“大小”为2像素、“位置”为外部、“颜色”为白色；选择“外发光”复选框，设置“混合模式”为滤色、“不透明度”为30%、“颜色”为黄色（CMYK参数值分别为12、7、36、0）、“大小”为22，单击“确定”按钮，添加图层样式效果如图23-36所示。

图23-36 添加图层样式效果

Step 03 选取工具箱中的横排文字工具T，在图像编辑窗口中的合适位置单击鼠标左键，输入“奇迹世界”，在其属性栏中设置“字体”为“汉仪凌心体简”、“字号”为27.5点，“颜色”为黄色（CMYK参数值分别为7、24、89、0），如图23-37所示。

图 23-37　输入文字 2

Step 04 在工作属性栏中单击“变形文字”按钮，弹出“变形文字”对话框，单击“样式”右侧的下拉按钮，在弹出的菜单中选择“凸起”选项，设置各参数，如图 23-38 所示，然后单击“确定”按钮。

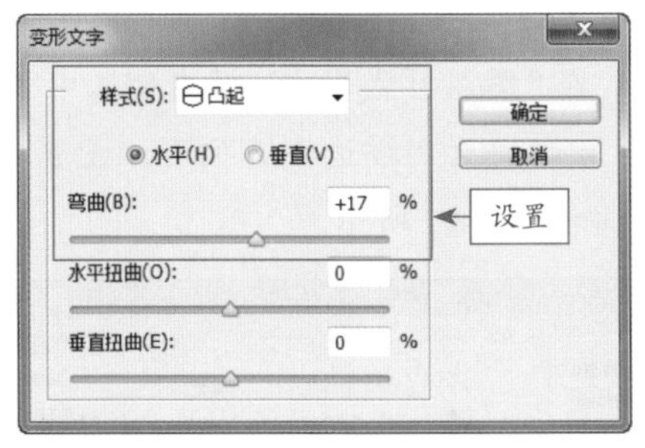

图 23-38　“变形文字”对话框

Step 05 单击菜单栏中的“图层”|“图层样式”|“斜面和浮雕”命令，弹出“图层样式”对话框，设置其中各选项，如图 23-39 所示，然后选中“等高线”复选框，在刷新后的对话框中设置“范围”为 50%。

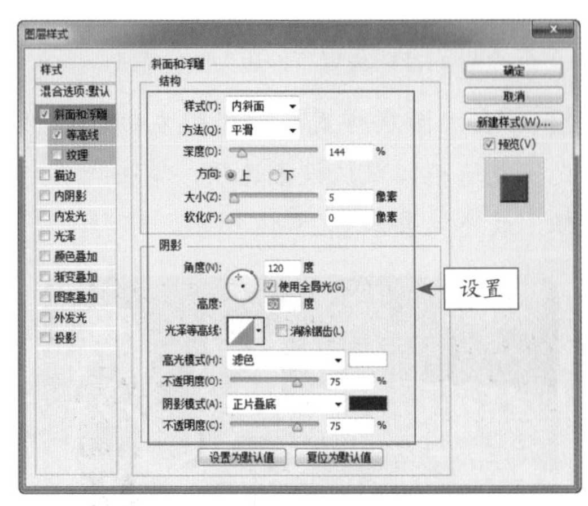

图 23-39　“图层样式”对话框

Step 06 在“图层样式”对话框左侧选中“描边”复选框，切换至“描边”选项页，设置其中各选项，如图 23-40 所示。

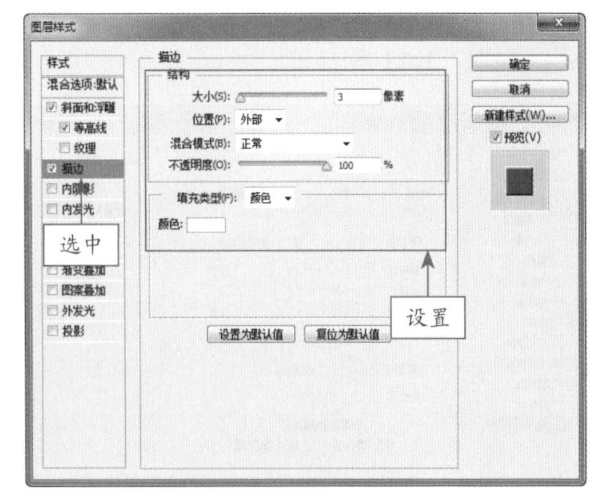

图 23-40　设置“描边”图层样式

Step 07 在“图层样式”对话框左侧选中“内发光”复选框，切换至“内发光”选项页，设置其中各选项，如图 23-41 所示。

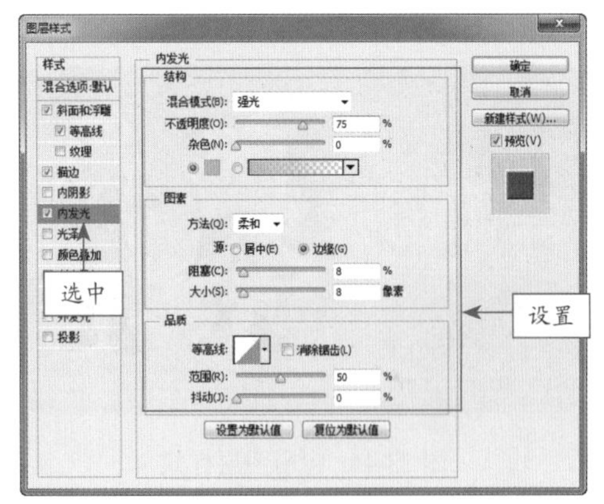

图 23-41　设置“内发光”图层样式

Step 08 在“图层样式”对话框左侧选中“渐变叠加”复选框，切换至“渐变叠加”选项页，设置其中各选项，如图 23-42 所示。

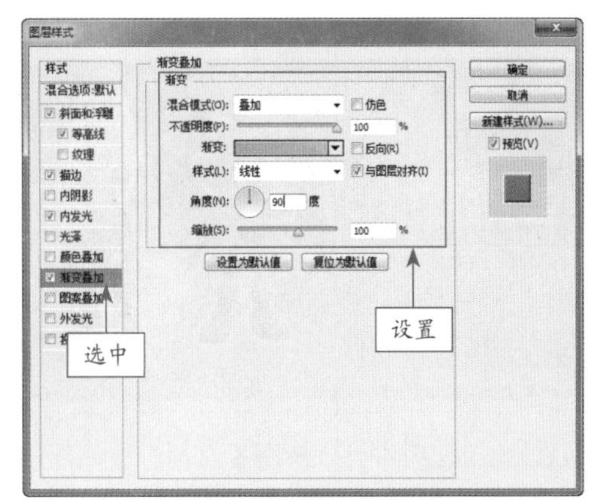

图 23-42　设置“渐变叠加”图层样式

Step 09 在“图层样式”对话框左侧选中“投影”复选框，切换至“投影”选项页，设置其中各选项，如图 23-43 所示。

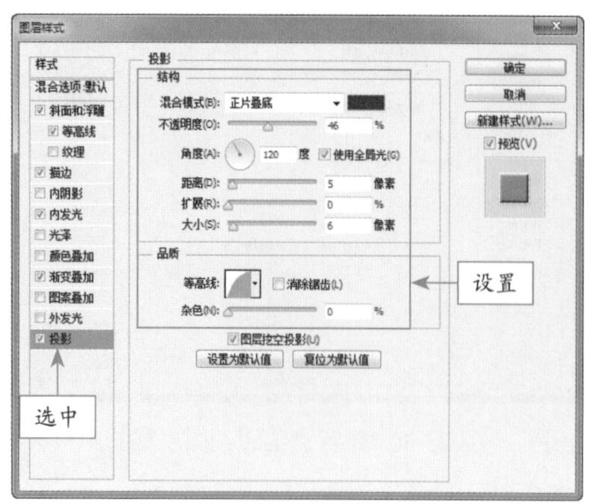

图 23-43　设置“投影”图层样式

Step 10 单击“确定”按钮，即可应用各图层样式，效果如图 23-44 所示。

图 23-44　应用图层样式

Step 11 选取工具箱中的横排文字工具 T，在其属性栏中设置“字体”为“方正行楷繁体”、“字号”为 11 点、“颜色”为红色，输入文字“奇迹网络游戏卡”，按【Ctrl + Enter】组合键确认，效果如图 23-45 所示。

图 23-45　输入文字 3

Step 12 单击菜单栏中的“图层”|“图层样式”|“斜面和浮雕”命令，打开出“图层样式”对话框的“斜面和浮雕”选项页，设置其中各选项，如图 23-46 所示。

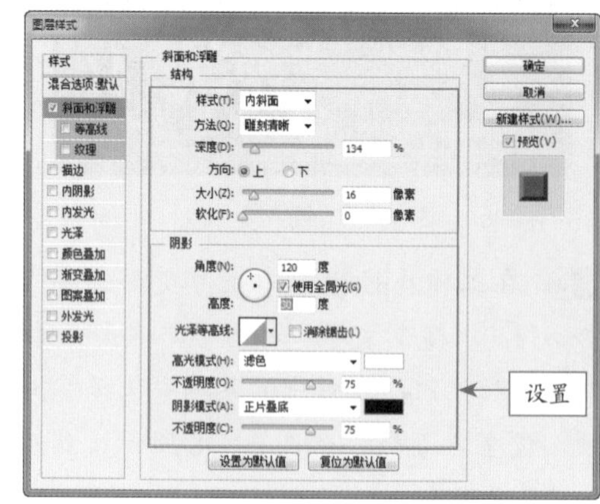

图 23-46　设置“斜面和浮雕”图层样式

Step 13 在“图层样式”对话框左侧选中“描边”复选框，切换至“描边”选项页，设置其中各选项，如图 23-47 所示。

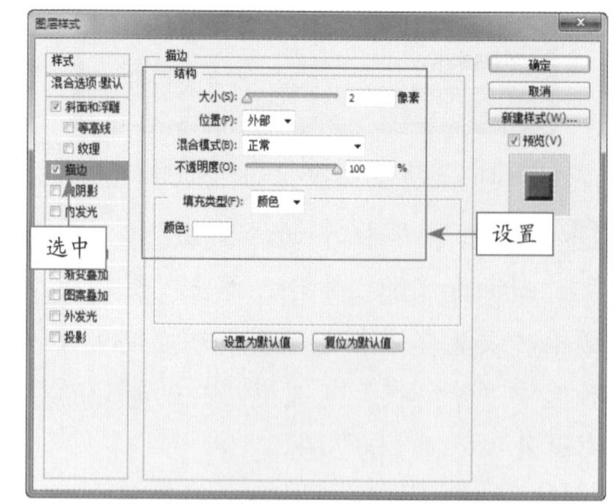

图 23-47　设置“描边”图层样式

Step 14 在“图层样式”对话框左侧选中“外发光”复选框，默认设置选项，单击“确定”按钮，最终效果如图 23-48 所示。

图 23-48　最终效果

23.3 制作个人名片效果

名片不仅是一个人的形象，而且也能够体现一个公司的形象，不同的公司会根据公司的特色，为公司员工打造符合公司特色的名片。本实例效果如图 23-49 所示。

图 23-49 个人名片效果

23.3.1 制作名片初步效果

Step 01 按【Ctrl + O】组合键，打开素材图像“个人名片底图 .jpg”，如图 23-50 所示。

图 23-50 素材图像

Step 02 单击菜单栏中的“图层” | “图层样式” | “渐变叠加”命令，弹出“图层样式”对话框，设置其中各选项，如图 23-51 所示。

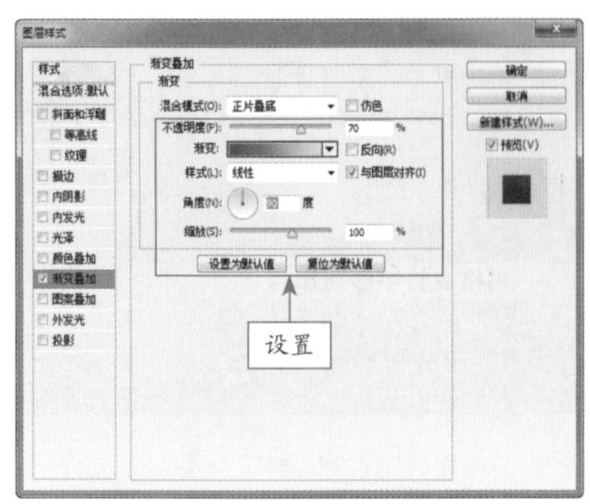

图 23-51 设置“渐变叠加”图层样式

Step 03 单击菜单栏中的“文件” | “置入”命令，弹出“置入”对话框，选择“花朵 .psb”文件，单击“置入”按钮，将其拖曳至图像编辑窗口合适位置，如图 23-52 所示。

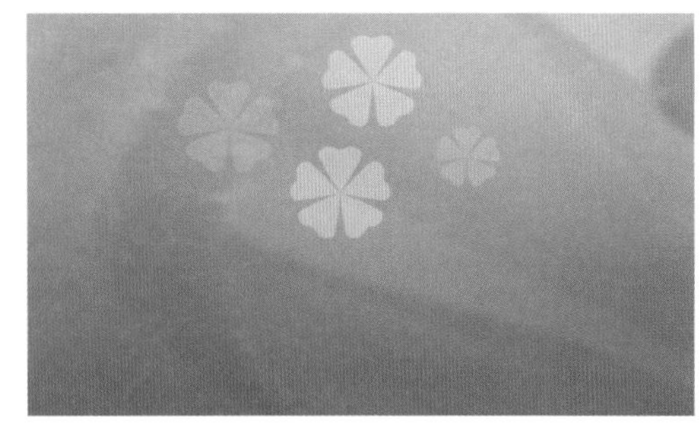

图 23-52 置入文件 1

Step 04 参照步骤 03 的操作方法，置入“玛格丽特 .psb”文件，并拖曳至图像编辑窗口合适位置，如图 23-53 所示。

图 23-53 置入文件 2

Step 05 参照步骤 03 的操作方法，置入“个人名片装饰 .psb”文件，并拖曳至图像编辑窗口合适位置；单击菜单栏中的“图层” | “图层样式” | “颜色叠加”命令，设置“混合模式”为“正常”、颜色为橙色（RGB 参数值为 235、130、45）、“不透明度”为 26%，单击“确定”按钮，效果如图 23-54 所示。

图 23-54 设置“颜色叠加”图层样式

Step 06 参照步骤 03 的操作方法，置入“婚纱照片 13.jpg”文件，单击菜单栏中的“图层”|“栅格化”|“智能对象”命令，栅格化智能图层，效果如图 23-55 所示。

图 23-55　置入文件 3

Step 07 单击“图层”面板底部的“添加图层蒙版”按钮，为“婚纱照片 13”图层添加图层蒙版；运用黑色画笔工具，涂抹图像，适当的隐藏部分图像，效果如图 23-56 所示。

图 23-56　涂抹蒙版

Step 08 参照步骤 03 的操作方法，置入“星光.psb”文件，如图 23-57 所示。

图 23-57　置入文件 4

23.3.2　制作名片文字效果

Step 01 选取工具箱中的横排文字工具，确认文字的输入点，输入文字，按【Ctrl + Enter】键，确认文字的输入；单击菜单栏中的“窗口”|“字符”命令，展开“字符”面板，设置各字符参数，如图 23-58 所示。

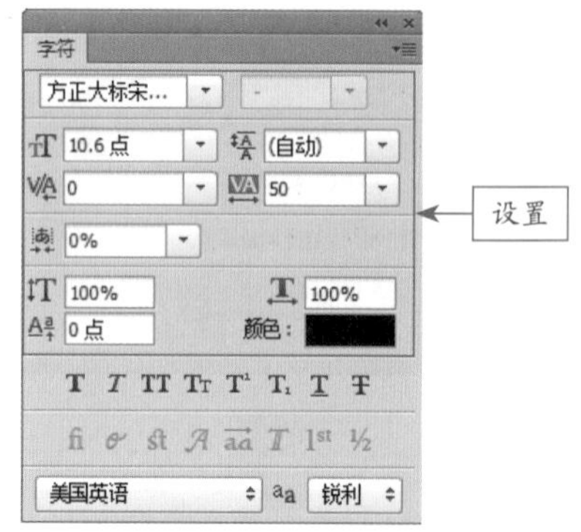

图 23-58　设置字符参数

Step 02 选取工具箱中的移动工具，适当的调整文字位置，如图 23-59 所示。

图 23-59　调整文字位置

Step 03 参照步骤 01 和步骤 02 的操作方法，输入其他文字，最终效果如图 23-60 所示。

图 23-60　最终效果

白金案例：制作宣传册效果

24

Chapter

随着当今社会商业竞争日趋加强，各类企业或产品商家为增强市场竞争力，巩固品牌实力，运用各种不同的宣传形式来扩大或产品的宣传力度，而宣传册就是最重要的表现形式之一。使用宣传册的宣传方式可以将企业及产品信息直接传达给消费者。本章主要讲解如何制作宣传册。

本章内容导航

- 制作保健产品宣传册效果
- 制作化妆产品宣传册效果
- 制作房地产宣传册效果

24.1 制作保健产品宣传册效果

宣传画册是企业在商业贸易活动中应用最为广泛的宣传形式之一，是市场营销活动及集团公关交往中的主要广告媒介。因此，宣传画册设计也成为专业广告公司的重要项目之一。本实例效果如图 24-1 所示。

图 24-1 保健产品宣传册效果

24.1.1 制作保健产品宣传册背景

Step 01 新建一幅名为“鹤泽养生”的 RGB 颜色模式的图像，“宽度”为 12 厘米、“高度”为 8.92 厘米、“分辨率”为 300 像素 / 英寸、“背景内容”为“白色”，单击“确定”按钮；单击菜单栏中的“视图”|“标尺”命令，显示标尺，将鼠标分别置于水平标尺或垂直标尺内，拖曳鼠标绘制多条水平和垂直的参考线，如图 24-2 所示。

图 24-2 新建文档与参考线

Step 02 新建“图层 1”，设置前景色为深红色（RGB 参数值为 107、0、0），按【Alt + Delete】组合键填充前景色，如图 24-3 所示。

图 24-3 填充前景色

Step 03 选取工具箱中的矩形选框工具，运用参考线在图像编辑窗口中的左侧创建一个大小合适的矩形选区，效果如图 24-4 所示。

图 24-4 创建矩形选区

Step 04 选取工具箱中的渐变工具，调出“渐变编辑器”对话框，设置从深红色（RGB 参数值为 106、0、0）到深橘红色（RGB 参数值为 140、47、0）到灰橘红色（RGB 参数值为 196、108、49）到深橘红色到深红色的渐变，适当的调整各滑块的位置，如图 24-5 所示，然后单击“确定”按钮。

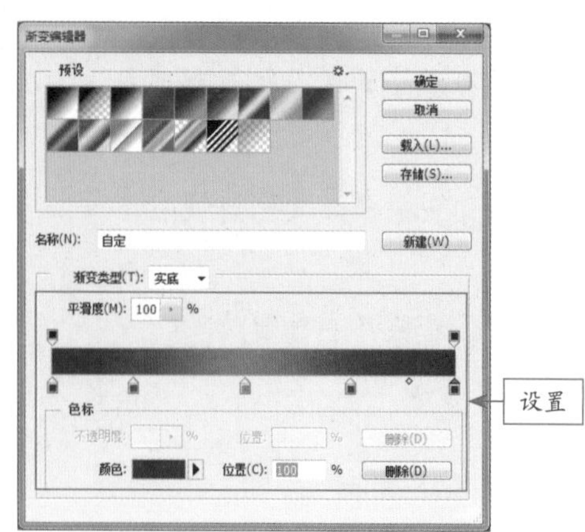

图 24-5 “渐变编辑器”对话框

Step 05 新建“图层 2”，将鼠标指针移至选区的上方，单击鼠标左键，从上至下拖曳鼠标到合适位置后，释放鼠标左键，填充相应渐变色，效果如图 24-6 所示。

图 24-6 填充渐变色

Step 06 复制“图层 2”，得到“图层 2 副本”图层，使用移动工具将其调整至图像编辑窗口的右侧，如图 24-7 所示。

图 24-7 复制并调整图像

24.1.2 导入并处理素材图像

Step 01 按【Ctrl + O】组合键，打开素材图像“祥云 1.psd”；选中图像，将其拖曳至“鹤泽养生”图像编辑窗口中的合适位置，并设置“图层 3”图层的混合模式为“颜色加深”，如图 24-8 所示。

Step 02 选择“图层 3”图层，单击面板底部的“添加图层蒙版”按钮，为该图层添加图层蒙版；选取工具箱中的渐变工具，设置黑色到白色的线性渐变色，将鼠标指针移至祥云图像上的合适位置，单击鼠标左键从上至下拖曳，至适合位置后释放鼠标，填充线性渐变，在“图层”面板中设置“填充”为 65%，效果如图 24-9 所示。

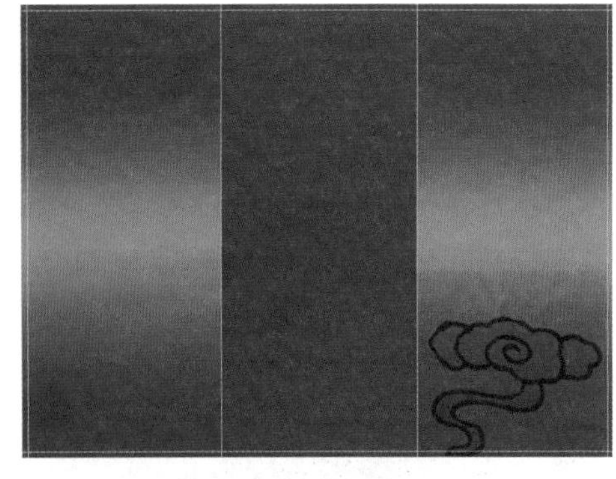

图 24-8 设置“混合模式”

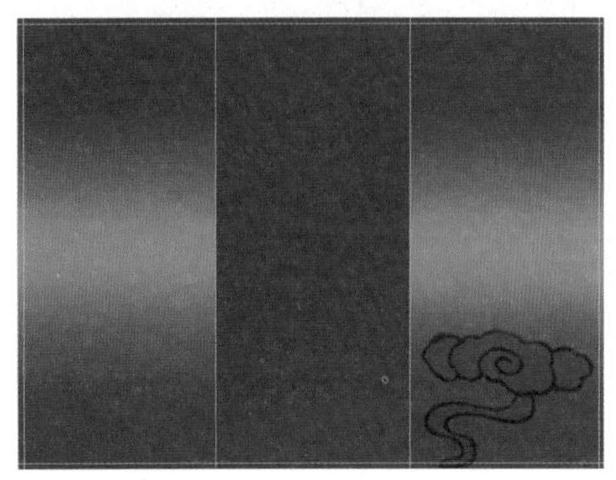

图 24-9 填充渐变色

Step 03 复制“图层 3”，得到“图层 3 副本”图层，在“图层 3 副本”图层蒙版缩览图上单击鼠标右键，在弹出的快捷菜单中选择“删除图层蒙版”选项，删除蒙版，按【Ctrl + T】组合键，调出变换控制框，对图像的大小和角度进行适当地调整，设置该图层的混合模式为“变暗”、“填充”为 100%，效果如图 24-10 所示。

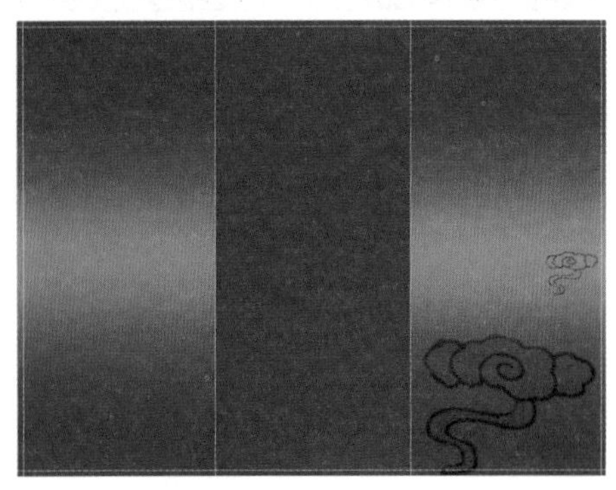

图 24-10 复制并调整图像

Step 04 复制“图层 3 副本”，得到“图层 3

副本 2”图层，按【Ctrl + T】组合键，调出变换控制框，单击鼠标右键，在弹出的快捷菜单中选择“水平翻转”选项，水平翻转图像，再对图像的大小和角度进行适当地调整，效果如图 24-11 所示。

图 24-11 水平翻转图像

Step 05 选取工具箱中的矩形选框工具，运用参考线，在图像编辑窗口中创建一个合适大小的矩形选区，新建“图层 4”图层，设置前景色为土黄色（RGB 参数值为 178、153、115），按【Alt + Delete】组合键为选区填充颜色，效果如图 24-12 所示。

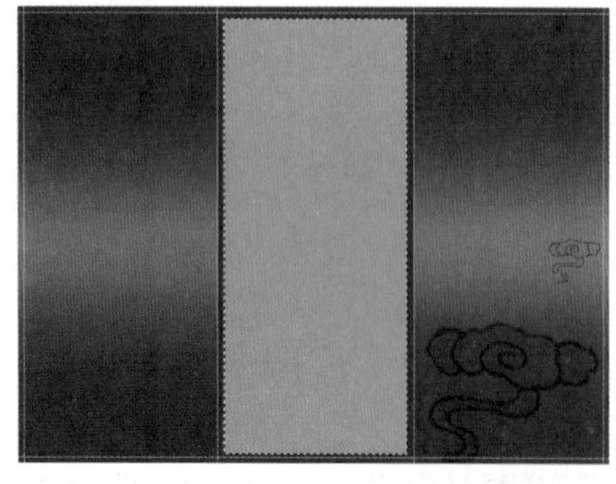

图 24-12 填充颜色

Step 06 单击菜单栏中的“选择”|“变换选区”命令，调出选区变换控制框，根据需要调整选区大小，按【Enter】确认；按【Alt + Delete】键删除选区内图像，制作出一个矩形框图像；选中“图层 4”图层，双击鼠标左键，在弹出的“图层样式”对话框中选中“斜面和浮雕”复选框，设置“深度”为 70、“大小”为 4，单击“确定”按钮，效果如图 24-13 所示。

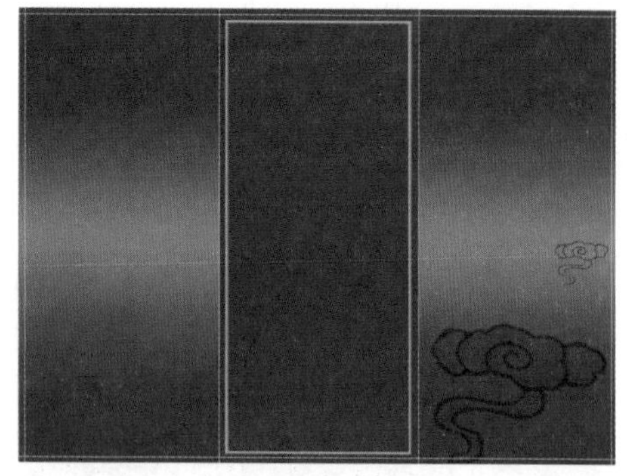

图 24-13 添加“斜面和浮雕”图层样式

Step 07 参照步骤 05 和步骤 06 的操作方法，在图像编辑窗口中制作出一个大小合适的圆环图像，效果如图 24-14 所示。

图 24-14 制作圆环

Step 08 按【Ctrl + O】组合键，打开素材图像“鹤.psd”，选中图像，将其拖曳至“鹤泽养生”图像编辑窗口中的合适位置，设置“不透明度”为 84%，效果如图 24-15 所示。

图 24-15 置入图像并设置不透明度

Step 09 复制“图层 6”图层，得到“图层 6 副本”图层；按【Ctrl + T】组合键，调出变换控制框，对图像的位置和大小进行适当地调整；设置“图层 6 副本”图层的混合模式为“正片叠底”、“不透明度”为 100%，为该图层添加图层蒙版，使用黑色画笔工具对图像进行适当地涂抹，效果如图 24-16 所示。

图 24-16 复制图层并设置混合模式

Step 10 按【Ctrl ＋ O】组合键，打开素材图像“底纹图案 .psd”，选中图像，将其拖曳至“鹤泽养生”图像编辑窗口中的合适位置，效果如图 24-17 所示。

图 24-17 置入图像

24.1.3 制作整体效果

Step 01 选取工具箱中的横排文字工具 T，在图像编辑窗口中的适合位置单击鼠标左键，输入文字，然后在工具属性栏上设置“字体”为“华文行楷”、“大小”为 30 点、“颜色”为白色，在“字符”面板中，设置“字符间距”为 200，按【Enter】键确认，效果如图 24-18 所示。

Step 02 使用横排文字工具 T 选中“泽”字，在“字符”面板中，设置“基线偏移”为 -20，按【Enter】键确认，效果如图 24-19 所示。

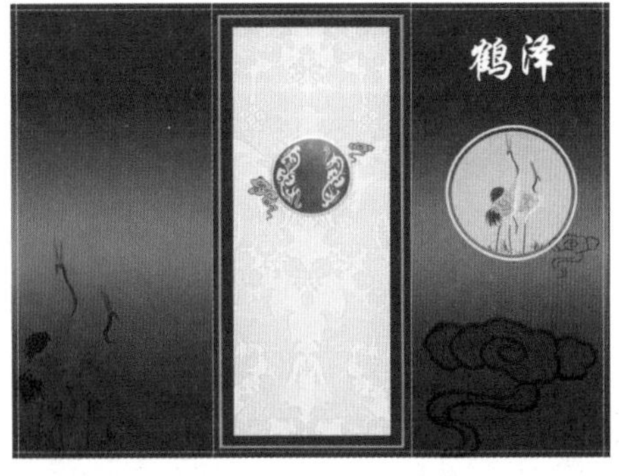

图 24-18 输入文字 1

图 24-19 设置“基线偏移”

Step 03 选取工具箱中的直排文字工具 IT，在图像编辑窗口中的适合位置单击鼠标左键，确认文字插入点，输入文字，然后在工具属性栏上设置“字体”为“华文行楷”、“大小”为 12 点、“字符行距”为 24 点、“字符间距”为 100、“颜色”为白色，效果如图 24-20 所示。

图 24-20 输入文字 2

Step 04 采用与上同样的方法，在图像编辑窗口中的合适位置输入文字，选中文字图层，调出“段落”面板，单击“居中对齐文本”按钮，使用文本段落居中对齐，再使用移动工具对文本的位置进行适当地调整，效果如图 24-21 所示。

图 24-21 输入文字 3

Step 05 采用与上同样的方法，选取相应的文字工具，在图像编辑窗口中的输入文字，并对文字的属性和位置进行适当地调整，最终效果如图 24-22 所示。

图 24-22 最终效果

24.2 制作化妆产品宣传册效果

制作化妆产品宣传册时，一定要表达出化妆品的功能性，元素不必多，只在于合理运用，同时通过色彩搭配来强调主题。本实例效果如图 24-23 所示。

图 24-23 化妆产品宣传册效果

24.2.1 制作并处理素材图像

Step 01 新建一幅名为“伊瑟兰斯”的 RGB 颜色模式的图像，“宽度”为 16 厘米、“高度”为 9.6 厘米、“分辨率”为 300 像素 / 英寸、“背景内容”为“白色”，单击“确定”按钮，并新建多条水平和垂直的参考线，如图 24-24 所示。

图 24-24 新建文档与参考线

Step 02 选取工具箱中的渐变工具，调出“渐变编辑器”对话框，设置从白色到深灰色（RGB 参数值为 65、65、65）的渐变色，并适当调整滑块的位置，如图 24-25 所示。

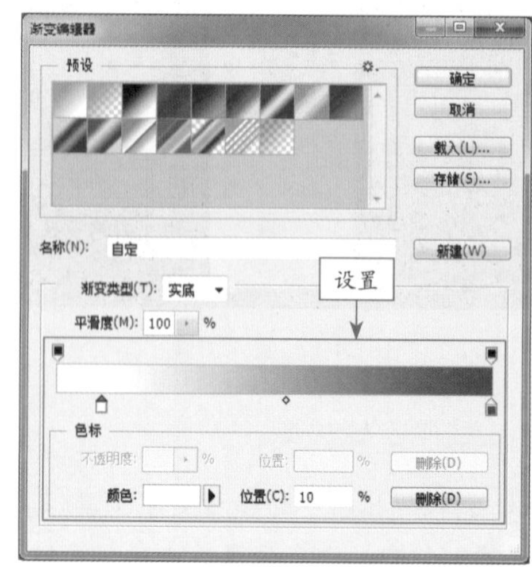

图 24-25 设置“渐变编辑器”对话框

Step 03 单击“确定”按钮新建“图层 1”图层，在工具属性栏中单击“径向渐变”按钮，将鼠标指针移至图像编辑窗口右侧的合适位置，单击鼠标左键向左下角拖曳鼠标，如图 24-26 所示。

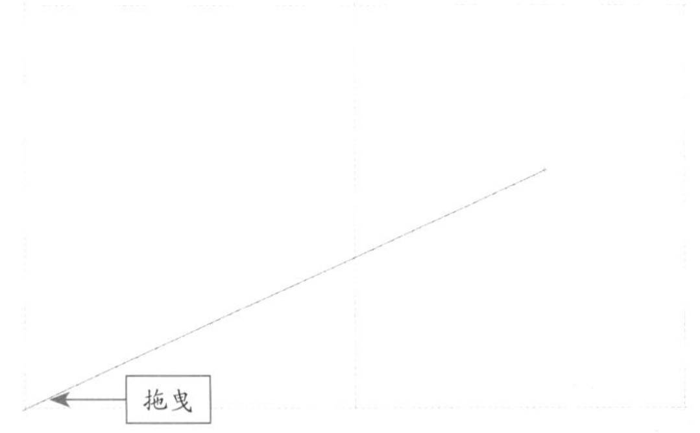

图 24-26　拖曳鼠标

Step 04 至合适位置后，释放鼠标左键，填充渐变色，效果如图 24-27 所示。

图 24-27　填充渐变色

Step 05 单击菜单栏中的“滤镜”|“杂色”|“添加杂色”命令，弹出“添加杂色”对话框，设置“数量”为 20，选中“高斯模糊”单选按钮和“单色”复选框，单击“确定”按钮为图像添加杂色效果，如图 24-28 所示。

图 24-28　添加杂色效果

Step 06 单击菜单栏中的“滤镜”|“模糊”|“动感模糊”命令，弹出“动感模糊”对话框，设置“角度”为 0、“距离”为 200，单击“确定”按钮为图像制作相应的动感模糊效果，效果如图 24-29 所示。

图 24-29　动感模糊效果

Step 07 选取工具箱中的模糊工具，在工具属性栏上设置“大小”为 150、“硬度”为 50%、“强度”为 100%，将鼠标指针移至图像编辑窗口中的合适位置进行涂抹，如图 24-30 所示。

图 24-30　模糊图像

Step 08 选取工具箱中的加深工具和减淡工具，并在工具属性栏上设置属性，然后再图像编辑窗口中的合适位置进行涂抹修饰图像，效果如图 24-31 所示。

图 24-31　修饰图像

Step 09 按【Ctrl + O】组合键，打开素材图像“化妆品套装组 .psb”，选中该图像，将其拖曳至“伊瑟兰斯”图像编辑窗口中的合适位置，如图 24-32 所示。

图 24-32 置入素材并调整位置

Step 10 选取工具箱中的矩形选框工具，在图像编辑窗口中的左侧创建一个合适大小的矩形选区，新建“图层 2”图层，填充灰白渐变色，取消选区，效果如图 24-33 所示。

图 24-33 创建矩形选区并填充渐变色

Step 11 在“图层”面板中选中“化妆品套装组”图层，按【Ctrl + J】组合键得到“化妆品套装组副本”图层，按【Ctrl + T】组合键调出变换控制框，单击鼠标右键，在弹出的快捷菜单中选择“垂直翻转”选项，对图像的位置进行适当地调整，按【Enter】键确认，效果如图 24-34 所示。

图 24-34 垂直翻转图像

Step 12 选择“化妆品套装组副本”图层，单击“图层”面板底部的“添加图层蒙版”按钮，为该图层添加蒙版；选取工具箱中的渐变工具，设置从黑色到白色的线性渐变，将鼠标指针移至图像的下方，单击鼠标左键从下至上拖曳鼠标，至合适位置后释放鼠标，填充渐变色，效果如图 24-35 所示。

图 24-35 添加蒙版并填充渐变色

24.2.2 制作整体效果

Step 01 选取工具箱中的横排文字工具，在图像编辑窗口中输入相应的字母，展开“字符”面板，设置“字体”为“方正黑体简体”、“大小”为 27 点、“字符间距”为 100、“颜色”为白色，效果如图 24-36 所示。

图 24-36 输入文字 1

Step 02 选取工具箱中的直排文字工具，在图像编辑窗口中输入相应的数字和引文词组，并展开“字符”面板，设置“字体”为“方正大标宋简体”、“大小”为 9 点、“字符间距”为 100、“颜色”为白色，再将该文字旋转 180°，效果如图 24-37 所示。

Step 03 使用工具箱中的直排文字工具选中“360°”数字符号，展开“字符”面板，设置“大小”为 24 点，选取工具箱中的移动工具 调子该图像的位置进行适当地调整，如图 24-38 所示。

图 24-37 输入文字 2

图 24-38 调整文字

Step 04 采用同样的方法，选取相应的文字工具在图像编辑窗口中输入相应的文字，并进行属性和位置的调整，最终效果如图 24-39 所示。

图 24-39 最终效果

24.3 制作房地产宣传册效果

房地产宣传册设计中应当遵循图像设计的美学原则。在宣传册中，图像最能吸引人们的注意力，展现它的外形和内在功能特点。因此在图像设计时要力求简洁醒目。本实例效果如图 24-40 所示。

图 24-40 房地产宣传册效果

24.3.1 制作宣传册背景效果

Step 01 新建一幅名为“市中区房地产宣传册”的 RGB 颜色模式的图像，“宽度”为 44.6 厘米、“高度”为 28.1 厘米、“分辨率”为 300 像素 / 英寸、“背景内容”为“白色”，单击“确定”按钮，并新建多条水平和垂直的参考线，效果如图 24-41 所示。

图 24-41 新建文档与参考线

Step 02 设置前景色为灰绿色（RGB 参数值为 64、125、105），运用工具箱中的矩形选框工具 ，在图像编辑窗口中的第 3 个空白内绘制选区，按【Alt + Delete】组合键填充前景色并取消选区，效果如图 24-42 所示。

图 24-42 绘制选区并填充前景色 1

Step 03 设置前景色为淡黄色（RGB参数值为244、244、225），运用工具箱中的矩形选框工具 在图像编辑窗口中的第4个空白内绘制选区，按【Alt+Delete】组合键填充前景色，按【Ctrl+D】组合键取消选区，如图24-43所示。

图24-43 绘制选区并填充前景色2

Step 04 新建"图层1"图层，运用工具箱中的矩形选框工具 在图像编辑窗口的左侧绘制一个选区，设置前景色为白色，背景色为灰绿色（RGB参数值为67、128、107），运用工具箱中的渐变工具 在选区中填充径向渐变，按【Ctrl+D】组合键取消选区，效果如图24-44所示。

图24-44 绘制选区并填充渐变色

Step 05 选取工具箱中的椭圆选框工具 ，在图像编辑窗口的左侧绘制一个圆形选区，按【Delete】键删除选区内的图像，按【Ctrl+D】组合键取消选区，效果如图24-45所示。

Step 06 运用工具箱中的矩形选框工具 ，在"图层1"图层图像中的下方绘制一个矩形选区，按【Delete】键删除选区内的图像，按【Ctrl+D】组合键取消选区；单击"图层"面板底部的"添加图层蒙版"按钮 ，设置前景色为黑色，运用工具箱中的渐变工具 ，在图像编辑窗口中隐藏不需要的图像，效果如图24-46所示。

图24-45 绘制圆形选区并删除选区内图像

图24-46 隐藏不需要的图像

24.3.2 导入素材图像文件

Step 01 按【Ctrl+O】组合键，打开素材图像"建筑.psb"，将其拖曳至"市中区房地产宣传册"图像编辑窗口中的合适位置，如图24-47所示。

图24-47 置入素材图像

Step 02 选择"图层2"图层，在"图层"面板底部，单击"添加图层蒙版"按钮 ，设置前景色为黑色，运用工具箱中的画笔工具 在图像编辑窗口中涂抹，隐藏图像，并在"图层"面板中，设置"图层2"图层的"不透明度"为80%，完成对"图层2"的处理，效果如图

24-48 所示。

图 24-48 处理“图层 2”后的效果

Step 03 新建“图层 3”图层，运用工具箱中的矩形选框工具，在图像编辑窗口的左侧绘制一个矩形选区，设置前景色为乳白色（RGB 参数值为 241、241、236），背景色为淡乳色（RGB 参数值为 250、251、249），在选区内填充对称渐变后取消选区，效果如图 24-49 所示。

图 24-49 绘制矩形选区并填充渐变

Step 04 在“图层”面板中，将“图层 3”图层拖曳至“图层 1”图层的下方，调整图层顺序，效果如图 24-50 所示。

图 24-50 调整图层顺序

Step 05 按【Ctrl + O】组合键，打开素材图像“山河 .psb”，将其拖曳至“市中区房地产宣传册”图像编辑窗口中的合适位置，设置“图层 4”图层的“混合模式”为“强光”、“不透明度”为 40%；然后为“图层 4”图层添加图层蒙版，设置前景色为黑色，运用画笔工具涂抹图像，隐藏不需要的图像，完成对“图层 4”的处理，效果如图 24-51 所示。

图 24-51 处理“图层 4”后的效果

Step 06 按【Ctrl + O】组合键，打开素材图像“山河 2.psb”，将其拖曳至“市中区房地产宣传册”的图像编辑窗口中的合适位置，设置“图层 5”图层的“不透明度”为 50%，如图 24-52 所示。

图 24-52 置入素材图像并设置不透明度

Step 07 复制“图层 5”图层得到“图层 5 副本”图层，将该图层拖曳至“图层 5”图层的下方，按【Ctrl + T】组合键调出变换控制框，适当放大图像并确认，效果如图 24-53 所示。

图 24-53 复制图层并放大

Step 08 按【Ctrl + O】组合键，打开素材图像“荷花 .psb”，将其拖曳至“市中区房地产宣传册”图像编辑窗口中的合适位置，设置“图层 6”图层的“混合模式”为“正片叠底”，如图 24-54 所示。

图 24-54 置入素材图像并设置混合模式

Step 09 按【Ctrl + O】组合键，打开素材图像“水 .psb”，将其拖曳至“市中区房地产宣传册”的图像编辑窗口中的合适位置，设置图层的“混合模式”为“正片叠底”、“不透明度”为 60%，如图 24-55 所示。

图 24-55 置入素材图像并设置混合模式与不透明度 1

Step 10 按【Ctrl + O】组合键，打开素材图像“水墨 .psb”，将其拖曳至“市中区房地产宣传册”的图像编辑窗口中的合适位置，设置图层的“混合模式”为“变暗”、“不透明度”为 50%，如图 24-56 所示。

图 24-56 置入素材图像并设置混合模式与不透明度 2

24.3.3 制作整体效果

Step 01 选取工具箱中的矩形选框工具，在图像编辑窗口中绘制一个矩形选区，设置前景色为红色（RGB 参数值为 227、57、61），新建“图层 10”图层，按【Alt + Delete】组合键填充前景色并取消选区，如图 24-57 所示。

图 24-57 绘制选区并填充前景色

Step 02 按【Ctrl + O】组合键，打开素材图像“祥云 .psb”，将其拖曳至“市中区房地产宣传册”图像编辑窗口中的合适位置，如图 24-58 所示。

图 24-58 置入素材图像并调整位置 1

Step 03 复制“图层 11”图层得到“图层 11 副本”图层，按【Ctrl + T】组合键调出变换控制框，适当缩放图像，按【Enter】键确认；单击菜单栏中的“编辑”|“变换”|“水平翻转”命令，水平翻转图像；单击菜单栏中的“编辑”|“变换”|“垂直翻转”命令，垂直翻转图像并将该图像拖曳至合适位置，效果如图 24-59 所示。

Step 04 按【Ctrl + O】组合键，打开素材图像“多张图片 .psb”，将其拖曳至“市中区房地产宣传册”图像编辑窗口中的合适位置，效果如图 24-60 所示。

图 24-59 变换图像

图 24-60 置入素材图像并调整位置 2

Step 05 按【Ctrl ＋ O】组合键，打开素材图像“京剧人物 .psb”，将其拖曳至“市中区房地产宣传册”图像编辑窗口中，按【Ctrl ＋ T】组合键调出变换控制框，适当缩放图像，按【Enter】键确认，效果如图 24-61 所示。

图 24-61 置入素材图像并适当缩放

Step 06 按【Ctrl ＋ O】组合键，打开其余素材图像并拖曳至“市中区房地产宣传册”的图像编辑窗口中，运用移动工具分别拖曳至适合位置；单击菜单栏中的“视图”|“清除参考线”命令，清除参考线，图像最终效果如图 24-62 所示。

图 24-62 最终效果

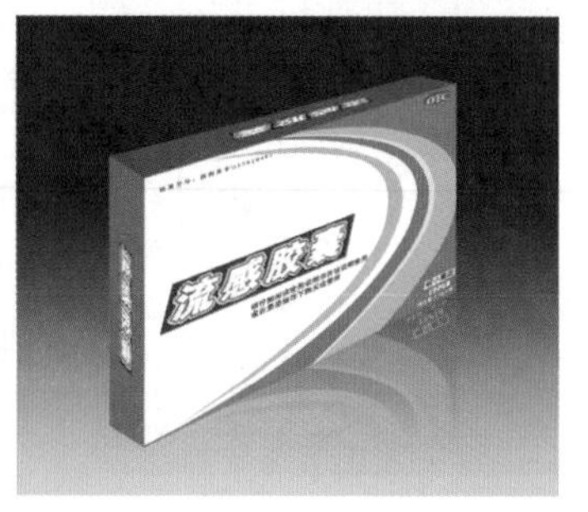

25

Chapter

白金案例：制作包装设计效果

包装设计具有很强的实用性与技术性，集科学性与艺术性为一体，二者相得益彰，缺一不可。包装由商标、文字、色彩、图形、结构几大要素构成。包装盒本身是由几个面组合而成的，每一个局部面都是不可分割的。本章主要向读者介绍产品包装的设计与制作方法。

本章内容导航

- 制作书籍装帧效果
- 制作药品盒包装效果
- 制作购物袋包装效果

25.1 制作书籍装帧效果

书籍的装帧设计需要与书的内容相匹配，本书是一本生活杂记类文学，所以可以直接通过人物与书名布局画面，传递一种书香与文学气息，并以暖色为底调，整个画面和谐统一，增强了本书的艺术性。本实例效果如图 25-1 所示。

图 25-1 书籍装帧效果

25.1.1 制作书籍平面效果

Step 01 单击菜单栏中的“文件”|“新建”命令，新建一幅名为“幸福生活平面效果”的 RGB 模式图像，设置“宽度”和“高度”分别为 40 厘米和 26.6 厘米、“分辨率”为 300 像素 / 英寸、“背景内容”为白色；单击菜单栏中的“视图”|“标尺”命令，显示标尺，将鼠标分别置于水平标尺或垂直标尺内，拖曳鼠标绘制出水平参考线和垂直参考线，如图 25-2 所示，单击菜单栏中的“视图”|“标尺”命令，隐藏标尺。

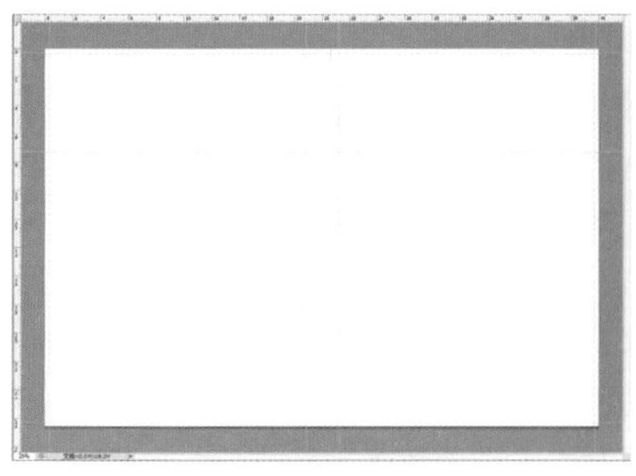

图 25-2 新建参考线

Step 02 设置前景色为灰色（RGB 的参数值分别为 227、226、224），然后【Alt ＋ Delete】组合键，填充前景色，如图 25-3 所示。

图 25-3 填充前景色

Step 03 按【Ctrl ＋ O】组合键，打开素材图像“人物 .psb”，选中图像，将其拖曳至“幸福生活平面效果”图像编辑窗口中的合适位置，如图 25-4 所示。

图 25-4 置入图像素材

Step 04 选取工具箱中的直排文字工具，在“字符”面板中，设置“字体”为“经典粗宋简体”、“字号”为 100 点、“颜色”为黑色、“垂直缩放”为 100%、“字间行距”为 9 点，然后在图像编辑窗口中输入文字“幸福生活”，单击工具属性栏中的“提交所有当前编辑”图标✔，确认输入的文字，如图 25-5 所示。

Step 05 采用与上相同的方法，输入其他的文字，设置好文字的字体、字号、颜色及位置，效果如图 25-6 所示。

Step 06 设置前景色为棕色（RGB 参数值为 123、95、28），然后按【Shift ＋ Ctrl ＋ N】组合键，新建“图层 2”图层；选取工具箱中的直线工具，在工具属性栏中单击“像素”

按钮，并设置“粗细”为4像素，然后按住【Shift】键的同时，在图像编辑窗口中的“幸福人生”文字和“幸福婚姻”文字之间，绘制一条直线，效果如图25-7所示。

图25-5 输入文字1

图25-6 输入文字2

图25-7 绘制直线1

Step 07 在“图层”面板中的“图层1”图层上单击鼠标左键并拖曳至该“图层”面板底部的“创建新图层”按钮上，复制“图层1”图层，得到“图层1副本”图层；单击菜单栏中的“编辑”|“变换”|“水平翻转”命令，将其水平翻转，然后使用移动工具，调整图像至合适位置，如图25-8所示。

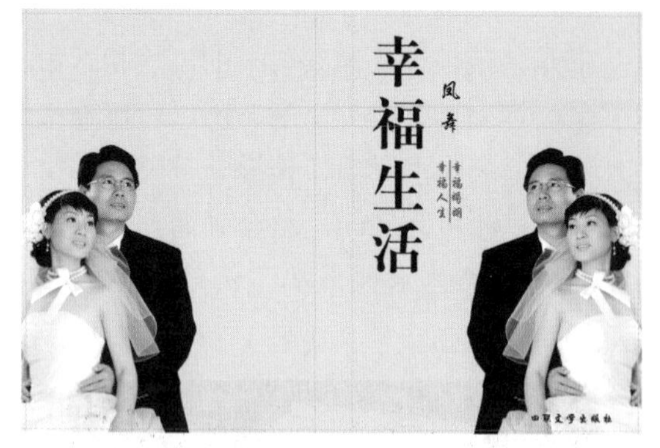

图25-8 翻转图像

Step 08 选取工具箱中的横排文字工具，在“字符”面板中，设置“字体”为“经典粗宋简体”、“字号”为63点、“颜色”为黑色、“字符行距”为10点，然后在图像编辑窗口中输入文字“幸福生活”，最后单击工具属性栏中的“提交所有当前编辑”图标，确认输入的文字，如图25-9所示。

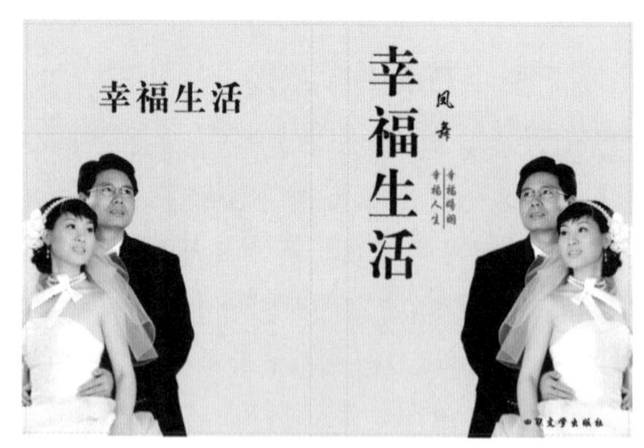

图25-9 输入文字3

Step 09 采用与上相同的方法，输入其他文字，设置好文字的字体、字号、颜色及位置，如图25-10所示。

Step 10 设置前景色为棕色（RGB参数值为123、95、28），按【Shift + Ctrl + N】组合键，新建“图层3”图层；选取工具箱中的直线工具，在工具属性栏中单击“像素”按钮，并设置“粗细”为4像素，然后按住【Shift】键的同时，在图像编辑窗口中的“幸福生活”文字和“幸福婚姻造就幸福人生”文字之间，绘制一条直线，如图25-11所示。

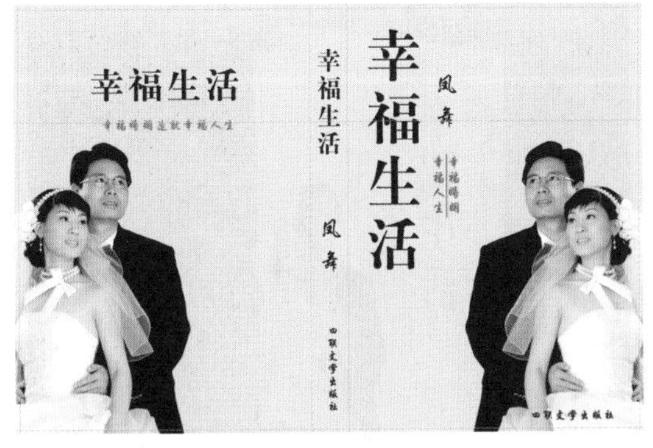

图 25-10 输入文字 4

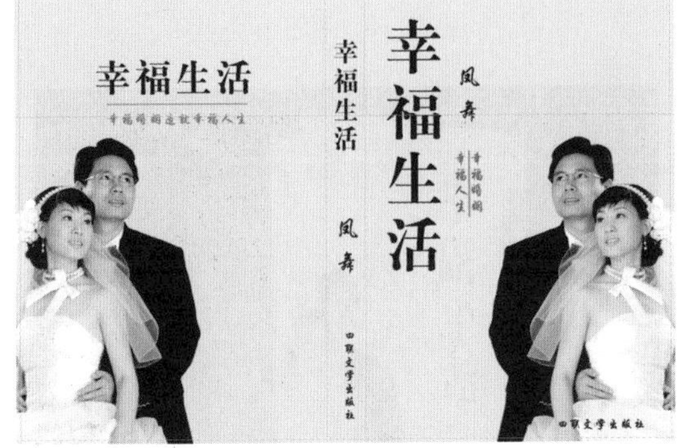

图 25-11 绘制直线 2

25.1.2 制作书籍立体效果

Step 01 单击菜单栏中的“图层”|“合并可见图层”命令，合并封面所有可见图像，按【Ctrl + O】组合键，打开素材图像“幸福生活背景.jpg”，如图 25-12 所示。

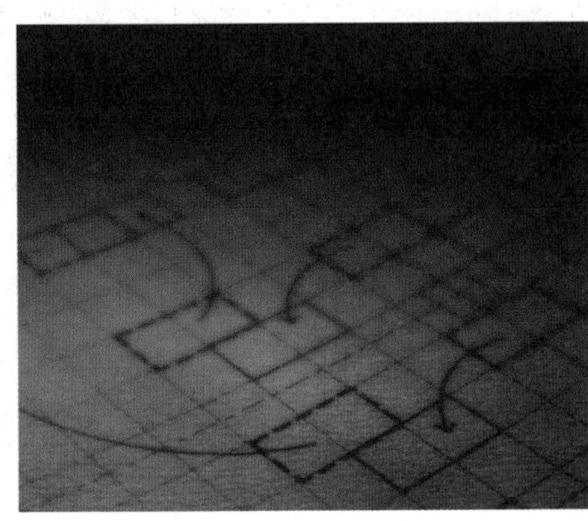

图 25-12 素材图像

Step 02 确定制作好的平面效果为当前工作图层，选取工具箱中的矩形选框工具，在图像编辑窗口依照参考线，创建一个矩形选区，效果如图 25-13 所示。

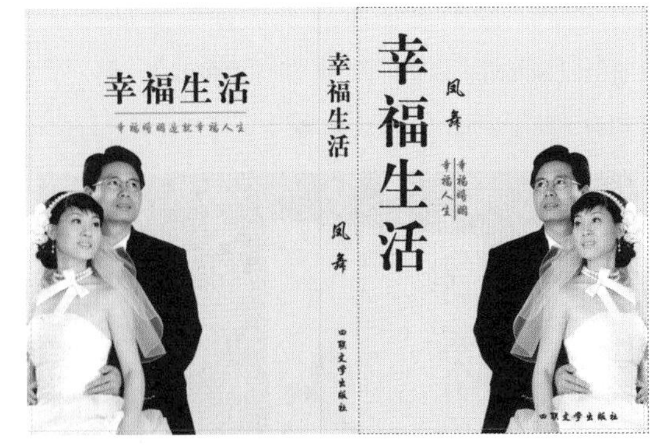

图 25-13 创建矩形选区

Step 03 选取工具箱中的移动工具，移动选区内的图像至刚打开的素材图像窗口中，并调整其合适大小及位置，效果如图 25-14 所示。

图 25-14 调整图像

Step 04 单击菜单栏中的“编辑”|“变换”|“缩放”命令，调出变换控制框，将鼠标指针置于右侧中间的控制柄上，单击鼠标左键并向左拖曳鼠标至合适位置，释放鼠标左键，按【Enter】键，确认变换操作，效果如图 25-15 所示。

图 25-15 变换操作

Step 05 单击菜单栏中的“编辑”|“变换”|“扭曲”命令，调出变换控制框，分别调整右上角和右下角的控制柄，然后按【Enter】键，确认扭曲操作，如图 25-16 所示。

图 25-16 扭曲操作

Step 06 采用与上相同的方法，分别对书籍其他部分进行缩放和扭曲操作，效果如图 25-17 所示。

图 25-17 缩放和扭曲操作

Step 07 设置前景色为白色，然后按【Shift + Ctrl + N】组合键，新建“图层 4”图层；选取工具箱中的多边形套索工具，在图像编辑窗口的合适位置单击鼠标左键，创建第 1 点、第 2 点和第 3 点，效果如图 25-18 所示。

Step 08 依次创建其他的节点，将鼠标指针放置于第 1 个节点，此时鼠标指针下方出现一个小圆圈时单击鼠标左键，创建一个多边形选区，效果如图 25-19 所示。

图 25-18 创建节点

图 25-19 创建多边形选区

Step 09 按【Alt + Delete】组合键，填充前景色，效果如图 25-20 所示。

图 25-20 填充前景色

Step 10 单击菜单栏中的“滤镜”|“杂色”|“添加杂色”命令，在弹出的“添加杂色”对话框中，设置各选项，如图 25-21 所示。

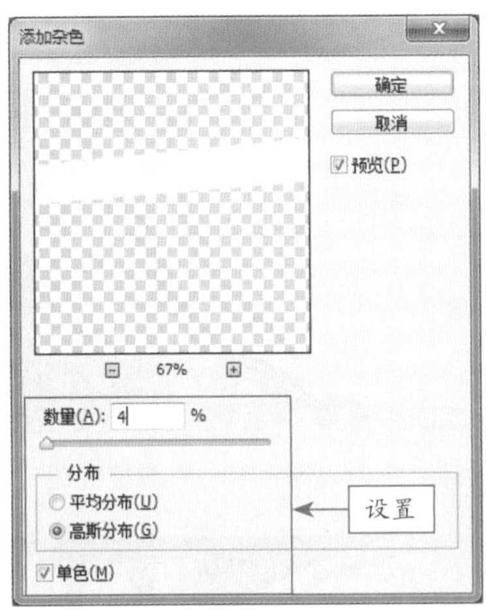

图 25-21 “添加杂色”对话框

Step 11 单击“确定”按钮，为图像添加杂色滤镜，效果如图 25-22 所示。

图 25-22 添加杂色滤镜效果

Step 12 单击菜单栏中的“滤镜”|“模糊”|“动感模糊”命令，在弹出的“动感模糊”对话框中，设置“角度”为 12、“距离”为 12，单击“确定”按钮，即可为图像应用动感模糊滤镜，按【Ctrl＋D】组合键，取消选区，效果如图 25-23 所示。

图 25-23 应用动感模糊滤镜

Step 13 确定“图层 2”图层为当前工作图层，选取工具箱中的魔棒工具，在工具属性栏中设置“容差”为 10，并取消对“连续”复选框的选取，然后在图像编辑窗口中的白色背景区域单击，创建选区，如图 25-24 所示。

图 25-24 创建选区

Step 14 设置前景色为灰色（RGB 的参数值分别为 194、189、188），然后按【Alt＋Delete】组合键，填充前景色，并取消选区，图像最终效果如图 25-25 所示。

图 25-25 最终效果

25.2 制作药品盒包装效果

本案例设计的是药品盒包装，在色彩上采用了绿色、白色等颜色，其中以绿色为主，体现一种健康的感觉，以白色为辅，简明扼要体现主题，并通过优美柔和的曲线让整体效果更具美感，清新大方，一目了然。本实例效果如图 25-26 所示。

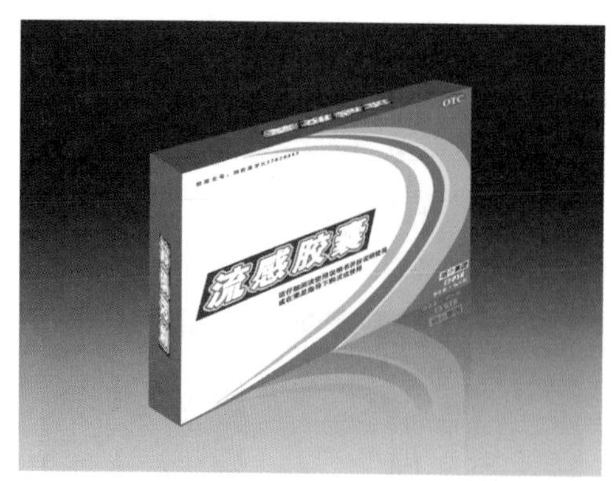

图 25-26 药品盒包装效果

25.2.1 制作药品盒包装平面效果

Step 01 单击菜单栏中的“文件”|“新建”命令，新建一幅名为“流感胶囊平面效果”的 RGB 模式图像，设置“宽度”和“高度”分别为 10 厘米和 6.5 厘米、“分辨率”为 300 像素 / 英寸、“背景内容”为白色；设置前景色为绿色（RGB 的参数分别为 22、132、16），然后按【Alt + Delete】组合键，填充前景色，如图 25-27 所示。

图 25-27 填充前景色

Step 02 按【Ctrl + O】组合键，打开素材图像“药品盒素材.psb”，选中图像，将其拖曳至“流感胶囊平面效果”图像编辑窗口中的合适位置，如图 25-28 所示。

Step 03 选取工具箱中的横排文字工具 T，在调出的“字符”面板中，设置“字体”为“方正大黑简体”、“字号”为 25.81 点、“颜色”为白色、“字符间距”为 100，然后在图像编辑窗口中输入文字“流感胶囊”，单击工具属性栏中的“提交所有当前编辑”图标✓，确认输入的文字，效果如图 25-29 所示。

图 25-28 置入素材并调整位置

图 25-29 输入文字

Step 04 在“图层”面板的底部单击“添加图层样式”按钮 fx，从弹出的快捷菜单中选择“描边”选项，然后在弹出的“图层样式”对话框中，设置“大小”为 10 像素、“位置”为“外面”、“混合模式”为“正常”、“不透明度”为 100%，其中颜色为黄色（RGB 的参数值分别为 252、255、0），单击“确定”按钮，即可为图像添加“描边”图层样式，效果如图 25-30 所示。

图 25-30 添加“描边”图层样式效果

Step 05 单击菜单栏中的“编辑”|“变换”|“斜切”命令，调出变换控制框，将鼠标指针放置于上方中间的控制柄上，单击鼠标左键并向右

拖曳鼠标至合适位置，然后按【Enter】键，确认变换操作，效果如图 25-31 所示。

图 25-31　变换操作

Step 06 在“图层”面板中的“流感胶囊”图层上单击鼠标左键并拖曳该图层至“图层”面板底部的“创建新图层”按钮 上，复制“流感胶囊”图层，得到“流感胶囊副本”图层；参照上述操作步骤，在调出的“图层样式”对话框的“描边”选项区中设置“大小”为 5 像素、颜色为红色（RGB 的参数值分别为 255、42、0），然后单击“确定”按钮，效果如图 25-32 所示。

图 25-32　添加“描边”图层样式并调整图层顺序

Step 07 设置前景色为深绿色（RGB 的参数值分别为 7、61、4），新建“图层 2”图层，选取工具箱中的矩形选框工具 ，在图像编辑窗口的合适位置，创建一个矩形选区，按【Alt ＋ Delete】组合键，填充前景色，并取消选区，然后参照上述操作步骤，对其进行斜切变形操作，最后按【Ctrl ＋ [】组合键，将其后移两层，效果如图 25-33 所示。

Step 08 采用与上同样的方法，输入其他的文字，并设置好文字的字体、字号、颜色及位置，对相应的文字进行“斜切”和“旋转 90 度（逆时针）”操作，按【Ctrl ＋ O】组合键，打开素材图像“OTC.psb”，将其拖曳至“流感胶囊平面效果”的图像编辑窗口中的合适位置，得到的最终平面效果如图 25-34 所示。

图 25-33　斜切变形操作

图 25-34　最终平面效果

25.2.2　制作药品盒包装立体效果

Step 01 单击菜单栏中的“图层”|“合并可见图层”命令，合并封面所有可见图像，按【Ctrl ＋ O】组合键，打开素材图像“背景 .psd”，如图 25-35 所示。

图 25-35　填充渐变色

Step 02 确定制作好的平面效果为当前工作图层，选取工具箱中的矩形选框工具 ，在图像编辑窗口中创建一个矩形选区，选取工具箱中的移动工具，移动选区内的图像至刚打开的“背景.psd”素材图像窗口中，并调整其大小及位置，效果如图 25-36 所示。

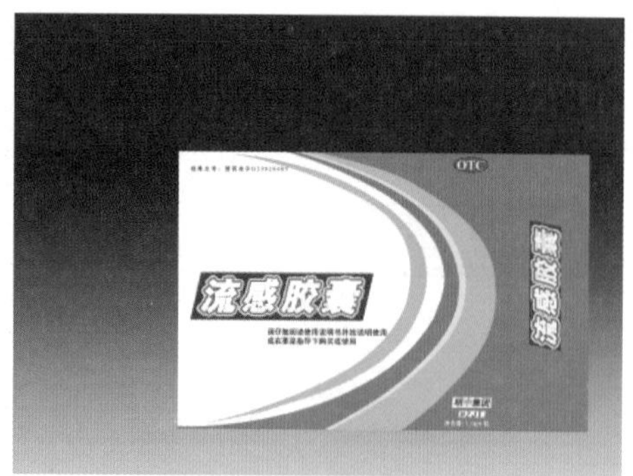

图 25-36 拖曳并调整图像

Step 03 选取工具箱中的矩形选框工具，在图像编辑窗口中单击鼠标左键并拖曳，创建一个矩形选区，如图 25-37 所示。

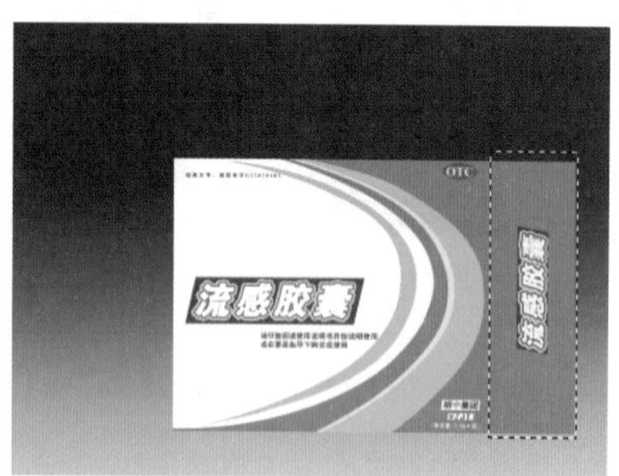

图 25-37 创建矩形选区

Step 04 单击菜单栏中的“图层”|“新建”|“通过剪切的图层”命令，将其剪切到新图层，自动生成“图层 2”图层；单击菜单栏中的“编辑”|“变换”|“旋转 180 度”命令，将其旋转 180 度；然后选取工具箱中的移动工具，按住【Shift】键的同时，在图像编辑窗口中单击并向右拖曳至合适位置，如图 25-38 所示。

Step 05 复制“图层 2”图层，得到“图层 2 副本”图层，然后单击该图层前面的“指示图层可视性”图标，将其隐藏；确认“图层 2”图层为当前工作图层，单击菜单栏中的“编辑”|“变换”|“缩放”命令，调出变换控制框，将鼠标指针置于左侧中间的控制柄上，单击鼠标左键并向右拖曳至合适位置对其进行缩小变换操作，效果如图 25-39 所示。

图 25-38 旋转并移动图像

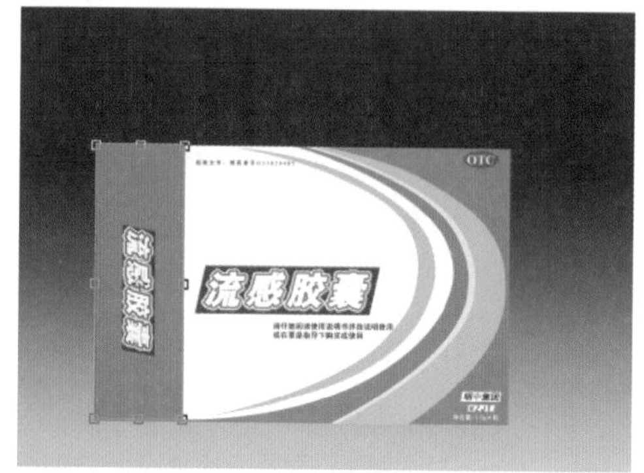

图 25-39 缩小变换操作

Step 06 单击菜单栏中的“编辑”|“变换”|“斜切”命令，调出变换控制框，调整控制柄，然后按【Enter】键，确认斜切变换操作，如图 25-40 所示。

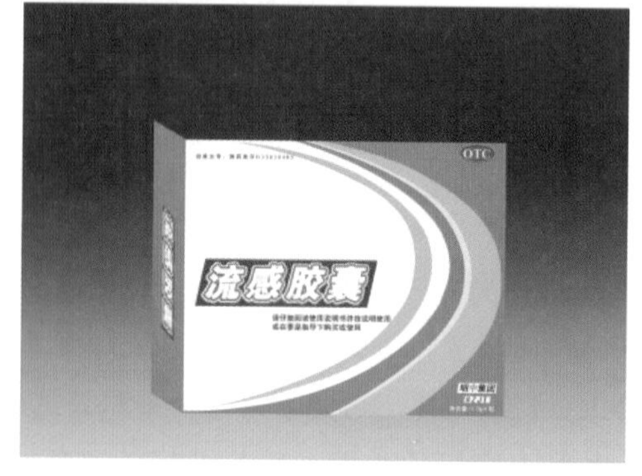

图 25-40 斜切变换操作

Step 07 采用与上相同的方法，分别对药品盒其他部分进行“缩放”和“扭曲”变换操作；分别设置前景色为灰绿色（RGB 参数值为 19、124、14）和深绿色（RGB 参数值为 12、

90、8），选取工具箱中的魔棒工具，为药盒侧面和上面创建选区并进行前景色填充，效果如图 25-41 所示。

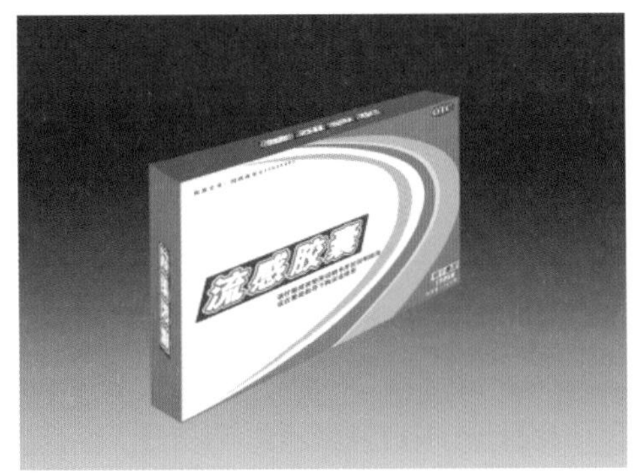

图 25-41 变形、填充效果

Step 08 复制"图层 1"图层，得到"图层 1 副本"图层，单击菜单栏中的"编辑" | "变换" | "垂直翻转"命令，将其垂直翻转，然后向下调整其合适位置；单击菜单栏中的"编辑" | "变换" | "斜切"命令，将鼠标指针放置于右侧中间的控制框上，此时鼠标指针呈形状时，单击并向上拖曳鼠标至合适位置，然后按【Enter】键，确认变换操作，复制"图层 2 副本"图层，然后分别进行"垂直翻转"和"斜切"变换操作，效果如图 25-42 所示。

图 25-42 图像变换操作效果

Step 09 按住【Ctrl】键的同时，在"图层"面板中的"图层 1 副本"图层上单击鼠标左键，加选其图层，然后按【Ctrl + E】组合键，将其合并为"图层 2 副本 2"图层，在"图层"面板的底部单击"添加图层蒙版"按钮，将其添加图层蒙版，选取工具箱中的渐变工具，从下向上填充黑色到白色的线性渐变，效果如图 25-43 所示。

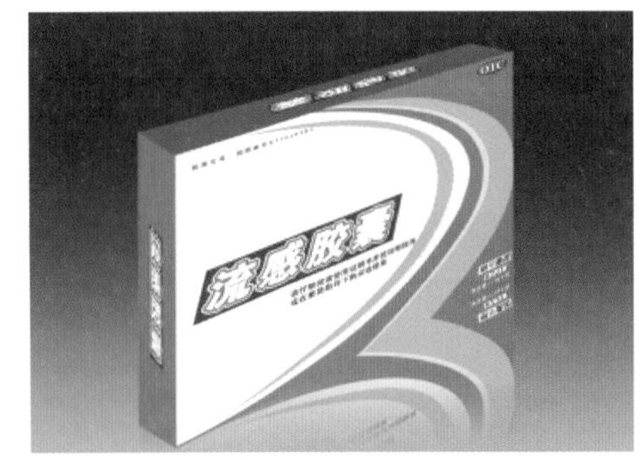

图 25-43 填充线性渐变

Step 10 在"图层"面板中，设置"不透明度"为 30%，最终效果如图 25-44 所示。

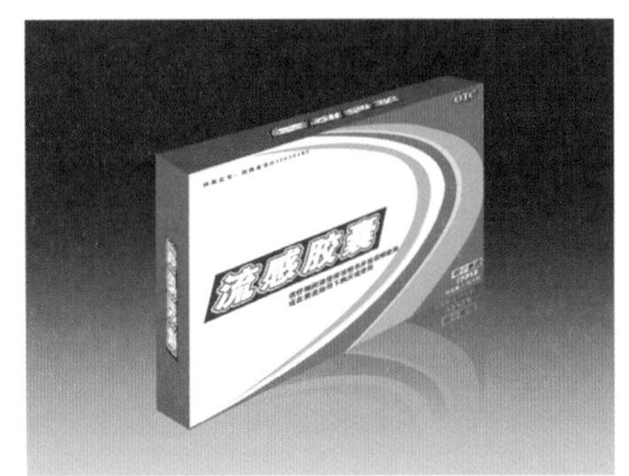

图 25-44 最终效果

25.3 制作购物袋包装效果

本实例设计的是一款购物袋，采用以粉红色为主色调，以不同的花纹样式为设计元素，以轻松活跃的排版紧扣主题，充分地体现了该品牌的中心思想，带给消费者愉快的购物心情。本实例效果如图 25-45 所示。

图 25-45 购物袋包装效果

25.3.1 制作购物袋包装平面效果

Step 01 单击菜单栏中的“文件”|“新建”命令，弹出“新建”对话框，设置各选项，如图 25-46 所示，单击“确定”按钮，新建空白文档。

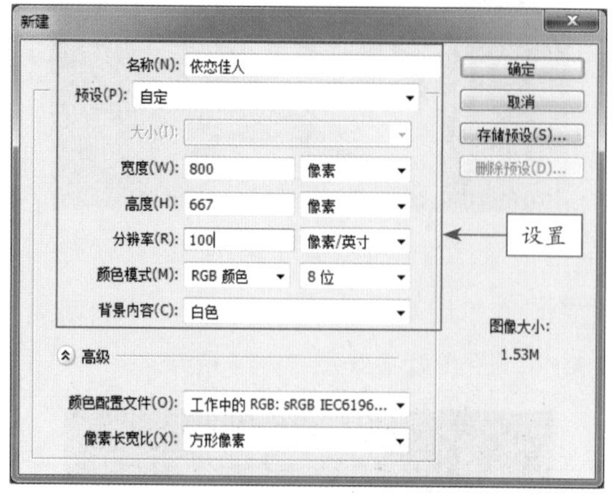

图 25-46 “新建”对话框

Step 02 选取工具箱中的渐变工具，单击“点按可编辑渐变”按钮，弹出“渐变编辑器”对话框，添加两个色标，设置桃红色（RGB 参数值分别为 235、84、98）到白色的线性渐变，如图 25-47 所示，单击“确定”按钮。

图 25-47 “渐变编辑器”对话框

Step 03 在“图层”面板中，单击面板底部的“创建新图层”按钮，新建“图层 1”图层，在图像编辑窗口的底部向上拖曳鼠标，填充线性渐变色，如图 25-48 所示。

图 25-48 填充线性渐变色

Step 04 按【Ctrl + O】组合键，打开素材图像“粉色依恋 .psb”，将该素材拖曳至图像编辑窗口中，调整图像至合适的位置，如图 25-49 所示。

图 25-49 置入素材图像并调整位置

Step 05 在工具箱中，选取横排文字工具，在工具属性栏上，单击“切换字符和段落面板”按钮，展开“字符”面板，设置各选项，如图 25-50 所示。

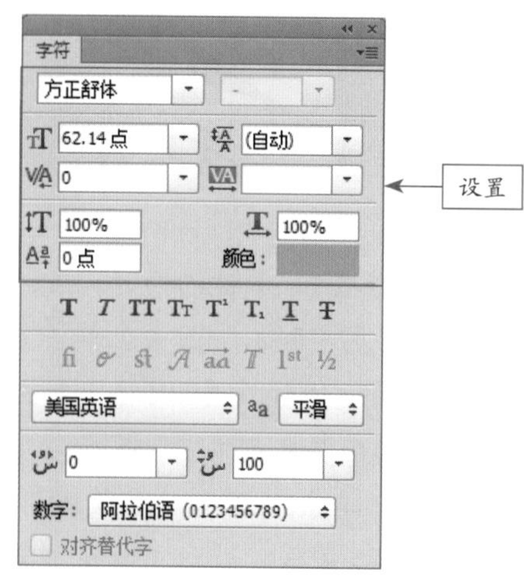

图 25-50 设置“字符”面板

Step 06 在图像编辑窗口中，单击鼠标左键确认文字的输入点，输入相应的文字，按【Ctrl＋Enter】组合键，确认输入的文字；单击菜单栏中的“图层”|“图层样式”|“投影”命令，弹出“图层样式”对话框；在“投影”选项页中设置“角度”为30°，其余保持默认设置，单击“确定”按钮，即可为图像添加“投影”图层样式，效果如图25-51所示。

图25-51 添加“投影”图层样式效果

Step 07 单击菜单栏中的“图层”|“图层样式”|“描边”命令，即可弹出“图层样式”对话框；在“描边”选项页中设置“大小”为3、“不透明度”为100%、“颜色”为浅蓝色（RGB参数值分别为196、247、255），单击“确定”按钮，即可为图像添加“描边”图层样式，效果如图25-52所示。

图25-52 添加“描边”图层样式效果

Step 08 选取工具箱中的横排文字工具T，单击鼠标左键并拖曳，选中“时尚套装”文字，在工具属性栏上，设置“字体大小”为18点，即可修改字体的大小，按【Ctrl＋Enter】组合键，确认操作；选取移动工具，将文字移动至合适位置，效果如图25-53所示。

图25-53 修改文字大小并移动至合适位置

Step 09 选取工具箱中的钢笔工具，在图像编辑窗口中绘制一条开放的曲线路径，如图25-54所示。

图25-54 绘制曲线路径

Step 10 选取工具箱中的横排文字工具T，在路径上单击鼠标左键插入文本输入点，展开“字符”面板，设置“字体”为“方正细珊瑚简体”、“大小”为36点、“颜色”为红色（RGB参数值为255、13、13），再输入文字，按【Ctrl＋Enter】组合键，确认文字的输入，并隐藏路径，得到的购物袋包装平面效果如图25-55所示。

图 25-55 购物袋包装平面效果

25.3.2 制作购物袋包装立体效果

Step 01 单击菜单栏中的“图层”|“合并可见图层”命令，合并封面所有可见图像，按【Ctrl + O】组合键，打开素材图像“依恋佳人背景.jpg”，如图 25-56 所示。

图 25-56 素材图像

Step 02 确定上一小节中制作好的平面效果为当前工作图层，选取工具箱中的矩形选框工具，创建一个矩形选区；选取工具箱中的移动工具，移动选区内的图像至刚打开的素材图像窗口中，并调整其合适大小及位置，如图 25-57 所示。

图 25-57 调整图像大小

Step 03 按【Ctrl + T】组合键，调出变换控制框，根据需要对图像进行变形，调整好图像后，按【Enter】键确认操作，如图 25-58 所示。

图 25-58 对图像进行变形

Step 04 选取工具箱中的钢笔工具，在图像编辑窗口中的合适位置绘制一个闭合路径；选取工具箱中的渐变工具，运用“渐变编辑器”，设置为从灰色到白色渐变；新建“图层 2”图层，按【Ctrl + Enter】组合键，将路径转换为选区，在图像编辑窗口中，从右至左填充线性渐变色，再取消选区，效果如图 25-59 所示。

图 25-59 填充线性渐变色 1

Step 05 采用与上面相同的方法，在图像编辑窗口中的合适位置绘制闭合路径，并填充线性渐变色，再取消选区，效果如图 25-60 所示。

图 25-60 填充线性渐变色 2

Step 06 复制“图层 1”图层，得“图层 1 副本”图层；按【Ctrl + T】组合键，调出变换控制框，单击鼠标右键，在弹出的快捷菜单中选择“垂直翻转”选项，垂直翻转图像，并将翻转后的图像移至合适位置；在变换控制框中，单击鼠标右键，在弹出的快捷菜单中选择“斜切”选项，斜切图像，按【Enter】键确认操作；在“图层”面板中，选择“图层 1 副本”图层，单击面板底部的“添加图层蒙版”按钮，添加图层蒙版；选取工具箱中的渐变工具，设置黑白渐变色，将鼠标移至图像编辑窗口中，从下至上填充线性渐变色，即可隐藏部分图像，制作出倒影效果，如图 25-61 所示。

图 25-61 制作倒影效果 1

Step 07 选择“图层 2”、“图层 3”和“图层 4”图层，复制所选图层并进行合并，将合并后的图层重命名为“图层 5”图层，采用与上一步中相同的方法，对“图层 5”图层进行相同的倒影效果制作，效果如图 25-62 所示。

图 25-62 制作倒影效果 2

Step 08 按【Ctrl + O】组合键，打开素材图像“袋子 .psb”，将图像拖曳至背景图像编辑窗口中的合适位置，并调整图层的顺序，最终效果如图 25-63 所示。

图 25-63 最终效果

26

Chapter

白金案例：制作报纸广告效果

报纸广告属于平面广告范畴，因其实效性、易于携带、阅读方便、读者面广的优势，报纸是仅次于电视的最大也是最受重视的广告媒体。本章以案例的形式详细介绍了3个广告效果的设计，让读者掌握各类报纸广告设计的技法、特点及其整个制作流程。

本章内容导航

- 制作促销报纸广告效果
- 制作电子产品报纸广告效果
- 制作化妆品报纸广告效果

26.1 制作促销报纸广告效果

如今商店遍地，商品繁多，消费者有众多的选择，商家如何抓住消费者的心，如何吸引消费者进行购买是首先要考虑的问题，促销广告则是有效地吸引消费者的手段之一。本实例效果如图 26-1 所示。

图 26-1 促销报纸广告效果

26.1.1 处理素材图像

Step 01 单击菜单栏中的“文件”|“新建”命令，弹出“新建”对话框，输入名称并设置相应参数，如图 26-2 所示。

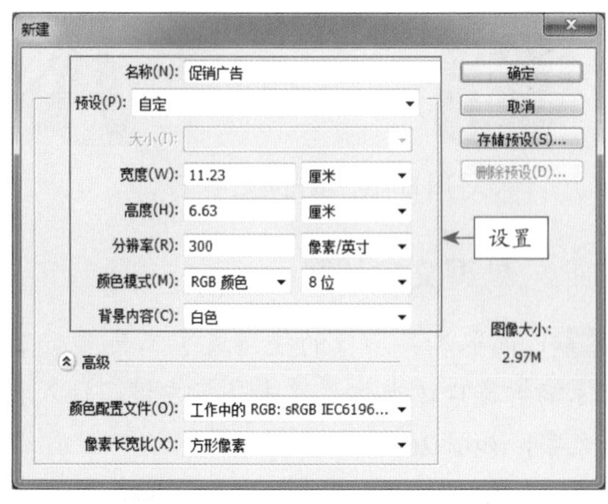

图 26-2 “新建”对话框

Step 02 单击“确定”按钮，按【Ctrl + O】组合键，打开素材图像“模特 3.jpg”，选取工具箱中的移动工具，将其拖曳至新建的图像编辑窗口中的合适位置，按【Ctrl + T】组合键，适当变换图像大小，按【Enter】键确认，效果如图 26-3 所示。

图 26-3 置入素材图像并变换大小

Step 03 在“图层”面板中，选择“图层 1”图层，单击面板底部的“添加图层蒙版”按钮，为“图层 1”添加蒙版；运用黑色画笔工具在图像的适当位置进行涂抹，如图 26-4 所示。

图 26-4 涂抹图像 1

Step 04 参照步骤 02 和步骤 03 的操作方法，打开素材图像“模特 2.jpg”，将其拖曳至新建图像编辑窗口中，并适当调整其大小和位置，如图 26-5 所示。

图 26-5 置入素材图像调整大小和位置

Step 05 在“图层”面板中，选择“图层 2”图层，单击面板底部的“添加图层蒙版”按钮，为“图层 2”添加蒙版；运用黑色画笔工具在图像的适当位置进行涂抹，如图 26-6 所示。

Step 06 按【Ctrl + O】组合键，打开素材图像

“立体字.psd”，将其拖曳至新建图像编辑窗口中并适当调整其位置，如图 26-7 所示。

图 26-6　涂抹图像 2

图 26-7　置入素材图像并调整位置

Step 07 选中“图层 3”图层，按【Ctrl + J】组合键，复制“图层 3”图层，得到“图层 3 副本”图层；单击菜单栏中的“编辑”|“变换”|“垂直翻转”命令，垂直翻转图像，并移至合适位置，如图 26-8 所示。

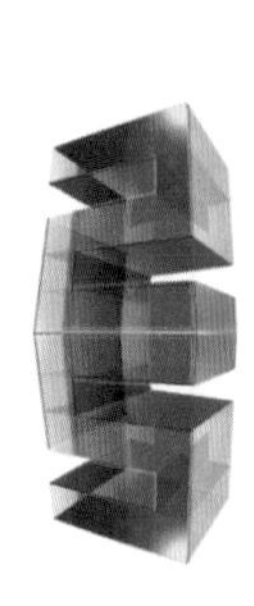

图 26-8　复制并翻转图像

Step 08 单击“图层”面板底部的“添加图层蒙版”按钮，添加图层蒙版；选取工具箱中的渐变工具，单击工具属性栏中的“点按可编辑渐变”按钮，弹出“渐变编辑器”对话框，设置各选项，如图 26-9 所示，单击“确定”按钮，完成黑白渐变填充颜色的设置。

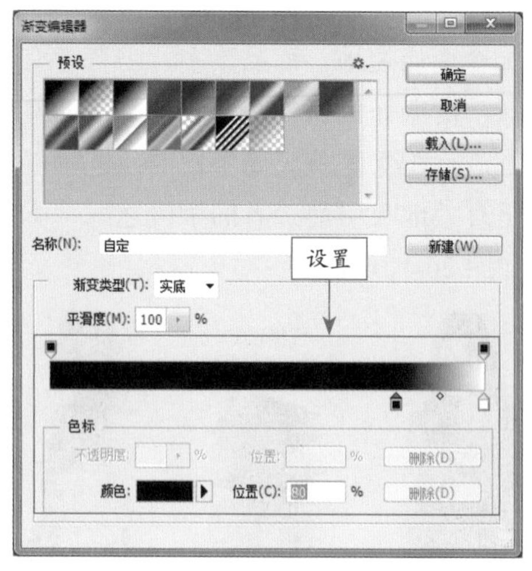

图 26-9　“渐变编辑器”对话框

Step 09 在图像下方单击鼠标并向上拖曳，释放鼠标即可填充黑白渐变，效果如图 26-10 所示。

图 26-10　填充黑白渐变

26.1.2　处理文字效果

Step 01 选取工具箱中的横排文字工具 T，在图像编辑窗口适当位置单击鼠标左键，输入相应文字，如图 26-11 所示。

图 26-11　输入文字

Step 02 选择输入的文字，在工具属性栏中单击“切换字符和段落面板”按钮，展开“字符”面板，设置各选项，如图 26-12 所示。

图 26-12 设置“字符”面板

Step 03 选择“2 折”文字，设置“字体大小”为 22.74 点，并适当调整文字位置，按【Ctrl + Enter】组合键确认，效果如图 26-13 所示。

图 26-13 设置“字体大小”

Step 04 选取工具箱中的横排文字工具，在图像编辑窗口适当位置单击鼠标左键确定文字输入起点，在工具属性栏中设置“字体”为“方正大黑简体”、“字体大小”为 10 点、“颜色”为棕色（RGB 参数分别为 211、155、19）；在“字符”面板中设置“行距”为 14 点、“仿斜体”，输入文字，按【Ctrl + Enter】组合键确认，并移至合适位置，最终效果如图 26-14 所示。

图 26-14 最终效果

26.2 制作电子产品报纸广告效果

本案例设计的是一款高端电子产品的报纸广告，作品以紫色调为主，并以电子产品作为画面的主体，直接表现主题，让人一目了然，同时加以曲线色块来增加视觉冲击力、活跃画面，使整个画面新颖、和谐、饱满。本实例效果如图 26-15 所示。

图 26-15 电子产品报纸广告效果

26.2.1 制作背景效果

Step 01 单击菜单栏中的“文件”|“新建”命令，弹出“新建”对话框，设置各选项，如图 26-16 所示，单击“确定”按钮。

Step 02 新建“图层 1”图层，选取工具箱中的矩形选框工具，在图像编辑窗口的左上角单击并向右下角拖曳鼠标，创建一个矩形选区；选取工具箱中的渐变工具，在工具属性栏上，单击“径向填充”按钮，然后单击“点按可编辑渐变器”按钮，弹出“渐变编辑器”对话框，设置渐变矩形条下方的两个色标从左到右依次为“紫色”（RGB 的参数值为 161、

55、203）和“深紫色”（RGB 的参数值为 40、20、81），如图 26-17 所示，单击“确定”按钮。

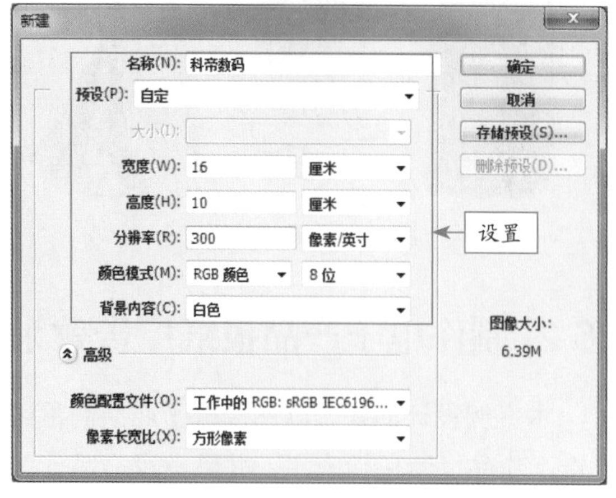

图 26-16 “新建”对话框

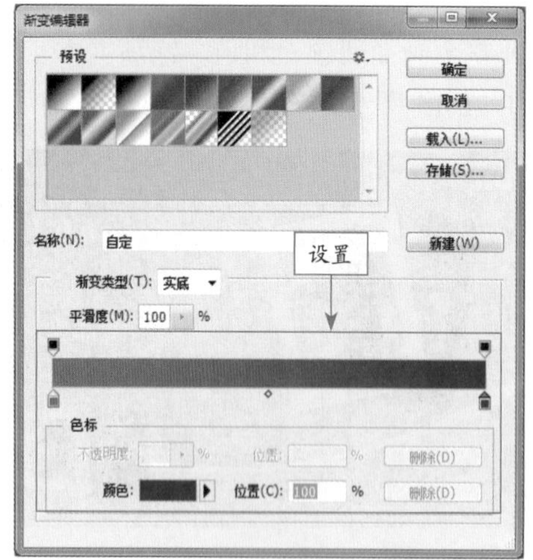

图 26-17 “渐变编辑器”对话框

Step 03 在图像编辑窗口中的偏左中间处单击鼠标左键并向上拖曳，填充渐变色，按【Ctrl＋D】组合键，取消选区，效果如图 26-18 所示。

图 26-18 填充渐变色

Step 04 新建“图层 2”图层，单击工具箱中的前景色工具，弹出“拾色器（前景色）”对话框，设置颜色为白色，如图 26-19 所示，单击“确定”按钮。

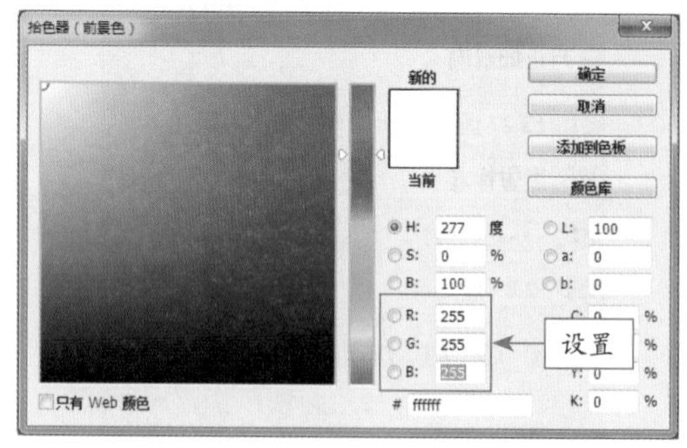

图 26-19 “拾色器（前景色）”对话框

Step 05 在工具箱中，选取钢笔工具，在工具属性栏上，选择“路径”按钮，在图像编辑窗口的合适位置单击鼠标左键，确认起始点，移动鼠标指针至合适位置单击第 2 点并拖动鼠标至合适位置，调出控制柄绘制曲线路径，如图 26-20 所示。

图 26-20 调出控制柄绘制曲线路径

Step 06 采用与上同样的方法，绘制其他曲线效果，将鼠标指针放置于起始点上，鼠标指针的下方会出现一个圆形，单击鼠标左键，即可绘制一个闭合路径，如图 26-21 所示。

图 26-21 绘制闭合路径

Step 07 按【Ctrl + Enter】组合键，将路径转换为选区，按【Alt + Delete】组合键，填充前景色，按【Ctrl + D】组合键，取消选区，如图 26-22 所示。

图 26-22 填充前景色 1

Step 08 在工具箱中，选取钢笔工具，在图像编辑窗口合适位置单击鼠标左键，确认起始点，移动鼠标指针至合适位置单击第 2 点并拖动鼠标至合适位置，按【Esc】键，确认所绘制的曲线路径，绘制一条开放路径，如图 26-23 所示。

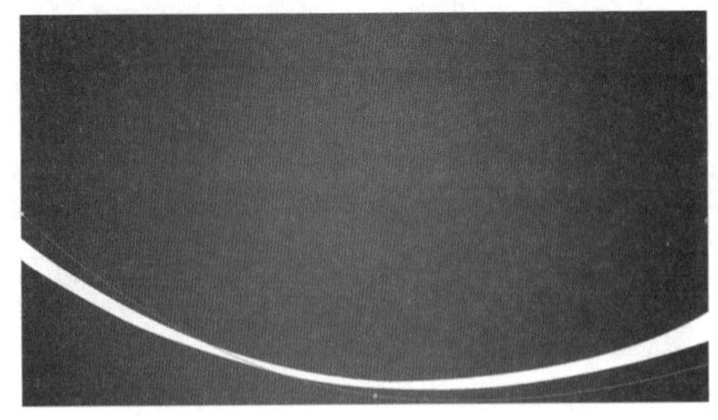

图 26-23 绘制开放路径

Step 09 新建"图层 3"图层，设置前景色为蓝色（RGB 参数值为 44、196、207）；选取工具箱中的画笔工具，在其属性栏上，单击"画笔"选项右侧的下拉按钮，展开"画笔预设"面板，设置"大小"为 3 像素、"硬度"为 100%，展开"路径"面板，单击面板底部的"用画笔描边路径"按钮，用画笔描边路径，然后在面板中的灰色空白处单击鼠标左键，隐藏路径，效果如图 26-24 所示。

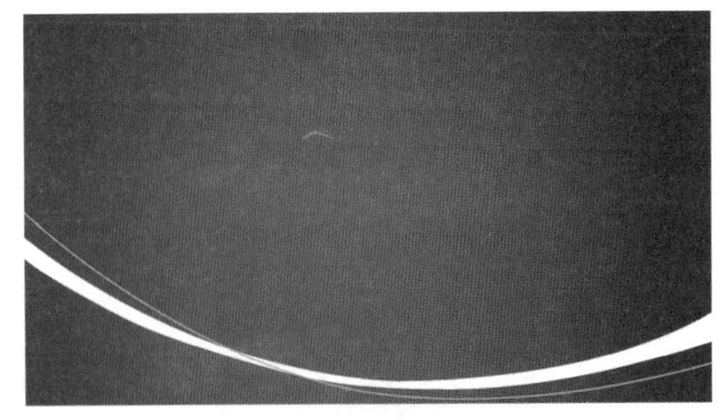

图 26-24 隐藏路径

Step 10 在"图层"面板中，选择"图层 1"图层，单击菜单栏中的"编辑"|"变换"|"变形"命令，调出变换控制网格，将鼠标指针移至于变换控制网格左下角的控制柄上单击并向上拖曳至合适位置，调整形状，拖曳其他控制柄，并按【Enter】键，确认变形操作，效果如图 26-25 所示。

图 26-25 调整形状

Step 11 设置前景色为黄色（RGB 参数值为 233、176、0），选中"背景"图层，按【Alt + Delete】组合键，填充前景色，效果如图 26-26 所示。

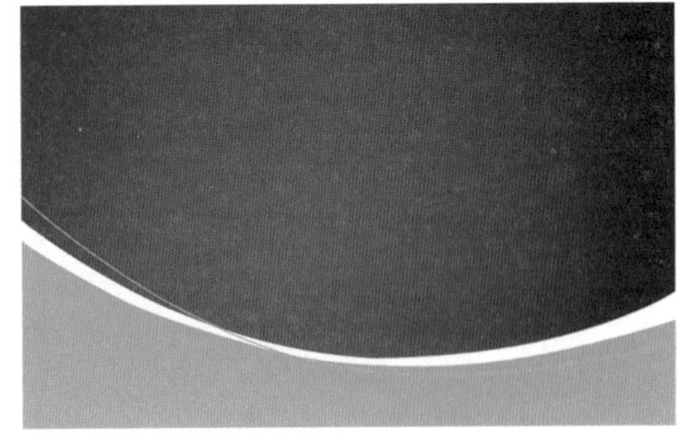

图 26-26 填充前景色 2

26.2.2 制作主体效果

Step 01 按【Ctrl + O】组合键，打开素材图像“黑色的 .psd”，如图 26-27 所示。

图 26-27 素材图像

Step 02 将其拖曳至新建的图像编辑窗口中的适合位置，按【Ctrl + T】组合键调出变换控制框，缩放和旋转图像，按【Enter】键确认操作，效果如图 26-28 所示。

图 26-28 缩放和旋转图像

Step 03 单击菜单栏中的“图层”|“图层样式”|“投影”命令，弹出“图层样式”对话框，在“投影”选项卡中设置各选项，如图 26-29 所示。

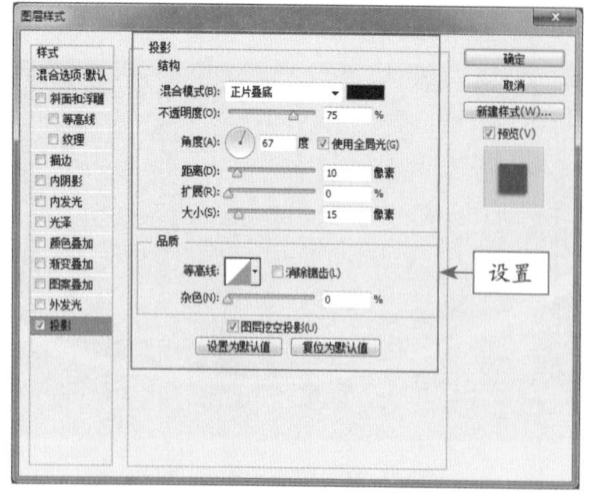

图 26-29 设置“投影”参数

Step 04 单击“确定”按钮，添加“投影”图层样式后的图像效果如图 26-30 所示。

图 26-30 添加“投影”图层样式效果 1

Step 05 采用与上面相同的方法，按【Ctrl + O】组合键，打开素材图像“白色的 .psd”，将其拖曳至新建的图像编辑窗口中的适合位置，按【Ctrl + T】组合键调出变换控制框，缩放和旋转图像，按【Enter】键确认操作，如图 26-31 所示。

图 26-31 置入素材图像并缩放和旋转

Step 06 单击菜单栏中的“图层”|“图层样式”|“投影”命令，弹出“图层样式”对话框，在“投影”选项卡中设置各选项，单击“确定”按钮，添加“投影”图层样式后的图像效果如图 26-32 所示。

Step 07 按【Ctrl + O】组合键，打开素材图像“黑色的 .psd”，选取工具箱中的移动工具，将打开的素材拖曳至新建的图像编辑窗口中，按【Ctrl + T】组合键，调出变换控制框，调整图像大小和位置，按【Enter】键确认，如图 26-33 所示。

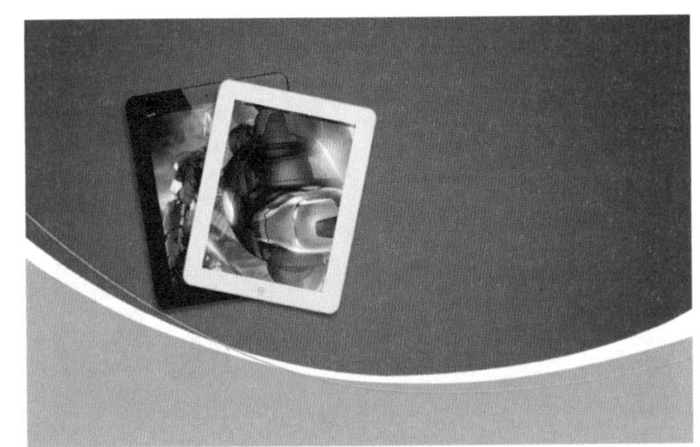

图 26-32 添加“投影”图层样式效果 2

图 26-33 置入素材图像并调整大小和位置

Step 08 按【Ctrl + J】组合键，复制“kood3”图层得到“kood3 副本”图层；单击菜单栏中的“编辑”|“变换”|“垂直翻转”命令，垂直翻转图像；选取工具箱中的移动工具，按住【Shift】键的同时，在图像编辑窗口中单击鼠标左键并向下拖曳图像至合适位置，在“图层”面板中，设置“不透明度”为 30%，效果如图 26-34 所示。

图 26-34 设置“不透明度”为 30%

Step 09 单击“图层”面板底部的“添加矢量蒙版”按钮，添加图层蒙版；选取工具箱中的渐变工具，单击工具属性栏中的“点按可编辑渐变”按钮，弹出“渐变编辑器”对话框，设置“预设”为黑白渐变，单击“确定”按钮，在图像下方单击鼠标并向上拖曳，释放鼠标即可填充黑白渐变，效果如图 26-35 所示。

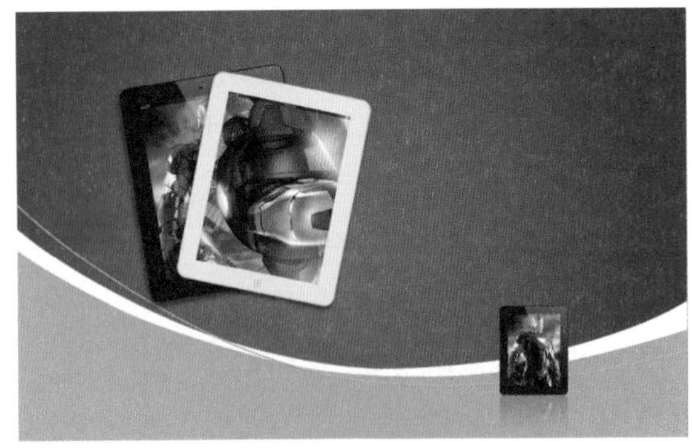

图 26-35 填充黑白渐变

Step 10 重复步骤 06～步骤 11 的操作方法，按【Ctrl + O】组合键，打开素材图像“白色的 .psd”，拖曳至新建的图像编辑窗口中合适位置，调整图像大小；复制“kood4”图层得到“kood4 副本”图层，垂直翻转复制的图像，移至合适位置，设置“不透明度”为 30%，然后再添加图层蒙版，选择渐变工具，填充黑白渐变，图像效果如图 26-36 所示。

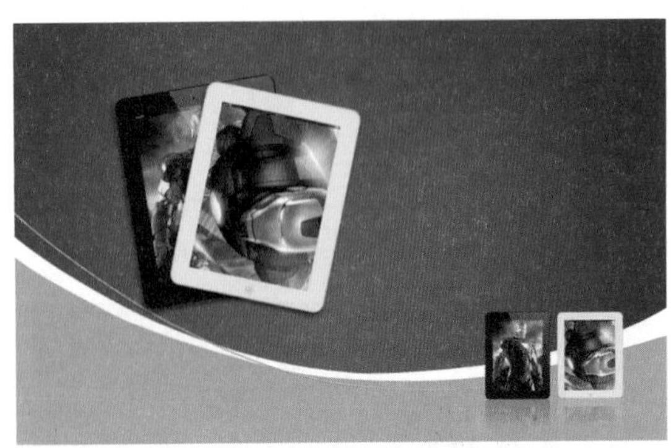

图 26-36 图像效果

26.2.3 制作文字效果

Step 01 选取工具箱中的横排文字工具 T，单击鼠标左键确认文字的输入点，单击菜单栏中的“窗口”|“字符”命令，展开“字符”面板，设置各选项，如图 26-37 所示。

Step 02 在图像编辑窗口中输入文字“科帝 ipob4”，如图 26-38 所示。

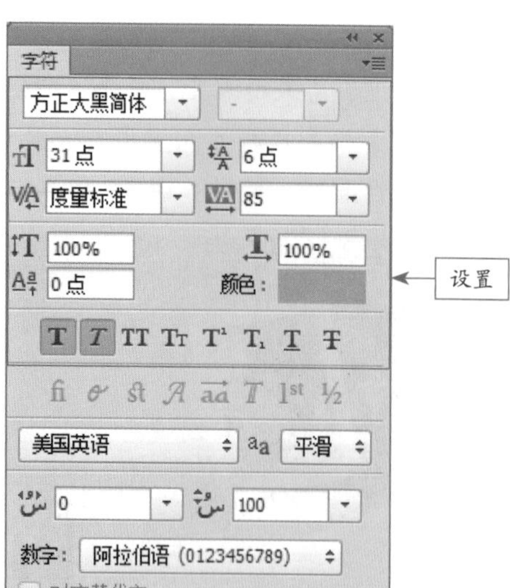

图 26-37　设置“字符”面板

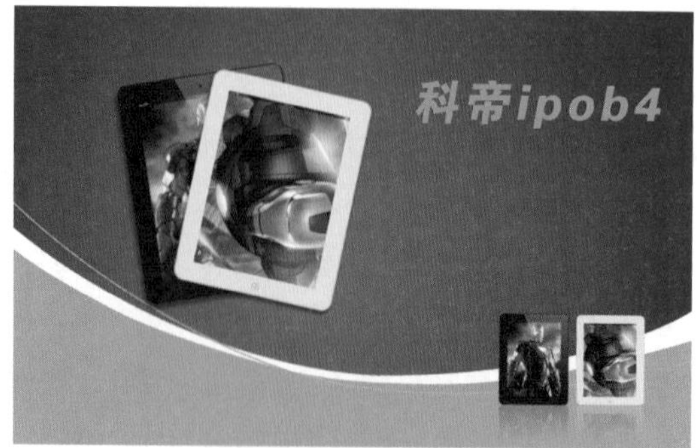

图 26-38　输入文字

Step 03 选中“ipob4”5 个字符，设置“字体”为“Times New Roman”、“字体大小”为 28 点、“颜色”为白色，按【Ctrl + Enter】组合键，确认文字属性的修改，如图 26-39 所示。

图 26-39　修改文字属性

Step 04 采用与上同样的方法，输入其他的文字，并设置好字体、字号、字间距及位置，最终效果如图 26-40 所示。

图 26-40　最终效果

26.3 制作化妆品报纸广告效果

本案例设计的是一系列化妆品报纸广告，作品以化妆品和性感美女进行组合，作品以粉色调为主，并以化妆品和精美的妆容作为画面的主体，直接表现主题，让人一目了然，同时配以华丽的文字，提升整个画面的美感。本实例效果如图 26-41 所示。

图 26-41　美容报纸广告效果

26.3.1 制作背景效果

Step 01 按【Ctrl + O】组合键，打开素材图像“背景 .psd”，如图 26-42 所示。

图 26-42　素材图像

Step 02 按【Ctrl + O】组合键，打开素材图像“玫瑰花 .psd”，将其拖曳至“背景”图像编辑窗口中，适当调整图像的位置，将“组1”复制3份，适当调整复制图层的图像大小、角度和位置，效果如图 26-43 所示。

图 26-43　置入素材图像并复制调整

Step 03 按【Ctrl + O】组合键，打开素材图像“泡泡 .psd”，如图 26-44 所示。

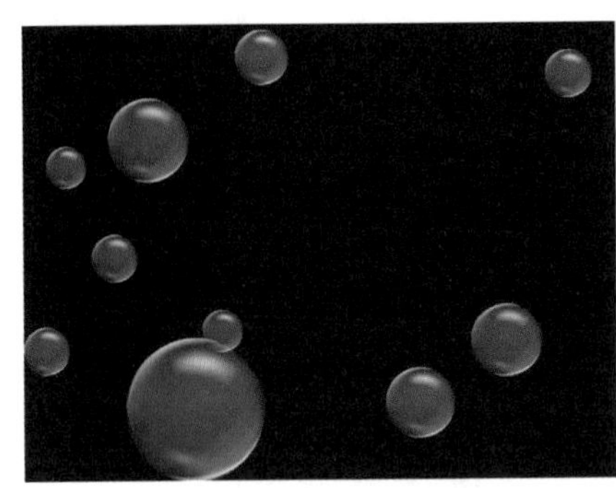

图 26-44　素材图像

Step 04 将“泡泡”素材拖曳至“背景”图像编辑窗口中，适当调整图像的位置，设置图层“混合模式”为“滤色”，效果如图 26-45 所示。

图 26-45　设置图层“混合模式”

Step 05 新建“图层 1”图层，在工具箱中，选择画笔工具，展开“画笔”面板，设置“画笔笔尖形状”为“柔角 30”，“大小”为 15 像素，“间距”为 100%，如图 26-46 所示。

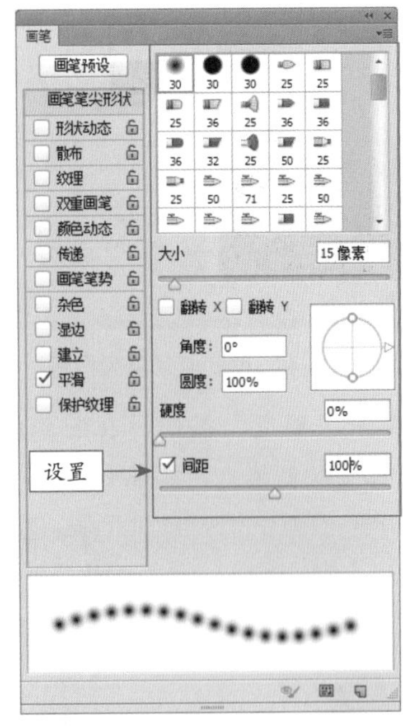

图 26-46　设置“画笔”面板 1

Step 06 选中“形状动态”复选框，设置“大小抖动”为 100%，选中“散布”复选框，设置各选项，如图 26-47 所示。

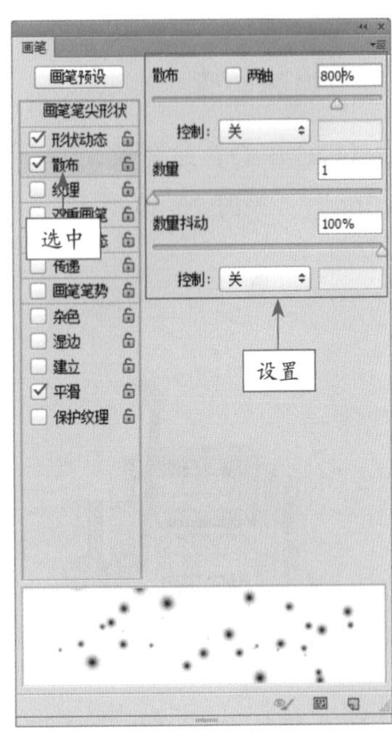

图 26-47　设置“画笔”面板 2

Step 07 在工具箱中，单击前景色工具，弹出“拾色器（前景色）”对话框，设置前景色为白色，如图 26-48 所示。

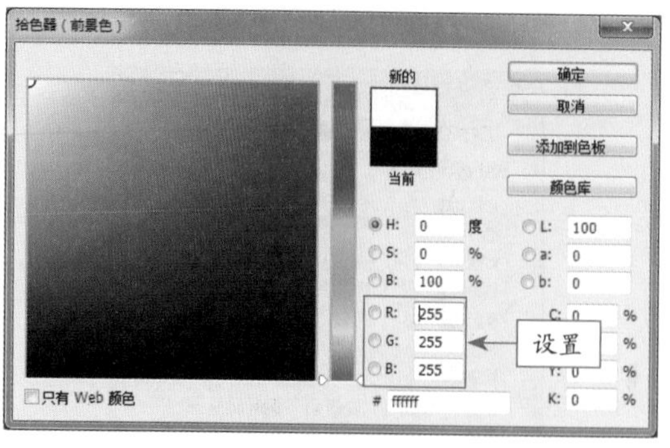

图 26-48　设置前景色为白色

Step 08 单击“确定”按钮，在图像编辑窗口中的相应位置绘制圆点，效果如图 26-49 所示。

图 26-49　绘制圆点

26.3.2　制作主体效果

Step 01 按【Ctrl + O】组合键，打开素材图像“化妆品.jpg”，如图 26-50 所示。

图 26-50　素材图像

Step 02 将该素材拖曳至“化妆品报纸广告”编辑窗口中，在工具箱中选取魔棒工具，在工具属性栏中，设置“容差”为 10，在白色背景区域单击鼠标左键，创建选区，按【Delete】键，删除选区内的图像，按【Ctrl + D】组合键，取消选区，效果如图 26-51 所示。

图 26-51　删除选区内的图像

Step 03 单击前景色工具，弹出“拾色器（前景色）”对话框，设置前景色为白色，如图 26-52 所示，单击“确定”按钮。

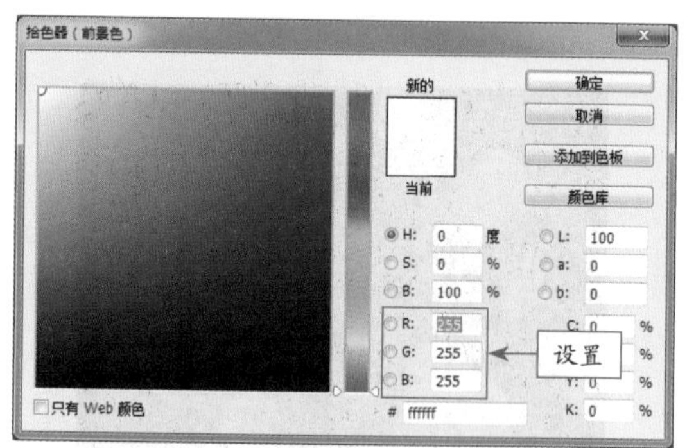

图 26-52　设置前景色为白色

Step 04 新建“图层 3”图层，选取画笔工具，设置相应的画笔大小，在图像编辑窗口中绘制相应线条，如图 26-53 所示。

图 26-53　绘制线条

Step 05 单击菜单栏中的“滤镜”|“模糊”|“动感模糊”命令，弹出“动感模糊”对话框，

设置“角度”为 -70、“距离”为 500，如图 26-54 所示。

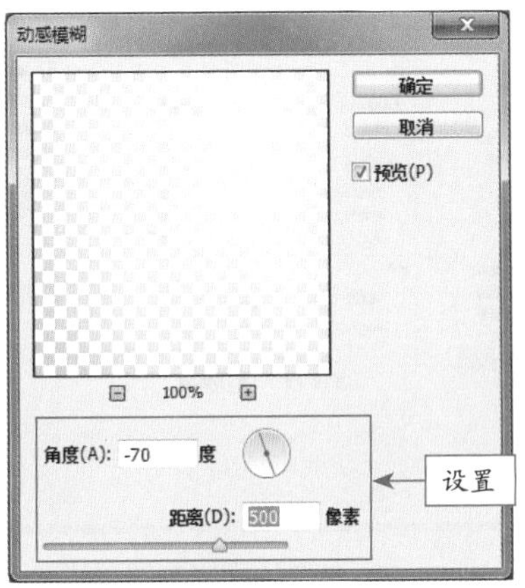

图 26-54 “动感模糊”对话框

Step 06 单击“确定”按钮，即可应用动感模糊滤镜，效果如图 26-55 所示。

图 26-55 动感模糊效果

Step 07 按【Ctrl + O】组合键，打开素材图像“美女 .jpg”，如图 26-56 所示。

图 26-56 素材图像

Step 08 将该素材拖曳至图像编辑窗口中，调整图像的大小和位置，如图 26-57 所示。

图 26-57 置入素材图像并调整大小和位置

Step 09 单击“图层”面板底部的“添加图层蒙版”按钮，为“美女”图层添加图层蒙版，如图 26-58 所示。

图 26-58 添加图层蒙版

Step 10 在工具箱中，选取画笔工具，设置前景色为黑色，在图像编辑窗口中涂抹图像，隐藏部分图像，如图 26-59 所示。

图 26-59 隐藏部分图像

26.3.3 制作文字效果

Step 01 按【Ctrl + O】组合键，打开素材图像“纯色原调 .psd”，并将该素材拖曳至“化妆品报纸广告”图像编辑窗口中，然后调整图像的大小和位置，效果如图 26-60 所示。

图 26-60　置入素材图像并调整大小和位置

Step 02 单击菜单栏中的“图层”|“图层样式”|“渐变叠加”命令，弹出“图层样式”对话框，在“渐变叠加”选项页中设置各选项，如图 26-61 所示。

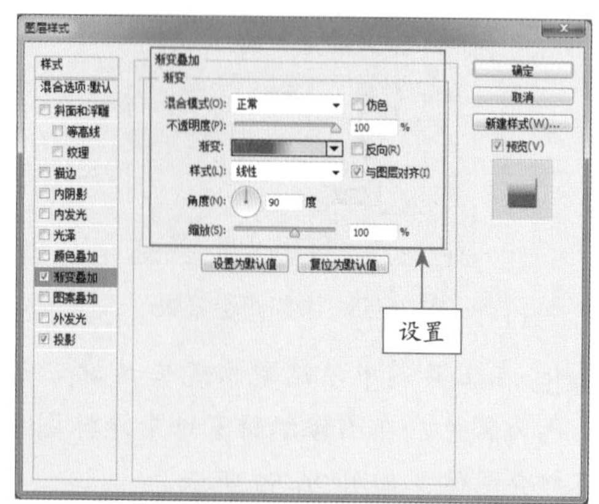

图 26-61　设置“渐变叠加”图层样式

Step 03 单击“确定”按钮，即可添加“渐变叠加”图层样式，效果如图 26-62 所示。

图 26-62　添加“渐变叠加”图层样式效果

Step 04 单击菜单栏中的“图层”|“图层样式”|“投影”命令，弹出“图层样式”对话框，在“投影”选项页中设置各选项，如图 26-63 所示。

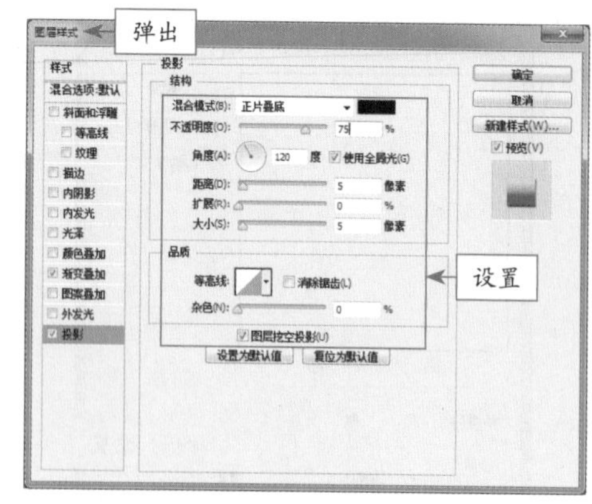

图 26-63　设置“投影”图层样式

Step 05 单击“确定”按钮，即可添加“投影”图层样式，效果如图 26-64 所示。

图 26-64　添加“投影”图层样式效果

Step 06 单击“图层”面板底部的“创建新的填充和调整图层”按钮 ，在弹出的菜单中选择“色相 / 饱和度”选项，新建“色相 / 饱和度”调整图层，设置“饱和度”为 10，新建“亮度 / 对比度”调整图层，设置“对比度”为 29，最终效果如图 26-65 所示。

图 26-65　最终效果